Formel-
sammlung

Mathematik,
Physik, Chemie

Sonderausgabe

MIX
Papier aus verantwortungsvollen Quellen
FSC www.fsc.org FSC® C108080

Vertrieben durch:

Baierbrunner Straße 27, D-81379 München

Redaktion: Astrid Kaufmann, Jenny Bux
Fachkorrektur: Stephan Lamprecht
Produktion: Ute Hausleiter
Titelabbildung: shutterstock.com/Sashatigar
Gestaltung: textum GmbH, München
Umschlaggestaltung: Hartmut Baier; X-Design, München

ISBN 978-3-8174-9978-6
381749978/3

www.compactverlag.de

Vorwort

Die umfassende und aktuelle Formelsammlung enthält alle wichtigen Formeln und Gesetze zu den wesentlichen Wissensgebieten der Mathematik, Physik und anorganischen Chemie. In der Mathematik werden die Teilgebiete Arithmetik, Algebra, Geometrie, Infinitesimalrechnung und Stochastik behandelt, in der Physik Mechanik, Akustik, Optik, Wärmelehre, Elektrizitätslehre und Atomlehre, in der Chemie chemische Reaktionen, chemische Bindungen, Stöchiometrie, Redoxreaktionen sowie Elektrochemie. Das Periodensystem der Elemente sowie einige andere wichtige Tabellen befinden sich im Anhang.

In jedem Teilbereich werden die Regeln zuerst formuliert und anschließend in Formeln dargestellt. Einfache Rechenbeispiele, erläuternde Zwischentexte und Abbildungen fördern das Verstehen der behandelten Formeln sowie deren praktische Anwendung. Um das Nachschlagen, Lernen und Einprägen zusätzlich zu erleichtern, sind alle Formeln durch farbige Hinterlegungen hervorgehoben.

Das ausführliche Inhaltsverzeichnis dient dem schnellen Auffinden des gewünschten Teilgebietes. Das alphabetisch geordnete Register ermöglicht den sofortigen Zugriff auf ein bestimmtes Stichwort.

Durch diese anwenderfreundliche Aufbereitung ist die Formelsammlung Mathematik, Physik, anorganische Chemie eine wertvolle Hilfe. Sie dient Schülern, Studenten und allen Interessierten, die sich mit Naturwissenschaften beschäftigen, als handliches Nachschlagewerk.

Inhalts-
verzeichnis

Mathematatik

Vorwort

Die Mathematik ist eine der ältesten Wissenschaften der Erde. Ihre Entwicklung geht bis in die vorgeschichtliche Zeit zurück. Den Menschen der älteren Steinzeit war es bereits möglich, mit einem der Mengenlehre ähnlichen System zwischen viel und wenig zu unterscheiden. Ohne diese Vorstellungskraft wäre der damals übliche Tauschhandel nicht möglich gewesen.

Um 500 v. Chr. begann in Griechenland eine Entwicklung, die zu einer Präzisierung des Zahlenbegriffs führte. Die natürlichen Zahlen wurden eingeführt. In der pythagoräischen Schule wurde dann die Existenz irrationaler Zahlen aufgezeigt. Diese Tatsache, dass sich nicht alles in der Mathematik durch natürliche Zahlen und deren Verhältnisse beschreiben lässt, führte im Lauf der Zeit dazu, dass die von Euklid erarbeitete Geometrie immer mehr an Bedeutung gewann. Hier war es möglich, irrationale Strecken geometrisch darzustellen, ohne dass der Begriff der natürlichen Zahl erforderlich war. Bis in die Neuzeit war Euklids Werk das Standardwerk der Mathematik.

Neben der Geometrie von Euklid haben sich auch andere Zweige der Mathematik entwickelt. So beginnt bereits bei Archimedis die angewandte Mathematik, die sich über Leibniz und Newton zu einer heute noch brauchbaren Methodik entwickelte.

Die heutige Mathematik hat sich in mehrere Zweige gegliedert, die nicht streng voneinander getrennt werden können. Die Arithmetik ist die Lehre von den Zahlen. Die Geometrie ist die zentrale Disziplin nach Euklid. Sie ist ursprünglich aus den konkreten Problemen der Landvermessung hervorgegangen. Im 17. Jahrhundert begründete Descartes die analytische Geometrie. Um 1800 entwickelte sich die Differenzialgeometrie, bei der Kurven und Flächen mithilfe der Differenzial- und Integralrechnung untersucht werden. Die Algebra ist die Lehre von der Auflösung von Gleichungen, die besonders in der arabischen Mathematik gefördert wurde. Die lineare Algebra behandelt Vektorräume und das Lösen von linearen Gleichungen mit *n* Variablen. Die höhere Algebra befasst sich mit den Zusammenhängen von abstrakten Größen. Da die in der Gegenwart gesammelten Erkenntnisse der Mathematik für den Einzelnen unüberschaubar werden, suchte man immer häufiger nach übergeordneten Strukturen, die eine zusammenfassende und ordnende Aufgabe haben.

1.
Zeichen, Rechnungsarten, Regeln

1.1 Allgemeine Zeichen

$=$	gleich
$\neq$	nicht gleich, ungleich
$\sim$	proportional, ähnlich
$\approx$	angenähert, nahezu gleich
$\cong$	kongruent, deckungsgleich
$\triangleq$	entspricht
$\rightarrow$	gegen, nähert sich, konvergiert
$<$	kleiner als
$>$	größer als
$\leq$	kleiner oder gleich
$\geq$	größer oder gleich
%	Prozent
‰	Promille
$\parallel$	parallel
$\perp$	rechtwinklig zu, senkrecht auf
ø	Durchmesser
$\sphericalangle$	Winkel
[AB]	Strecke von A nach B
$\overline{AB}$	Länge der Strecke [AB]
$\overset{\frown}{AB}$	Bogen von A nach B
sgn a	Signum von a
$\|a\|$	Betrag von a
π	Kreiszahl Pi
!	Fakultät
Σ	Summe
$\sqrt[n]{\ }$	n-te Wurzel aus
( )	Matrix
$\|\ \|$	Determinante
$\int$	Integral
∞	unendlich

Mathematik

1.2 Symbole der Mengenlehre

$\mathbb{N}$	Menge der natürlichen Zahlen
$\mathbb{N}_0$	$\mathbb{N}$ mit Null
$\mathbb{Z}$	Menge der ganzen Zahlen
$\mathbb{Q}$	Menge der rationalen Zahlen
$\mathbb{C}$	Menge der komplexen Zahlen
$\mathbb{L}$	Lösungsmenge
$\varnothing$ $\{\}$	leere Menge
$\cup$	vereinigt mit
$\cap$	geschnitten mit
$\times$	Mengenproduktzeichen
$\rightarrow$	abgebildet auf
$\in$	Element von
$\subset$	echte Teilmenge von
$A = \{a_k; k \in \mathbb{N}\}$	Die Menge A besteht aus den Elementen $a1; a2; a3; \dots a_k$

1.3 Symbole der Logik

$A_1 \Rightarrow A_2$	Aus A_1 folgt A_2 (Implikation)
$A_1 \Leftrightarrow A_2$	A_1 und A_2 sind gleichwertig (Äquivalenz)
$A_1 :\Leftrightarrow A_2$	A_1 ist definitionsgemäß äquivalent zu A_2
$\exists$	es existiert mindestens ein ... (Existenzquantor)
$\exists_1$	es existiert genau ein ...
$\vee, \cap$	oder (Disjunktion)
$\wedge, \cup$	und (Konjunktion)
$\bar{x}$	logische Verneinung (Negation)
$A \wedge B$	sowohl A als auch B
$A \vee B$	A oder B oder beides
$\neg A$	Negation von A (nicht A)

Mathematik

1.4 Rechnungsarten

Die Addition

a	$+$	b	$=$	c
(1. Summand)		(2. Summand)		(Summenwert)

Bei der Addition werden die Summanden unter Berücksichtigung der Vorzeichenregeln zu einem Summenwert zusammengefasst.

Beispiele:

$(+8)+(+6)=(+14)$

$(-8)+(-6)=(-14)$

$(+8)+(-6)=(+2)$

$(-8)+(+6)=(-2)$

Die Subtraktion

a	$-$	b	$=$	c
(Minuend)		(Subtrahend)		(Differenzwert)

Bei der Subtraktion wird der Minuend um die Größe des Subtrahenden vermindert und bildet dadurch den Differenzwert. Die Vorzeichenregeln müssen beachtet werden.

Beispiele:

$(+8) - (+6) = (+2)$; $(-8) - (-6) = (-2)$

$(+8) - (-6) = (+14)$; $(-8) - (+6) = (-14)$

Die Multiplikation

a	$\cdot$	b	$=$	c
(1. Faktor)		(2. Faktor)		(Produktwert)

Man erhält den Produktwert, indem man die einzelnen Faktoren unter Berücksichtigung der Vorzeichenregeln miteinander multipliziert.

Beispiele:

$(+8) \cdot (+6) = (+48)$; $(-8) \cdot (-6) = (+48)$

$(+8) \cdot (-6) = (-48)$; $(-8) \cdot (+6) = (-48)$

Die Division

a	$:$	b	$=$	c
(Dividend)		(Divisor)		(Quotientenwert)

Teilt man den Dividenden durch den Divisor, so ergibt sich der Wert des Quotienten. Bei Brüchen bildet der Zähler des Bruches den Dividend und der Nenner des Bruches den Divisor. Beim Teilen sind die Vorzeichenregeln zu berücksichtigen. Die Division mit null ist nicht definiert.

Beispiele:

$(+8):(+4)=(+2); (-8):(-4)=(+2)$

$(+8):(-4)=(-2); (-8):(+4)=(-2)$

Die Potenzierung

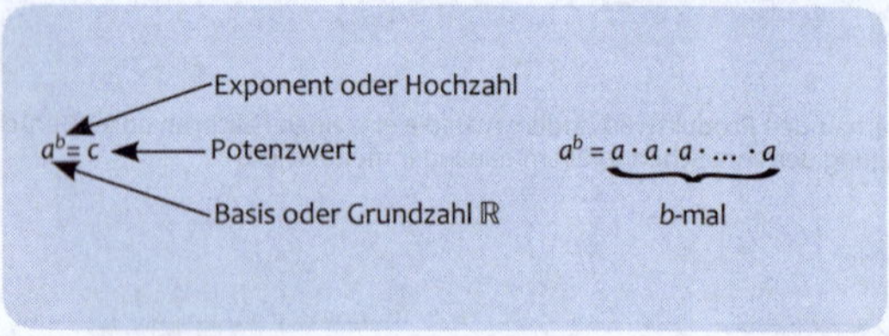

Bei der Potenz a^b muß man die Grundzahl a b-mal als Faktor einer Multiplikation verwenden, um den Potenzwert zu erhalten.

Beispiele:

$3^5 = 3 \cdot 3 \cdot 3 \cdot 3 \cdot 3 = 243$

$(-2)^4 = (-2) \cdot (-2) \cdot (-2) \cdot (-2) = (+16)$

$(-2)^5 = (-2) \cdot (-2) \cdot (-2) \cdot (-2) \cdot (-2) = (-32)$

Die Radizierung

$\sqrt[b]{a} = c$

- Wurzelexponent (b)
- Wurzelwert; gelesen: *b*-te Wurzel aus *a* ist *c* (c)
- Radikand (a)

Radizieren heißt Wurzelziehen. Der Wurzelexponent *b* gibt an, wie oft der Faktor *a* unter dem Wurzelzeichen auftreten muß, damit er einmal vor das Wurzelzeichen gezogen werden darf.

Bei der *b*-ten Wurzel muss ein Faktor *b*-mal unter dem Wurzelzeichen als Produkt vorkommen, damit er einmal vor dem Wurzelzeichen geschrieben werden darf.

Beispiele:

$\sqrt[3]{2 \cdot 2 \cdot 2} = 2$

$\sqrt[5]{3 \cdot 3 \cdot 3 \cdot 3 \cdot 3} = 3$

$\sqrt[2]{5 \cdot 5} = 5$

$\sqrt[2]{\underbrace{5 \cdot 5} \cdot \underbrace{5 \cdot 5} \cdot 5} = 5 \cdot 5 \cdot \sqrt[2]{5}$

$\sqrt[2]{a}$ kann auch ohne den Wurzelexponenten angegeben werden: Quadratwurzel.

Bei geradzahligen Wurzelexponenten darf der Radikand in der Grundmenge $\mathbb{R}$ nicht negativ sein.

$\sqrt{-4}$ ist nicht definiert; $\sqrt[8]{-2}$ ist nicht definiert.

Es gibt keine reelle Zahl, die mit sich selbst multipliziert einen negativen Produktwert besitzt. Dies bedeutet, dass unter einer Wurzel mit geradzahligem Wurzelexponent nur positive Zahlenwerte stehen dürfen (Ausnahme: Koplexe Zahlen).

Die Logarithmierung

$\log_b a = c$

Numerus: a — Basis: b — Logarithmus: c

gelesen: Der Logarithmus von *a* zur Basis *b* ist *c*

Die Umkehrfunktion des Potenzierens ist die Logarithmusfunktion, bei der zu dem gegebenen Potenzwert und der gegebenen Basis der Exponent gesucht wird.

$b^x = a \Leftrightarrow x = \log_b a$; $b^{\log_b a} = a$

gelesen: Der Logarithmus von *a* zur Basis *b* ist diejenige Zahl, mit der man *b* potenzieren muss, um *a* zu erhalten.

Zur Bestimmung des Logarithmus hat man früher eine Logarithmentafel verwendet. Seit der Einführung des Taschenrechners ist diese Tafel nicht mehr nötig.

Bei $\log_b a$ muss $b > 0$; $b \neq 1$; $a > 0$ sein.

1.5 Vorzeichenregeln

Addition und Subtraktion

Wir unterscheiden zwischen den Vorzeichen von Zahlen und den Rechenzeichen für Zahlen:

(+2)	−	(−4)	=	+6
↑	↑	↑		↑
Vorzeichen	Rechenzeichen	Vorzeichen		Vorzeichen

Beim Zusammenkommen von Vorzeichen und Rechenzeichen gilt:
+ und + → +; – und – → +; + und – → –; – und + → –.

$$+(+a) = +a$$
$$-(-a) = +a$$
$$+(-a) = -a$$
$$-(+a) = -a$$

Ein Pluszeichen vor einer Klammer verändert die Vorzeichen in der Klammer nicht!

$$a + (b - c) = a + b - c$$

Ein Minuszeichen vor einer Klammer dreht alle Vorzeichen der Glieder in der Klammer um.

$$a - (b - c) = a - b + c$$

Beispiele:

$$3 + (4 - 6) = 3 + 4 - 6 = 1$$
$$3 - (4 - 6) = 3 - 4 + 6 = 5$$

Multiplikation und Division

Wenn zwei Faktoren das gleiche Vorzeichen haben, dann ist das Produkt immer positiv. Haben zwei Faktoren verschiedene Vorzeichen, so ist das Produkt immer negativ.

$$(+a)\cdot(+b) = +ab$$
$$(-a)\cdot(-b) = +ab$$
$$(+a)\cdot(-b) = -ab$$
$$(-a)\cdot(+b) = -ab$$

Beispiele:

$$(+4)\cdot(+5) = +20\,;\,(-4)\cdot(-5) = +20$$
$$(+4)\cdot(-5) = -20\,;\,(-4)\cdot(+5) = -20$$

Haben bei einer Division Dividend und Divisor das gleiche Vorzeichen, so ist der Quotient immer positiv. Sind die Vorzeichen von Dividend und Divisor verschieden, so ist der Quotient immer negativ.

$$(+a):(+b) = +\frac{a}{b}$$
$$(-a):(-b) = +\frac{a}{b}$$
$$(+a):(-b) = -\frac{a}{b}$$
$$(-a):(+b) = -\frac{a}{b}$$

Beispiele:

$$(+6):(+3) = +\frac{6}{3} = +2$$

$$(-6):(-3) = +\frac{6}{3} = +2$$

$$(+6):(-3) = -\frac{6}{3} = -2$$

$$(-6):(+3) = -\frac{6}{3} = -2$$

1.6 Rechenregeln bei Brüchen

Das Erweitern

Brüche werden erweitert, indem man Zähler und Nenner mit dem gleichen Faktor multipliziert.

$$\frac{a}{b} = \frac{a \cdot k}{b \cdot k};$$

Erweiterungsfaktor k

Beispiel:

$$\frac{4}{3} = \frac{4 \cdot 2}{3 \cdot 2} = \frac{8}{6} = \frac{8 \cdot 3}{6 \cdot 3} = \frac{24}{18}$$

Mathematik

Das Kürzen

Brüche kann man kürzen, wenn im Zähler und im Nenner gleiche Faktoren auftreten.

$$\frac{a \cdot b}{b \cdot c} = \frac{a}{c};$$

gemeinsamer Faktor *b*

Beispiele:

$$\frac{4 \cdot 7}{5 \cdot 7} = \frac{4}{5}$$

$$\frac{3 \cdot 8}{2 \cdot 5} = \frac{3 \cdot 4 \cdot 2}{2 \cdot 5} = \frac{12}{5}$$

In Differenz und Summen darf nicht gekürzt werden!

Das Rationalmachen von Nennern

Über das Erweitern von Brüchen können Nenner rational gemacht werden. Der Erweiterungsfaktor ist entweder der gesamte Nennerterm oder ein Term, der im Nenner eine dritte binomische Formel entstehen lässt.

$$\frac{a}{\sqrt{b}} = \frac{a \cdot \sqrt{b}}{\sqrt{b} \cdot \sqrt{b}} = \frac{a \cdot \sqrt{b}}{b} \leftarrow \text{rational}$$

$$\frac{a}{\sqrt{b}+1} = \frac{a \cdot (\sqrt{b} - 1)}{(\sqrt{b}+1) \cdot (\sqrt{b}-1)} = \frac{u \cdot \sqrt{b} - 1}{(b-1)} \leftarrow \text{rational}$$

Beispiele:

$$\frac{2}{\sqrt{3}} = \frac{2 \cdot \sqrt{3}}{\sqrt{3} \cdot \sqrt{3}} = \frac{2 \cdot \sqrt{3}}{3}$$

$$\frac{\sqrt{2}}{\sqrt{5}} = \frac{\sqrt{2} \cdot \sqrt{5}}{\sqrt{5} \cdot \sqrt{5}} = \frac{\sqrt{10}}{5}$$

$$\frac{3}{\sqrt{2}+1} = \frac{3 \cdot (\sqrt{2}-1)}{(\sqrt{2}+1) \cdot (\sqrt{2}-1)} = \frac{3 \cdot \sqrt{2} - 3}{2-1}$$

Das Addieren und Subtrahieren

Brüche mit gleichem Nenner können unter Beibehaltung der Nenner miteinander subtrahiert und addiert werden. Sind die Nenner verschieden, so müssen sie am besten über das kleinste gemeinsame Vielfache gleichnamig gemacht werden.

$$\frac{a}{b} + \frac{c}{b} - \frac{d}{b} = \frac{a + c - d}{b}$$

$$\frac{a}{b} + \frac{c}{d} = \frac{a \cdot d + c \cdot b}{b \cdot d}$$

$$\frac{a}{b} - \frac{c}{d} = \frac{a \cdot d - c \cdot b}{b \cdot d}$$

$b \cdot d$ – heißt Hauptnenner

Beispiele:

$$\frac{4}{5} + \frac{2}{3} = \frac{4 \cdot 3 + 2 \cdot 5}{5 \cdot 3} = \frac{12 + 10}{15} = \frac{22}{15}$$ ← Hauptnenner

$$\frac{5}{6} - \frac{1}{4} = \frac{5 \cdot 2 - 1 \cdot 3}{6 \cdot 2} = \frac{7}{12}$$ ← Hauptnenner

Mathematik

Das Multiplizieren und Dividieren

Brüche werden multipliziert, indem man Zähler mit Zähler und Nenner mit Nenner multipliziert. Gleiche Faktoren dürfen gekürzt werden. Brüche werden dividiert, indem man mit dem Kehrwert des Divisors multipliziert. Dabei sind die Vorzeichenregeln zu beachten.

$$\frac{a}{b} \cdot \frac{c}{d} = \frac{a \cdot c}{b \cdot d}$$

$$\frac{a}{b} : \frac{c}{d} = \frac{a}{b} \cdot \frac{d}{c} = \frac{a \cdot d}{b \cdot c}$$

Beispiele:

$$\frac{2}{3} \cdot \frac{5}{4} = \frac{2 \cdot 5}{3 \cdot 4} = \frac{1 \cdot 5}{3 \cdot 2} = \frac{5}{6}$$

$$\frac{4}{7} \cdot \frac{(-7)}{2} = \frac{4 \cdot (-7)}{7 \cdot 2} = \frac{(-2)}{1} = -2$$

$$\frac{3}{8} : \frac{9}{4} = \frac{3}{8} \cdot \frac{4}{9} = \frac{3 \cdot 4}{8 \cdot 9} = \frac{1 \cdot 1}{2 \cdot 3} = \frac{1}{6}$$

1.7 Das Zahlensystem

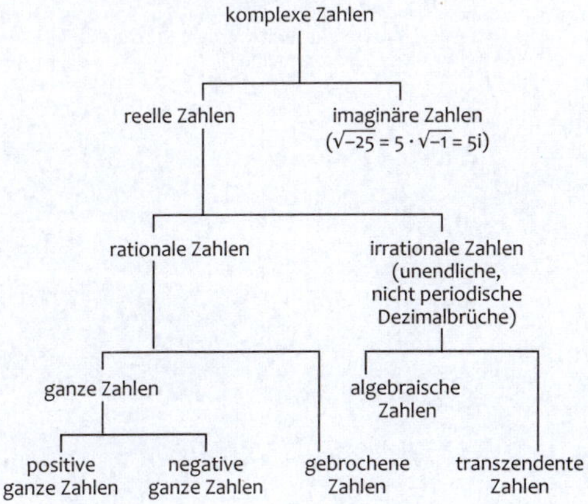

Menge der natürlichen Zahlen
Symbol $\mathbb{N}$
(positive ganze Zahlen)

$\mathbb{N} = \{1; 2; 3; 4; \ldots\}$

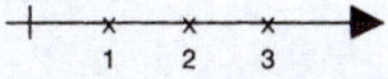

Menge der ganzen Zahlen
Symbol $\mathbb{Z}$
(negative und positive ganze Zahlen mit Null)

$\mathbb{Z} = \{\ldots -3; -2; -1; 0; 1; 2; 3; 4; \ldots\}$

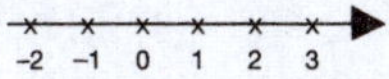

Menge der rationalen Zahlen
Symbol $\mathbb{Q}$
(ganze Zahlen und gebrochene Zahlen)

$\mathbb{Q} = \left\{ \frac{g}{h} \middle| g \in \mathbb{Z} \wedge h \in \mathbb{N} \right\}$

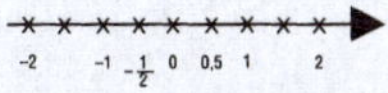

Menge der reellen Zahlen
Symbol $\mathbb{R}$
(rationale Zahlen und nicht rationale reelle Zahlen)

$\mathbb{R} = \mathbb{Q} \cup \{\text{irrationale Zahlen}\}$

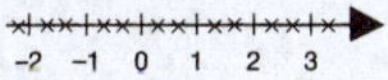

Menge der komplexen Zahlen
Symbol $\mathbb{C}$

$\mathbb{C} = \mathbb{R} \cup \{\text{imaginäre Zahlen}\}$

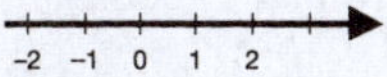

$\mathbb{N} \subset \mathbb{Z} \subset \mathbb{Q} \subset \mathbb{R} \subset \mathbb{C}$

2.
Arithmetik und Algebra

Die Arithmetik (Zahlenlehre) ist das Rechnen mit Zahlen und das Anwenden von Rechengesetzen auf Zahlen. Die Algebra ist im ursprünglich engeren Sinne die Lehre von den Gleichungen und ihren Lösungsmethoden. In der modernen Theorie der Algebra werden die Strukturen mathematischer Mengen und die Verknüpfungseigenschaften ihrer Elemente untersucht. Es wird nach formalen Regeln gesucht, denen die Elemente dieser mathematischen Mengen unterliegen.

2.1 Das Rechnen im Bereich der reellen Zahlen

(Begriff der reellen Zahlen siehe Seite 37)

Der Betrag von reellen Zahlen

Der Betrag einer reellen Zahl ist immer größer oder gleich null.

$$|a| = \begin{cases} a & \text{für } a > 0 \\ 0 & \text{für } a = 0 \\ -a & \text{für } a < 0 \end{cases}$$

a und –*a* sind vom Nullpunkt 0 der Zahlengeraden gleich weit entfernt. Der Betrag von *a* gibt also die Entfernung von *a* vom Nullpunkt an.

Beispiele:

$|4| = 4$

$|-4| = -(-4) = +4 = 4$

Der Betrag aus der Differenz zweier Zahlen ist immer größer oder gleich null. Der Betrag aus der Summe zweier Zahlen ist ebenfalls immer größer oder gleich null.

$$|a-b| = \begin{cases} a-b & \text{für } a > 0 \\ 0 & \text{für } a = b \\ b-a & \text{für } a < 0 \end{cases}$$

Beispiele:

$|7-4| = 7-4 = 3$

$|5-5| = 0$

$|4-7| = -(4-7) = -4+7 = 3$

Dreiecksungleichung:

$|a| - |b| \leq |a+b| \leq |a| + |b|$

$|a| - |b| \leq |a-b| \leq |a| + |b|$

Der Betrag aus der Summe zweier Zahlen verhält sich in Teilbeträgen wie der Betrag aus der Differenz dieser beiden Zahlen.

Das Vorzeichen einer Zahl

Das Vorzeichen einer Zahl heißt Signum (sgn).

$$\operatorname{sgn} z = \begin{cases} +1 & \text{für } z > 0 \\ 0 & \text{für } z = 0 \\ -1 & \text{für } z < 0 \end{cases} \qquad \operatorname{sgn} z = \frac{|z|}{z}$$

Das Rechnen mit Potenzen

Potenzen mit gleicher Basis werden multipliziert, indem man die Exponenten addiert; sie werden dividert, indem man die Exponenten subtrahiert. Potenzen mit gleichem Exponenten können bei der Multiplikation und Division zu einer Potenz zusammengefasst werden. Potenzen werden potenziert, indem man die Exponenten multipliziert. Potenzen mit negativer Hochzahl sind der Kehrwert der Potenz mit positiver Hochzahl.

$$a^m \cdot a^n = a^{m+n}$$

$$\frac{a^m}{a^n} = a^{m-n} \qquad \text{für } a \neq 0$$

$$a^n \cdot b^n = (a \cdot b)^n$$

$$a^n : b^n = (a : b)^n \qquad \text{für } b \neq 0$$

$$(a^m)^n = a^{m \cdot n}$$

$$a^{-n} = \frac{1}{a^n} \qquad \text{für } a \neq 0$$

$$a^0 = 1$$

Beispiele:

$$4^3 \cdot 4^2 = 4^{3+2}$$

$$4^3 : 4^2 = 4^{3-2} = 4^1$$

$$4^2 \cdot 5^2 = (4 \cdot 5)^2 = 20^2$$

$$6^2 : 2^2 = (6 : 2)^2 = 3^2$$

$$(3^2)^4 = 3^{2 \cdot 4} = 3^8$$

$$3^{-2} = \frac{1}{3^2}$$

Mathematik

Die Wurzelrechnung

Die $\sqrt[n]{a}$ mit $a > 0$, $a \in \mathbb{R}$ und $n \in \mathbb{N}$ ist die eindeutig bestimmte positive Zahl, deren *n*-te Potenz gleich *a* ist.

$\sqrt[2]{a} = \sqrt{a}$ heißt Quadratwurzel aus *a*.

$\sqrt[3]{a}$ heißt Kubikwurzel oder 3-te Wurzel aus *a*.

$\sqrt[n]{a}$ heißt *n*-te Wurzel aus *a*. Die *n*-ten Wurzeln aus *m*-ten Wurzeln positiver reeller Zahlen sind wieder positive reelle Zahlen.

Wurzeln mit gleichem Wurzelexponenten dürfen bei der Multiplikation und Division unter eine Wurzel mit diesem Wurzelexponenten zusammengefasst werden.

Produkt:

$$\sqrt[n]{a} \cdot \sqrt[n]{b} = \sqrt[n]{a \cdot b}$$

Quotient:

$$\sqrt[n]{a} : \sqrt[n]{b} = \sqrt[n]{a : b} \qquad \text{für } b \neq 0$$

Die $\sqrt[n]{a}$ kann man in der Potenzschreibweise durch $a^{\frac{1}{n}}$ darstellen. Es haben dann die gleichen Regeln Gültigkeit wie bei der Potenzrechnung.

Binome und Trinome

Produktform	Quadratform	Summenform
$(a+b)\cdot(a+b)$	$=(a+b)^2$	$=a^2+2ab+b^2$
$(a-b)\cdot(a-b)$	$=(a-b)^2$	$=a^2-2ab+b^2$
$(a-b)\cdot(a+b)$	$=$	$=a^2-b^2$

Binome setzen sich aus Faktoren mit zwei Variablen, die additiv auftreten, zusammen.

Beispiele:

$(3 + 2b)^2 = 9 + 12b + 4b^2$

$(4 - 2a)^2 = 16 - 16a + 4a^2$

$(2a - 3b) \cdot (2a + 3b) = 4a^2 - 9b^2$

Sonderformeln:

$(a + b)^3 = a^3 + 3a^2b + 3ab^2 + b^3$

$(a - b)^3 = a^3 - 3a^2b + 3ab^2 - b^3$

$(a - b) \cdot (a^2 + ab + b^2) = a^3 - b^3$

$(a + b) \cdot (a^2 - ab + b^2) = a^3 + b^3$

$a^2 + b^2$ ist in der Grundmenge $\mathbb{R}$ nicht als Produkt darstellbar.

Über die Binomialkoeffizienten ($n \in \mathbb{N}; k \in \mathbb{N}_0$) $\binom{n}{k}$ (gelesen: *n* über *k*) kann man den binomischen Lehrsatz wie folgt darstellen:

$$(a + b)^n = \sum_{k=0}^{n} \binom{n}{k} a^{n-k} \cdot b^k$$

$$(a - b)^n = \sum_{k=0}^{n} (-1)^k \binom{n}{k} a^{n-k} \cdot b^k$$

Beispiele

für n = 4:

$(a + b)^4 = a^4 + 4a^3b + 6a^2b^2 + 4ab^3 + b^4$

$(a - b)^4 = a^4 - 4a^3b + 6a^2b^2 - 4ab^3 + b^4$

Berechnung des Binomialkoeffizienten:

$$\binom{n}{k} = \frac{n \cdot (n-1) \cdot (n-2) \ldots (n-k+1)}{k!} =$$

$$= \frac{n!}{k! \cdot (n-k)!} \qquad \text{für } k \leq n$$

Beispiel:

$$\binom{10}{4} = \frac{10 \cdot 9 \cdot 8 \cdot 7}{1 \cdot 2 \cdot 3 \cdot 4} = 210$$

Pascal'sches Dreieck

Das Pascal'sche Dreieck dient zur Anordnung der Binomialkoeffizienten.

1
1 1
1 2 1
1 3 3 1
1 4 6 4 1
1 5 10 10 5 1

$\binom{n}{k}$ steht in diesem Dreieck in der $(n+1)$-ten Zeile an der $(k+1)$-ten Stelle.

Beispiel:

$\binom{4}{2}$ steht in Zeile 5 an der Stelle 3.
Es ergibt sich der Wert 6.

Trinome setzen sich aus Faktoren mit drei Variablen, die additiv auftreten, zusammen.

$$(a + b + c)^2 = a^2 + b^2 + c^2 + 2ab + 2ac + 2bc$$

$$(a - b - c)^2 = a^2 + b^2 + c^2 - 2ab - 2ac + 2bc$$

2.2 Imaginäre und komplexe Zahlen

Die imaginären Zahlen

Die Lösung der Gleichung $x^2 = -a$ für $a > 0$ ist in der Menge der reellen Zahlen nicht möglich. Durch die Einführung einer imaginären Einheit $i^2 = -1$ kann man die Lösungsmenge bestimmen.

Aus $x^2 = (-1) \cdot (a)$; $a > 0$ folgt $x^2 = i^2 \cdot a$ und somit $\mathbb{L} = \{ i\sqrt{a}; -i\sqrt{a} \}$.

Die Menge der imaginären Zahlen kann durch Punkte auf der imaginären Zahlengeraden als Vielfaches der imaginären Einheit *i* dargestellt werden. Reelle und imaginäre Zahlengeraden stehen dabei aufeinander senkrecht.

Algebraische Summen von imaginären Zahlen sind entweder imaginär oder null. Produkte von imaginären Zahlen sind entweder reell oder imaginär.

Beispiele:

$$3i - 7i + 8i = 4i$$

$$3i - 5i + 2i = 0$$

$$3i \cdot 6i = 18i^2 = -18$$

Mathematik

Die komplexen Zahlen

Alle komplexen Zahlen setzen sich aus einem Realteil und einem Imaginärteil zusammen.

Komplexe Zahlen z = Realteil a + Imaginärteil bi; $a, b \in \mathbb{R}$

Die Menge aller Zahlen $a + bi$ bildet die Menge der komplexen Zahlen $\mathbb{C}$.

Addition:

$$(a+bi) \pm (c+di) = (a \pm c) + (b \pm d) \cdot i$$

$$(a+bi) + (a-bi) = 2a$$

Subtraktion:

$$(a+bi) - (c+di) = (a-c) + (b-d) \cdot i$$

$$(a+bi) - (a-bi) = 2bi$$

Multiplikation:

$$(a+bi) \cdot (c+di) = (ac-bd) + (ad+bc) \cdot i$$

$$(a+bi) \cdot (a-bi) = a^2 + b^2, \text{ da } i^2 = -1$$

Division:

$$\frac{a+bi}{c+di} = \frac{ac+bd}{c^2+d^2} + \frac{bc-ad}{c^2+d^2} \cdot i$$

Beim Rechnen mit komplexen Zahlen werden die Realteile und die Imaginärteile der einzelnen Zahlen getrennt voneinander behandelt. Ergibt sich bei der Rechnung i^2, so kann dafür –1 gesetzt werden.

2.3 Die Logarithmenrechnung

Die Lösung der Gleichung $a^x = c$ mit $a \in \mathbb{R}^+ \setminus \{ 1 \}$ und $c \in \mathbb{R}^+$ heißt Logarithmus von c zur Basis *a*.

Man schreibt $x = \log_a c$.

Die Bestimmung des Logarithmus aus dem gegebenen Numerus heißt Logarithmieren.

Das Aufsuchen des Numerus bei gegebenem Logarithmus heißt Delogarithmieren.

Im Allgemeinen gehören die Logarithmen zu den irrationalen Zahlen.

Dekadische Logarithmen

Die dekadischen Logarithmen sind für unser Zehnersystem am leichtesten anwendbar, da sie die Basis 10 besitzen.

Der Logarithmus einer Zehnerpotenz ist immer gleich dem Exponenten (dekadischer Logarithmus!).

Der Logarithmus einer Zahl, die nicht Zehnerpotenz ist, lässt sich stets mithilfe der dekadischen Logarithmen aus den Zahlen zwischen 1 und 10 bestimmen.

Dazu wird die Zahl als Produkt angeschrieben, wobei der eine Faktor eine Zehnerpotenz und der andere Faktor eine Zahl zwischen 1 und 10 ist.

Für den Logarithmus mit der Basis 10 schreibt man verkürzt lg.

Mathematik

Beispiele:

$\lg 10 = 1$

$\lg 1000 = 3$

$\lg 0{,}01 = -2$

$\lg 10^1 = 1$

$\lg 10^3 = 3$

$\lg 10^{-2} = -2$

Die Kennzahl des Logarithmus gibt die Größe des Numerus im Verhältnis zur Zehnerpotenz an.

Für einen Numerus größer als 1 ist die Kennzahl um 1 kleiner als die Zahl der Stellen vor dem Komma.

Für einen Numerus kleiner als 1 ist die Kennzahl negativ. Ihr Betrag ist gleich der Zahl der Nullen vor der ersten von Null verschiedenen Ziffer, wobei die Null vor dem Komma mitgerechnet wird.

Weder der Numerus c noch die Basis a dürfen einen negativen Wert haben.

Beispiel:

$\log_{-2} 3$ kann nicht bestimmt werden, da es kein x gibt,

für das die Gleichung $(-2)^x = 3$ eine wahre Aussage ergibt.

Ebenso ist es für $\log_2(-3)$.

Natürliche Logarithmen

Ist bei Logarithmen die Basis a gleich e ($e \triangleq$ Euler'sche Zahl $\approx 2{,}718281...$), so spricht man von natürlichen Logarithmen.

$\log_e a = \ln a$ (Logarithmus Naturalis); $a = e^x \Leftrightarrow x = \ln a$

Der Zusammenhang zwischen den dekadischen und natürlichen Logarithmen lässt sich wie folgt darstellen:

$$\lg a = \frac{\ln a}{\ln 10} = \ln a \cdot \lg e, \text{ da } \frac{1}{\ln 10} = \lg e$$

Logarithmengesetze

Die Logarithmengesetze haben Gültigkeit für:
$u > 0\,;\, v > 0\,;\, a > 0\,;\, a \neq 1 \{ u, v, a, n \} \in \mathbb{R}$

$$\log_a (u \cdot v) = \log_a u + \log_a v$$

$$\log_a \left(\frac{u}{v}\right) = \log_a u - \log_a v$$

$$\log_a (u^n) = n \cdot \log_a u$$

$$\log_a \sqrt[n]{u} = \frac{1}{n} \cdot \log_a u$$

$$\log_a \sqrt[n]{u^m} = \frac{m}{n} \cdot \log_a u$$

Sonderfälle: $\log_a a = 1\,;\, \log_a 1 = 0$

2.4 Prozentrechnung und Zinsrechnung

Prozentrechnung (Promillerechnung)

Ein Prozent vom Grundwert ist der hundertste Teil des Grundwertes.

1 % (1 v. Hundert) $= \frac{1}{100}$ des Grundwertes

p % (p v. Hundert) $= \frac{p}{100}$ des Grundwertes

Ein Promille vom Grundwert ist der tausendste Teil des Grundwertes.

1 ‰ (1 v. Tausend) $= \frac{1}{1000}$ des Grundwertes

p ‰ (p v. Tausend) $= \frac{p}{1000}$ des Grundwertes

Beispiele:

30 % von 400 € $= \frac{30}{100} \cdot 400$ € $= 120$ €

20 ‰ von 8000 € $= \frac{20}{1000} \cdot 8000$ € $= 160$ €

Für den Prozentwert P, den Prozentsatz p und den Grundwert G gilt:

$$\frac{P}{p} = \frac{G}{100}$$

Der Quotient aus Prozentwert und Prozentsatz verhält sich genau so, wie der Quotient aus Grundwert und Hundert.
Gleiches gilt bei der Promillerechnung für Promillewert, Promillesatz und Grundwert.

Zinsrechnung

Für die Zinsrechnung sind das Kapital *k*, der Zinssatz *p*, die Zinsen z und die Anlagezeit t maßgebend. Jede dieser vier Variablen kann aus einer gemeinsamen Zinsformel, die sich für Jahre, Monate und Tage darstellen lässt, errechnet werden.

Berechnung von	in Jahren	in Monaten	in Tagen
Zinsen z	$z = \frac{k \cdot p \cdot t}{100}$	$z = \frac{k \cdot p \cdot t}{100 \cdot 12}$	$z = \frac{k \cdot p \cdot t}{100 \cdot 360}$
Kapital *k*	$k = \frac{100 \cdot z}{p \cdot t}$	$k = \frac{100 \cdot 12 \cdot z}{p \cdot t}$	$k = \frac{100 \cdot 360 \cdot z}{p \cdot t}$
Zinssatz *p*	$p = \frac{100 \cdot z}{k \cdot t}$	$p = \frac{100 \cdot 12 \cdot z}{k \cdot t}$	$p = \frac{100 \cdot 360 \cdot z}{k \cdot t}$
Zeit t	$t = \frac{100 \cdot z}{k \cdot p}$	$t = \frac{100 \cdot 12 \cdot z}{k \cdot p}$	$t = \frac{100 \cdot 360 \cdot z}{k \cdot p}$

Beispiel:

Welche Zinsen fallen für ein Kapital von 2000 € in 6 Monaten bei P = 8 % an?

$$z = \frac{k \cdot p \cdot t}{100 \cdot 12}$$

$$z = \frac{2000 \cdot 8 \cdot 6}{100 \cdot 12} \text{ €}$$

$$z = 80 \text{ €}$$

Zinseszinsrechnung

Bei der Zinseszinsrechnung wird der neue Zins stets aus dem um den alten Zins erhöhten Kapital errechnet.
Nötige Größen sind das Grundkapital k_0, das Endkapital k_n, die Zinsabschnitte n, der Zinssatz p sowie der Zinsfaktor q.

Allgemein gilt: $k_n = k_0 \cdot q^n$ mit $q = 1 + \frac{p}{100}$

Berechnung des Zinsfaktors: $q = \sqrt[n]{\frac{k_n}{k_0}}$

Berechnung des Zinssatzes: $p = 100 \cdot \left(\sqrt[n]{\frac{k_n}{k_0}} - 1 \right)$

Berechnung der Zinsabschnitte: $n = \frac{\lg k_n - \lg k_0}{\lg q}$

2.5 Folgen und Reihen

Eine geordnete Menge von Zahlen heißt Zahlenfolge. Endliche Folgen brechen nach dem letzten Glied. Teilfolgen entstehen, wenn man in einer unendlichen Folge endlich oder unendlich viele Glieder weglässt.

Jede reelle Zahlenfolge (a_k) ist eine eindeutige Abbildung der Menge der natürlichen Zahlen $\mathbb{N}$ auf eine Teilmenge der reellen Zahlen $\mathbb{R}$.

$$\{a_k\} = a_1; a_2; a_3; a_4; \ldots; a_k; \ldots; a_n; \ldots$$

$a_1 \triangleq$ Anfangsglied; $a_n \triangleq$ Endglied, falls die Folge endlich ist;
$a_k \in \mathbb{R} \triangleq$ Bilder; $k \in \mathbb{N} \triangleq$ Urbilder.

endliche Folge	$a_k = f(k)$ für $k \rightarrow n$
unendliche Folge	$a_k = f(k)$ für $k \rightarrow \infty$
Teilfolge	$b_k = a_{2k}$ für $\{ b_k \} = 2 ; 4 ; 6 ; \ldots$
Differenzenfolge	$d_k = a_{k+1} - a_k$ für $k \in \mathbb{N}$
Quotientenfolge	$q_k = \frac{a_{k+1}}{a_k}$ für $k \in \mathbb{N}$
Partialsummenfolge	$s_k = a_1 + a_2 + a_3 + \ldots + a_k$
alternierende Folge	Vorzeichen wechseln in $\{ a_k \}$
monoton steigende Folge	$a_{k+1} \geq a_k$
monoton fallende Folge	$a_{k+1} \leq a_k$
streng monoton steigende Folge	$a_{k+1} > a_k$
streng monoton fallende Folge	$a_{k+1} < a_k$
konstante Folge	$a_k = a_{k+1} =$ konstant
beschränkte Folge	Die Glieder der Folge liegen zwischen einer unteren Schranke *S* und einer oberen Schranke *T* der Folge. Dabei sind $T, S \in \mathbb{R}$.
Nullfolge	Liegt vor, wenn die Folgeglieder a_k gegen Null gehen und sich davon nicht wieder entfernen (für $k \rightarrow \infty$ geht $a_k \rightarrow 0$).

Beispiel einer Nullfolge:

$$1 ; \frac{1}{2} ; \frac{1}{3} ; \frac{1}{4} ; \frac{1}{5} ; \frac{1}{6} ; \ldots$$

Arithmetische Folgen und Reihen

Bei arithmetischen Folgen ist die Differenz zweier aufeinanderfolgender Glieder konstant.

$$\{a_k\} = a_1 ; (a_1 + d) ; (a_1 + 2d) ; (a_1 + 3d) ; \dots ; a_n$$

$a_1 \triangleq$ Anfangsglied; $a_n \triangleq$ Endglied; $n \triangleq$ Gliederanzahl;
$d \triangleq$ Differenz zwischen zwei Gliedern

Die Summe der ersten n Glieder kann entweder aus der Angabe von a_1, a_n und n oder aus der Angabe von a_1, n und d errechnet werden.

Beispiel:

Die Summe der ersten 6 Glieder der Folge 1; 5; 9; 13; 17; 21 ... soll berechnet werden.

1. Möglichkeit:	2. Möglichkeit:
$S_n = \frac{n \cdot (a_1 + a_n)}{2}$	$S_n = \frac{n}{2} \cdot [2a_1 + (n-1) \cdot d]$

aus Angabe: $n = 6 ; a_1 = 1 ; a_n = a_6 = 21 ; d = 4$

$S_n = \frac{6 \cdot (1 + 21)}{2}$	$S_n = \frac{6}{2} \cdot [2 \cdot 1 + (6-1) \cdot 4]$
$S_n = 66$	$S_n = 66$

Auf beiden Rechenwegen gelangt man zum selben Ergebnis.

Geometrische Folgen und Reihen

Bei geometrischen Folgen ist der Quotient zweier benachbarter Glieder konstant.

Die endliche geometrische Folge $\{ a_k \} = a_1 ; a_1q ; a_1q^2 ; a_1q^3 , ...$ hat als konstanten Quotienten zweier benachbarter Glieder den Wert q.

Je nach Wert des Quotienten q gilt:

$q > 1$	Folge ist steigend
$q = 1$	Folge ist konstant
$0 < q < 1$	Folge ist fallend
$q < 0$	Folge ist alternierend

Die Summe der ersten n Glieder wird auf zwei Arten berechnet:

für $q \neq 1$ gilt $S_n = a_1 \cdot \dfrac{(q^n - 1)}{q - 1}$

für $q = 1$ gilt $S_n = a_1 \cdot n$

Beispiel:

Die Summe der ersten 5 Glieder der geometrischen Folge
3 ; 6 ; 12 ; 24 ; 48 ; ... soll berechnet werden.

aus Angabe: $a_1 = 3 ; q = 2$

(somit ergibt sich $3 ; 3 \cdot 2 = 6 ; 3 \cdot 2^2 = 12 ; 3 \cdot 2^3 = 24$ ...);
mit $n = 5$ (Einsetzen) ergibt sich:

$$S_n = \frac{a_1 \cdot (q^n - 1)}{q - 1}$$

$$S_5 = \frac{3 \cdot (2^5 - 1)}{2 - 1} = \frac{3 \cdot 31}{1} = 93$$

2.6 Determinanten

$$|a_{ik}| = \begin{vmatrix} a_{11} & a_{12} & a_{13} & \cdots & a_{1n} \\ a_{21} & a_{22} & a_{23} & \cdots & a_{2n} \\ & & \vdots & & \\ a_{n1} & a_{n2} & a_{n3} & \cdots & a_{nn} \end{vmatrix}$$

Die Zahlen a_{ik} heißen Elemente der Determinante. Die Horizontalreihen heißen Zeilen. Die Vertikalreihen heißen Spalten.

Die Elemente $a_{11}, a_{22}, a_{33}, a_{44}, \ldots, a_{nn}$ bilden die Hauptdiagonale (links oben nach rechts unten!). Die Elemente $a_{1n}, a_{2n-1}, a_{3n-2}, \ldots, a_{n1}$ bilden die Nebendiagonale (rechts oben nach links unten!).

Alle Spalten und Zeilen sind gleichberechtigt und heißen Reihen.

Berechnung einer zweireihigen Determinante

Das Produkt aus den Elementen der Hauptdiagonalen minus dem Produkt aus den Elementen der Nebendiagonalen bildet den Wert der Determinante.

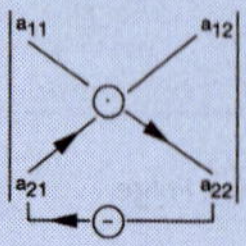

$= a_{11}a_{22} - a_{21}a_{12}$

Beispiele:

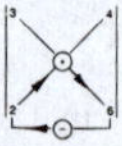

$= 3 \cdot 6 - 2 \cdot 4 = 18 - 8 = 10$

$$\begin{vmatrix} 4a & 2a \\ 3a & 5a \end{vmatrix} = 4a \cdot 5a - 3a \cdot 2a = 20a^2 - 6a^2 = 14a^2$$

Den Wert einer *n*-reihigen Determinante bestimmt man, indem man jedes Glied a_{ik} einer Reihe mit seiner zugehörigen Unterdeterminanten A_{ik} multipliziert und die sich ergebenden Produkte addiert.

Das Vorzeichen der Unterdeterminante wird durch $(-1)^{i+k}$ bestimmt.

Die Unterdeterminante A_{ik} geht durch Streichen der *i*.-ten Zeile und der *k*.-ten Spalte aus der ursprünglichen Determinante hervor.

$$\begin{vmatrix} a_{11} & a_{12} & a_{13} & \cdots & a_{1n} \\ a_{21} & a_{22} & a_{23} & \cdots & a_{2n} \\ & & \vdots & & \\ a_{n1} & a_{n2} & a_{n3} & \cdots & a_{nn} \end{vmatrix} =$$

$$= a_{11} \cdot (-1)^{1+1} + A_{11} + a_{12} \cdot (-1)^{1+2} \cdot A_{12} + a_{13} \cdot (-1)^{1+3} \cdot A_{13}$$
$$+ \ldots + a_{1n} \cdot (-1)^{1+n} \cdot A_{1n}$$

allgemeines Beispiel:

$$\begin{vmatrix} a_{11} & a_{12} & a_{13} \\ a_{21} & a_{22} & a_{23} \\ a_{31} & a_{32} & a_{33} \end{vmatrix} = a_{11} \cdot \underbrace{\begin{vmatrix} a_{22} & a_{23} \\ a_{32} & a_{33} \end{vmatrix}}_{A_{11}} - a_{12} \cdot \underbrace{\begin{vmatrix} a_{21} & a_{23} \\ a_{31} & a_{33} \end{vmatrix}}_{A_{12}} + a_{13} \cdot \underbrace{\begin{vmatrix} a_{21} & a_{22} \\ a_{31} & a_{32} \end{vmatrix}}_{A_{13}}$$

$$= a_{11} \cdot A_{11} - a_{12} \cdot A_{12} + a_{13} \cdot A_{13}$$

Regel von Sarrus für dreireihige Determinanten

Die ersten beiden Spalten werden noch einmal rechts neben die Determinanten geschrieben. Dann bildet man die Summe der Produkte parallel zur Hauptdiagonalen und subtrahiert davon die Summe der Produkte parallel zur Nebendiagonalen.

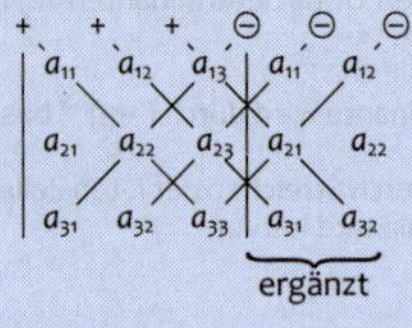

$$= a_{11}a_{22}a_{33} + a_{12}a_{23}a_{31} + a_{13}a_{21}a_{32}$$

$$- a_{31} \cdot a_{22} \cdot a_{13} - a_{32} \cdot a_{23} \cdot a_{11} - a_{33} \cdot a_{21} \cdot a_{12}$$

Zahlenbeispiele:

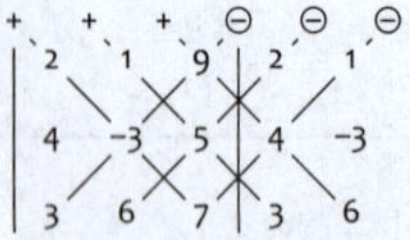

$$= 2 \cdot (-3) \cdot 7 + 1 \cdot 5 \cdot 3 + 9 \cdot 4 \cdot 6 - 3 \cdot (-3) \cdot 9 - 6 \cdot 5 \cdot 2 - 7 \cdot 4 \cdot 1 =$$

$$= -42 + 15 + 216 + 81 - 60 - 28 = 182$$

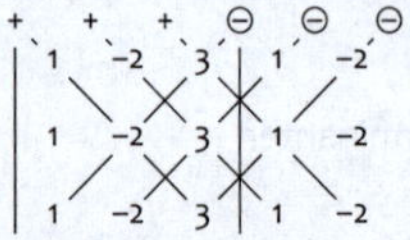

$$= 1 \cdot (-2) \cdot 3 + (-2) \cdot 3 \cdot 1 + 3 \cdot 1 \cdot (-2)$$

$$- 1 \cdot (-2) \cdot 3 - (-2) \cdot 3 \cdot 1 - 3 \cdot 1 \cdot (-2)$$

$$= -6 - 6 - 6 + 6 + 6 + 6 = 0$$

Determinantengesetze

Das Vertauschen der Zeilen mit gleichstelligen Spalten ändert den Wert der Determinante nicht.

$$\begin{vmatrix} a_1 & b_1 & c_1 \\ a_2 & b_2 & c_2 \\ a_3 & b_3 & c_3 \end{vmatrix} = \begin{vmatrix} a_1 & a_2 & a_3 \\ b_1 & b_2 & b_3 \\ c_1 & c_2 & c_3 \end{vmatrix}$$

Das Vertauschen von zwei parallelen Reihen ändert das Vorzeichen der Determinante.

$$\begin{vmatrix} a_1 & b_1 & c_1 \\ a_2 & b_2 & c_2 \\ a_3 & b_3 & c_3 \end{vmatrix} = -\begin{vmatrix} a_2 & b_2 & c_2 \\ a_1 & b_1 & c_1 \\ a_3 & b_3 & c_3 \end{vmatrix}$$

Ein Faktor der allen Elementen einer Reihe gemeinsam ist, kann vorgestellt werden.

$$\begin{vmatrix} 2a_1 & b_1 & c_1 \\ 2a_2 & b_2 & c_2 \\ 2a_3 & b_3 & c_3 \end{vmatrix} = 2\begin{vmatrix} a_1 & b_1 & c_1 \\ a_2 & b_2 & c_2 \\ a_3 & b_3 & c_3 \end{vmatrix}$$

Eine Determinante wird mit einem konstanten Faktor multipliziert, indem man alle Elemente einer beliebigen Reihe mit diesem Faktor multipliziert.

$$\begin{vmatrix} a_1 & b_1 & c_1 \\ a_2 & b_2 & c_2 \\ a_3 & b_3 & c_3 \end{vmatrix} \cdot 2 = \begin{vmatrix} a_1 & 2b_1 & c_1 \\ a_2 & 2b_2 & c_2 \\ a_3 & 2b_3 & c_3 \end{vmatrix}$$

Eine Determinante hat den Wert Null wenn:

- die Elemente von zwei parallelen Reihen übereinstimmen,
- die Elemente einer Reihe zu einer parallelen proportional sind.

$$\begin{vmatrix} a & d & a \\ b & e & b \\ c & f & c \end{vmatrix} = 0 \qquad \begin{vmatrix} a & b & c \\ d & e & f \\ 2d & 2e & 2f \end{vmatrix} = 0$$

Die Summe der Produkte aus den zu einer Reihe gehörenden Unterdeterminanten und den Elementen einer parallelen Reihe oder Spalte ist null.

$$\text{für} \begin{vmatrix} a_{11} & b_{12} & c_{13} \\ a_{21} & b_{22} & c_{23} \\ a_{31} & b_{32} & c_{33} \end{vmatrix} \text{ist}$$

$$a_{12} \cdot A_{11} + a_{22} \cdot A_{21} + a_{32} \cdot A_{31} = 0$$

Beispiel:

$$\begin{vmatrix} 2 & 5 & 2 \\ 3 & 6 & 3 \\ 4 & 7 & 4 \end{vmatrix}$$

$$A_{11} = \begin{vmatrix} 6 & 3 \\ 7 & 4 \end{vmatrix} = 3; A_{21} = -\begin{vmatrix} 5 & 2 \\ 7 & 4 \end{vmatrix} = -6; A_{31} = \begin{vmatrix} 5 & 2 \\ 6 & 3 \end{vmatrix} = 3$$

$$5 \cdot 3 + 6 \cdot (-6) + 7 \cdot 3 = 0$$

$$a_{12} \cdot A_{11} + a_{22} \cdot A_{21} + a_{32} \cdot A_{31} = 0$$

Zusammenfassung:
Die Determinante ist linear in jeder Zeile. Beim Vertauschen zweier Zeilen ändert die Determinante ihr Vorzeichen.

Die Determinante hat den Wert Null, wenn eine Zeile nur aus Nullen besteht oder wenn zwei Zeilen gleich sind.

Die Determinante ändert ihren Wert nicht, wenn man zu einer Zeile eine Linearkombination anderer Zeilen addiert.

Die Determinante ändert ihren Wert beim Vertauschen von Zeilen mit Spalten nicht.

2.7 Matrizen

Das Lösungsverhalten eines linearen Gleichungssystems von m Gleichungen mit n Variablen hängt wesentlich von der Beschaffung der Koeffizienten des Systems ab. Diese Koeffizienten a_{ik} ordnet man in einem rechteckigen Schema an und bezeichnet ein Schema dieser Art als Matrix vom Typ (m, n). Die in der Matrix A stehenden Zahlen heißen Elemente von A.

$$A = \begin{pmatrix} a_{11} & a_{12} & \cdots & a_{1n} \\ a_{21} & a_{22} & \cdots & a_{2n} \\ & \vdots & & \\ a_{m1} & a_{m2} & \cdots & a_{mn} \end{pmatrix}$$

Die Elemente der Matrix heißen a_{ik}. $i \triangleq$ Zeile ; $k \triangleq$ Spalte

Eine Matrix mit m Zeilen und n Spalten heißt m,n-Matrix und ist vom Typ (m, n).
Für $m \neq n$ erhält man eine rechteckige Matrix.
Für $m = n$ erhält man eine quadratische Matrix.

Matrizen mit nur einer Zeile oder einer Spalte werden Vektoren genannt.

Zeilenvektor: $\overrightarrow{a_i} = (a_{i1}; a_{i2}; a_{i3}; \ldots; a_{in})$

Spaltenvektor: $\overrightarrow{a_k} = \begin{pmatrix} a_{1k} \\ a_{2k} \\ \vdots \\ a_{mk} \end{pmatrix}$

Nullmatrix ist eine Matrix, bei der alle Elemente gleich null sind ($a_{ik} = 0$).

Diagonalmatrix ist eine quadratische Matrix, bei der alle Glieder außerhalb der Hauptdiagonalen gleich null sind.

Einheitsmatrix ist die Diagonalmatrix, bei der alle Glieder der Hauptdiagonale 1 sind.

Matrizengesetze

Zwei Matrizen A und B sind dann gleich, wenn alle Elemente a_{ik} aus A gleich den Elementen b_{ik} aus B sind.

Bei der Addition zweier Matrizen wird jedes Glied aus A zu dem an gleicher Stelle stehenden Glied aus B addiert. Ungleiche Matrizen werden mit 0-Elementen ergänzt. Das Kommutativgesetz und das Assoziativgesetz der Addition sind gültig.

Beispiel:

$$\begin{pmatrix} 1 & 4 \\ 2 & 3 \end{pmatrix} \oplus \begin{pmatrix} 1 & 3 & 6 \\ 2 & 4 & 7 \\ 3 & 5 & 8 \end{pmatrix} =$$

$$= \begin{pmatrix} 1 & 4 & 0 \\ 2 & 3 & 0 \\ 0 & 0 & 0 \end{pmatrix} \oplus \begin{pmatrix} 1 & 3 & 6 \\ 2 & 4 & 7 \\ 3 & 5 & 8 \end{pmatrix} = \begin{pmatrix} 2 & 7 & 6 \\ 4 & 7 & 7 \\ 3 & 5 & 8 \end{pmatrix}$$

Eine Matrix wird mit einer reellen Zahl multipliziert, indem man jedes Glied der Matrix mit ihr multipliziert ($\mu \cdot A = \mu \cdot a_{ik}$).

Beispiel:

$$4 \cdot \begin{pmatrix} 1 & 3 & 3 & 5 \\ 5 & 2 & -1 & 6 \\ 9 & 0 & 4 & 8 \end{pmatrix} = \begin{pmatrix} 4\cdot 1 & 4\cdot 3 & 4\cdot 3 & 4\cdot 5 \\ 4\cdot 5 & 4\cdot 2 & 4\cdot(-1) & 4\cdot 6 \\ 4\cdot 9 & 4\cdot 0 & 4\cdot 4 & 4\cdot 8 \end{pmatrix} = \begin{pmatrix} 4 & 12 & 12 & 20 \\ 20 & 8 & -4 & 24 \\ 36 & 0 & 16 & 32 \end{pmatrix}$$

Matrizen können dann multipliziert werden, wenn die Spaltenanzahl von *A* gleich der Zeilenzahl von *B* ist. Diese Bedingung kann durch Zufügen von Nullvektoren am rechten und unteren Rand erreicht werden.

Die Produktmatrix ergibt sich als skalares Produkt des Zeilenvektors in der *i*-ten Zeile mit dem Spaltenvektor in der *k*-ten Reihe.

Produktschema:

$$m\,\overset{n}{\boxed{A}} \odot n\,\overset{p}{\boxed{B}} = m\,\overset{p}{\boxed{C = A \cdot B}}$$

(m,n)-Matrix A mal (n,p)-Matrix B ergibt die (m,p) -Matrix C.

Beispiel:

$$A \odot B = \begin{pmatrix} 1 & 2 & 3 \\ 4 & 5 & 6 \end{pmatrix} \odot \begin{pmatrix} 1 & 2 \\ 3 & 0 \\ 5 & 4 \end{pmatrix} =$$

$$= \begin{pmatrix} 1 \cdot 1 + 2 \cdot 3 + 3 \cdot 5 & 1 \cdot 2 + 2 \cdot 0 + 3 \cdot 4 \\ 4 \cdot 1 + 5 \cdot 3 + 6 \cdot 5 & 4 \cdot 2 + 5 \cdot 0 + 6 \cdot 4 \end{pmatrix} =$$

$$= \begin{pmatrix} 22 & 14 \\ 49 & 32 \end{pmatrix}$$

Besondere Matrizen

Die transponierte Matrix entsteht durch Vertauschen der Zeilen und Spalten. Aus einem Zeilenvektor wird durch Transposition ein Spaltenvektor.

$$A = (a_{ik}) \Leftrightarrow A^T = (a_{ki})$$

Für die symmetrische, quadratische Matrix gilt:

$$A = A^T \text{ bzw. } a_{ik} = a_{ki}$$

Für die antisymmetrische, quadratische Matrix gilt:

$$A = -A^T \text{ bzw. } a_{ik} = -a_{ki}$$

2.8 Gleichungen und Ungleichungen

Lineare Gleichungen

Die Variable tritt nur mit dem Exponenten 1 auf.

Normalform:

$a \cdot x + b = 0$; mit $a \neq 0$ und $x \in \mathbb{R}$

Lineare Gleichungen mit einer Variablen werden gelöst, indem man die Gleichung solange äquivalent umformt, bis die Variable einmal alleine auf einer Seite der Gleichung steht. Die Grundmenge muss dabei beibehalten werden.

Beispiele:

$2x - 3 = 5 \quad \mathbb{G} = \mathbb{Q}$
$\Leftrightarrow 2x = 8$
$\Leftrightarrow x = 4 \quad \mathbb{L} = \{4\}$

$3 \cdot (x - 4) = 5x \quad \mathbb{G} = \mathbb{Q}$
$\Leftrightarrow 3x - 12 = 5x$
$\Leftrightarrow -2x = 12$
$\Leftrightarrow x = -6 \quad \mathbb{L} = \{-6\}$

Lineare Gleichungen mit zwei Variablen können nur dann gelöst werden, wenn zwei Gleichungen gegeben sind, die ein lineares Gleichungssystem bilden.

Lösungsmethoden für Gleichungssysteme mit 2 Variablen

Bei den folgenden Aufgaben soll die Grundmenge $\mathbb{G} = \mathbb{Q} \times \mathbb{Q}$ verwendet werden.

Einsetzungsmethode:

Eine Gleichung wird nach einer Variablen aufgelöst und der für die Variable gefundene Term in die andere Gleichung eingesetzt.
Es entsteht eine Gleichung mit einer Variablen.

Beispiel:

$$\begin{array}{|l} 2x - 3 = y \quad \text{(I)} \\ \wedge\ 3x + 2y = 4 \quad \text{(II)} \\ \hline \end{array}$$

└ Systemkasten
∧ Verknüpfungszeichen

I in II: $3x + 2 \cdot (2x - 3) = 4$

$$3x + 4x - 6 = 4$$

$$7x - 6 = 4$$

$$7x = 10$$

$$x = \frac{10}{7}$$

Die dazugehörige Variable y erhält man, indem x in die Gleichung 1 eingesetzt wird:

$$2 \cdot \frac{10}{7} - 3 = y$$

$$y = \frac{20}{7} - \frac{21}{7}$$

$$y = -\frac{1}{7}$$

Die Lösung ist das Zahlenpaar $\left(\frac{10}{7} \middle| -\frac{1}{7}\right)$

Die Angabe der Lösungsmenge erfolgt unter Berücksichtigung der Grundmenge.

Für $\mathbb{G} = \mathbb{Q} \times \mathbb{Q}$ ergibt sich $\mathbb{L} = \left\{\left(\frac{10}{7} \middle| -\frac{1}{7}\right)\right\}$

Gleichsetzungsmethode:

Beide Gleichungen des Systems werden nach einer Variablen aufgelöst. Die gefundenen Terme werden miteinander gleichgesetzt.

Beispiel:

$$\left.\begin{array}{l} 2x - 3 = 4y \\ \wedge \quad x + 1 = 4y \end{array}\right\} \Rightarrow 2x - 3 = x + 1 \Leftrightarrow x = 4$$

Die Lösung für x wird in eine der beiden Gleichungen eingesetzt und somit das Lösungspaar ermittelt.

Die Lösungsmenge lautet in diesem Fall:

$$\left\{\left(4 \,\middle|\, \frac{5}{4}\right)\right\}$$

Additionsmethode:

Beide Seiten jeder Gleichung werden mit geeigneten Faktoren so multipliziert, dass bei einer Addition bzw. Subtraktion beider Gleichungen eine Variable herausfällt.

Beispiel:

$$\begin{array}{l} 3x - 2y = 3 \\ \wedge \quad x + y = 6 / \cdot 2 \end{array} \Leftrightarrow \begin{array}{ll} 3x - 2y = 3 & \text{(I)} \\ \wedge \; 2x + 2y = 12 & \text{(II)} \end{array}$$

I + II: $3x + 2x - 2y + 2y = 3 + 12$
$\Leftrightarrow 5x = 15$
$\Leftrightarrow x = 3$

Die Lösung $x = 3$ eingesetzt in I ergibt:
$3 \cdot 3 - 2y = 3 \Leftrightarrow -2y = 3 - 9 \Leftrightarrow -2y = -6 \Leftrightarrow y = 3$

Angabe der Lösungsmenge: $\mathbb{L} = \{(3 \mid 3)\}$

Mathematik

Determinantenmethode:

Beide Gleichungen werden auf die Form ax + by = c gebracht:

$$\begin{array}{|l} a_1x_1 + b_1x_2 = c_1 \\ \wedge\ a_2x_2 + b_2x_2 = c_2 \\ \hline \end{array}$$

Dann gilt:

$$D_{x_1} = \begin{vmatrix} c_1 & b_1 \\ c_2 & b_2 \end{vmatrix};\ D_{x_2} = \begin{vmatrix} a_1 & c_1 \\ a_2 & c_2 \end{vmatrix};\ D_N = \begin{vmatrix} a_1 & b_1 \\ a_2 & b_2 \end{vmatrix}$$

Die Lösungsmenge wird gebildet aus:

$$x = \frac{D_{x_1}}{D_N};\ y = \frac{D_{x_2}}{D_N}$$

Die Nennerdeterminante D_N gibt an, wie viele Lösungen das Gleichungssystem hat:

1. $D_N \neq 0$: genau eine Lösung; $\mathbb{L} = \{\text{ein Lösungspaar}\}$
2. $D_N = 0 \wedge D_{x_1} = 0$ oder $D_{x_2} = 0$: keine Lösung; $\mathbb{L} = \{\ \}$
3. $D_N = D_{x_1} = D_{x_2} = 0$: unendlich viele Lösungen; $\mathbb{L} = \{ (x \mid y) \mid \text{Ausageform}\}$

Gleichungssysteme mit mehr als zwei Hauptvariablen werden über die Determinantenmethode gelöst.

Für Gleichungen mit 3 Variablen gilt:

$$\begin{array}{|l} a_{11}x_1 + a_{12}x_2 + a_{13}x_3 = b_1 \\ a_{21}x_1 + a_{22}x_2 + a_{23}x_3 = b_2 \\ a_{31}x_1 + a_{32}x_2 + a_{33}x_3 = b_3 \\ \hline \end{array} \quad \text{hat die Lösungen} \begin{cases} x_1 = \dfrac{D_1}{D} \\ x_2 = \dfrac{D_2}{D} \\ x_3 = \dfrac{D_3}{D} \end{cases}$$

$$\text{mit } D = \begin{vmatrix} a_{11} & a_{12} & a_{13} \\ a_{21} & a_{22} & a_{23} \\ a_{31} & a_{32} & a_{33} \end{vmatrix};\ D_1 = \begin{vmatrix} b_1 & a_{12} & a_{13} \\ b_2 & a_{22} & a_{23} \\ b_3 & a_{32} & a_{33} \end{vmatrix};\ D_2 = \begin{vmatrix} a_{11} & b_1 & a_{13} \\ a_{21} & b_2 & a_{23} \\ a_{31} & b_3 & a_{33} \end{vmatrix};\ D_3 = \begin{vmatrix} a_{11} & a_{12} & b_1 \\ a_{21} & a_{22} & b_2 \\ a_{31} & a_{32} & b_3 \end{vmatrix}$$

Für Gleichungssysteme mit n Variablen gilt die Cramer'sche Regel. Die Determinanten für D, D_1, D_2, ... , D_k werden genauso gebildet, wie bei dem Beispiel mit 3 Variablen.

Lösungen:

$x_k = \frac{D_k}{D}$ mit $k = 1; 2; 3; \ldots; n$

genau eine Lösung für $D \neq 0$

Quadratische Gleichungen

Die Variable tritt mit der Hochzahl 2 auf.

Die Lösungen einer quadratischen Gleichung können über die quadratische Ergänzung oder über die Lösungsformel ermittelt werden.

Bei der Lösungsformel entscheidet die Diskriminante D darüber, wie viele Lösungen die quadratische Gleichung besitzt.

$ax^2 + bx + c = 0$

mit $a, b, c \in \mathbb{R}$ und $a \neq 0$

$D = b^2 - 4ac$

$$x_{1/2} = \frac{-b \pm \sqrt{b^2 - 4ac}}{2a}$$

$D > 0$: zwei Lösungen

$D = 0$: eine Lösung

$D < 0$: keine Lösung in $\mathbb{R}$

Beispiele:

$$2x^2 - 6x + 9 = 0$$

$$x_{1/2} = \frac{-6 \pm \sqrt{36 - 4 \cdot 2 \cdot 9}}{2 \cdot 2}$$

$D < 0 \Rightarrow$ keine Lösung in $\mathbb{R}$

$$x^2 + 6x + 9 = 0$$

$$x_{1/2} = \frac{-6 \pm \sqrt{36 - 36}}{2}$$

$D = 0 \Rightarrow$ eine Lösung $x = -3$

$$x^2 - 2x - 8 = 0$$

$$x_{1/2} = \frac{2 \pm \sqrt{4 + 32}}{2}$$

$D > 0 \Rightarrow$ zwei Lösungen $x_1 = 4\,;\, x_2 = -2$

Satz von Vieta:

Mit dem Satz von Vieta kann aus den gegebenen Lösungen die dazugehörige quadratische Gleichung aufgebaut werden.

$$x_1 + x_2 = -\frac{b}{a}$$

$$x_1 \cdot x_2 = \frac{c}{a}$$

Beispiel:

$x_1 = 2\,;\, x_2 = 3$

nach Vieta:

$2 + 3 = -\frac{b}{a} \Leftrightarrow b = -5a$

$2 \cdot 3 = \frac{c}{a} \Leftrightarrow c = 6a$

In die allgemeine quadratische Gleichung eingesetzt ergibt sich:

$ax^2 - 5ax + 6a = 0 \;/{:}a$

$x^2 - 5 \cdot x + 6 = 0$

Kubische Gleichungen

Die Variable tritt mit der Hochzahl 3 auf.

Kubische Gleichungen können mit der Cardanischen Lösungsformel gelöst werden. Dazu muss die Normalform über Substitution auf eine reduzierte Form gebracht werden.

$Ax^3 + Bx^2 + Cx + D = 0$ mit $A \neq 0$

für $a = \frac{B}{A}\,;\, b = \frac{C}{A}\,;\, c = \frac{D}{A}$ gilt:

$x^3 + ax^2 + bx + c = 0$

Substitution:

$x = y - \frac{a}{3}$

gibt: $y^3 + p \cdot y + q = 0$

Cardanische Lösungsformel:

$y_1 = u + v$

$y_2 = -\frac{u+v}{2} + \frac{u-v}{2} \cdot i \cdot \sqrt{3}$

$y_3 = -\frac{u+v}{2} - \frac{u-v}{2} \cdot i \cdot \sqrt{3}$

mit:

$u = \sqrt[3]{-\frac{q}{2} + \sqrt{\left(\frac{q}{2}\right)^2 + \left(\frac{p}{3}\right)^3}}$

$v = \sqrt[3]{-\frac{q}{2} - \sqrt{\underbrace{\left(\frac{q}{2}\right)^2 + \left(\frac{p}{3}\right)^3}_{\text{Diskriminante } D}}}$

$D > 0$: eine reele Lösung und zwei konjugierte komplexe Lösungen
$D = 0$: drei reele Lösungen, darunter eine Doppelwurzel
$D < 0$: drei reele Lösungen, die sich goniometrisch errechnen lassen.

Exponentialgleichungen

Bei dieser Art von Gleichungen muss die Variable als Exponent auftreten. Die Lösung der Exponentialgleichung erfolgt über das Logarithmieren.

$a^x = b$ x-Exponent

$x = \log_a b$

im TR: $x = \frac{\log b}{\log a} = \frac{\lg b}{\lg a}$

Beispiel:

$4^{2x} = 6$; $2x = \log_4 6$;

$x = \frac{1}{2}\frac{\lg 6}{\lg 4}$; $x = 0{,}65$

Logarithmische Gleichungen $\log_a x = b$

Gilt $b = \log_a c$, sodass $\log_a x = \log_a c$, so ist $x = c$.

Andernfalls ist $x = a^b$.

Beispiele:

$$\lg(x^2 + 1) = \lg(2x^2 - 8)$$
$$x^2 + 1 = 2x^2 - 8$$
$$x^2 = 9$$
$$x_1 = 3; \quad x_2 = -3$$

$$4\ln(x + 3) - 4 = \sqrt{\ln(x + 3) - 5}$$

Substitution: $y = \ln(x + 3)$

$$4y - 4 = \sqrt{y - 5} \quad |^2$$
$$16y^2 - 32y + 16 = y - 5$$
$$\vdots$$

L. e. quadrat. Gleichung und Rücksubstitution

Grafische Lösung von Gleichungen

Gleichungen mit einer Variablen:

Die Normalform einer Gleichung wird in eine Funktionsgleichung übergeführt, indem man die Gleichung auf Null bringt und diese Null gleich y setzt.

Die grafische Darstellung ergibt die reellen Lösungen der Gleichung als Schnittpunkte mit der x-Achse.

Beispiel:

$-x^2 + 4x - 3 = 0$

Scheitelform:

$y = -(x-2)^2 + 1$

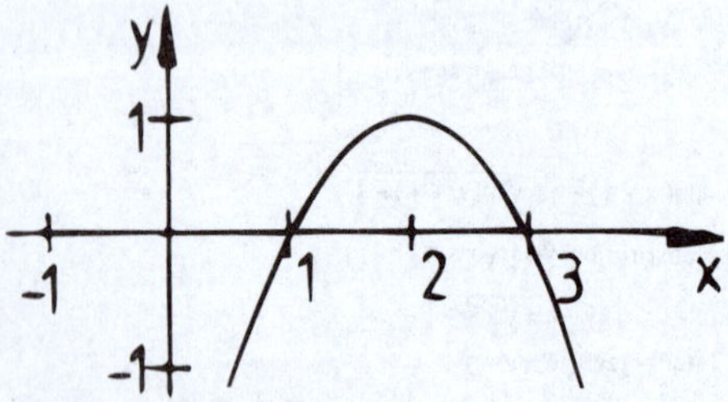

Lösungen:

$x_1 = 1 ; x_2 = 3$

Gleichungssysteme mit 2 Variablen:

Jede Gleichung kann als Funktionsgleichung aufgefasst werden. In der grafischen Darstellung geben die Schnittpunkte der beiden Grafen die reelle Lösung des Gleichungssystems an.

Um die Funktionsgleichungen grafisch darstellen zu können, formt man sie so um, dass sie in einer allgemeinen Form der Geradengleichung auftreten.

Quadratische Gleichungen formt man so um, dass sie in der Scheitelform (leicht einzuzeichnen) auftreten.

Beispiel:

$$2x + 7y = 21$$

$$2x - y = 5$$

umgeformt: $y = -\frac{2}{7}x + 3$

$$y = 2x - 5$$

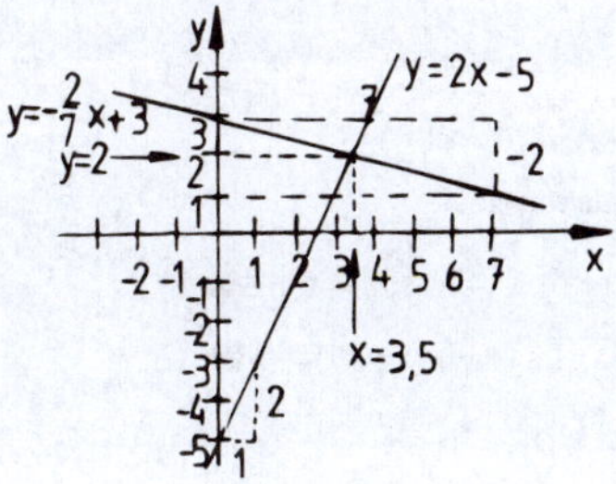

$\mathbb{L} = \{(3{,}5 \mid 2)\}$

Ungleichungen

Die Verbindung zweier Terme durch eines der Zeichen <, ≤, >, ≥, heißt Ungleichung.

Die Lösungsmenge einer Ungleichung beinhaltet die Menge aller Werte, für die die Ungleichung in eine wahre Aussage übergeführt wird.

Beispiel:

$x \leq 7$ geht in der Grundmenge der natürlichen Zahlen für die Elemente 1; 2; 3; 4; 5; 6; 7 in eine wahre Aussage über.

Die Lösungsmenge lautete daher:
$\mathbb{L} = \{1;2;3;4;5;6;7\}$.

Ist ein Term T_1 kleiner als ein Term T_2, so bleibt die Gleichwertigkeit erhalten, wenn beide Terme mit einem gleichen Term T addiert oder multipliziert werden ($T > 0$).

$$T_1 < T_2 \Rightarrow T_1 + T < T_2 + T$$
$$T_1 < T_2 \Rightarrow T_1 \cdot T < T_2 \cdot T; (T > 0)$$
$$\textit{aber: } T_1 < T_2 \Rightarrow T_1 \cdot T > T_2 \cdot T; (T < 0)$$

Bernoulli'sche Ungleichung:

$$(1 + T)^n \geq 1 + n \cdot T; T > -1; n \in \mathbb{N}$$
$$\sqrt[n]{1 + T} < 1 + \frac{1}{T}; T > 0; n \in \mathbb{N} \setminus \{1\}$$

Lösen von Ungleichungen

Lineare Ungleichungen werden nach den selben Regeln und Gesetzmäßigkeiten gelöst, wie lineare Gleichungen. Zusätzlich muss das Inversionsgesetz berücksichtigt werden:

Inversionsgesetz:

Multipliziert oder dividert man eine Ungleichung mit einer negativen Zahl, so dreht sich das Ungleichheitszeichen um.

Beispiele:

$-2x + 3 > 5 \quad | -3$

$-2x > 2 \quad | : (-2)$

↓

Inversionsgesetz

↓

$x < -1$

$$2 - 2x \le 6 \quad | -2$$
$$-2x \le 4 \quad | :(-2)$$
$$\downarrow$$
Inversionsgesetz
$$\downarrow$$
$$x \ge -2$$

Lineare Bruchungleichungen werden auf die Form

$$\frac{\text{Zählerterm}}{\text{Nennerterm}} \begin{matrix} > \\ < \end{matrix} 0$$

gebracht.

Der Bruchterm ist größer als null, wenn Zählerterm *Z* und Nennerterm *N* größer als null sind oder wenn Zählerterm *Z* und Nennerterm *N* kleiner als null sind.

$$\frac{Z}{N} > 0$$

für: 1. $(Z > 0 \wedge N > 0) \vee$

2. $(Z < 0 \wedge N < 0)$

Der Bruchterm ist kleiner als null, wenn der Zählerterm *Z* und der Nennerterm *N* unterschiedliches Vorzeichen haben.

$$\frac{Z}{N} < 0$$

für: 1. $Z > 0 \wedge N > 0 \vee$

2. $Z < 0 \wedge N < 0$

Mathematik

Beispiele:

$\frac{x-2}{x+3} > 0$ Definitionsmenge $\mathbb{D} = \mathbb{Q} \setminus \{-3\}$

Fallunterscheidung:

$$[x-2>0 \land x+3>0] \lor [x-2<0 \land x+3<0]$$
$$[x>2] \land [x>-3] \lor [x<2] \land [x<-3]$$
$$[x>2] \lor [x<-3]$$

$\mathbb{L} = \{x \mid x>2 \lor x<-3\}$

$\frac{x-3}{x+5} < 0$ Definitionsmenge $\mathbb{D} = \mathbb{Q} \setminus \{-5\}$

Fallunterscheidung:

$$[x-3>0 \land x+5<0] \lor [x-3<0 \land x+5>0]$$
$$[x>3 \land x<-5] \lor [x<3 \land x>-5]$$

leere Menge $\lor$ $[-5<x<3]$
$\mathbb{L} = \{x \mid -5<x<3\}$

Quadratische Ungleichungen werden gelöst, indem man sie auf die Form *Linksterm = 0* bringt.

Der Linksterm wird so umgeformt, dass zwei Faktoren F_1 und F_2 entstehen:

$$F_1 \cdot F_2 \gtrless 0$$

Ein Produkt ist größer als null, wenn beide Faktoren F_1 und F_2 größer als null sind oder wenn beide Faktoren F_1 und F_2 kleiner als null sind.

$F_1 \cdot F_2 > 0$

für 1. $(F_1 > 0 \wedge F_2 > 0) \vee$

2. $(F_1 < 0 \wedge F_2 < 0)$

Ein Produkt ist kleiner als null, wenn die beiden Faktoren F_1 und F_2 unterschiedliche Vorzeichen besitzen.

$F_1 \cdot F_2 < 0$

für $(F_1 > 0 \wedge F_2 < 0) \vee (F_1 < 0 \wedge F_2 > 0)$

Beispiel:

Fallunterscheidung:

$(x+5)\cdot(x-2) > 0$

$$[x+5>0 \wedge x-2>0] \vee [x+5<0 \wedge x-2<0]$$

$$[x>-5 \wedge x>2] \vee [x<-5 \wedge x<2]$$

$$[x>2] \vee [x<-5]$$

$\mathbb{L} = \{x \mid (x>2) \vee (x<-5)\}$

2.9 Funktionen

Eine Relation R ist eine Teilmenge der Produktmenge $\mathbb{D} \times \mathbb{W}$. Die Funktion f ist eine eindeutige Relation mit der Vorschrift, dass jedem Element der Menge $\mathbb{D}$ genau ein Element der Menge $\mathbb{W}$ zugeordnet wird.

$\mathbb{D}$ heißt Definitionsmenge, Urbildmenge, Argumentmenge.

$\mathbb{W}$ heißt Wertemenge, Bildmenge, Menge der Funktionswerte.

R ist das Symbol für Relation; R^{-1} Umkehrrelation.

f ist das Symbol für Funktion; f^{-1} Umkehrfunktion.

Schreibweise: $y = f(x)$ für die Abbildung $f : x \rightarrow y$

Darstellungsarten:

tabellarische Darstellung mithilfe einer Wertetabelle

grafische Darstellung durch das Einzeichnen in ein Koordinatensystem

analytische Darstellung in expliziter Form $f : y = f(x)$
Darstellung in impliziter Form $f(x\,;y) = 0$

Übersicht über die Funktionen

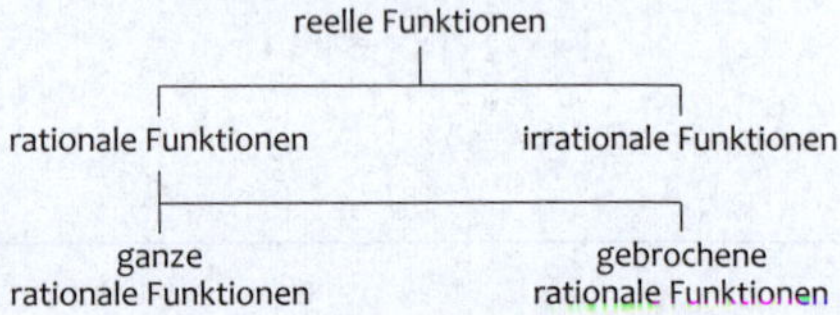

Nicht rationale Funktionen wie Wurzelfunktionen, Exponentialfunktionen, logarithmische Funktionen oder trigonometrische Funktionen sind in $\mathbb{G} = \mathbb{Q} \times \mathbb{Q}$ nicht darstellbar.

Rationale Funktionen wie lineare Funktionen, quadratische Funktionen, kubische Funktionen oder Potenzfunktionen sind darstellbar in $\mathbb{G} = \mathbb{Q} \times \mathbb{Q}$.

Eigenschaften von Funktionen

Eine Funktion $y = f(x)$ heißt in $\mathbb{D}$

monoton zunehmend:	$x_1 < x_2 \Rightarrow f(x_1) \leq f(x_2)$
monoton abnehmend:	$x_1 < x_2 \Rightarrow f(x_1) \geq f(x_2)$
streng monoton zunehmend:	$x_1 < x_2 \Rightarrow f(x_1) < f(x_2)$
streng monoton abnehmend:	$x_1 < x_2 \Rightarrow f(x_1) > f(x_2)$

Eine Funktion $y = f(x)$ heißt umkehrbar, wenn die umgekehrte Zuordnung $x = g(y)$ eindeutig ist (Umkehrfunktion).

Eine Funktion $y = f(x)$, die an der Stelle x_0 einschließlich einer δ-Umgebung U_δ definiert ist, heißt in x_0 stetig, wenn gilt:

$$\lim_{x \to x_0} f(x) = f(x_0) \text{ für } x \in U_\delta$$

Erfüllt eine Funktion an der Stelle x_0 diese Stetigkeitsbedingung nicht, so heißt sie an dieser Stelle unstetig.

Besondere Punkte von Funktionen

Nullstellen sind die Schnittpunkte des Grafen einer Funktion mit der x-Achse. Zu ihrer Ermittlung muss man die Funktionsgleichung gleich null setzen ($f(x) = 0$). Extremwerte, Wende- und Berührpunkte u. a. werden in der Differenzialrechnung behandelt.

Mathematik

Arten von Funktionen

konstante Funktion y = c:

- eine Parallele zur *x*-Achse

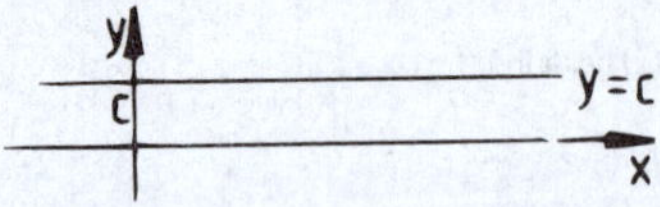

lineare Funktion y = x:

- Winkelhalbierende des 1. und 3. Quadranten

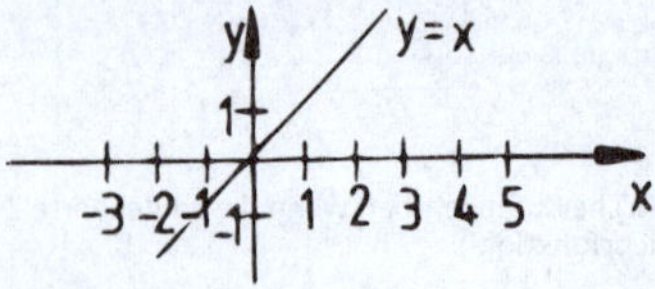

lineare Funktion y = m · x:

- eine Ursprungsgerade mit der Steigung *m*

  $m = \frac{\Delta y}{\Delta x}$

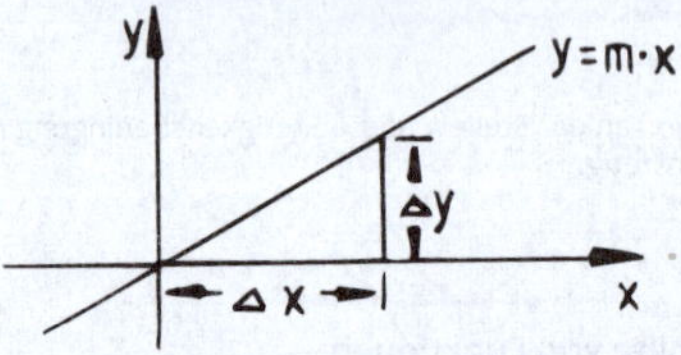

lineare Funktion $y = m \cdot x + t$:

- eine Gerade mit y-Achsenabschnitt t und Steigung m.

  Allgemeine Form: $Ax + By + C = 0$

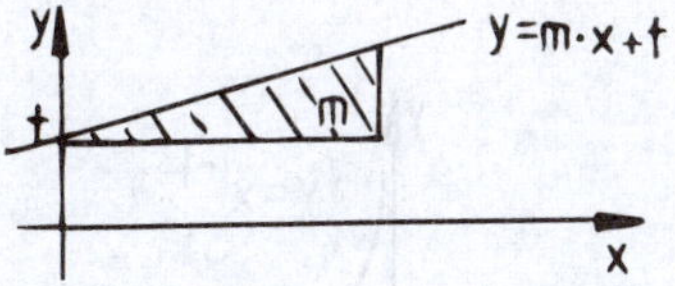

quadratische Funktion $y = x^2$:

- eine Normalparabel mit dem Scheitel S(0 / 0)

allgemeine quadratische Funktion $y = ax^2 + bx + c \; (a \neq 0)$:

- Für $a > 0$: Parabel nach oben geöffnet
- Für $a < 0$: Parabel nach unten geöffnet

  Scheitelform: $y = a \cdot (x - m)^2 + n$
  Scheitel S(m / n)

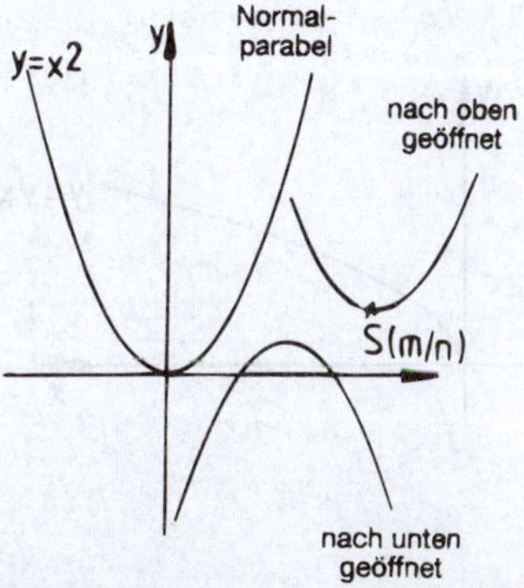

Potenzfunktion $y = x^n$:

mit $x \in \mathbb{R}$, $n \in \mathbb{Z} \setminus \{0\}$

- ist $n \in \mathbb{N} \land n \geq 1$, so heißt der Graf der Potenzfunktion Parabel n-ten Grades
- ist $n \in \mathbb{Z} \land n \leq -1$, so heißt der Graf der Potenzfunktion Hyperbel n-ten Grades.

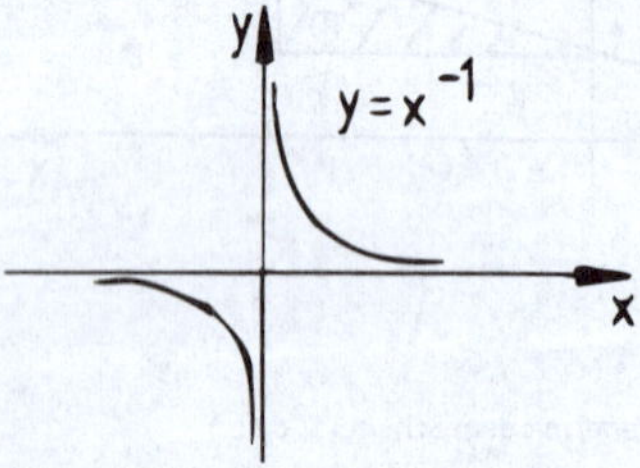

Wurzelfunktion $y = \sqrt[m]{x}$:

mit $x \in \mathbb{R}_0^+$; $m \in \mathbb{N} \land m \geq 2$

- für $x \in \mathbb{R}_0^+$ sind die Potenzfunktionen $y = x^m$ und die Wurzelfunktionen $y = \sqrt[m]{x}$ Umkehrfunktionen zueinander.

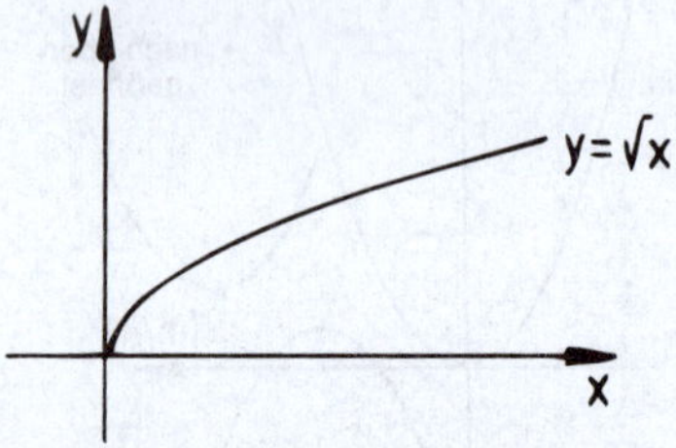

Exponentialfunktion $y = a^x$:

mit $x \in \mathbb{R}$ und $a \in \mathbb{R}$.

Logarithmusfunktion $y = \log_a x$:

mit $x \in \mathbb{R}^+$

- ist die Umkehrfunktion der Exponentialfunktion.

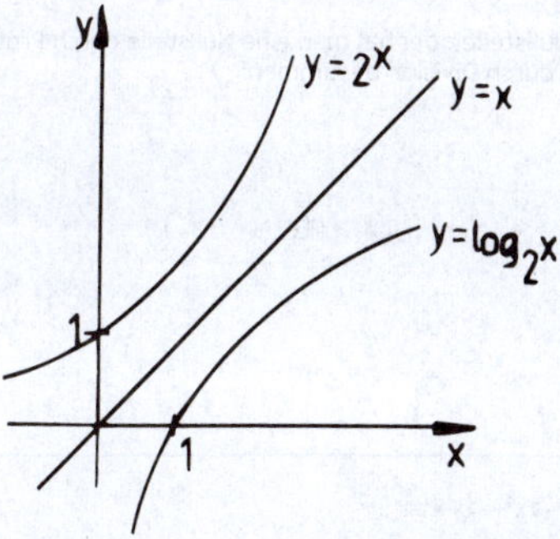

Umkehrfunktion f^{-1}:

- der Graf einer Umkehrfunktion ergibt sich durch Spiegelung des Grafen der Funktion an der Winkelhalbierenden des 1. und 3. Quadranten.

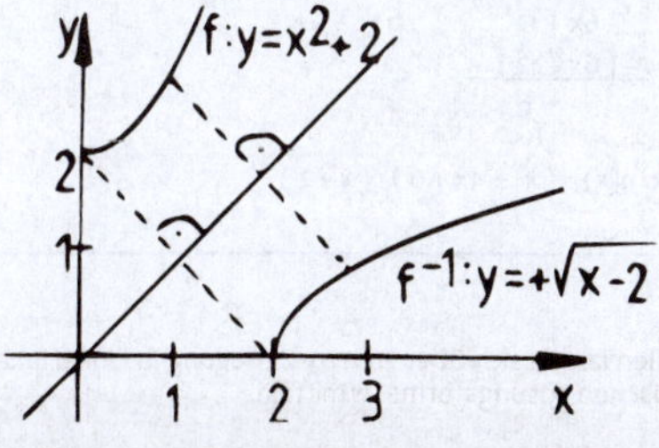

Mathematik

2.10 Nullstellen von Polynomen

Wenn x_0 eine Nullstelle eines Polynoms $p(x)$ ist, dann gibt es ein Polynom $q(x)$, sodass gilt:

$$p(x) = q(x) \cdot (x - x_0)$$

Kennt man eine Nullstelle oder hat man eine Nullstelle durch Probieren gefunden, so kann man $q(x)$ durch Division bestimmen:

$$q(x) = p(x) : (x - x_0)$$

Beispiel:

$p(x) = x^3 - 2x^2 - 2x + 12$

Durch Probieren findet man, dass $p(-2) = 0$ ist.
Das heißt, eine Nullstelle liegt bei $x = -2$.
Man nennt $x + 2$ einen Linearfaktor des Polynoms.

$$\begin{array}{l} (x^3 - 2x^2 - 2x + 12) : (x + 2) = x^2 - 4x + 6 \\ \underline{-(x^3 - 2x^2)} \\ \quad -4x^2 - 2x \\ \quad \underline{-(-4x^2 - 8x)} \\ \qquad 6x + 12 \\ \qquad \underline{-(6x + 12)} \\ \qquad\quad 0 \end{array}$$

also gilt: $p(x) = (x^2 - 4x + 6) \cdot (x + 2)$

Andere Nullstellen lassen sich über weitere Zerlegung in Linearfaktoren oder mithilfe der binomischen Lösungsformel ermitteln.

2.11 Vektorrechnung

Unter einem Vektor ist eine gerichtete Strecke von bestimmter Länge zu verstehen, darstellbar durch einen Pfeil:

Vektor:

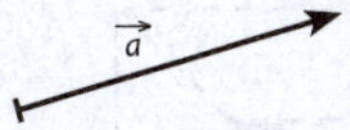

$\vec{a} = \overrightarrow{AB}$ mit der Länge $|\vec{a}| = a$

Die Länge eines Vektors $\vec{a}$ wird durch a angegeben (bildhaft: Länge des Pfeils). Diese Größe, die nur durch einen Zahlenwert bestimmt ist, heißt Skalar.

Der Einheitsvektor ist ein Vektor mit der Länge 1 ($|\vec{a}| = 1$ oder $a = 1$). Repräsentanten von Einheitsvektoren gehen z. B. vom Ursprung des Koordinatensystems bis zur Kreislinie des Einheitskreises mit r = 1 cm.

Arten von Vektoren

Ortsvektoren:	Vektoren mit gemeinsamen Anfangspunkt.
Radiusvektoren:	Ortsvektoren mit dem Anfangspunkt im Ursprung eines Koordinatensystems.
Nullvektoren:	Vektoren, deren absoluter Betrag $\lvert a \rvert = 0$ ist.
Kollineare Vektoren:	Vektoren, die zu derselben Geraden parallel sind.
Komplanare Vektoren:	Vektoren, die in der gleichen Ebene liegen.
Gegenvektoren:	Vektoren mit demselben Betrag, aber entgegengesetzter Richtung.

Mathematik

Komponentendarstellung von Ortsvektoren

Die Projektionen eines Vektors auf die drei Koordinatenachsen ergeben die vektoriellen Komponenten des Vektors $\vec{a}$.

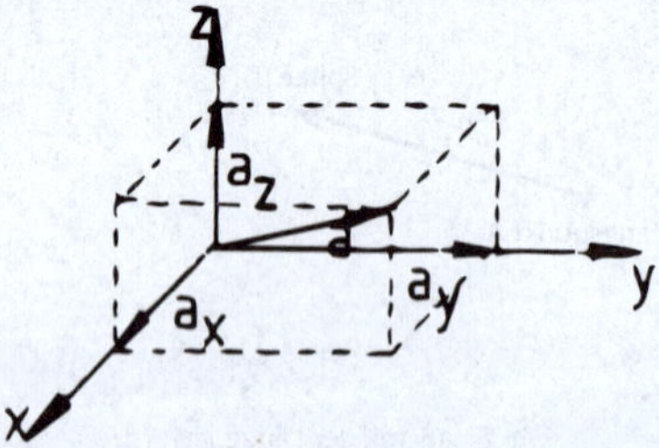

Skalare Komponenten von $\vec{a}$ *:*

$$|\vec{a}_x| = a_x$$

$$|\vec{a}_y| = a_y$$

$$|\vec{a}_z| = a_z$$

Vektorielle Komponenten von $\vec{a}$ *:*

$$\vec{a} = \vec{a}_x + \vec{a}_y + \vec{a}_z$$

Zeilenschreibweise des Vektors $\vec{a}$:

$$\vec{a} = (a_x; a_y; a_z)$$

Spaltenschreibweise des Vektors $\vec{a}$:

$$\vec{a} = \begin{pmatrix} a_x \\ a_y \\ a_z \end{pmatrix}$$

Darstellung der Einheitsvektoren:

$$\vec{i} = \begin{pmatrix} 1 \\ 0 \\ 0 \end{pmatrix} \quad \vec{j} = \begin{pmatrix} 0 \\ 1 \\ 0 \end{pmatrix} \quad \vec{k} = \begin{pmatrix} 0 \\ 0 \\ 1 \end{pmatrix}$$

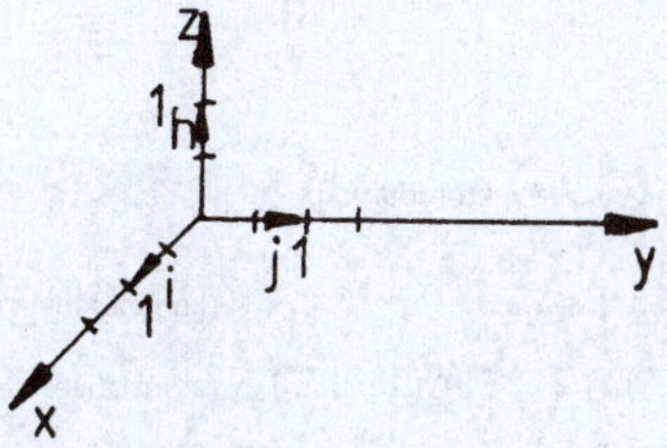

Die Vektoraddition

Zwei Vektoren $\vec{a}$ und $\vec{b}$ werden addiert, indem der Fuß des Pfeiles von $\vec{b}$ an die Spitze von $\vec{a}$ angesetzt wird.

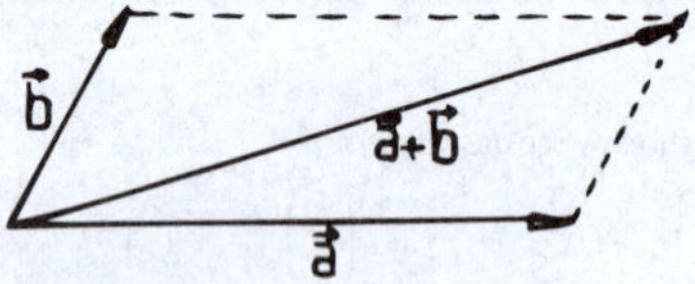

Der Summenpfeil $\vec{c}$ weist vom Fuß von $\vec{a}$ zur Spitze von $\vec{b}$.
(Physik: Kräfteparallelogramm)

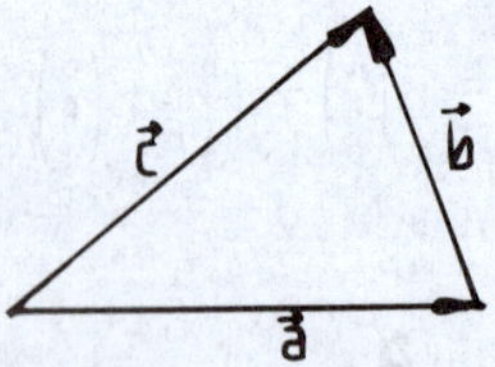

Rechenregeln zur Vektoraddition:

$\vec{a} \oplus \vec{b} = \vec{b} \oplus \vec{a}$ (kommutatives Gesetz)

$(\vec{a} \oplus \vec{b}) \oplus \vec{c} = \vec{a} \oplus (\vec{b} \oplus \vec{c})$ (assoziatives Gesetz)

$\vec{a} \oplus \vec{o} = \vec{a} = \vec{o} \oplus \vec{a}$ ($\vec{o}$-Vektor)

Die Vektorsubtraktion

Die Differenz $\vec{b} \ominus \vec{a}$ der Vektoren $\vec{b}$ und $\vec{a}$ erhält man, indem zum Vektor $\vec{b}$ der Gegenvektor von $\vec{a}$ addiert wird.

$$\vec{b} \ominus \vec{a} = \vec{b} \oplus (-\vec{a})$$

Die Vektorsubtraktion ist die Umkehrung der Vektoraddition.
Die Differenz $\vec{b} \ominus \vec{a}$ wird gebildet, indem die Fußpunkte der Pfeile $\vec{b}$ und $\vec{a}$ aneinandergelegt werden.
Der Differenzpfeil $\vec{c}$ weist von der Spitze von $\vec{a}$ zur Spitze von $\vec{b}$.

$$\vec{c} = \vec{b} \ominus \vec{a}$$

Multiplikation eines Vektors mit einem Skalar

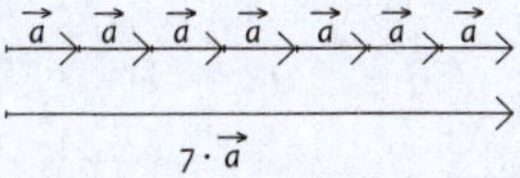

Die Multiplikation eines Vektors mit einer reellen Zahl n ergibt:

$$\vec{b} = n \cdot \vec{a}$$

$$|\vec{b}| = |n \cdot \vec{a}| = |n| \cdot |\vec{a}| = n \cdot a$$

Das skalare Produkt zweier Vektoren

Unter dem skalaren Produkt zweier Vektoren versteht man eine Zahl, die sich aus dem Produkt der Vektorbeträge und dem Cosinus des von ihnen eingeschlossenen Winkels ergibt.

$$\vec{a} \otimes \vec{b} = |\vec{a}| \cdot |\vec{b}| \cdot \cos\gamma$$

$$\text{mit } \gamma = \sphericalangle(\vec{a}, \vec{b})$$

oder:

$$\cos\gamma = \frac{\vec{a} \otimes \vec{b}}{|\vec{a}| \cdot |\vec{b}|}$$

Das Rechnen mit Vektoren in der Koordinatendarstellung

Addition und Subtraktion:

Vektoren werden addiert oder subrahiert, indem man die entsprechenden Zeilenelemente miteinander addiert oder subtrahiert.

$$\vec{a} \underset{\ominus}{\oplus} \vec{b} = \begin{pmatrix} a_x \\ a_y \\ a_z \end{pmatrix} \underset{\ominus}{\oplus} \begin{pmatrix} b_x \\ b_y \\ b_z \end{pmatrix} = \begin{pmatrix} a_x \pm b_x \\ a_y \pm b_y \\ a_z \pm b_z \end{pmatrix}$$

Multiplikation von Vektor mit Skalar:

Ein Vektor wird mit einem Skalar multipliziert, indem jede Komponente des Vektors mit dem Skalar multipliziert wird.

$$n \cdot \vec{a} = n \cdot \begin{pmatrix} a_x \\ a_y \\ a_z \end{pmatrix} = \begin{pmatrix} n \cdot a_x \\ n \cdot a_y \\ n \cdot a_z \end{pmatrix}$$

Skalarprodukt eines Vektors:

Zwei Vektoren werden skalar miteinander multipliziert, indem die Komponenten der gleichen Zeilen miteinander multipliziert und die Produkte addiert werden.

$$\vec{a} \odot \vec{b} = \begin{pmatrix} a_x \\ a_y \\ a_z \end{pmatrix} \odot \begin{pmatrix} b_x \\ b_y \\ b_z \end{pmatrix} = a_x b_x + a_y b_y + a_z b_z$$

Der absolute Betrag eines Vektors:

$$|\vec{a}| = \sqrt{a_x^2 + a_y^2 + a_z^2}$$

Das Spatprodukt von Vektoren:

Sind $\vec{a}$, $\vec{b}$, und $\vec{c}$ drei Vektoren und $\overrightarrow{PQ}$, $\overrightarrow{PQ'}$ und $\overrightarrow{PQ''}$ ihre Repräsentanten in *P*, so nennt man die durch diese bestimmte Figur einen Spat oder ein Parallelepiped. Das Volumen des Spates ist das Produkt aus dem Inhalt der Grundfläche und der Länge der Höhe.

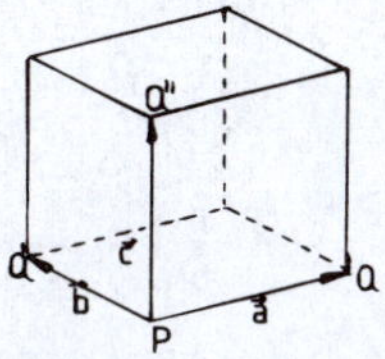

$$(\vec{a} \times \vec{b}) \odot \vec{c} = \begin{vmatrix} a_y & a_z \\ b_y & b_z \end{vmatrix} \cdot c_x + \begin{vmatrix} a_z & a_x \\ b_z & b_x \end{vmatrix} \cdot c_y + \begin{vmatrix} a_x & a_y \\ b_x & b_y \end{vmatrix} \cdot c_z$$

$$= \begin{vmatrix} a_x & a_y & a_z \\ b_x & b_y & b_z \\ c_x & c_y & c_z \end{vmatrix}$$

3.
Geometrie

3.1 Planimetrie

Grundbegriffe

Gerade:

Eine Gerade g besteht aus unendlich vielen Punkten. Jede Gerade ist durch zwei Punkte eindeutig festgelegt.

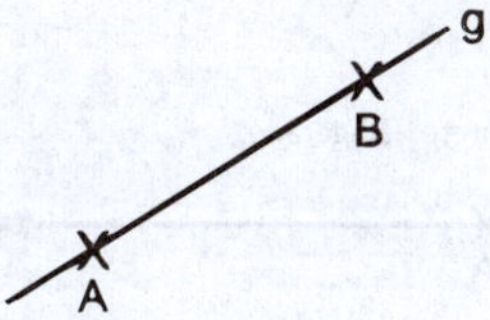

Halbgerade:

Ein Punkt (P) teilt eine Gerade in zwei Halbgeraden g_1 und g_2.

g_1 : [PA ; g_2 : [PB

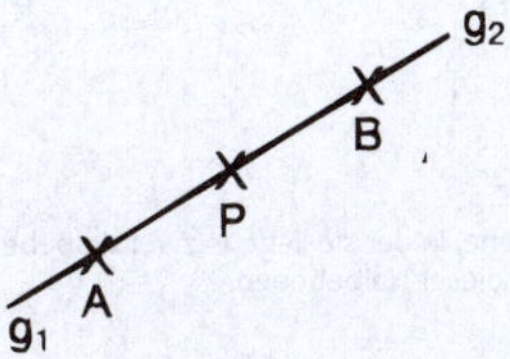

Strecke:

Eine Strecke [AB] ist die Menge aller Punkte einer Geraden g, die zwischen den Punkten A und B liegen. Die beiden Endpunkte A und B gehören mit zur Punktmenge.

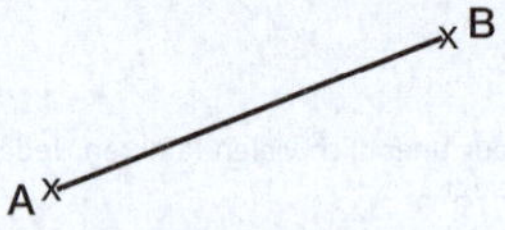

Strahl:

Ein Strahl ist eine gerichtete Halbgerade.

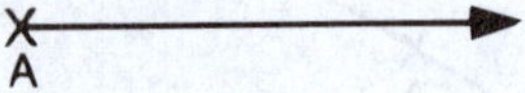

Pfeil:

Ein Pfeil ist eine gerichtete Strecke.

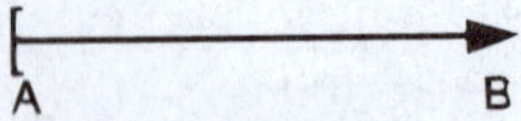

Halbebene:

Eine Gerade teilt die Ebene, in der sie liegt, in zwei Halbebenen. Die Gerade selbst ist eine Teilmenge jeder dieser Halbebenen.

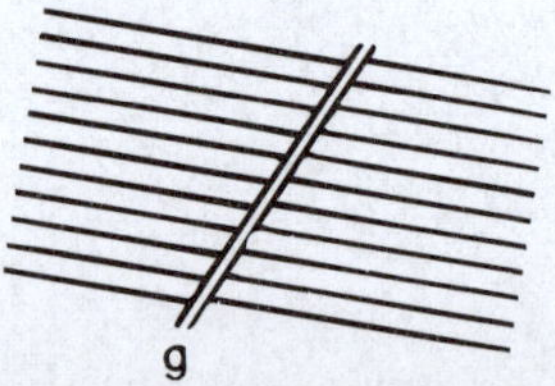

Geraden

Zwei Punkte A und B legen eine Gerade AB eindeutig fest.

Zwei Geraden g_1 und g_2 schneiden sich, wenn es einen Punkt P gibt, der sowohl ein Element von g_1 als auch ein Element von g_2 ist.

$$g_1 \cap g_2 = \{ P \}$$

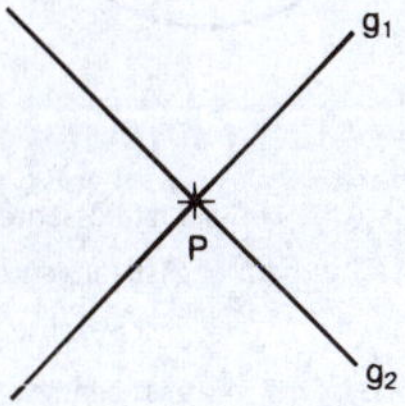

Zwei Geraden g_1 und g_2 verlaufen parallel zueinander, wenn es eine Gerade g_3 gibt, die auf beiden Geraden senkrecht steht.

$$g_3 \perp g_1 \wedge g_3 \perp g_2 \Leftrightarrow g_1 \parallel g_2$$

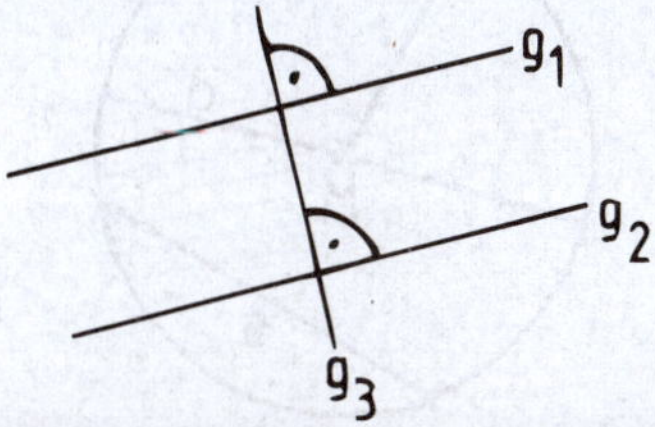

Gerade und Kreis

Eine Gerade *g* kann eine Kreislinie *k* schneiden, berühren oder passieren.

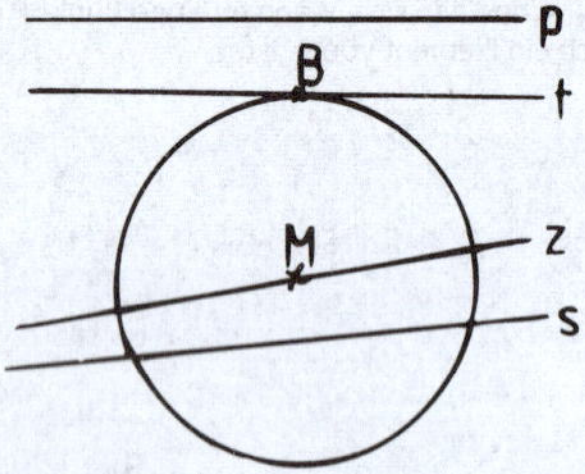

$g \cap k = \{\}$	$\Rightarrow$ g ist Passante *p*
$g \cap k = \{B\}$	$\Rightarrow$ g ist Tangente t
$g \cap k = \{P_1; P_2\}$	$\Rightarrow$ g ist Sekante s
$g \cap k = \{P_1; P_2\} \wedge M \in g$	$\Rightarrow$ g ist Zentrale z

Die Kreissehne *s* ist die Strecke, welche die Kreislinie aus einer Sekante herausschneidet. Die größtmögliche Sehne s (Sekante durch *M*) heißt Durchmesser *d*.

Die Hälfte des Durchmessers *d* ist der Kreisradius r.

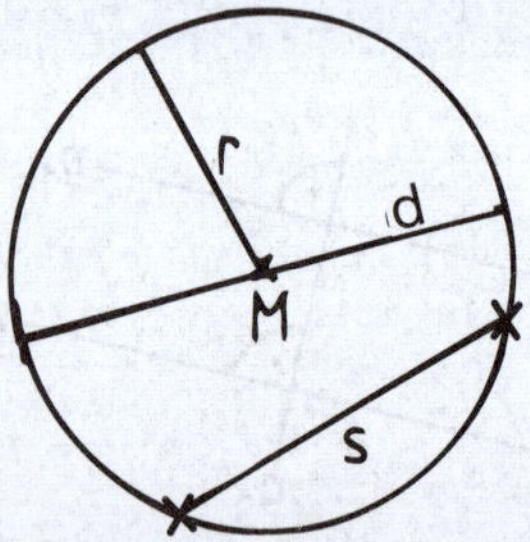

Winkel

In der Mathematik ist die positive Richtung eines Winkels als Drehrichtung gegen den Uhrzeigersinn festgelegt.

Arten von Winkeln:

spitzer Winkel für $0^\circ < \alpha < 90^\circ$

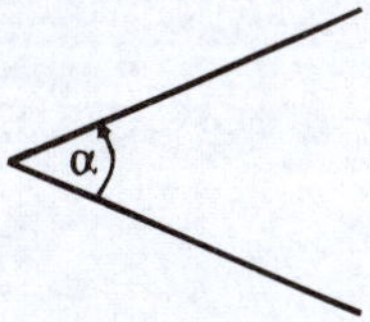

rechter Winkel für $\alpha = 90^\circ$

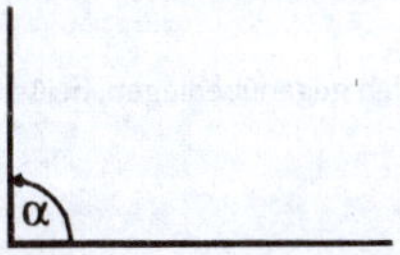

stumpfer Winkel $90^\circ < \alpha < 180^\circ$

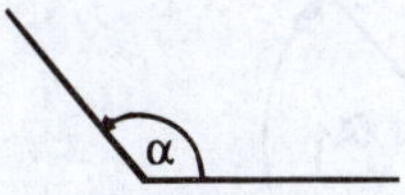

gestreckter Winkel $\alpha = 180^\circ$

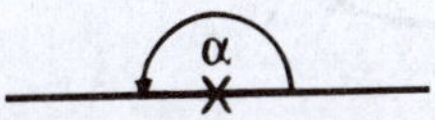

überstumpfer Winkel $180° < \alpha < 360°$

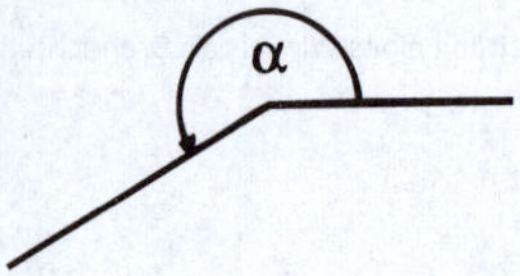

Vollwinkel $\alpha = 360°$

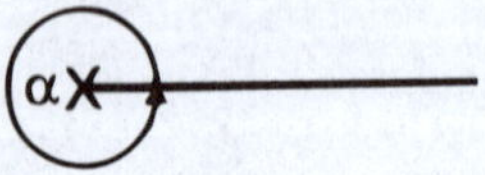

Eigenschaften von Winkeln

Winkel, die an zwei sich schneidenden Geraden gegenüberliegen, heißen Scheitelwinkel und sind gleich groß.

$\alpha_1 = \alpha_2$; $\beta_1 = \beta_2$

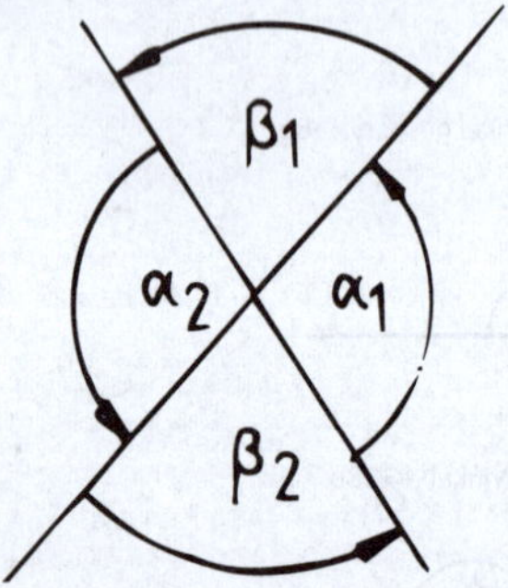

Winkel, die an zwei sich schneidenden Geraden nebeneinanderliegen, heißen Nebenwinkel und ergänzen sich zu 180 °.

$\alpha_1 + \beta_1 = 180°$

$\alpha_2 + \beta_2 = 180°$

Stufenwinkel an geschnittenen Parallelen sind immer gleich groß (F-Winkel).

$\alpha_1 = \alpha_2$; $\beta_1 = \beta_2$

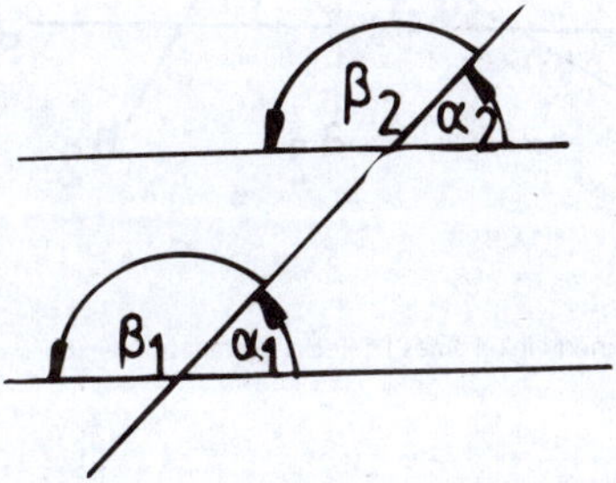

Wechselwinkel an geschnittenen Parallelen sind gleich groß (Z-Winkel).

$\alpha_1 = \alpha_2$; $\beta_1 = \beta_2$

$\alpha_2 + \beta_1 = 180°$ (E-Winkel)

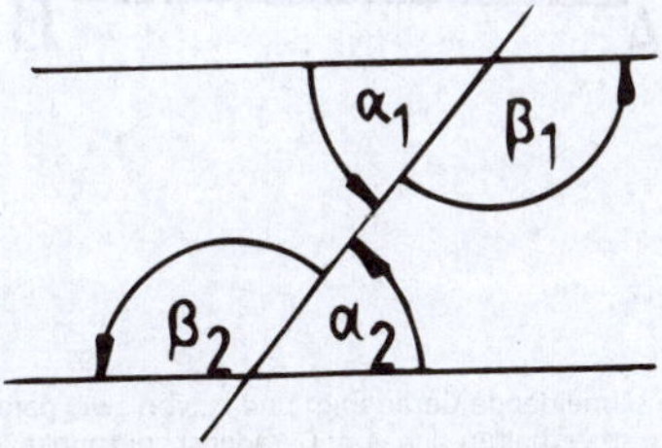

Mathematik

Wechselwinkel, deren Anfangsschenkel *a* und Endschenkel *b* paarweise aufeinander senkrecht stehen, haben die gleiche Größe.

$\alpha_1 = \alpha_2$

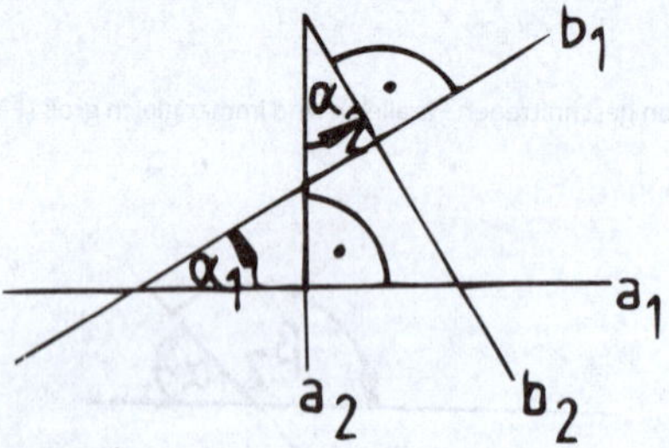

Die Summe der Innenwinkel eines Dreiecks beträgt immer 180 °.

$\alpha + \beta + \gamma = 180°$

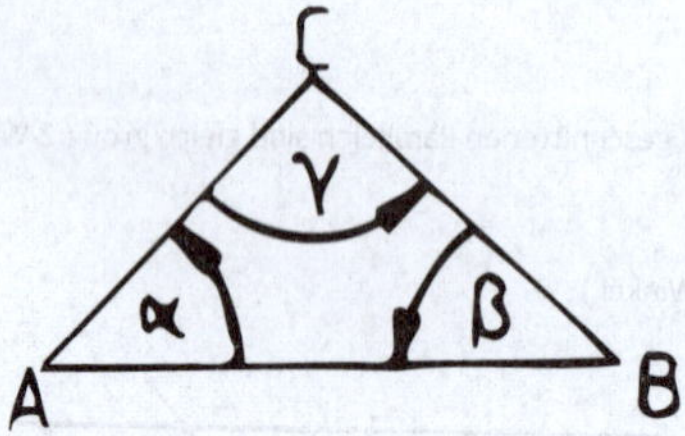

Der Strahlensatz

Werden zwei sich schneidende Geraden g1 und g2 von zwei parallelen Geraden *a* und *b* geschnitten, so verhalten sich vom Geradenschnittpunkt Z aus gesehen die langen Strecken zu den kurzen Strecken, wie die anliegend langen Strecken zu den anliegend kurzen Strecken.

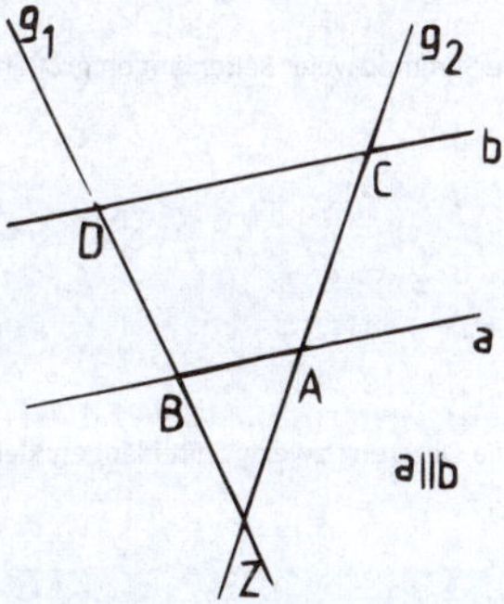

$$\frac{\overline{ZC}}{\overline{ZA}} = \frac{\overline{ZD}}{\overline{ZB}} = \frac{\overline{DC}}{\overline{BA}}$$

Das Dreieck

Bezeichnungen:

Eckpunkte ≙ A, B, C
Seiten ≙ a, b, c
Innenwinkel ≙ α, β, γ
Höhen ≙ h_a, h_b, h_c
Inkreisradius ≙ r_i
Umkreisradius ≙ r_u

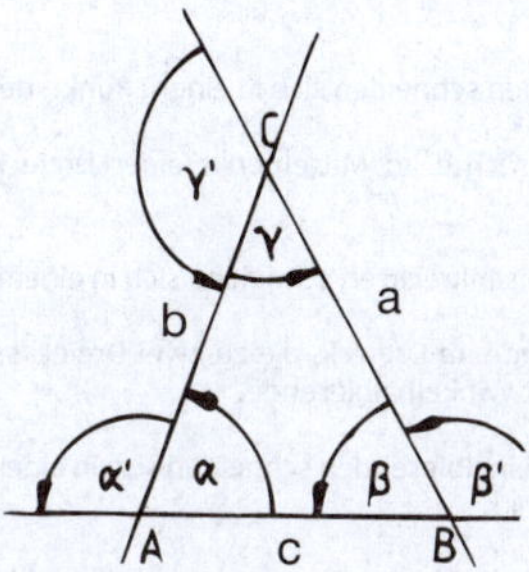

Summe der Innenwinkel: $\alpha + \beta + \gamma = 180°$

Summe der Außenwinkel: $\alpha' + \beta' + \gamma' = 360°$

Dreiecksungleichungen:

In jedem Dreieck ist die Summe zweier Seitenlängen größer als die Länge der dritten Seite.

$$a + b > c \,;\, a + c > b \,;\, b + c > a$$

In jedem Dreieck ist die Differenz zweier Seitenlängen kleiner als die Länge der dritten Seite.

$$|b - a| < c; |c - a| < b; |c - b| < a$$

Besondere Linien und Punkte im Dreieck:

Das Lot von einem Eckpunkt auf die gegenüberliegende Seite eines Dreiecks heißt Höhe.

Die 3 Höhen schneiden sich in einem Punkt, dem Höhenschnittpunkt.

Die Senkrechte im Mittelpunkt einer Dreiecksseite heißt Mittelsenkrechte des Dreiecks.

Die Mittelsenkrechten schneiden sich in einem Punkt, dem Umkreismittelpunkt.

Eine Gerade im Dreieck, die zu zwei Dreiecksseiten immer den gleichen Abstand hat, heißt Winkelhalbierende.

Die Winkelhalbierenden schneiden sich in einem gemeinsamen Punkt, dem Inkreismittelpunkt.

Die Verbindungsstrecke von einem Endpunkt zum Mittelpunkt der gegenüberliegenden Seite des Dreiecks heißt Seitenhalbierende.

Die Seitenhalbierenden eines Dreiecks schneiden sich in einem gemeinsamen Punkt, dem Schwerpunkt S.

Flächen von Dreiecken

Allgemein berechnet sich die Fläche des Dreiecks als Fläche eines halben Parallelogramms:

$$A = \frac{1}{2} \cdot g \cdot h \leftarrow \text{Höhe}$$

↑ Grundlinie

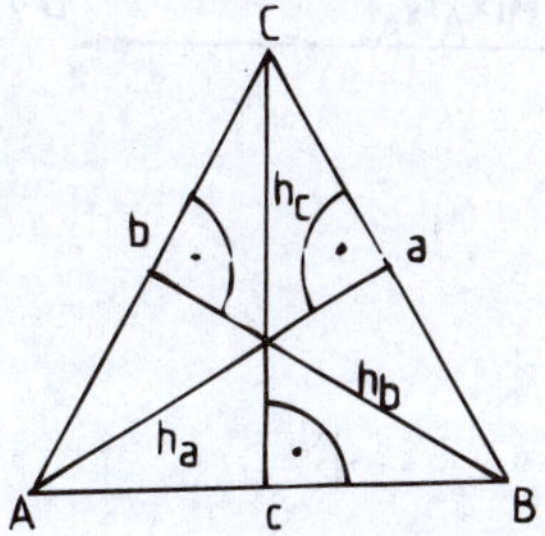

$A = \frac{1}{2} \cdot a \cdot h_a$

$A = \frac{1}{2} \cdot b \cdot h_b$

$A = \frac{1}{2} \cdot c \cdot h_c$

Die Fläche kann aber auch aus zwei Seiten und dem Sinus des eingeschlagenen Winkels berechnet werden.

$$A = \frac{1}{2} \cdot a \cdot b \cdot \sin\gamma$$

$$A = \frac{1}{2} \cdot a \cdot c \cdot \sin\beta$$

$$A = \frac{1}{2} \cdot b \cdot c \cdot \sin\alpha$$

Im kartesischen Koordinatensystem kann die Fläche über die Vektoren, die das Dreieck aufspannen, berechnet werden.

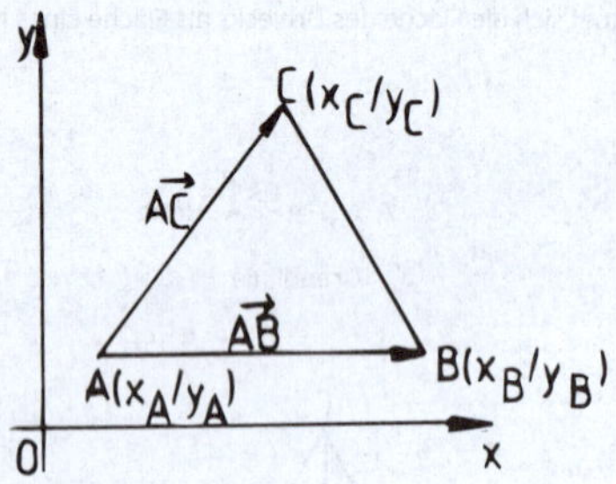

$\overrightarrow{AB} = \begin{pmatrix} x_B - x_A \\ y_B - y_A \end{pmatrix}$; $\overrightarrow{AC} = \begin{pmatrix} x_C - x_A \\ y_C - y_A \end{pmatrix}$

$$A = \frac{1}{2} \cdot \begin{vmatrix} x_B - x_A & x_C - x_A \\ y_B - y_A & y_C - y_A \end{vmatrix}$$

Besondere Dreiecke

Das gleichschenklige Dreieck besteht aus zwei gleich langen Schenkeln [BC] und [AC], einer Basis [AB] und gleich großen Basiswinkeln α und β.

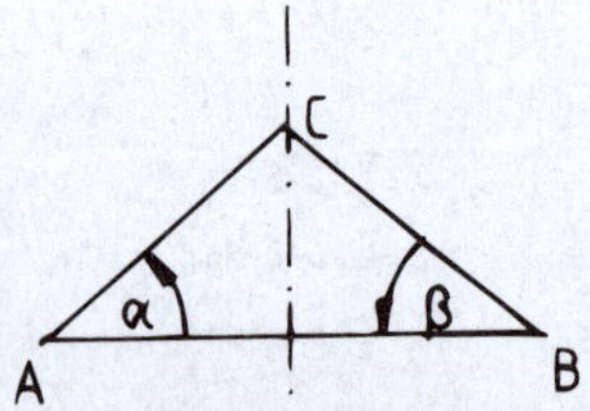

Das gleichseitige Dreieck besteht aus drei gleich langen Seiten *a*.

$$h = \frac{a}{2} \cdot \sqrt{3}; r_u = \frac{a}{3} \cdot \sqrt{3}$$

$$r_i = \frac{a}{6} \cdot \sqrt{3}; A = \frac{a^2}{4} \cdot \sqrt{3}$$

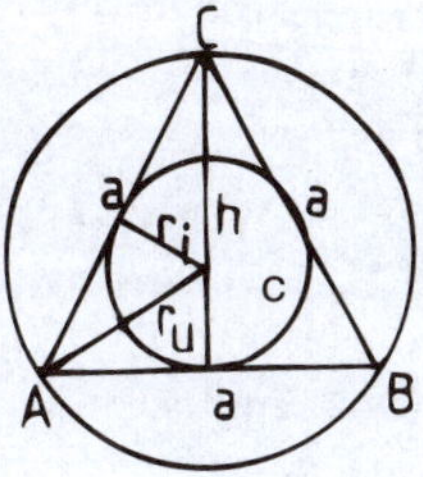

Das rechtwinklige Dreieck besteht aus 2 Katheten (Seiten, die dem rechten Winkel anliegen) und der Hypotenuse. Sie ist die dem rechten Winkel gegenüberliegende Seite. Der Umkreis des rechtwinkligen Dreiecks ist der Thaleskreis. Die Höhe im Dreieck teilt die Hypotenuse in zwei Hypotenusenabschnitte *q* und *p*.

Flächeninhalt: $A = \frac{1}{2} \cdot a \cdot b; A = \frac{1}{2} \cdot c \cdot h_c$

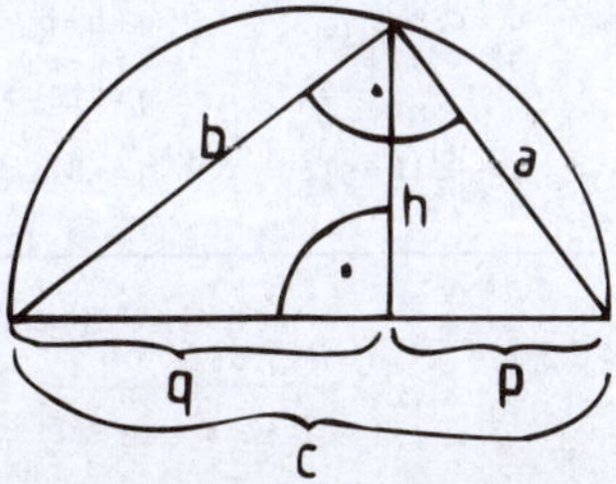

Satz des Pythagoras

Im rechtwinkligen Dreieck ist die Summe der Kathetenquadrate gleich dem Hypotenusenquadrat.

$$c^2 = a^2 + b^2$$

Kathetensätze:

$$a^2 = c \cdot p \,;\, b^2 = c \cdot q$$

Höhensatz:

$$h^2 = p \cdot q$$

Beispiel:

In einem rechtwinkligen Dreieck ABC ist $a = 4\text{LE}$ und der Hypotenusenabschnitt $p = 3{,}2$ LE. Berechne die fehlenden Stücke des Dreiecks, wenn $[AB]$ Hypotenuse ist.

Kathetensatz:

$a^2 = c \cdot p$

$4^2 = c \cdot 3{,}2\ \text{LE}$

$c = \frac{16}{3{,}2}\ \text{LE} = 5\ \text{LE}$

$q + p = c$

$q = c - p$

$q = 5\ \text{LE} - 3{,}2\ \text{LE}$

$q = 1{,}8\ \text{LE}$

Pythagoras:

$$c^2 = a^2 + b^2$$
$$b^2 = c^2 - a^2$$
$$b^2 = (5^2 - 4^2)\ LE^2$$
$$b^2 = (25 - 16)\ LE^2$$
$$b^2 = 9\ LE^2$$
$$b = 3\ LE$$

Höhensatz:

$$h^2 = p \cdot q$$
$$h^2 = 3{,}3 \cdot 1{,}8\ LE^2$$
$$h^2 = 5{,}76\ LE^2$$
$$h = \sqrt{5{,}76} \cdot LE$$
$$h = 2{,}4\ LE$$

Antwort:

$$c = 5\ LE$$
$$b = 3\ LE$$
$$q = 1{,}8\ LE$$
$$h = 2{,}4\ LE$$

Das Viereck

Bezeichnungen:

Eckpunkte ≙ A, B, C, D

Seitenlängen ≙ a, b, c, d

Diagonalenlängen ≙ $\overline{AC} = e$, $\overline{BD} = f$

Innenwinkel ≙ $\alpha; \beta; \gamma; \delta$

Umfang ≙ $U = a + b + c + d$

Summe der Innenwinkel ≙ $360°$

Übersicht Vierecke

Das Quadrat:

$$U = 4a \,;\, A = a^2$$
$$e = f = a \cdot \sqrt{2}$$

Die Diagonalen halbieren sich und stehen aufeinander senkrecht.

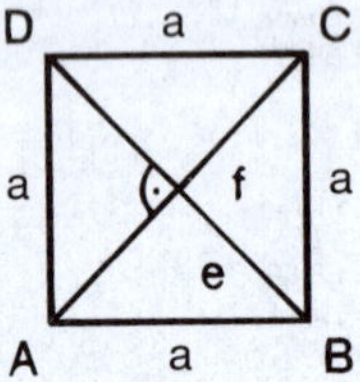

Das Rechteck:

$$U = 2 \cdot (a + b)\,;\, A = a \cdot b$$
$$e = f = \sqrt{a^2 + b^2}$$

Die Diagonalen halbieren sich gegenseitig.

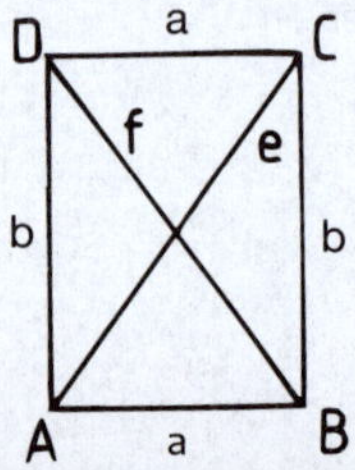

Das Parallelogramm:

$a \parallel c$; $b \parallel d$
$a = c$; $b = d$
$\alpha = \gamma$; $\beta = \delta$

$$U = 2 \cdot (a + b)$$
$$A = a \cdot h_a = b \cdot b_h$$

Die Diagonalen halbieren sich gegenseitig. Ihr Schnittpunkt ist der Schwerpunkt S.

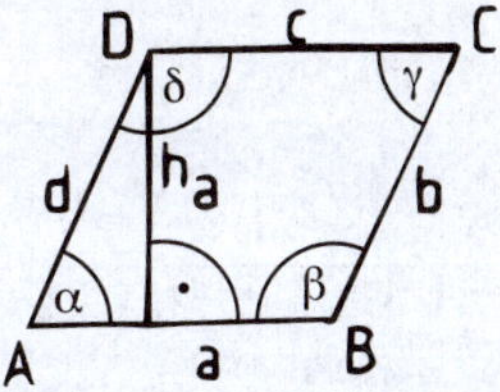

Ein Parallelogramm mit vier gleich langen Seiten heißt Raute.

Das Trapez:

$a \parallel c$
Mittellinie m

$$m = \frac{a + c}{2}$$
$$U = a + b + c + d$$
$$A = m \cdot h = \frac{(a + c) \cdot h}{2}$$

Der Schwerpunkt S liegt auf der Verbindungslinie der Mitten der parallelen Grundseiten im Abstand $\frac{h}{3} = \frac{a+2c}{a+c}$ von der Grundlinie.

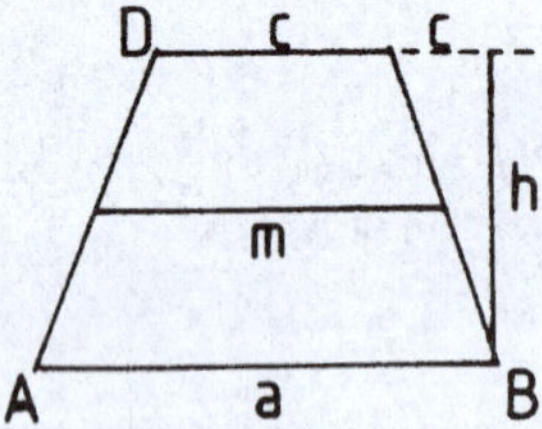

Das Sehnenviereck:

$\alpha + \gamma = \beta + \delta = 180°$

$A = \sqrt{(s-a)\cdot(s-b)\cdot(s-c)\cdot(s-d)}$

wobei $s = \frac{a+b+c+d}{2}$

Satz von Ptolemäus:

$a \cdot c + b \cdot d = e \cdot f$

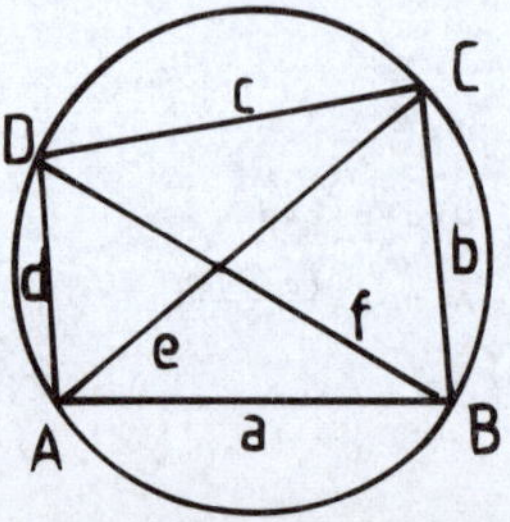

Das Tangentenviereck:

$a + c = b + d$

$A = r \cdot s$

wobei $s = \frac{a + b + c + d}{2}$

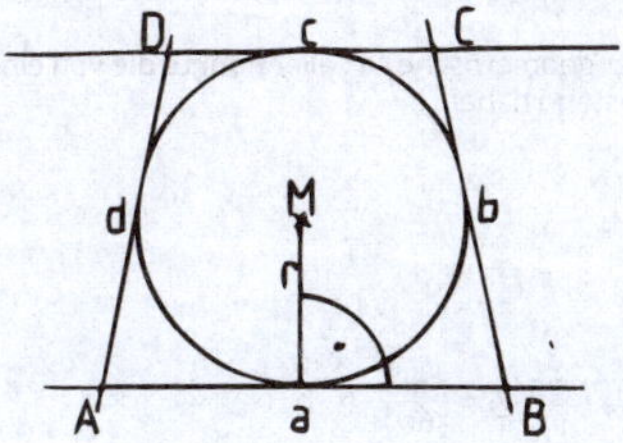

Der Kreis

Bezeichnungen:

k ≙ Kreislinie
r ≙ Radius
d ≙ Durchmesser
M ≙ Mittelpunkt
π ≙ Kreiszahl (3,14...)

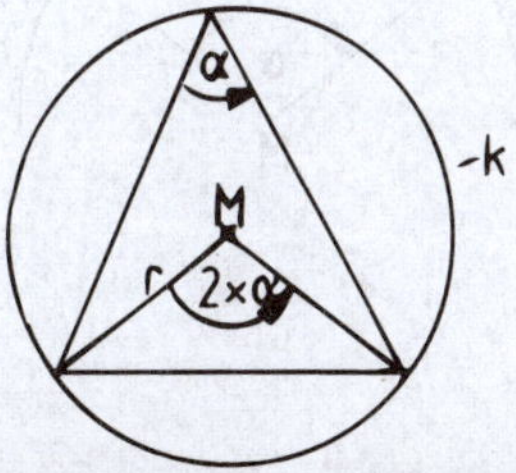

Kreisumfang: $u = 2 \cdot r \cdot \pi$

Kreisfläche: $A = r^2 \cdot \pi$

Der Umfangswinkel (Peripheriewinkel) ist halb so groß wie der Mittelpunktswinkel (Zentriwinkel) über demselben Bogen.

Satz des Thales:
Der Umfangswinkel im Halbkreis beträgt 90°, der Mittelpunktwinkel beträgt 180°.

Die Kreislinie *k* ist der geometrische Ort aller Punkte die von einem festen Punkt *M* aus den gleichen Abstand haben.

Der Kreissektor:

Fläche: $A = \frac{\pi}{360^\circ} \cdot \alpha \cdot r^2$

$A = \frac{b \cdot r}{2}$

Bogenlänge: $b = \frac{\pi}{360^\circ} \cdot \alpha \cdot r$

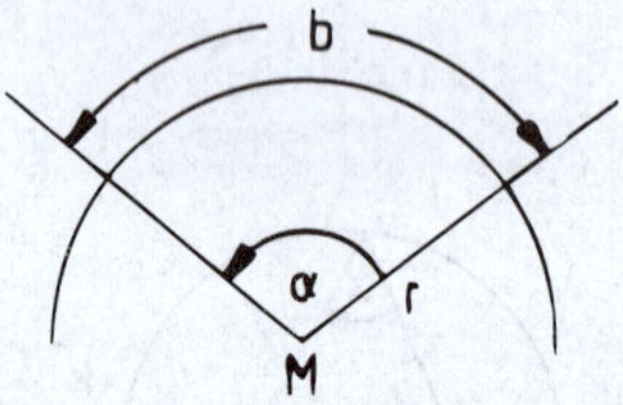

Das Kreissegment:

$\widehat{AB} = s$

A = Kreissektor – Dreieck AMB

$A = \frac{1}{2} \cdot [b \cdot r - s \cdot (r - h)]$

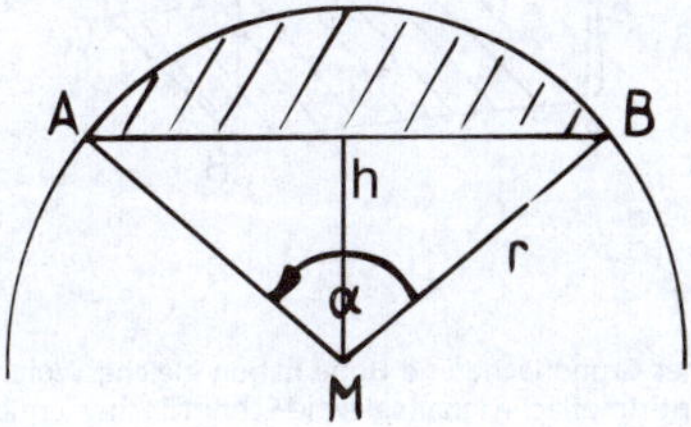

Sätze am Kreis:

Sekantensatz:
Schneiden sich die Sekanten eines Kreises in einem Punkt S außerhalb des Kreises, so sind die Rechtecke, gebildet aus den jeweils von S ausgehenden Abschnitten jeder Sekante, flächengleich.

Sehnensatz:
Schneiden sich die Sehnen eines Kreises in einem Punkt S innerhalb des Kreises, so sind die Rechtecke, gebildet aus den Sehnenabschnitten, flächengleich.

3.2 Stereometrie

Die Stereometrie ist eine Teildisziplin der euklidischen Geometrie. Aus dem Griechischen übersetzt bedeutet das Wort Stereometrie die Körpermessung. Bei bestimmten Teilen der Stereometrie ist eine Beschränkung auf eine Ebene möglich. Daher bestehen enge Verbindungen zur Planimetrie. In der berechnenden Stereometrie werden arithmetische und algebraische Operationen angewendet.

Bezeichnungen:

h ≙ Höhe
A_D ≙ Deckfläche
A_G ≙ Grundfläche
A_M ≙ Mantelfläche
A_O ≙ Oberfläche

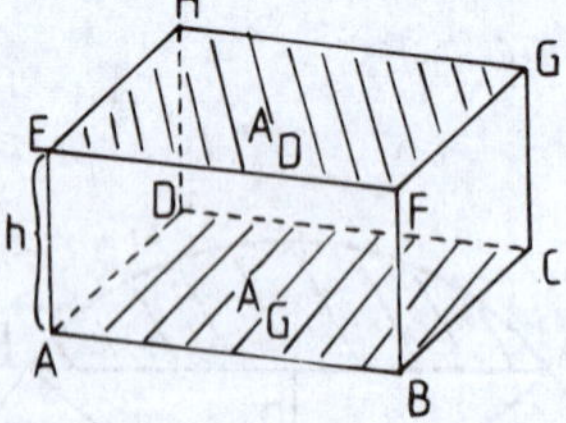

Satz von Cavalieri:

Körper mit gleicher Grundfläche und Höhe haben gleiches Volumen, wenn jeder Parallelschnitt zur Grundfläche inhaltsgleiche Schnittflächen ergibt.

Simpson'sche Regel:

$$V = \frac{h}{6} \cdot (A_G + A_D + 4 \cdot A_m)$$

für $A_G \parallel A_D$

A_m ≙ mittlerer Querschnitt

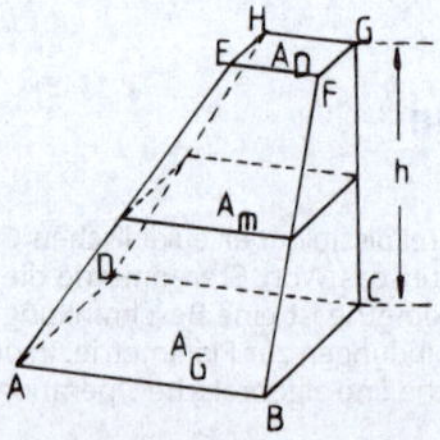

Euler'scher Polyedersatz:

Polyeder (Vielflache) sind Körper, die nur von ebenen Vielecken begrenzt sind.

Es gilt: $e + f - k = 2$

e ≙ Anzahl der Ecken
f ≙ Anzahl der Flächen
k ≙ Anzahl der Kanten

Guldin'sche Regeln:

Das Volumen eines Drehkörpers ist das Produkt aus der Querschnittsfläche A und dem Weg des Schwerpunktes S dieser Fläche um die Drehachse.

$$V = A \cdot 2r_s \cdot \pi$$

r_s ≙ Abstand des Schwerpunktes von der Drehachse

Die Mantelfläche eines Drehkörpers ist das Produkt aus der Mantellinie s und dem Weg des Schwerpunktes dieser Mantellinie um die Drehachse.

$$A_M = s \cdot 2r_s \cdot \pi$$

Die Oberfläche eines Drehkörpers errechnet sich als das Produkt aus dem Umfang der rotierenden Querschnittsfläche und dem Weg des Schwerpunktes dieser Umfangslinie um die Drehachse.

$$A_o = U \cdot 2r_s \cdot \pi$$

Das statische Moment eines Drehkörpers ist das Produkt aus der Querschnittsfläche A und dem Abstand des Schwerpunktes von der Drehachse r_s.

$$M_X = r_s \cdot A$$

Ebenflächig begrenzte Körper

Der Würfel:

$$V = a \cdot a \cdot a = a^3$$

$$A_o = 6 \cdot a^2$$

$$d = a \cdot \sqrt{2}$$

$$e = a \cdot \sqrt{3}$$

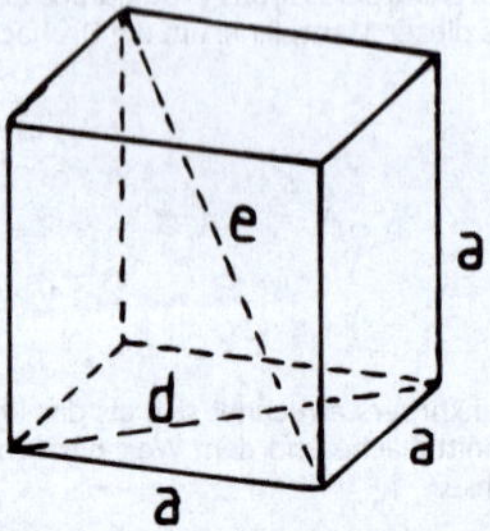

Der Quader:

$$V = a \cdot b \cdot c$$

$$A_o = 2 \cdot (a \cdot b + a \cdot c + b \cdot c)$$

$$d = \sqrt{a^2 + b^2}$$

$$e = \sqrt{a^2 + b^2 + c^2}$$

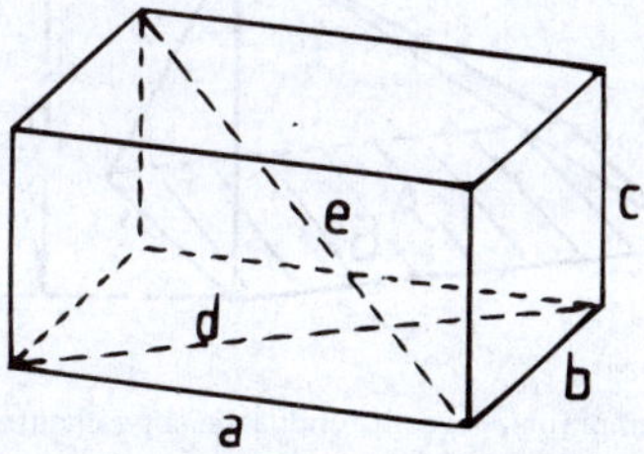

Das Prisma (gerade und schief):

$$V = A_G \cdot h$$

$$A_O = A_M + 2 \cdot A_G$$

$A_M \triangleq$ Summe der Seitenflächen

Die Pyramide (gerade und schief):

$$V = \frac{1}{3} A_G \cdot h$$

$$A_O = A_M + A_G$$

A_M = Summe der Seitenflächen

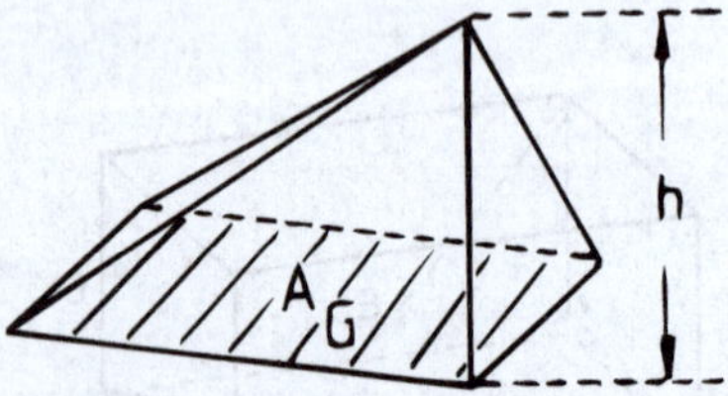

Der Pyramidenstumpf (parallel zur Grundfläche abgeschnitten):

$$V = \frac{1}{3} h \cdot (A_G + \sqrt{A_G \cdot A_D} + A_D)$$

$$A_O = A_G + A_D + A_M$$

Die fünf regelmäßigen Polyeder

Bezeichnungen:

a ≙ Seite
r ≙ Umkugelradius
ρ ≙ Inkugelradius

Ein von 4 gleichseitigen Dreiecken begrenzter Körper heißt Tetraeder.

$$V = \frac{a^3}{12} \cdot \sqrt{2}$$

$$A_O = a^2 \cdot \sqrt{3}$$

$$h = \frac{a}{3} \cdot \sqrt{6}$$

$$r = \frac{a}{4} \cdot \sqrt{6}$$

$$\rho = \frac{a}{12} \cdot \sqrt{6}$$

Ein von 8 gleichseitigen Dreiecken begrenzter Körper heißt Oktaeder.

$$V = \frac{a^3 \cdot \sqrt{2}}{3}$$

$$A_O = 2a^2 \cdot \sqrt{3}$$

$$h = \frac{a}{2} \cdot \sqrt{2}$$

$$r = \frac{a}{2} \cdot \sqrt{2}$$

$$\rho = \frac{a}{6} \cdot \sqrt{6}$$

Ein von 20 gleichseitigen Dreiecken begrenzter Körper heißt Ikosaeder.

Ein von 6 Quadraten begrenzter Körper heißt Hexaeder.

Ein von 12 regelmäßigen Fünfecken begrenzter Körper heißt Dodekaeder.

Mathematik

Krummflächig begrenzte Körper

Der Kreiszylinder (gerade):

$$V = r^2 \cdot \pi \cdot h = \frac{d^2}{4} \cdot \pi \cdot h$$

$$A_M = 2 \cdot r \cdot \pi \cdot h = d \cdot \pi \cdot h$$

$$A_O = 2 \cdot \pi \cdot r \cdot (r + h)$$

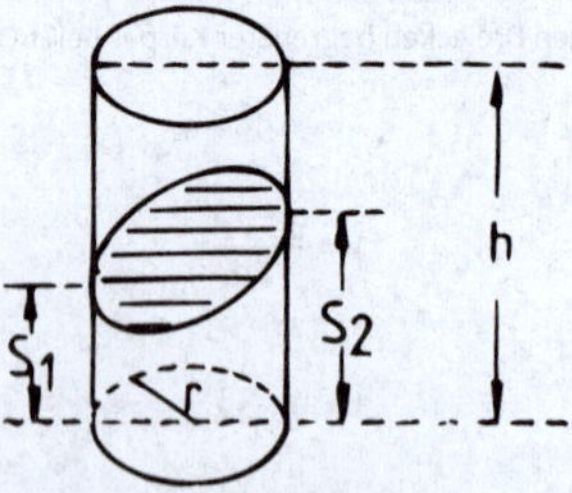

Schief abgeschnitten gilt:

$$V = \frac{r^2 \cdot \pi}{2} \cdot (s_1 + s_2)$$

$$A_M = \pi \cdot r \cdot (s_1 + s_2)$$

r ≙ Radius
d ≙ Durchmesser
s_1, s_2 ≙ Mantellinien

Der Kreiskegel (gerade):

$$V = \frac{1}{3} \cdot r^2 \cdot \pi \cdot h$$

$$A_M = r \cdot \pi \cdot s$$

$$A_O = r \cdot \pi \cdot (r + s)$$

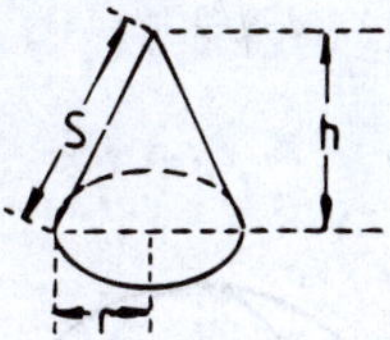

Der Kreiskegelstumpf (gerade):

$$V = \frac{1}{3} \cdot \pi \cdot h \cdot (r_1^2 + r_1 \cdot r_2 + r_2^2)$$

$$A_M = \pi \cdot s \cdot (r_1 + r_2)$$

$$A_O = \pi \cdot r_1^2 + \pi \cdot r_2^2 + \pi \cdot s \cdot (r_1 + r_2)$$

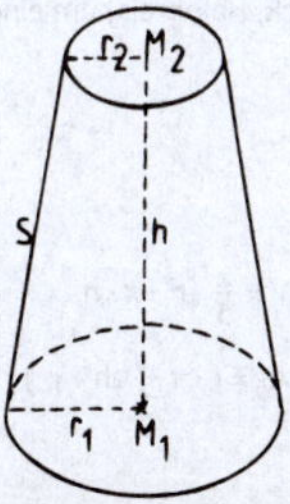

Die Kugel

$$V = \frac{4}{3} \cdot r^3 \cdot \pi$$

$$A_O = 4 \cdot r^2 \cdot \pi$$

$$r = \frac{1}{2} \cdot \sqrt{\frac{A_O}{\pi}}$$

$$d = \sqrt{\frac{A_O}{\pi}}$$

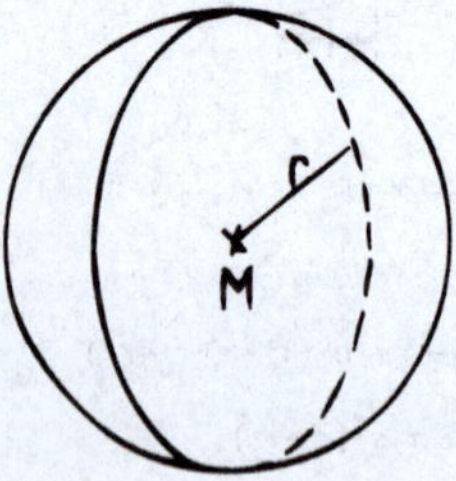

Kreiszylinder, Kreiskegel und Kugel sind Rotationskörper, die durch Drehung einer ebenen Figur (Rechteck, Dreieck, Halbkreis) um eine Achse entstehen.

Der Kugelsektor:

$$V = \frac{2}{3} \cdot r^2 \cdot \pi \cdot h$$

$$A_O = r \cdot \pi \cdot (2h + \rho)$$

$r \triangleq$ Kugelradius
$\rho \triangleq$ Schnittkreisradius
$h \triangleq$ Höhe der Kugelkappe

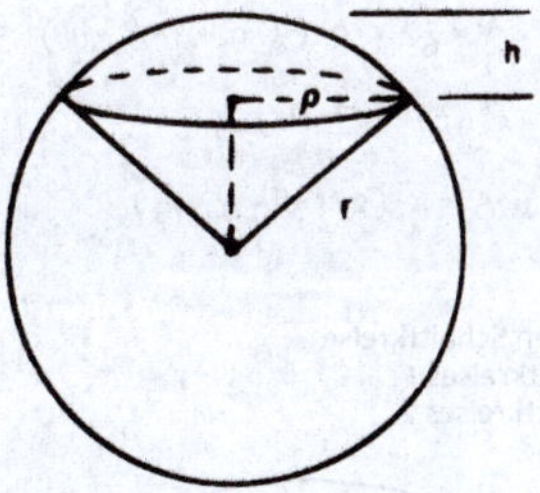

Kugelsegment:

$$V = \frac{1}{6} \cdot \pi \cdot h \cdot (3\rho^2 + h^2)$$

$$V = \frac{1}{3} h^2 \cdot \pi \cdot (3r - h)$$

$$A_M = 2 \cdot r \cdot \pi \cdot h$$

$\rho \triangleq$ Schnittkreisradius
$h \triangleq$ Höhe des Segments

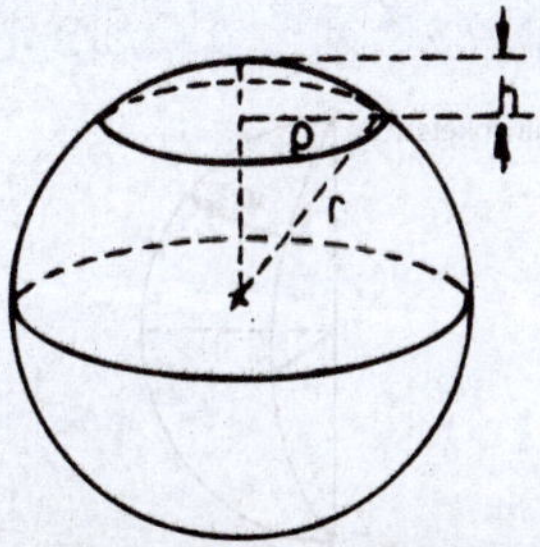

Die Kugelschicht:

$$V = \frac{1}{6} \cdot \pi \cdot h \cdot (3 \cdot \rho_1^2 + 3 \cdot \rho_2^2 + h^2)$$

$$A_M = 2 \cdot r \cdot \pi \cdot h$$

$$A_O = \pi \cdot (2 \cdot r \cdot h + \rho_1^2 + \rho_2^2)$$

h ≙ Abstand der beiden Schnittkreise
ρ_1 ≙ Radius des Schnittkreises 1
ρ_2 ≙ Radius des Schnittkreises 2

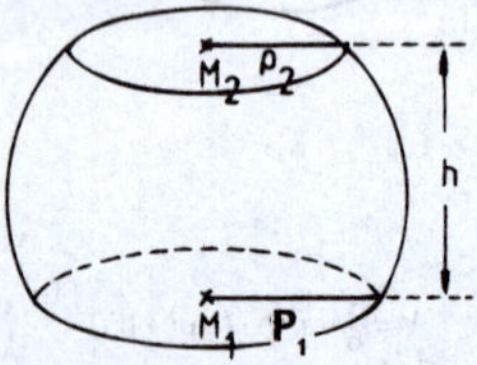

Der Kugelkeil:

$$V = \frac{4}{3} \cdot r^3 \cdot \pi \cdot \frac{\varphi}{360°}$$

$$V = \frac{2}{3} \cdot r^3 \cdot x$$

x ≙ Bogenmaß des Keilwinkels φ

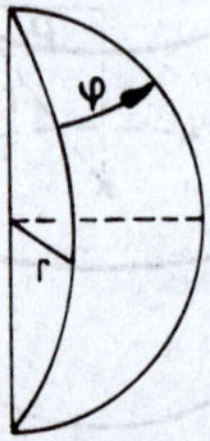

3.3 Trigonometrie

Das Wort Trigonometrie kommt aus der griechischen Sprache und bedeutet Winkelmessung im Dreieck. Sie ist ein Zweig der Mathematik, der sich mit der Berechnung von Dreiecken unter Benutzung der trigonometrischen Funktionen befasst.

Die Winkelfunktionen

Jeder Punkt P(x_p I y_p) kann im Koordinatensystem durch die Angabe von r (Entfernung des Punktes P vom Ursprung) und φ (Winkel zwischen der positiven *x*-Achse und 0P) gekennzeichnet werden.

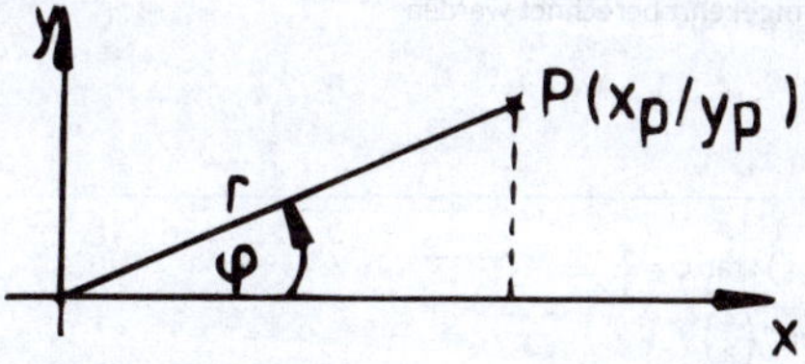

(r ; φ) ≙ Polarkoordinaten
(x_p I y_p) ≙ kartesische Koordinaten

Beispiele:

für φ = 0 ° und r = 5 LE
ergibt sich P_1 (5 I 0)

für φ = 90 ° und r = 4 LE
ergibt sich P_2 (0 I 4)

Mathematik

Für beliebige Winkel φ gelten folgende trigonometrische Winkelfunktionen:

Sinus: $\sin\varphi = \frac{y_p}{r}$

Cosinus: $\cos\varphi = \frac{x_p}{r}$

Tangens: $\tan\varphi = \frac{y_p}{x_p}$ für $x_p \neq 0$

Cotangens: $\cot\varphi = \frac{x_p}{y_p}$ für $y_p \neq 0$

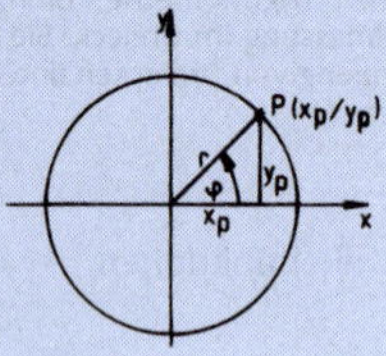

Mithilfe dieser Beziehungen können aus den kartesischen Koordinaten Polarkoordinaten und umgekehrt berechnet werden.

Beispiele:

$P(3 \mid 4): \tan\varphi = \frac{4}{3}$

$\varphi = \tan^{-1}\left(\frac{4}{3}\right)$

$\varphi = 53{,}13^\circ$

Eingabe Taschenrechner:

| inv | tan | (| 4 | : | 3 |) | = | 53,13° |

$r = \frac{y_p}{\sin\varphi}$; $r = \frac{4}{\sin 53{,}13^\circ}$; $r = 5{,}0$ LE

Eingabe Taschenrechner:

| 4 | : | (| sin | 53.13 |) | = | 5,0 |

Vorzeichen von sin, cos, tan in den 4 Quadranten:

Sinus:

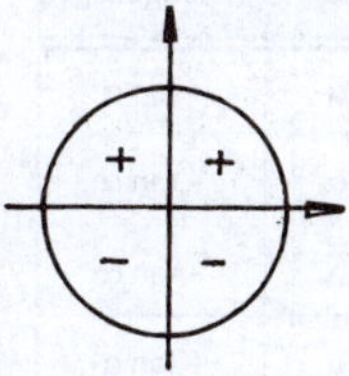

Kosinus:

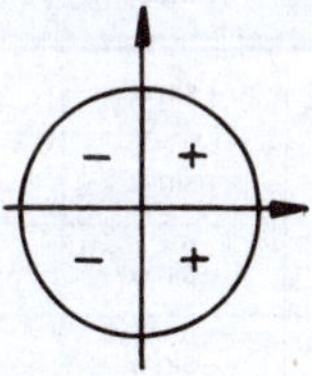

Tangens:

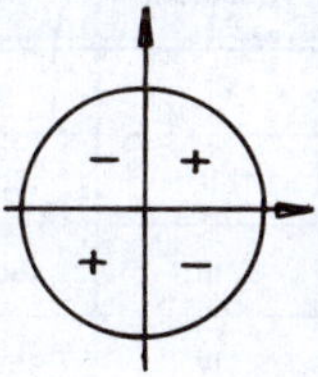

Grafische Darstellungen der Winkelfunktionen:

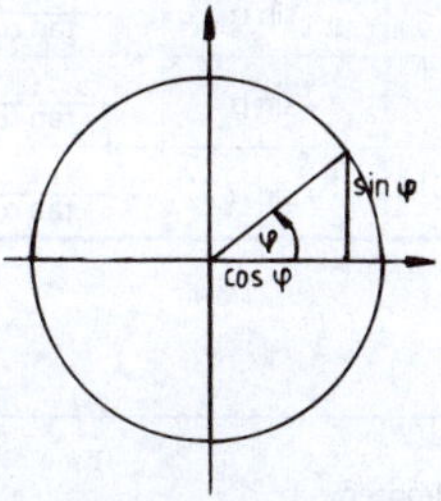

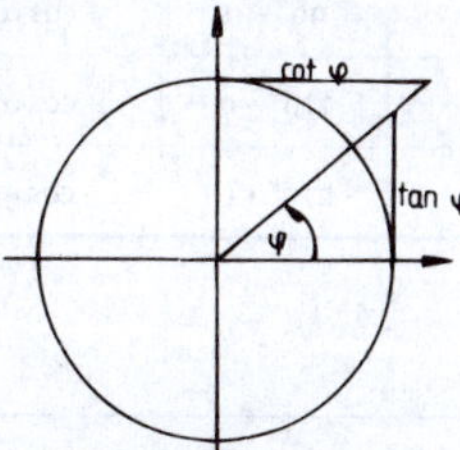

Funktionswerte besonderer Winkel: 0 ≤ φ ≤ 90

φ	0°	30°	45°	60°	90°
sin φ	0	$\frac{1}{2}$	$\frac{1}{2}\sqrt{2}$	$\frac{1}{2}\sqrt{3}$	1
cos φ	1	$\frac{1}{2}\sqrt{3}$	$\frac{1}{2}\sqrt{2}$	$\frac{1}{2}$	0
tan φ	0	$\frac{1}{3}\sqrt{3}$	1	$\sqrt{3}$	n. d.
cot φ	n. d.	$\sqrt{3}$	1	$\frac{1}{3}\sqrt{3}$	0

Umwandlung von trigonometrischen Funktionswerten

Quadrant	Winkel	Sinus	Kosinus	Tangens
I	α	$+\sin\alpha$	$+\cos\alpha$	$+\tan\alpha$
II	$180° - \alpha$	$+\sin\alpha$	$-\cos\alpha$	$-\tan\alpha$
III	$180° + \alpha$	$-\sin\alpha$	$-\cos\alpha$	$+\tan\alpha$
IV	$360° - \alpha$	$-\sin\alpha$	$+\cos\alpha$	$-\tan\alpha$
IV	$-\alpha$	$-\sin\alpha$	$+\cos\alpha$	$-\tan\alpha$
I	$90° - \alpha$	$+\cos\alpha$	$+\sin\alpha$	$+\frac{1}{\tan\alpha}$
II	$90° + \alpha$	$+\cos\alpha$	$-\sin\alpha$	$-\frac{1}{\tan\alpha}$
III	$270° - \alpha$	$-\cos\alpha$	$-\sin\alpha$	$+\frac{1}{\tan\alpha}$
IV	$270° + \alpha$	$-\cos\alpha$	$+\sin\alpha$	$-\frac{1}{\tan\alpha}$

Beispiele:

240° ist ein Winkel im III. Quadranten.
Darstellbar durch 180° + 60°. Es gilt:

$$\left.\begin{array}{lll} \sin 240° = & -\sin 60° & = -0{,}87 \\ \cos 240° = & -\cos 60° & = -0{,}5 \\ \tan 240° = & \tan 60° & = 1{,}73 \end{array}\right\} \text{Tabelle: Zeile 3}$$

310° ist ein Winkel im IV. Quadranten.
Darstellbar durch 270° + 40°. Es gilt:

$\sin 310° = -\cos 40° = -0{,}77$; Tabelle: Zeile 9

Zusammenhang zwischen trigonometrischen Funktionen

$$\tan\alpha = \frac{\sin\alpha}{\cot\alpha}$$

$$\tan\alpha = \frac{1}{\cot\alpha}$$

$$\cot\alpha = \frac{\cos\alpha}{\sin\alpha}$$

$$\tan\alpha \cdot \cot\alpha = 1$$

$$\sin^2\alpha + \cos^2\alpha = 1$$

$$\sin\alpha = \cos(\alpha - 90°)$$

$$\cos\alpha = \sin(\alpha - 90°)$$

$$\sin\alpha = \cos(90° - \alpha)$$

$$\cos\alpha = \sin(90° - \alpha)$$

Umrechnungstabelle:

$$\sin\varphi = \sqrt{1-\cos^2\varphi} = \frac{\tan\varphi}{\sqrt{1-\tan^2\varphi}} = \frac{1}{\sqrt{1+\cot^2\varphi}}$$

$$\cos\varphi = \sqrt{1-\sin^2\varphi} = \frac{1}{\sqrt{1+\tan^2\varphi}} = \frac{\cot\varphi}{\sqrt{1+\cot^2\varphi}}$$

$$\tan\varphi = \frac{\sin\varphi}{\sqrt{1-\sin^2\varphi}} = \frac{\sqrt{1-\cos^2\varphi}}{\cos\varphi} = \frac{1}{\cot\varphi}$$

$$\cot\varphi = \frac{\sqrt{1-\sin^2\varphi}}{\sin\varphi} = \frac{\cos\varphi}{\sqrt{1-\cos^2\varphi}} = \frac{1}{\tan\varphi}$$

Additionstheoreme:

$$\sin(\alpha+\beta) = \sin\alpha \cdot \cos\beta + \cos\alpha \cdot \sin\beta$$

$$\cos(\alpha+\beta) = \cos\alpha \cdot \cos\beta - \sin\alpha \cdot \sin\beta$$

$$\tan(\alpha+\beta) = \frac{\tan\alpha + \tan\beta}{1 - \tan\alpha \cdot \tan\beta}$$

$$\sin(\alpha-\beta) = \sin\alpha \cdot \cos\beta - \cos\alpha \cdot \sin\beta$$

$$\cos(\alpha-\beta) = \cos\alpha \cdot \cos\beta + \sin\alpha \cdot \sin\beta$$

$$\tan(\alpha-\beta) = \frac{\tan\alpha - \tan\beta}{1 + \tan\alpha \cdot \tan\beta}$$

Funktionen des doppelten Winkels:

$$\sin 2\alpha = 2 \cdot \sin\alpha \cdot \cos\alpha$$

$$\cos 2\alpha = \cos^2\alpha - \sin^2\alpha$$

$$\tan 2\alpha = \frac{2 \cdot \tan\alpha}{1 - \tan^2\alpha}$$

Funktionen des halben Winkels:

$$\sin^2\left(\frac{\alpha}{2}\right) = \frac{1}{2} \cdot (1 - \cos\alpha)$$

$$\cos^2\left(\frac{\alpha}{2}\right) = \frac{1}{2} \cdot (1 + \cos\alpha)$$

$$\tan^2\left(\frac{\alpha}{2}\right) = \frac{1 - \cos\alpha}{1 + \cos\alpha}$$

Trigonometrie am Dreieck

rechtwinklig:

$$\sin \varphi = \frac{\text{Gegenkathete}}{\text{Hypotenuse}}$$

$$\cos \varphi = \frac{\text{Ankathete}}{\text{Hypotenuse}}$$

$$\tan \varphi = \frac{\text{Gegenkathete}}{\text{Ankathete}}$$

Beispiel:

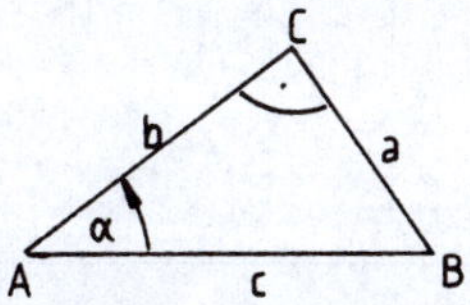

$$\sin \alpha = \frac{a}{c}$$

$$\cos \alpha = \frac{b}{c}$$

$$\tan \alpha = \frac{a}{b}$$

Sinussatz: $\frac{a}{\sin \alpha} = \frac{b}{\sin \beta} = \frac{c}{\sin \gamma}$

Kosinussatz:

$$a^2 = b^2 + c^2 - 2bc \cdot \cos\alpha$$

$$b^2 = a^2 + c^2 - 2ac \cdot \cos\beta$$

$$c^2 = a^2 + b^2 - 2ab \cdot \cos\gamma$$

Beispiel:

Δ ABC mit $a = 6$ cm; $c = 9$ cm; $\beta = 40^\circ$.
Berechne b und α.

Kosinussatz:
$b^2 = [\,6^2 + 9^2 - 2 \cdot 6 \cdot 9 \cdot \cos 40^\circ\,]\ \text{cm}^2$

$b = 5{,}85$ cm

Sinussatz:
$$\frac{6\ \text{cm}}{\sin\alpha} = \frac{5{,}85\ \text{cm}}{\sin 40^\circ}$$
$\alpha = 41{,}2^\circ$

Flächensatz:

Die Fläche eines Dreiecks ist das halbe Produkt aus zwei Seiten und dem Sinus des von ihnen eingeschlossenen Winkels.

$$A_\Delta = \frac{1}{2} \cdot a \cdot b \cdot \sin\gamma$$
$$= \frac{1}{2} \cdot a \cdot c \cdot \sin\beta$$
$$= \frac{1}{2} \cdot b \cdot c \cdot \sin\alpha$$

Beispiel:

Berechne die Fläche eines Dreiecks mit
$a = 6$ cm, $c = 9$ cm und $\beta = 40°$.

$$A_\Delta = \frac{1}{2} \cdot a \cdot c \cdot \sin\beta$$

$$A_\Delta = \frac{1}{2} \cdot 6 \cdot 9 \cdot \sin 40° \text{ FE}$$

$$A_\Delta = 17{,}36 \text{ FE}$$

Projektionssatz:

$$a = b \cdot \cos\gamma + c \cdot \cos\beta$$

$$b = c \cdot \cos\alpha + a \cdot \cos\gamma$$

$$c = a \cdot \cos\beta + b \cdot \cos\alpha$$

Mollweide'sche Formeln:

$$(a + b) : c = \cos\frac{\alpha - \beta}{2} : \sin\frac{\gamma}{2}$$

$$(a - b) : c = \sin\frac{\alpha - \beta}{2} : \cos\frac{\gamma}{2}$$

Mathematik

Der Winkelbogen

Die Länge des Winkelbogens gibt das Bogenmaß des Winkels an (bezogen auf den Radius r).

$$b_\alpha = \frac{r \cdot \pi \cdot \alpha}{180^\circ}$$

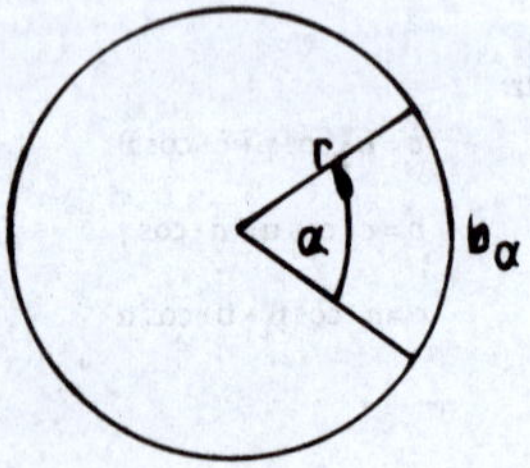

Beispiel:

Bogenmaß zum Winkel $\alpha = 120^\circ$

im Einheitskreis ($r = 1$):

$$b_\alpha = \frac{1 \cdot \pi \cdot 120^\circ}{180^\circ} = 2{,}1 \text{ LE}$$

im Kreis mit Radius $r = 5$ LE:

$$b_\alpha = \frac{5 \cdot \pi \cdot 120^\circ}{180^\circ} = 10{,}5 \text{ LE}$$

3.4 Analytische Geometrie in der Ebene

Koordinatensysteme

rechtwinkliges Koordinatensystem:

x - Abszisse
y - Ordinate P(x I y)

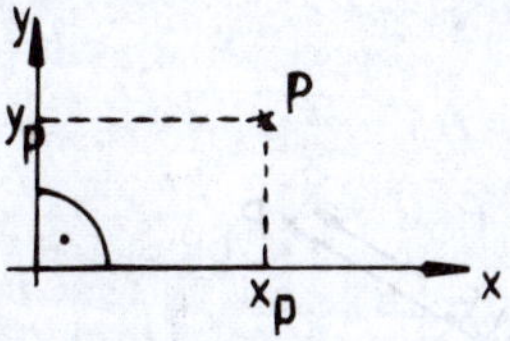

schiefwinkliges Koordinatensystem:

x - Abszisse
y - Ordinate P(x I y)

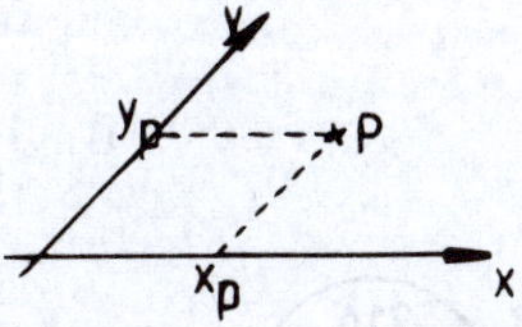

polares Koordinatensystem:

r - Abstand vom Polpunkt o
φ - Richtungswinkel

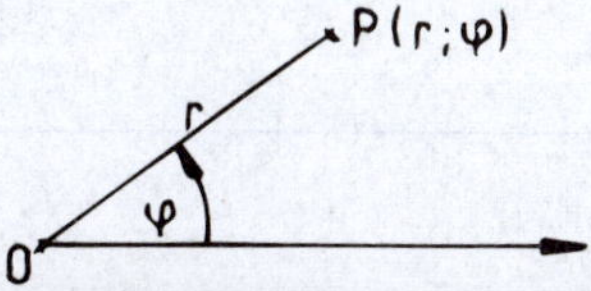

Die Lage des Punktes P im Polarkoordinatensystem ist bestimmt durch seine Entfernung von einem festen Punkt 0 (Pol) und durch den Winkel φ, den eine gegebene, durch 0 verlaufende Gerade mit der Geraden 0P im mathematischen Drehsinn bildet.

Beispiele:

$P_1(5; 30°)$

d. h.: $\overline{0P_1} = 5$ LE

$\varphi = 30°$

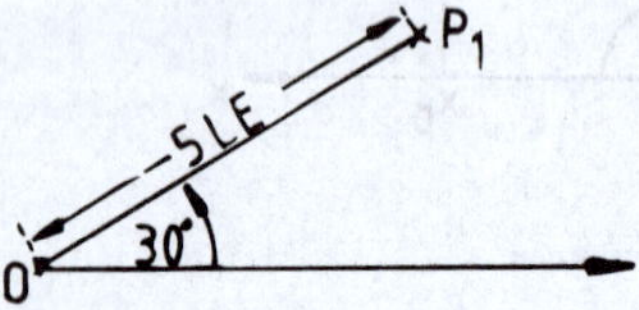

$P_2(4; 210°)$

d. h.: $\overline{0P_2} = 4$ LE

$\varphi = 210°$

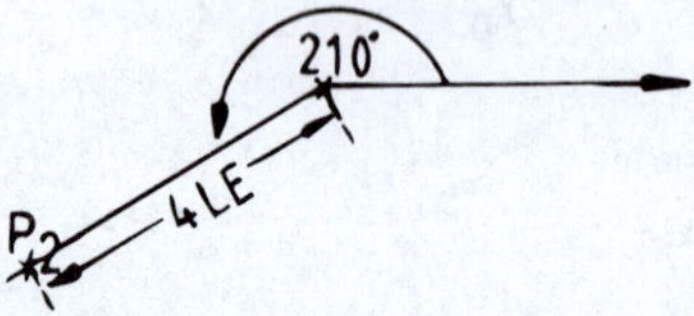

Mathematik

Abstand zweier Punkte

$$\overline{P_1P_2} = \sqrt{(x_2 - x_1)^2 + (y_2 - y_1)^2}$$

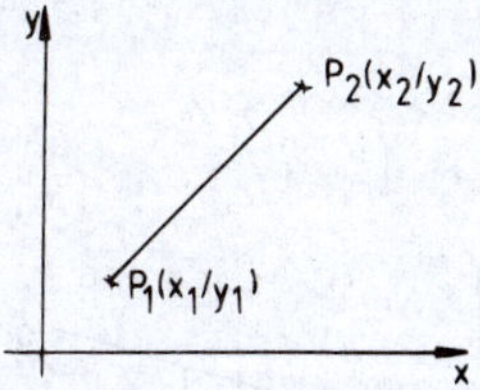

Beispiel:

$P_1(2\,|\,4);\ P_2(6\,|\,1)$

$\overline{P_1P_2} = \sqrt{(6-2)^2 + (1-4)^2} = 5$ LE

Teilpunkt T einer Strecke

Für das Teilverhältnis $\frac{\overline{P_1T}}{\overline{P_2T}} = k$ gilt:

$$x_T = \frac{x_1 + k \cdot x_2}{1 + k};\ y_T = \frac{y_1 + k \cdot y_2}{1 + k}$$

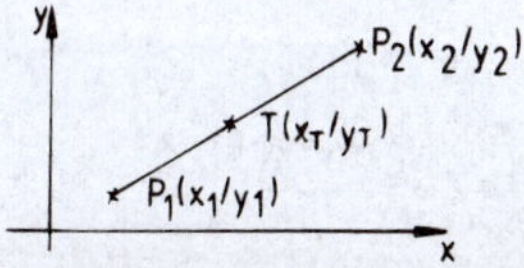

Mathematik

Geradengleichungen

Es gibt verschiedene Grundformen der Geradengleichung g:

Allgemeine Geradengleichung:

$$a \cdot x + b \cdot y + c = 0$$

Punkt-Steigungsform:

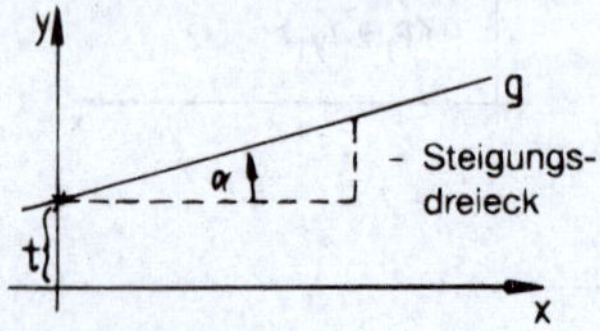

m ≙ Steigung (= tan α)
t ≙ y-Achsenabschnitt

$$g: y = m \cdot x + t$$

Ursprungsgerade: $y = m \cdot x$; Gleichung der x-Achse: $y = 0$;
Gleichung der y-Achse: $x = 0$

Punkt-Richtungsform:
aus Steigung m und einem Punkt $P_1(x_1 \mid y_1)$:

$$y - y_1 = m \cdot (x - x_1)$$

Zwei-Punkteform
aus P_1 und P_2:

$$\frac{y-y_1}{x-x_1}=\frac{y_2-y_1}{x_2-x_1}$$

Achsenabschnittsform
aus den Schnittpunkten mit den K-o-Achsen $S(\,s\mid 0\,)$ und $T(\,0\mid t\,)$:

$$\frac{x}{s}+\frac{y}{t}=1$$

Abstand eines Punktes von einer Geraden

Hesse'sche Normalform

$$g: x\cdot\cos\beta+y\cdot\sin\beta-d=0$$

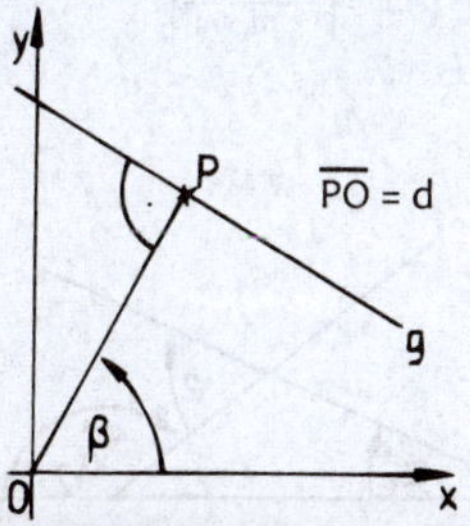

Beispiel:

$\beta = 45^\circ$; $d = 3$ LE

Die Geradengleichung der Geraden g lautet:

$x \cdot \cos 45^\circ + y \cdot \sin 45^\circ - 3 = 0$

⋮

$y = -x + 4{,}23$

Allgemein gilt für den Abstand *d* eines Punktes $P_1(x_1 \mid y_1)$ von einer Geraden g: $ax + by + c = 0$:

$$e = \frac{-ax_1 - by_1 - c}{\sqrt{a^2 + b^2}} = x_1 \cdot \cos\beta + y_1 \cdot \sin\beta - d$$

Lage zweier Geraden

beliebiger Schnittwinkel φ:

$$\tan\varphi = \tan(\alpha_1 - \alpha_2)$$

$$\tan\varphi = \left|\frac{m_2 - m_1}{1 + m_1 \cdot m_2}\right|$$

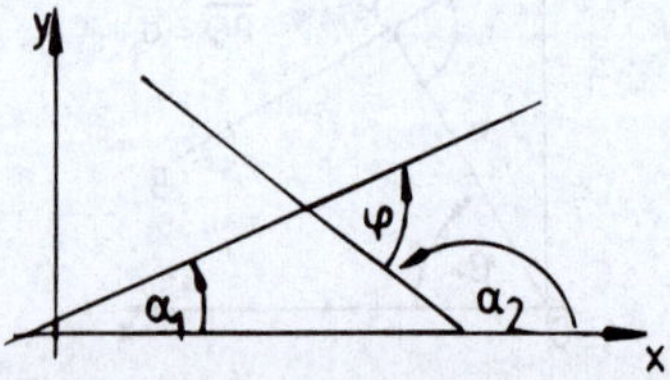

für g_1: $a_1x + b_1y + c_1 = 0 \cap g_2$: $a_2x + b_2y + c_2 = 0$ gilt:

$$\tan\varphi = \left|\frac{a_1b_2 - a_2b_1}{a_1a_2 + b_1b_2}\right|$$

Beispiele:

$g_1: 1x + 1y - 3 = 0 \cap g_2: -1x + 1y + 3 = 0$

$\tan\varphi = \left|\frac{1\cdot 1 - 1\cdot(-1)}{1\cdot(-1) + 1\cdot 1}\right| = \left|\frac{2}{0}\right| = \text{n. d.}$ d. h. $\varphi = 90°$

$g_3: 4x + 0y + 0 = 0 \cap g_4: 1x + 1y - 5 = 0$

$\tan\varphi = \left|\frac{4\cdot 1 - 0\cdot 1}{4\cdot 1 + 0\cdot 1}\right| = \left|\frac{4}{4}\right| = 1$ d. h. $\varphi = 45°$

Zwei Geraden sind parallel zueinander, wenn sie die gleiche Steigung haben: $m_1 = m_2$; $\tan\alpha_1 = \tan\alpha_2$.

Zwei Geraden stehen senkrecht aufeinander, wenn $m_1 \cdot m_2 = -1$.

Der Kreis

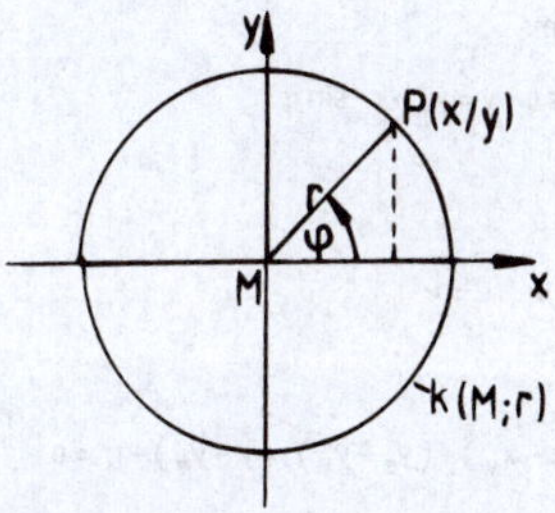

Der Mittelpunkt sei M, der Radius r.

Für M (0 I 0) gilt: $x^2 + y^2 - r^2 = 0$

Parameterdarstellung:

$x = r \cdot \cos \varphi ; y = r \cdot \sin \varphi$

Tangente in $B(x_B \mid y_B)$: $[y = m \cdot x + t]$

$x_B \cdot x + y_B \cdot y - r^2 = 0$ mit $m = \frac{-x_B}{y_B}$

Liegt der Mittelpunkt des Kreises nicht im Koordinatenursprung, sondern an einer beliebigen Stelle $M(x_M \mid y_M)$, so gilt die allgemeine Kreisgleichung:

$(x - x_M)^2 + (y - y_M)^2 - r^2 = 0$

Parameterform:

$x = x_M + r \cdot \cos \varphi ; y = y_M + r \cdot \sin \varphi$

Tangente in $B(x_B \mid y_B)$:

$(x_B - x_M) \cdot (x - x_M) + (y_B - y_M) \cdot (y - y_M) - r^2 = 0$

Beispiel:

Wir bestimmen die Tangentengleichung an einen Kreis k mit Mittelpunkt M(2 | 0) und Radius $r = 3$ LE im Berührpunkt $B(5 | 0)$.

$$(5-2)\cdot(x-2)+(0-0)\cdot(y-0)-3^2=0$$
$$3\cdot(x-2)+0\cdot y-9=0$$
$$3\cdot x-6=9 \quad /+6$$
$$3x=15 \quad /:3$$

Tangentengleichung: $x = 5$

Zwei Kreise k_1 und k_2 mit den Mittelpunkten M_1 und M_2 und den Radien r_1 und r_2 schneiden einander in zwei reellen Punkten, wenn: $\overline{M_1M_2} < r_1 + r_2$.

Sie haben keinen gemeinsamen Punkt, wenn: $\overline{M_1M_2} > r_1 + r_2$

oder: $\overline{M_1M_2} < | r_1 - r_2 |$.

Sie berühren sich ausschließend, wenn: $\overline{M_1M_2} = r_1 + r_2$.

Sie berühren sich einschließend, wenn: $\overline{M_1M_2} = | r_1 - r_2 |$.

Beispiele:

$\overline{M_1M_2} < r_1 + r_2$

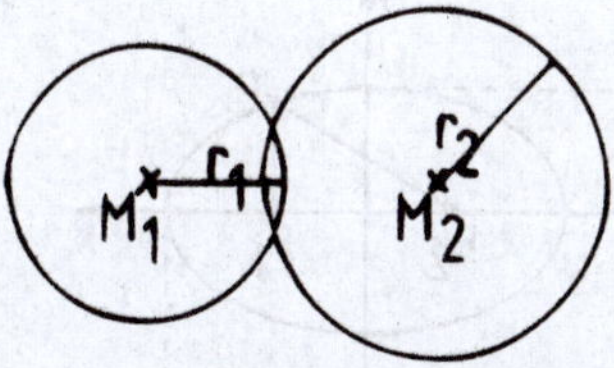

$$\overline{M_1M_2} = |r_1 - r_2|$$

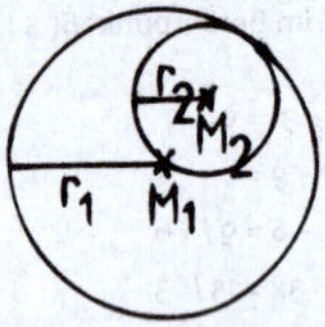

Die Ellipse

Die Ellipse ist der geometrische Ort aller Punkte, für welche die Summe der Entfernungen von zwei festen Punkten (den Brennpunkten) konstant und gleich der großen Achse der Ellipse ist.

$$\overline{PF_1} + \overline{PF_2} = 2a$$

$F_1, F_2 \triangleq$ Brennpunkte der Ellipse; $a \triangleq$ große Halbachse
$b \triangleq$ kleine Halbachse; $M \triangleq$ Mittelpunkt
$e \triangleq$ lineare Exzentrizität; $\varepsilon \triangleq$ numerische Exzentrizität

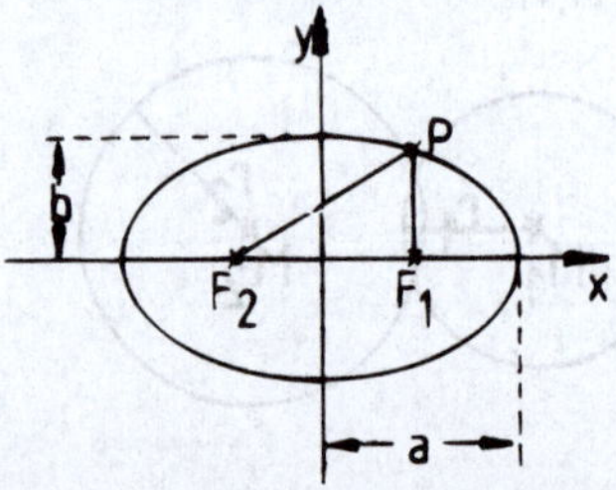

für a > b gilt:

$$e^2 = a^2 - b^2 \,;\, \varepsilon = \frac{e}{a}$$

für a < b gilt:

$$e^2 = b^2 - a^2 \,;\, \varepsilon = \frac{e}{b}$$

Mittelpunktsgleichung der Ellipse:

$$\frac{x^2}{a^2} + \frac{y^2}{b^2} - 1 = 0$$

Die Hyperbel

Die Hyperbel ist der geometrische Ort aller Punkte, für die Differenz der Entfernungen von zwei festen Punkten (Brennpunkten) konstant und gleich der reellen Achse der Hyperbel ist.

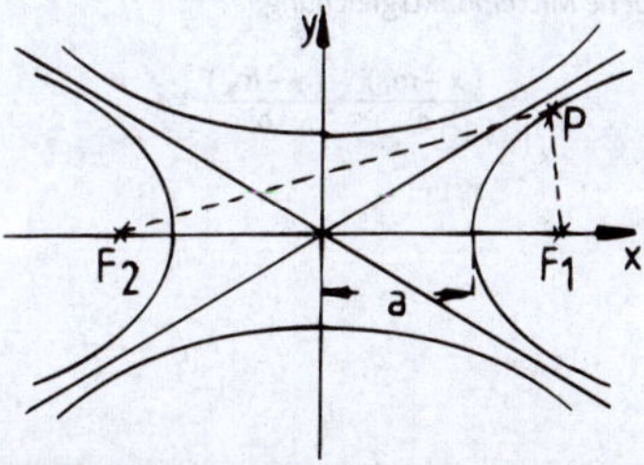

$$\overline{PF_2} - \overline{PF_1} = \pm 2a$$

F_1, F_2 ≙ Brennpunkte der Hyperbel; a ≙ reelle Halbachse;
b ≙ imaginäre Halbachse; e ≙ lineare Exzentrizität;
ε ≙ numerische Exzentrizität; M ≙ Mittelpunkt

reelle Achse auf der x-Achse:

$$e^2 = a^2 + b^2;\ \varepsilon = \frac{e}{a}$$

reelle Achse auf der y-Achse:

$$e^2 = a^2 + b^2;\ \varepsilon = \frac{e}{b}$$

Mittelpunktsgleichung der Hyperbel:

$$\frac{x^2}{a^2} - \frac{y^2}{b^2} - 1 = 0$$

verschobene Mittelpunktsgleichung:

$$\frac{(x - m_1)^2}{a^2} - \frac{(y - m_2)^2}{b^2} = 1$$

Die Parabel

Die Parabel ist der geometrische Ort aller Punkte, die von einem festen Punkt (Brennpunkt) und von einer festen Geraden (Leitlinie) gleich weit entfernt sind.

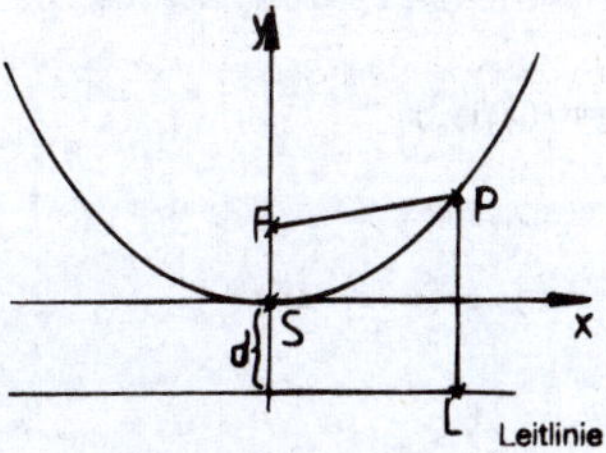

$$\overline{PF} = \overline{PL}$$

F ≙ Brennpunkt der Parabel; *L* ≙ Lotfußpunkt auf der Leitlinie
$S(s_1 \mid s_2)$ ≙ Scheitelpunkt; *p* ≙ Parameter ($|p| = 2 \cdot \overline{SF}$)
d ≙ Leitlinienabstand vom Scheitel ($d = \frac{1}{2} \cdot |p|$)

Scheitelgleichungen:

1. *Öffnung nach rechts:*	$y^2 - 2px = 0$
2. *Öffnung nach links:*	$y^2 + 2px = 0$
3. *Öffnung nach oben:*	$x^2 - 2py = 0$
4. *Öffnung nach unten:*	$x^2 + 2py = 0$

Aus dem Koordinatenursprung verschobene Scheitelgleichung:

$$(y - s_2)^2 = 2p \cdot (x - s_1)$$

Tangentengleichung in $P(x_0 \mid y_0)$:

$$(y - s_2) \cdot (y_0 - s_2) = p \cdot (x + x_0 - 2s_1)$$

Tangentenbedingung (für $y = m \cdot x + t$):

$$p = 2 \cdot m \cdot (m \cdot s_1 + t - s_2)$$

Allgemeine Kegelschnittgleichungen

Kreis:	$Ax^2 + Ay^2 + Cx + Dy + F = 0$	A und B sind stets beide positiv oder beide negativ.
Ellipse:	$Ax^2 + By^2 + Cx + Dy + F = 0$	
Hyperbel:	$Ax^2 - By^2 + Cx + Dy + F = 0$	
Parabel:	$Ax^2 + Cx + Dy + F = 0$ (Achse II y-Achse)	
	$By^2 + Cx + Dy + F = 0$ (Achse II x-Achse)	

Beispiel:

Welcher Kegelschnitt ergibt sich für
$A = 1; C = 4; D = -1; F = 4$?

eingesetzt:
$1 \cdot x^2 + 4x + (-1) \cdot y + 4 = 0$ (Parabel!)
$y = x^2 + 4x + 4;$
$y = (x + 2)^2$ Scheitel $S(-2 \mid 0)$

3.5 Analytische Geometrie im Raum

Als Koordinatensystem wird am häufigsten das rechtwinklige (kartesische) System verwendet. Es entsteht durch eine Drehung der positiven *x*-Achse nach der positiven *y*-Achse unter gleichzeitiger Verschiebung in positiver *z*-Richtung und stellt somit eine Rechtsschraubung dar.

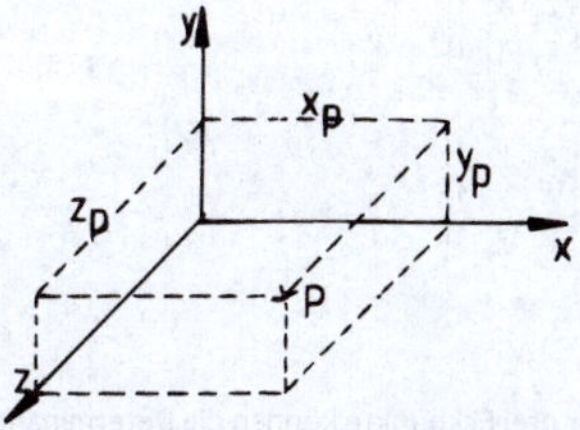

Die Koordinaten sind:

$$P(x \mid y \mid z)$$

Die *x*-, *y*-, *z*-Linien, längs derer sich eine Koordinate ändert, sind achsenparallele Geraden.

Mathematik

Entfernung zweier Punkte:

$$\overline{P_1P_2} = \sqrt{(x_1 - x_2)^2 + (y_1 - y_2)^2 + (z_1 - z_2)^2}$$

Fläche eines Dreiecks $P_1P_2P_3$:

mit $P_1(x_1 \mid y_1 \mid z_1)$
$P_2(x_2 \mid y_2 \mid z_2)$
$P_3(x_3 \mid y_3 \mid z_3)$

$$A = \sqrt{A_1^2 + A_2^2 + A_3^2}$$

mit: $$A_1 = \frac{1}{2} \cdot \begin{vmatrix} y_1 & z_1 & 1 \\ y_2 & z_2 & 1 \\ y_3 & z_3 & 1 \end{vmatrix}$$

$$A_2 = \frac{1}{2} \cdot \begin{vmatrix} z_1 & x_1 & 1 \\ z_2 & x_2 & 1 \\ z_3 & x_3 & 1 \end{vmatrix}$$

$$A_3 = \frac{1}{2} \cdot \begin{vmatrix} x_1 & y_1 & 1 \\ x_2 & y_2 & 1 \\ x_3 & y_3 & 1 \end{vmatrix}$$

Durch die Angabe der drei Eckpunkte können die Determinanten A_1, A_2, A_3 nach der Regel von Sarrus bestimmt werden. Mit diesen Teilergebnissen bestimmt man die Dreiecksfläche A im Raum.

Ebenengleichung im Raum:

$Ax + By + Cz + D = 0$

für A, B, C nicht gleichzeitig null

Winkel τ zwischen zwei Ebenen im Raum:

$$\cos \tau = \left| \frac{A1 \cdot A2 + B1 \cdot B2 + C1 \cdot C2}{\sqrt{(A_1^2 + B_1^2 + C_1^2) \cdot (A_2^2 + B_2^2 + C_2^2)}} \right|$$

wobei $t \leq 90°$

parallel zueinander:

$$A_1 : B_1 : C_1 = A_2 : B_2 : C_2$$

senkrecht zueinander:

$$A_1 \cdot A_2 + B_1 \cdot B_2 + C_1 \cdot C_2 = 0$$

Die Gerade im Raum

Auch in der dreidimensionalen Geometrie kann man eine Gerade durch zwei Punkte oder einen Punkt und Richtungswinkel angeben. Die am häufigsten angewendete Form ist die Punkt-Richtungsgleichung in der Spaltenschreibweise:

Geradengleichung:

$$\begin{pmatrix} x \\ y \\ z \end{pmatrix} = \begin{pmatrix} x_1 \\ y_1 \\ z_1 \end{pmatrix} + \lambda \cdot \begin{pmatrix} v_x \\ v_y \\ v_z \end{pmatrix}; \begin{pmatrix} v_x \\ v_y \\ v_z \end{pmatrix} = \begin{pmatrix} x_2 - x_1 \\ y_2 - y_1 \\ z_2 - z_1 \end{pmatrix}$$

In der kartesischen Zwei-Punktform bedeutet dies:

$$\frac{y - y_1}{x - x_1} = \frac{y_2 - y_1}{x_2 - x_1};$$

$$\frac{z - z_1}{y - y_1} = \frac{z_2 - z_1}{y_2 - y_1};$$

$$\frac{z - z_1}{x - x_1} = \frac{z_2 - z_1}{x_2 - x_1}$$

Beispiel:

Geradengleichung durch die Punkte $P_1(1 \mid 2 \mid 3)$ und $P_2(2 \mid -1 \mid 0)$ eingesetzt:

$$\begin{pmatrix} x \\ y \\ z \end{pmatrix} = \begin{pmatrix} 1 \\ 2 \\ 3 \end{pmatrix} + \lambda \cdot \begin{pmatrix} 2-1 \\ -1-2 \\ 0-3 \end{pmatrix}; \begin{pmatrix} x \\ y \\ z \end{pmatrix} = \begin{pmatrix} 1 \\ 2 \\ 3 \end{pmatrix} + \lambda \cdot \begin{pmatrix} 1 \\ -3 \\ -3 \end{pmatrix}$$

(I) $x = 1 + \lambda$

(II) $y = 2 - 3\lambda$

(III) $z = 3 - 3\lambda$

I + II: $x + y = 3 - 2\lambda$ (I′)

II + III: $y + z + 5 = 5 - 6\lambda$ (II′)

I′ mit (−3) multipliziert: $-3x - 3y = -9 + 6\lambda$ (I″)

I″ + II′: $-3x + z - 2y = -4$

Geradengleichung: $-3x - 2y + z + 4 = 0$

Probe für $P_1(1 \mid 2 \mid 3)$: $-3 \cdot 1 - 2 \cdot 2 + 3 + 4 = 0$ (w)

Probe für $P_2(2 \mid -1 \mid 0)$: $-3 \cdot 2 - 2 \cdot (-1) + 0 + 4 = 0$ (w)

Besondere Gleichungen im Raum

Kugel:	$x^2 + y^2 + z^2 - r^2 = 0$ mit $M(0\,|\,0\,|\,0)$
Ellipsoid:	$\frac{x^2}{a^2} + \frac{y^2}{b^2} + \frac{z^2}{c^2} = 1$ mit a, b, c ≙ Halbachsen der Hauptschnitte $M(0\,|\,0\,|\,0)$
elliptisches Paraboloid:	$\frac{x^2}{a^2} + \frac{y^2}{b^2} - z = 0$ ≙
hyperbolisches Paraboloid:	$\frac{x^2}{a^2} - \frac{y^2}{b^2} - z = 0$ mit $S(0\,|\,0)$
einschaliges Hyperboloid:	$\frac{x^2}{a^2} + \frac{y^2}{b^2} + \frac{z^2}{c^2} - 1 = 0$

c = imaginäre Halbachse; a, b ≙ reelle Halbachsen

3.6 Abbildung in der Ebene

Ordnet eine Vorschrift A jedem Originalelement einer Menge M genau ein Bildelement einer Menge M' zu, so ist dadurch eine Abbildung definiert.

$$A(x) = x \overset{A}{\longmapsto} x'$$

A heißt surjektiv, wenn jedes Element von M' als Bild auftritt.
A heißt injektiv, wenn jedes Bildelement genau ein Originalelement hat.
A heißt bijektiv, wenn A sowohl surjektiv als auch injektiv ist.
A heißt involutorisch, wenn $A(\,A(x)\,) = x$ ist.

Kongruenzabbildungen

Punktspiegelung am Ursprung

Abbildungsmatrix: $\begin{pmatrix} -1 & 0 \\ 0 & -1 \end{pmatrix}$

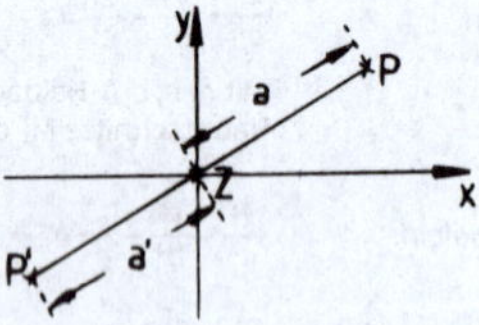

Drehung um den Nullpunkt mit dem Drehwinkel φ

Abbildungsmatrix: $\begin{pmatrix} \cos\varphi & -\sin\varphi \\ \sin\varphi & \cos\varphi \end{pmatrix}$

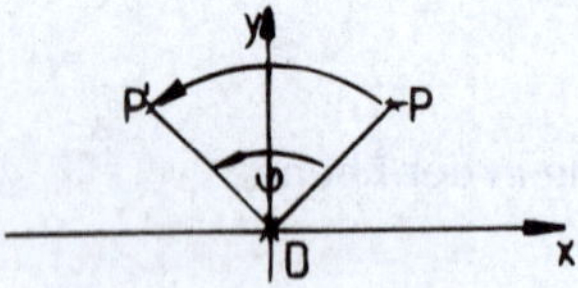

Spiegelung an der Nullpunktsgeraden, die mit der ersten Achse (x-Achse) den Winkel α bildet.

Abbildungsmatrix: $\begin{pmatrix} \cos 2\alpha & \sin 2\alpha \\ \sin 2\alpha & -\cos 2\alpha \end{pmatrix}$

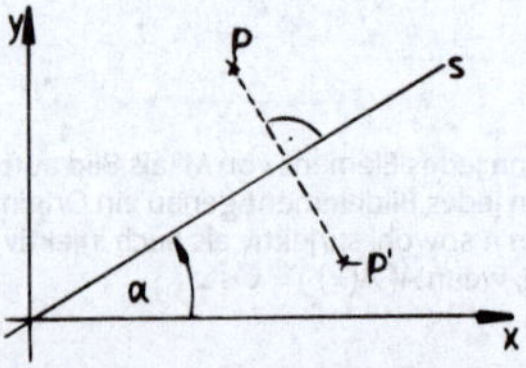

Ähnlichkeitsabbildungen

Zentrische Streckung vom Nullpunkt aus mit dem Streckungsfaktor k ($k \neq 0$)

Abbildungsmatrix: $\begin{pmatrix} k & 0 \\ 0 & k \end{pmatrix}$

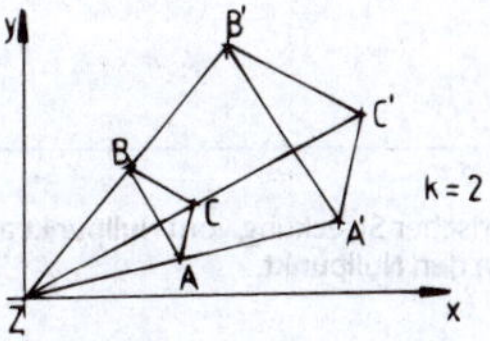

Affine Abbildungen

Zur x-Achse senkrechte Dehnung bzw. Stauchung mit dem Faktor l.

Abbildungsmatrix: $\begin{pmatrix} 1 & 0 \\ 0 & l \end{pmatrix}$

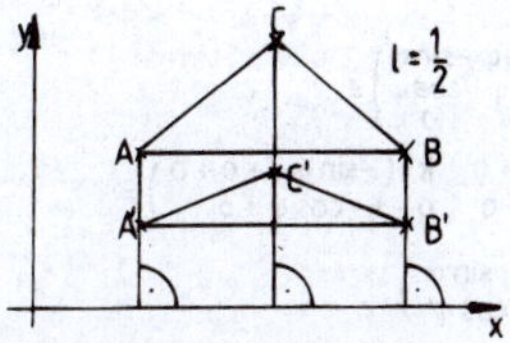

Scherung bezüglich der *x*-Achse mit der Scherungszahl *a*.

Abbildungsmatrix: $\begin{pmatrix} 1 & a \\ 0 & 1 \end{pmatrix}$

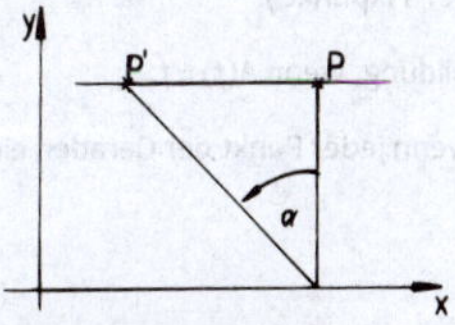

α – Scherungswinkel

Die Nacheinanderausführung geometrischer Abbildungen heißt Verkettung.

Das Kommutativgesetz hat für die Verkettung in keiner Weise Gültigkeit.

Die Verkettung geometrischer Abbildungen entspricht der Multiplikation ihrer Abbildungsmatrizen.

Beispiel:

Abbildung zentrischer Streckung vom Nullpunkt aus verkettet mit der Drehung um den Nullpunkt.

Für die zentrische Streckung gilt:

$$\begin{pmatrix} k & 0 \\ 0 & k \end{pmatrix}$$

$$\odot$$

Für die Drehung gilt:

$$\begin{pmatrix} \cos\varphi & -\sin\varphi \\ \sin\varphi & \cos\varphi \end{pmatrix}$$

$$\begin{pmatrix} k & 0 & 0 \\ 0 & k & 0 \end{pmatrix} \odot \begin{pmatrix} \cos\varphi & -\sin\varphi \\ \sin\varphi & \cos\varphi \\ 0 & 0 \end{pmatrix} =$$

$$= \begin{pmatrix} k \cdot \cos\varphi + 0 + 0 & k \cdot (-\sin\varphi) + 0 + 0 \\ 0 + k \cdot \sin\varphi + 0 & 0 + k \cdot \cos\varphi + 0 \end{pmatrix} =$$

$$= \begin{pmatrix} k \cdot \cos\varphi & -k \cdot \sin\varphi \\ k \cdot \sin\varphi & k \cdot \cos\varphi \end{pmatrix}$$

Punkte, die bei ihrer Abbildung an ihrer Stelle bleiben, heißen Fixpunkte der Abbildung (A(F) = F, dann heißt F Fixpunkt).

***f* heißt Fixgerade der Abbildung, wenn *A*(*f*) = *f*.**

***f* heißt Fixpunktgerade, wenn jeder Punkt der Geraden ein Fixpunkt ist.**

4.
Infinitesimal-rechnung

Die Infinitesimalrechnung ist die Zusammenfassung von Differenzialrechnung und Integralrechnung.

4.1 Differenzialrechnung

Die Aufgabe, die Tangente an die Bildkurve einer Funktion $f(x)$ zu einen Punkt P(x I $f(x)$) zu legen, führt zu einem Quotienten besonderer Art, dem Differenzialquotienten. Die Untersuchung der Eigenschaften des Differenzialquotienten einer Funktion ist Gegenstand der Differenzialrechnung.

Grenzwerte

Eine Funktion $f(x)$ hat für $x \to \infty$ den Grenzwert c, wenn es zu jeder Zahl $\varepsilon > 0$ eine Zahl $\delta > 0$ gibt, sodass gilt:

$$|f(x) - c| < \varepsilon \text{ für alle } x > \delta$$

Schreibweise: $\lim f(x) = c \,;\, x \to \infty$

gelesen: Der Grenzwert der Funktion $f(x)$ für x gegen unendlich ist c.

Eine Funktion $f(x)$ hat für $x \to x_0$ den Grenzwert c, wenn es zu jedem $\varepsilon > 0$ ein $\delta > 0$ gibt, sodass gilt:

$$|f(x) - c| < \varepsilon \text{ für } |x \to x_0| < \delta \text{ und } x \neq x_0$$

Schreibweise: $\lim f(x) = c \,;\, x \to x_0$

gelesen: Der Grenzwert der Funktion $f(x)$ ist für x gegen x_0 gleich c.

Eine Zahlenfolge hat den Grenzwert c, wenn sich zu jeder Zahl $\varepsilon > 0$ ein $K = K(\varepsilon)$ so angeben lässt, dass für alle $k > K$ gilt:

$$|a_k - c| < \varepsilon$$

Schreibweise: $\lim a_k = c;\ k \to \infty$

Beispiele für Grenzwerte:

$$\lim_{n \to \infty} \left(\frac{1}{1 + a^n} \right) = \begin{cases} 1 & \text{für } |a| < 1 \\ \frac{1}{2} & \text{für } |a| = 1 \\ 0 & \text{für } |a| > 1 \end{cases}$$

$$\lim_{n \to \infty} \left(1 + \frac{1}{n} \right)^n = e \text{ (Euler'sche Zahl } e = 2{,}718\ldots)$$

Stirling'sche Formel:

$$\lim_{n \to \infty} \frac{n!}{n^n \cdot e^{-n} \cdot \sqrt{n}} = \sqrt{2\pi}$$

Regeln zur Grenzwertrechnung

$$\lim_{x \to a} [f(x) \pm g(x)] = \lim_{x \to a} f(x) \pm \lim_{x \to a} g(x)$$

$$\lim_{x \to a} [f(x) \cdot g(x)] = \lim_{x \to a} f(x) \cdot \lim_{x \to a} g(x)$$

$$\lim_{x \to a} [c \cdot f(x)] = c \cdot \lim_{x \to a} f(x);\ \lim_{x \to a} \sqrt[n]{f(x)} = \sqrt[n]{\lim_{x \to a} f(x)}$$

$$\lim_{x \to a} [f(x)]^n = [\lim_{x \to a} f(x)]^n$$, falls die einzelnen Grenzwerte existieren

Das Differenzieren

Begriffe des Differenzials:

$$\underbrace{\frac{dy}{dx}}_{\text{dy nach dx}} = \underbrace{f'(x)}_{\text{erste Ableitung}} \rightarrow dy = f'(x)\,dx$$

dy heißt das Differenzial von *y*, das zum Differenzial *dx* gehört.

Eine Funktion *f*(x) ist an der Stelle x_0 differenzierbar, wenn an dieser Stelle die linksseitige Ableitung mit der rechtsseitigen Ableitung übereinstimmt.

linksseitig rechtsseitig

$$\lim_{h \to 0} \frac{f(x_0 - h) - f(x_0)}{-h} = \lim_{h \to 0} \frac{f(x_0 + h) - f(x_0)}{h}\,;\ h > 0$$

Höhere Ableitungen:

$$\frac{d^2y}{dx^2} = f''(x) = \frac{d^2f(x)}{dx^2} = \frac{df'(x)}{dx} \quad \text{heißt 2. Ableitung}$$

$$\frac{d^3y}{dx^3} = f'''(x) = \frac{d^3f(x)}{dx^3} = \frac{df''(x)}{dx} \quad \text{heißt 3. Ableitung}$$

Stetigkeit und Differenzierbarkeit

Eine notwendige Bedingung der Differenzierbarkeit ist die Stetigkeit. Eine Funktion *f*(x), die bei $x = x_0$ und einer Umgebung von x_0 definiert ist, heißt an der Stelle $x = x_0$ stetig, wenn der Grenzwert von $f(x_0 + \Delta x)$ für Δx gegen null existiert und mit dem Funktionswert an der Stelle x_0 übereinstimmt. Das bedeutet:

$$\lim_{\Delta x \to 0} f(x_0 + \Delta x) = f(x_0)$$

Mittelwertsatz:
Wenn $y = f(x)$ im Intervall [a , b] stetig und differenzierbar ist, dann gibt es im Intervall mindestens einen Wert $x = x_0$, für den gilt:

$$\frac{f(b) - f(a)}{b - a} = f'(x_0) \text{ für } a < x_0 < b$$

Geometrisch besagt der Mittelwertsatz, dass im Intervall (unter gegebenen Voraussetzungen) eine Stelle existiert, an der die Tangente an die Kurve parallel zur Sehne zwischen den Endpunkten des Intervalls ist. Ist eine Funktion $f(x)$ an einer Stelle x_0 stetig, so ist sie an dieser Stelle differenzierbar, wenn folgender Grenzwert existiert:

$$\lim_{\Delta x \to 0} \frac{f(x_0 + \Delta x) - f(x_0)}{\Delta x} = f'(x_0)$$

Der Grenzwert wird als Differenzialquotient bezeichnet. Für $f(x) = y$ schreibt man:

$$f'(x) = \lim \frac{\Delta y}{\Delta x} = \frac{dy}{dx} \quad \text{(Differenzialquotient)}$$

Differenziationsregeln

Grundregel:

$f(x) = x^n$ mit $n \in \mathbb{Q}$;

$f'(x) = n \cdot x^{n-1}$

Beispiel:

$f(x) = x^5$

$f'(x) = 5 \cdot x^{5-1} = 5x^4$

Bei den folgenden Regeln steht zur Vereinfachung für $u(x)$ nur u und für $v(x)$ nur v. C sei eine Konstante.

Faktorregel:

$f(x) = c \cdot u$

$f'(x) = c \cdot u'$

Beispiel:

$f(x) = 5 \cdot x^3$

$f'(x) = 5 \cdot 3 \cdot x^{3-1} = 15x^2$

Summenregel:

$f(x) = u + v$

$f'(x) = u' + v'$

Beispiel:

$$f(x) = x^2 + 2x$$
$$f'(x) = 2x + 2$$

Differenzregel:

$$f(x) = u - v$$
$$f'(x) = u' - v'$$

Beispiel:

$$f(x) = x^3 - 2x^2$$
$$f'(x) = 3 \cdot x^{3-1} - 2 \cdot 2 \cdot x^{2-1}$$
$$f'(x) = 3x^2 - 4x$$

Bei der Summen- und Differenzregel wird jeder Summand, Subtrahend oder Minuend für sich differenziert.

Produktregel:

$$f(x) = u \cdot v$$
$$f'(x) = u' \cdot v + u \cdot v'$$

Gelesen: erster Faktor abgeleitet mal zweiter Faktor plus erster Faktor mal zweiter Faktor abgeleitet.

Beispiel:

$$f(x) = (x^2 + 1) \cdot (2x - 3)$$

$$f'(x) = 2x \cdot (2x - 3) + (x^2 + 1) \cdot 2$$

Quotientenregel:

$$f(x) = \frac{u}{v};\ v \neq 0$$

$$f'(x) = \frac{u' \cdot v - u \cdot v'}{v^2}$$

Gelesen: Nenner zum Quadrat, im Zähler steht der Zähler abgeleitet mal Nenner minus den Zähler mal den Nenner abgeleitet.

Beispiel:

$$f(x) = \frac{x^2}{3x}$$

$$f'(x) = \frac{2 \cdot x \cdot 3x - x^2 \cdot 3}{(3x)^2} = \frac{6x^2 - 3x^2}{9x^2} = \frac{3x^2}{9x^2} = \frac{1}{3}$$

Kettenregel:

$$h(x) = (f \circ g)(x)$$

$$h'(x) = f'(g(x)) \cdot g'(x)$$

$f \triangleq$ äußere Funktion; $g \triangleq$ innere Funktion

Die Ableitung einer verketteten Funktion ist gleich äußere Ableitung mal innere Ableitung.

Beispiel:

$$f(x) = (x^2 + 5x)^3$$

$$f'(x) = 3 \cdot (x^2 + 5x)^2 \cdot (2x + 5)$$

Anwendung beim Bilden höherer Ableitungen:

$$f(x) = (x^2 - 3x)^2$$

$$f'(x) = 2 \cdot (x^2 - 3x)^1 \cdot (2x - 3) \qquad \text{(Kettenregel)}$$

$$f''(x) = 2 \cdot [(2x - 3) \cdot (2x - 3) + (x^2 - 3x) \cdot 2] \qquad \text{(Produktregel)}$$

$$f''(x) = 2 \cdot (6x^2 - 18x + 9)$$

$$f'''(x) = 2 \cdot (12x - 18) \qquad \text{(Summenregel)}$$

Ableitungen der Elementarfunktionen

Funktionsart	Funktionsgleichung	1. Ableitung
konstante Funktion	$f(x) = c$	$f'(x) = 0$
identische Funktion	$f(x) = x$	$f'(x) = 1$
lineare Funktion	$f(x) = m \cdot x + c$	$f'(x) = m$
Potenzfunktion	$f(x) = x^n$	$f'(x) = n \cdot x^{n-1}$; $n \in \mathbb{R}$
Wurzelfunktion	$f(x) = \sqrt{x}$; $x > 0$	$f'(x) = \frac{1}{2 \cdot \sqrt{x}}$

Funktionsart	Funktionsgleichung	1. Ableitung
trigonometrische Funktionen	$f(x) = \sin x$	$f'(x) = \cos x$
	$f(x) = \cos x$	$f'(x) = -\sin x$
	$f(x) = \tan x$	$f'(x) = \frac{1}{\cos^2 x}$
	$f(x) = \cot x$	$f'(x) = \frac{-1}{\sin^2 x}$
Logarithmusfunktionen	$f(x) = \log_a x$	$f'(x) = \frac{1}{x} \log_a e = \frac{1}{x \cdot \ln a}$
	$f(x) = \lg x$	$f'(x) = \frac{1}{x} \lg e = \frac{1}{x \cdot \ln 10}$
	$f(x) = \ln x$	$f'(x) = \frac{1}{x}$
	$f(x) = \ln g(x)$	$f'(x) = \frac{g'(x)}{g(x)}$

Grafische Darstellung von Ableitungsfunktionen:

Beispiel:

$f(x) = -x^2 - 2x + 1$
$f'(x) = -2x - 2$
$f''(x) = -2$
$f'''(x) = 0$

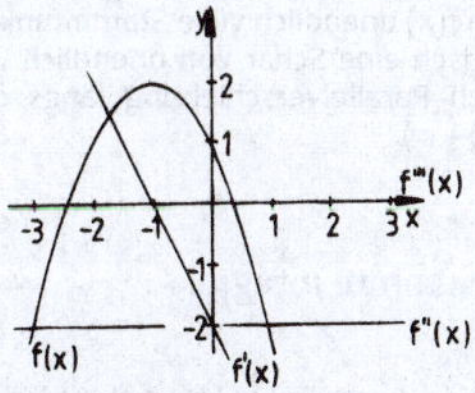

Mathematik

4.2 Integralrechnung

Die Integration ist die Umkehrung der Differenziation. Wenn man eine Funktion $f(x)$ integrieren will, so muss man die Funktion $F(x)$ finden, deren Ableitung die gegebene Funktion $f(x)$ ist.

$$\frac{d\,F(x)}{dx} = f(x)$$

Das unbestimmte Integral

Die Menge aller Stammfunktionen $F(x)$ zu einer Funktion $f(x)$ bezeichnet man als das unbestimmte Integral von $f(x)$.

$$\int f(x)\,dx = F(x) + c$$

$f(x) \triangleq$ Integrand
$F(x) \triangleq$ Stammfunktion
$c \triangleq$ Integrationskonstante
$\int \triangleq$ Integral

Da die Konstante c jede beliebige Zahl sein kann, gibt es zu einer gegebenen Funktion $f(x)$ unendlich viele Stammfunktionen. Das unbestimmte Integral stellt geometrisch eine Schar von unendlich vielen kongruenten Integralkurven dar, die durch Parallelverschiebung längs der y-Achse auseinander hervorgehen ($y = F(x) + c$).

Das bestimmte Integral

Der Wert des bestimmten Integrals zwischen der unteren Grenze a und der oberen Grenze b ergibt sich aus der Differenz der Werte $F(a) + c$ und $F(b) + c$, die das unbestimmte Integral $\int f(x)\,dx$ für $x = a$ und $x = b$ annimmt.

$$\int_a^b f(x)\,dx = [\,F(x)\,]_a^b = F(b) - F(a)$$

Geometrisch bedeutet das Integral von *a* bis *b* über *f*(x) den Flächeninhalt, den der Graf von *f*(x) mit der *x*-Achse zwischen in den Grenzen *a* und *b* einschließt.

$$A = \int_a^b f(x)\,dx$$

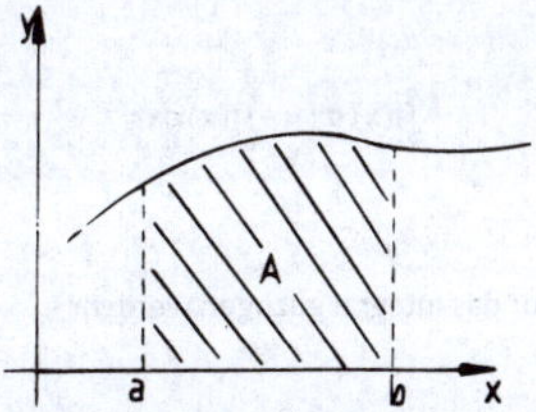

Integrationsregeln

Bestimmung des Grundintegrals:

$$\int_a^b x^n\,dx = \left[\frac{x^{n-1}}{n+1} + c\right]_a^b;\; n \neq -1$$

Es wird diejenige Funktion gesucht, deren Ableitung x^n ist. Die Grenzen *a* und *b* sind für die Berechnung des bestimmten Integrals von Bedeutung.

Beispiel:

$$\int_1^4 x^3\,dx = \left[\frac{x^{3+1}}{3+1}+c\right]_1^4 = \left[\frac{x^4}{4}+c\right]_1^4$$

$f(x)$ Stammfunktion $F(x)$

Einsetzen der Grenzen: obere Grenze minus untere Grenze

$$\frac{4^4}{4}+c-\left(\frac{1^4}{4}+c\right)=64-\frac{1}{4}=63\frac{3}{4}$$

Vertauscht man die Grenzen, so gilt:

$$\int_a^b f(x)\,dx = -\int_b^a f(x)\,dx =$$

Die Konstante *k* darf vor das Integral gezogen werden:

$$\int_a^b k\cdot f(x)\,dx = k\cdot\int_a^b f(x)\,dx =$$

Intervalladditivität:

Direkt aneinanderreihende Intervalle dürfen zu einem Intervall zusammengefasst werden.

$$\int_a^b f(x)\,dx + \int_b^c f(x)\,dx = \int_a^c f(x)\,dx$$

Summen- und Differenzenregel:

Bei Summen und Differenzen in einem Intervall dürfen Teilintegrale unter Beibehaltung des Intervalls gebildet werden.

$$\int_a^b (f(x) \pm g(x))\,dx =$$

$$\uparrow \qquad \nwarrow$$

$$\int_a^b f(x)\,dx \pm \int_a^b f(x)\,dx$$

Partielle Integration:

$$\int_a^b (u \cdot v')\,dx = [\,u \cdot v\,]_a^b - \int_a^b (u' \cdot v)\,dx$$

Produkte können nicht gliedweise integriert werden!

$$\int_0^\pi x^2 \cdot \cos x\,dx = [\,x^2 \cdot \sin x\,]_0^\pi - \int_0^\pi (2x \cdot \sin x)\,dx$$

$$\uparrow \quad \uparrow \qquad\quad \uparrow \quad \uparrow \qquad\quad \uparrow \quad \uparrow$$

$$u \cdot v' \quad = u \cdot v \qquad\quad u' \cdot v$$

$$= 0 \cdot 0 \qquad - \int_0^\pi (2x \cdot \sin x)\,dx =$$

$$= -\int_0^\pi (2x \cdot \sin x)\,dx = -\{[\,2x \cdot (-\cos x)\,]_0^\pi - \int_0^\pi (2 \cdot (-\cos x)\,dx\} =$$

$$= -\{\,2\pi \cdot 1 - 0 + 2 \cdot \int_0^\pi \cos x\,dx\,\} =$$

$$= -2\pi - 2 \cdot \int_0^\pi \cos x\,dx =$$

$$= -2\pi - 2\,[\,\sin x\,]_0^\pi =$$

$$= -2\pi - 2 \cdot (\,0 - 0\,) = -2\pi$$

Zusammenstellung von Grundintegralen

$$\int_a^b dx = [x]_a^b$$

$$\int_a^b a^x\,dx = \left[\frac{a^x}{\ln a}\right]_a^b$$ mit $a > 0$; $a \neq 1$

$$\int_a^b x^n\,dx = \left[\frac{x^{n+1}}{n+1}\right]_a^b$$ mit $n \neq 1$

$$\int_a^b \frac{1}{x}\,dx = [\ln x]_a^b ; x > 0$$

$$\int_a^b \sin x\,dx = [-\cos x]_a^b$$

$$\int_a^b \cos x\,dx = [\sin x]_a^b$$

$$\int_a^b \frac{1}{1+x^2}\,dx = [\arctan x]_a^b$$

$$\int_a^b \frac{1}{\sqrt{1-x^2}}\,dx = [\arcsin x]_a^b$$ für $|x| = < 1$

$$\int_a^b e^x\,dx = [e^x]_a^b$$ $e = 2{,}718\ldots$

$$\int_a^b \frac{1}{\sqrt{x^2+1}}\,dx = [\ln(x + \sqrt{x^2+1})]_a^b$$

$$[\ln|x + \sqrt{x^2+1})]_a^b$$

Integration durch Substitution

Durch eine passende Substitution versucht man ein gegebenes Integral $\int f(x)\,dx$ zu lösen.
Man führt folgende Substitution durch:
$u = h(x)$ mit der Eigenschaft $f(x) = g\,[h(x)]\,h(x)$.

Dann gilt:

$$\int_a^b f(x)\,dx = \int_A^B g(u)\,du\,;\ \text{mit } A = h(a) \text{ und } B = h(b)$$

Beispiel:

$$\int_2^4 (x^3 - x)^2 \cdot 3x^2\,dx\,;\ u = x^3 - 3\,;$$

$$\frac{du}{dx} = 3x^2 \Rightarrow du = 3x^2 \cdot dx$$

obere Integralgrenze:
$u_1 = x^3 - 3 = 4^3 - 3 = 64 - 3 = 61$

untere Integralgrenze :
$u_2 = x^3 - 3 = 2^3 - 3 = 8 - 3 = 5$

$$\int_2^4 (x^3 - 3)^2 \cdot 3x^2\,dx = \int_5^{61} u^2\,du$$

Besondere bestimmte Integrale

$$\int_0^1 \frac{1}{\sqrt{1 - x^2}}\,dx = \frac{\pi}{2}$$

$$\int_0^\infty \frac{1}{(1 + x)\cdot\sqrt{x}}\,dx = \pi$$

$$\int_0^1 \frac{x\,dx}{\sqrt{1 - x^2}} = 1$$

Mathematik

$$\int_0^\infty \frac{\sin ax}{x}\,dx = \begin{cases} \frac{\pi}{2} \text{ für } a > 0 \\ -\frac{\pi}{2} \text{ für } a < 0 \end{cases}$$

$$\int_0^\pi \cos ax\,dx = \frac{\sin a\pi}{a}$$

$$\int_0^\infty \frac{\tan ax}{x}\,dx = \begin{cases} \frac{\pi}{2} \text{ für } a > 0 \\ -\frac{\pi}{2} \text{ für } a < 0 \end{cases}$$

Flächenbestimmung über Integrale

Fläche über der x-Achse für $f(x) > 0$ und $a < x < b$:

$$A = \int_a^b f(x)\,dx$$

$$A = F(b) - F(a)$$

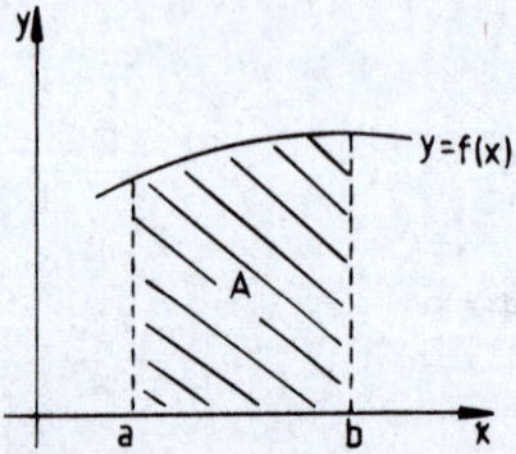

Fläche unter der x-Achse für
$f(x) < 0$ und $a < x < b$:

$$A = -\int_a^b f(x)\,dx$$

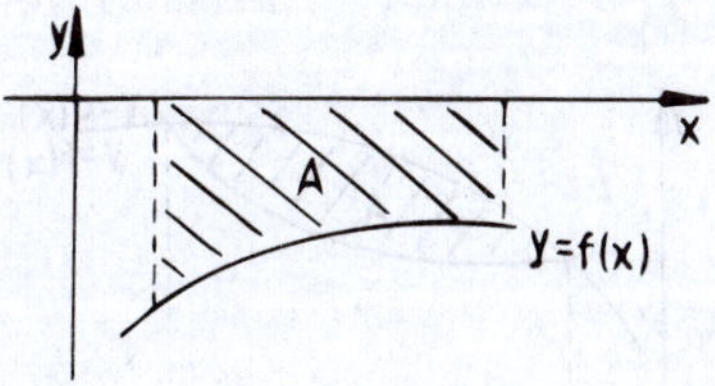

Fläche über und unter der x-Achse:

$$A = A_1 + A_2$$

$$A = -\int_a^c f(x)\,dx + \int_c^b f(x)\,dx$$

c ist Nullstelle von $f(x)$

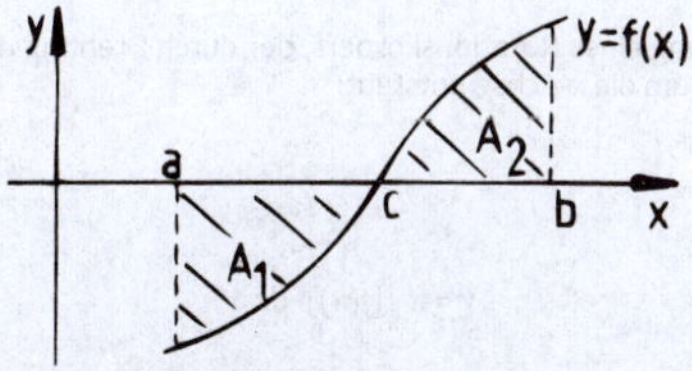

Fläche zwischen zwei Funktionsgrafen:

$$A = \int_a^b f(x)\,dx - \int_a^b g(x)\,dx$$

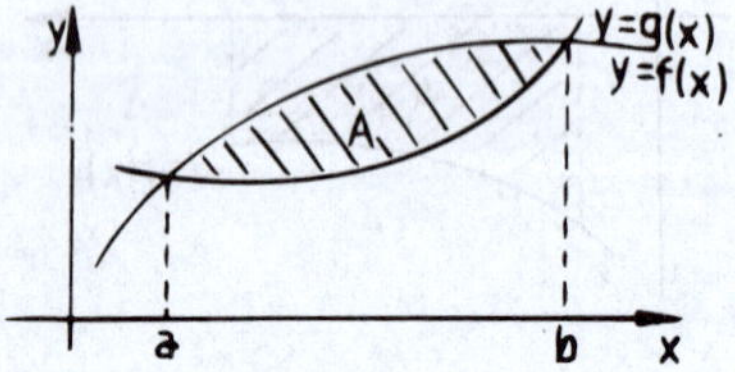

Die Fläche zwischen den Grafen zweier Funktionen $f(x)$ und $g(x)$ ist gleich der Fläche zwichen dem Grafen der Differenzfunktion $f(x) - g(x)$ und der x-Achse.

Die Grenzen a und b ermitteln sich aus $f(x) = g(x)$.

Über Nullstellen und Schnittstellen darf nicht hinwegintegriert werden. An diesen Stellen muss das Integralintervall unterbrochen werden.

Anwendung bestimmter Integrale

Volumenberechnung eines Rotationskörpers, der durch Drehung des Grafen einer stetigen Funktion um die x-Achse entsteht:

$$V = \pi \int_a^b [f(x)]^2\,dx$$

Volumenberechnung eines Körpers mit bekannter Querschnittsfunktion $q(x)$:

$$V = \int_a^b q(x)\,dx$$

Berechnung der Arbeit W, wenn $F \triangleq$ Kraft und $s \triangleq$ Wegstrecke:

$$W = \int_{S_1}^{S_2} F\,ds$$

4.3 Kurvendiskussion

Die Kurvendiskussion ist eine Anwendung der Differenzialrechnung. Sie untersucht das Verhalten von $f(x)$ in besonderen Punkten.

Schritte einer Kurvendiskussion:
(für $f(x)$ mit $\mathbb{D} \leq \mathbb{R}$)

1. Bestimmen der Nullstellen: $f(x) = 0$
2. Bestimmen des Schnittpunktes mit der y-Achse: $x = 0$
3. Bestimmen der Extremwerte: $f'(x) = 0$
   - Maximum, wenn $f'(x_0) = 0 \wedge f''(x_0) < 0$
   - Minimum, wenn $f'(x_0) = 0 \wedge f''(x_0) > 0$
   - Funktionswert $f(x_0)$ x_0 in $f(x)$ einsetzen

4. Bestimmen der Wendepunkte: $f''(x) = 0$
   - Überprüfen mit der 3. Ableitung (muss ungleich 0 sein!) $f''(x_0) = 0 \wedge f'''(x_0) \neq 0$
   - Funktionswert $f(x_0)$ x_0 in $f(x)$ einsetzen

5. Untersuchung von Krümmungsverhalten:
   - steigend linksgekrümmt $f'(x_0) > 0 \wedge f''(x_0) > 0$
   - steigend rechtsgekrümmt $f'(x_0) > 0 \wedge f''(x_0) < 0$
   - fallend linksgekrümmt $f'(x_0) < 0 \wedge f''(x_0) > 0$
   - fallend rechtsgekrümmt $f'(x_0) < 0 \wedge f''(x_0) < 0$

6. Grenzwertbetrachtungen: $\lim_{x \to \pm\infty} f(x)$

7. Wertetabelle in nicht eindeutig überschaubaren Teilintervallen des Definitionsbereiches.

8. Zeichnung des Funktionsgrafen.

5.
Stochastik

5.1 Wahrscheinlichkeitsrechnung

Unter einer mathematischen Wahrscheinlichkeit w für den Eintritt eines Ereignisses E versteht man das Verhältnis aus der Angabe der günstigen Fälle g und der Anzahl der überhaupt möglichen, gleich wahrscheinlichen Fälle.

$$w = \frac{g}{m}$$

Für $w = 1$ ist das Eintreffen des Ereignisses	gewiss
Für $w > \frac{1}{2}$ ist das Eintreffen des Ereignisses	wahrscheinlich
Für $w = \frac{1}{2}$ ist das Eintreffen des Ereignisses	zweifelhaft
Für $w < \frac{1}{2}$ ist das Eintreffen des Ereignisses	unwahrscheinlich
Für $w = 0$ ist das Eintreffen des Ereignisses	unmöglich

Für die Wahrscheinlichkeit des Nichteintreffens *q* eines Ereignisses *E* gilt:

$$q = 1 - w\,;\; q = 1 - \frac{g}{m}$$

Beispiel:

Wir betrachten die Wahrscheinlichkeit, eine Sechs zu würfeln!
Wahrscheinlichkeit, dass es eintritt:

$w = \frac{1}{6}$ (unwahrscheinlich)

Wahrscheinlichkeit, dass es nicht eintritt:

$q = 1 - \frac{1}{6} = \frac{5}{6}$ (wahrscheinlich)

Verknüpfung dazu:

Für die Wahrscheinlichkeit, dass von zwei sich ausschließenden Ereignissen E_1 und E_2 entweder das eine oder das andere eintritt, gilt das Additionsgesetz.

$$w = w_1 + w_2$$

für *n*-Ereignisse: $w = w_1 + w_2 + w_3 + \ldots + w_n$

Für die zusammengesetzte Wahrscheinlichkeit, dass von zwei verschiedenen Ereignissen E_1 und E_2 sowohl das eine als auch das andere eintritt, gilt das Multiplikationsgesetz.

$$w = w_1 \cdot w_2$$

5.2 Beschreibende Statistik

Die Anfänge der Statistik sind in den Volkszählungen um den Beginn unserer Zeitrechnung zu finden. Jedoch begann sie sich erst im 18. Jahrhundert als selbstständige wissenschaftliche Disziplin zu entwickeln. Sie diente dazu, Merkmale zu beschreiben. In den letzten Jahrzehnten ging man von dieser ausschließlichen Beschreibung ab und begann mithilfe der Wahrscheinlichkeitsrechnung die beschreibenden Daten für Prognosen zu benützen. Durch diese neue beschreibende Statistik wurde somit ein wichtiges Hilfsmittel für Naturwissenschaft und Technik entwickelt.

Grundlegende Begriffe

Die Gesamtheit der statistisch untersuchten Individuen, Objekte und Gegenstände nennt man Grundgesamtheit.

Die Teilmengen der Grundgesamtheit heißen Stichproben.

Die in einer Stichprobe erfassten Daten sind die Beobachtungswerte.

Die Eigenschaften der Elemente einer Stichprobe nennt man Merkmale.

Die verschiedenen Ausprägungen, in denen eine Eigenschaft vorkommt, heißen Merkmalsausprägungen.

Mehrere Merkmalsausprägungen gruppenweise zusammengefasst bilden eine Merkmalsklasse. Diese Einteilung ist dann notwendig, wenn Merkmale mit sehr vielen Merkmalsausprägungen untersucht werden.

Die Merkmale werden in Skalen eingeteilt. Die Häufigkeiten merkmalsgleicher Daten werden in einem Histogramm durch Rechtecke dargestellt. Die Flächeninhalte der Rechtecke sind proportional zu den Häufigkeiten der entsprechenden Klassen.

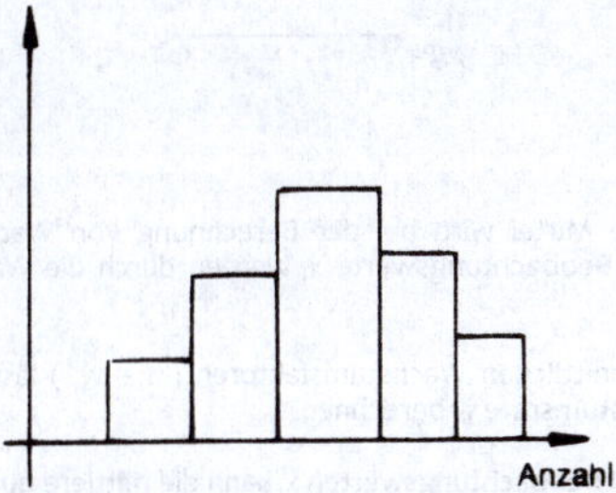

Eine andere Art der grafischen Darstellung von Häufigkeitsverteilungen ist der Linienzug im Gitternetz.

Maße

Das arithmetische Mittel $\overline{x}$ für eine Folge von Beobachtungswerten $x_1, x_2, x_3, \ldots, x_n$:

$$\overline{x} = \frac{1}{n} \cdot (x_1 + x_2 + x_3 + \ldots + x_n)$$

$$\overline{x} = \frac{1}{n} \cdot \sum_{i=1}^{n} x_i$$

Mathematik

Die Summe aller Abweichungen vom arithmetischen Mittel ist stets null:

$$\sum_{i=1}^{n} (x_i - \overline{x}) = 0$$

Das sog. geometrische Mittel aus *n* Beobachtungswerten beträgt:

$$g = \sqrt[n]{x_1 \cdot x_2 \cdot x_3 \dots \cdot x_n}$$

Das geometrische Mittel wird bei der Berechnung von Wachstumsprozessen angewendet. Die Beobachtungswerte x_i werden durch die Wachstumsfaktoren $(1 + w_i)$ ersetzt.

Aus den durchschnittlichen Wachstumsfaktoren $(1 + w_i)$ lässt sich die durchschnittliche Wachstumsrate w berechnen.

Für eine Reihe von Beobachtungswerten x_i kann die mittlere quadratische Abweichung vom arithmetischen Mittel bestimmt werden.

$$s^2 = \frac{1}{n} \sum_{i=1}^{n} (\overline{x_i} - x)^2$$

mittlere quadratische Abweichung

Für eine Reihe von Beobachtungswerten x_i kann die Standardabweichung s bestimmt werden.

$$s = \sqrt{s^2} = \sqrt{\frac{1}{n} \sum_{i=1}^{n} (x_i - x)^2}$$

Häufigkeiten

Absolute Häufigkeit n_i:	Anzahl, mit der eine Merkmalsausprägung m_i auftritt.
Häufigkeitsverteilung:	Zuordnung von einer Merkmalsausprägung m_i zu einer entsprechenden Häufigkeit n_i.
Relative Häufigkeit $h(m_i)$:	Quotient aus der absoluten Häufigkeit n_i und der Anzahl n der Beobachtungen.

$$h(m_i) = n_i : n$$

Die Normalverteilung

Die Normalverteilung ist eine Verteilung, welche grafisch dargestellt die Form einer Glockenkurve aufweist.

Bei jeder Normalverteilung sind rund 68 % aller Werte in dem Intervall:	$[\bar{x} - s ; \bar{x} + s]$
95 % im Intervall:	$[\bar{x} - 2s ; \bar{x} - 2s]$
mehr als 99 % im Intervall:	$[\bar{x} - 3s ; \bar{x} + 3s]$

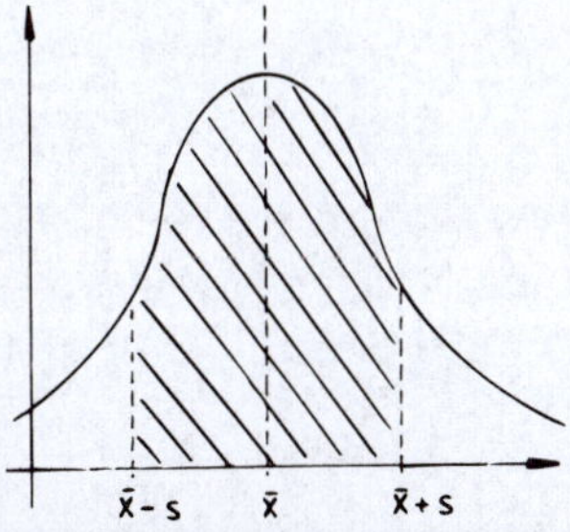

Da die Normalverteilung allein durch den Mittelwert $\overline{x}$ und die Standardabweichung s bestimmt ist, lässt sie sich für eine Stichprobe aus deren Mittelwert $\overline{x}$ und deren Standardabweichung s berechnen. Es kann so festgestellt werden, ob das betrachtete Merkmal einer solchen Verteilung unterliegt.

Mithilfe von Wahrscheinlichkeitspapier kann geprüft werden, ob sich die Verteilung des untersuchten Merkmals einer Normalverteilung anpasst und wie groß der Mittelwert $\overline{x}$ und die Standardabweichung s sind. Das Wahrscheinlichkeitsnetz ist ein Koordinatenpapier, dessen Ordinate so eingestellt wurde, dass die Summenprozentkurve der Normalverteilung eine Gerade wird.

Ein wichtiges und großes Gebiet der Statistik sind Regressionsanalysen und Korrelationsanalysen. Sie befassen sich mit der Beschreibung von Abhängigkeiten von zwei und mehr Merkmalen, die Zufallsgrößen sind. Die Regressionsanalyse beschäftigt sich mit der Art des Zusammenhangs zwischen den Merkmalen. Die Korrelationsanalyse bestimmt den Grad des Zusammenhangs zwischen den Merkmalen.

6.
Besondere Rechnungsarten

6.1 Die Fehlerrechnung

Die Fehlerrechnung umfasst die Genauigkeit der Angabe von Zahlen und Rechenergebnissen. Sie befasst sich nicht mit Fehlern, die auf falschen mathematischen Schlussweisen oder auf Nichtbeachtung von Rechengesetzen basieren.

Näherungswerte:

Will man die Quadratwurzel aus 2 ($\sqrt{2}$) in Dezimalschreibweise angeben, so ist dies nur mit einem Näherungswert möglich, da $\sqrt{2}$ als genaue Lösung einen unendlich langen, nicht periodischen Dezimalbruch besitzt.

Man schreibt: $\sqrt{2} \approx 1{,}41$; $\pi \approx 3{,}14$; $\lg 2 \approx 0{,}30$

↑ annähernd gleich

allgemein:

$x \approx a$; wobei x der wahre Wert und a der Näherungswert ist

Absoluter Fehler:

Die Größe der Abweichung vom wahren Wert x eines Ergebnisses gibt die Differenz $a - x$ an. Man nennt sie den absoluten Fehler ε.

$$\varepsilon = a - x$$

Ein Näherungswert ist umso genauer, je kleiner sein absoluter Fehler ist.

Relativer Fehler:

Um Näherungswerte verschiedener Größen in Bezug auf ihre Genauigkeit miteinander vergleichen zu können, wählt man anstelle des absoluten Fehlers ε eines Näherungswertes a meist die Angabe des relativen Fehlers $\frac{\varepsilon}{x}$.

Näherungswert	wahrer Wert	absoluter Fehler	relativer Fehler
a	x	$\varepsilon = a - x$	$\left\lvert\frac{\varepsilon}{x}\right\rvert \triangleq \left\lvert\frac{\varepsilon}{x}\right\rvert \cdot 100\,\%$

Die Angabe des relativen Fehlers erfolgt meistens in Prozentdarstellung.

Korrektion:

Wenn man aus dem Näherungswert a den wahren Wert x einer Größe ermitteln möchte, so muss zu a die Korrektion k addiert werden.

$$k = x - a = -\varepsilon$$

Verkürzen:

Die Kreiszahl π lautet auf 12 Dezimalstellen verkürzt angegeben $\pi = 3{,}141592653589$. Auf 4 Dezimalstellen angegeben $\pi = 3{,}1415$. Verkürzen bedeutet demnach Abbrechen ohne Rundung.

Schranken für den absoluten Fehler:

Unter einer Schranke für den absoluten Fehler eines Näherungswertes a versteht man eine positive Zahl Δa, die nicht vom Betrag des absoluten Fehlers übertroffen wird. Es gilt:

$$-\Delta a \leq \varepsilon \leq \Delta a \text{ oder } a - \Delta a \leq x \leq a + \Delta a$$

Durch die Angabe der Schranke Δa ist gleichzeitig eine untere als auch eine obere Wertschranke für den wahren Wert x gegeben.

$$x = a \pm \Delta a$$

Die Schranke Δa für den absoluten Fehler von a gibt Aufschluss über die Genauigkeit von a. Je kleiner Δa ist, umso genauer ist die Angabe des Näherungswertes a.

Schranken für den relativen Fehler:

Eine Schranke für den relativen Fehler eines Näherungswertes a ist der Quotient für den absoluten Fehler Δa und den Betrag des Näherungswertes a; sie wird mit δ bezeichnet.

$$\delta = \left| \frac{\Delta a}{a} \right|$$

Grundgleichung zur Abschätzung der Genauigkeit von Rechenresultaten:

$$\Delta f = \Delta a_1 \left| f_{x_1}(a_1, \dots, a_k) \right| + \Delta a_2 \left| f_{x_2}(a_1, \dots, a_k) \right| + \dots + \Delta a_k \left| f_{x_k}(a_1, \dots, a_k) \right|$$

Mit dieser Gleichung kann man aus den einzelnen Fehlerschranken der Näherungswerte, welche in die Berechnung eingehen, eine Fehlerschranke für das Ergebnis ermitteln.

Fehlerverteilungsgesetz von Gauß:

$$\varphi(\varepsilon) = \frac{1}{\sigma \cdot \sqrt{2\pi}} \exp\left[\frac{-\varepsilon^2}{2 \cdot \sigma^2}\right]$$

Die Funktion $\varphi(\varepsilon)$ ist die Verteilungsdichte einer Gaußverteilung mit dem Erwartungswert 0 und der Varianz σ^2.Das Bild der Funktion hat eine glockenförmige Gestalt und erstreckt sich über die gesamte Abszissenachse ($-\infty < \varepsilon < +\infty$).

6.2 Die Ausgleichsrechnung

Im Wesentlichen wurde die Ausgleichsrechnung von Gauß für die Berechnung von Kometenbahnen entwickelt. Mithilfe dieser neuen Rechnungsart können aus Messwerten, die aus verschiedenen Gründen fehlerhaft sein können, Näherungswerte für die zu messenden Größen bestimmt werden. Eine Genauigkeitsangabe dieser Näherungswerte ist ebenfalls möglich.

Nach dem Multiplikationsgesetz der Wahrscheinlichkeitsrechnung gilt für die Wahrscheinlichkeit P, dass sich bei der Messung von y_1 der Meßwert a_1 ... und bei der Messung von y_n der Messwert a_n unter Berücksichtigung der Streuung σ ergibt:

$$P = \left(\frac{1}{\sqrt{2\pi}}\right)^n \cdot \frac{1}{\sigma_1} \cdot \frac{1}{\sigma_2} \cdot \ldots \cdot \frac{1}{\sigma_n} \cdot \exp\left\{\frac{1}{2} \cdot S\right\} da_1 \cdot da_2 \cdot \ldots \cdot da_n$$

$$\text{mit } S = \frac{(a_1 - y_1)^2}{\sigma_1^2} + \frac{(a_2 - y_2)^2}{\sigma_2^2} + \ldots + \frac{(a_n - y_n)^2}{\sigma_n^2}$$

Die im Exponenten stehende Größe S wird als Summe der Fehlerquadrate bezeichnet.

$$\text{mit } S = \sum_{i=1}^{n} \left(\frac{a_i - y_i}{\sigma_i}\right)^2$$

Die Likelihood-Funktion (Wahrscheinlichkeitsfunktion) L lautet dann:

$$L = \left(\frac{1}{\sqrt{2\pi}}\right)^n \cdot \frac{1}{\sigma_1} \cdot \frac{1}{\sigma_2} \cdot \ldots \cdot e^{-\frac{S}{2}}$$

Mittlerer Fehler und Fehlerfortpflanzung:

In der Ausgleichsrechnung wird zwischen einem mittleren und einem wahrscheinlichen Fehler unterschieden. Nach dem Gauß'schen Fehlerverteilungsgesetz zeigt sich für einen mittleren Fehler σ der wahrscheinliche Fehler $0{,}674\sigma$. Je nach dem Präzisionsmaß h_i einer Messung kann jeder Einzelmessung eine Gewichtung p_i zugeordnet werden.

Es gilt: $p_1 : p_2 : p_3 : \ldots\ p_n = h_1^2 : h_2^2 : h_3^2 \ldots\ h_n^2$ mit $h = \frac{1}{\sigma \cdot \sqrt{2}}$

Mittlerer Fehler einer Einzelmessung mit dem Gewicht p_i:

$$\sigma_i = \frac{\sigma}{\sqrt{p_i}}$$

Summe der Fehlerquadrate:

$$S = \frac{1}{\sigma^2} \sum_{i=1}^{n} p_i \cdot (a_i - y_i)^2$$

Fehlerfortpflanzung von Gauß:

$$\sigma = \sqrt{\left(\frac{\partial f}{\partial x_1}\right)^2 \cdot \sigma_1^{\,2} + \left(\frac{\partial f}{\partial x_2}\right)^2 \cdot \sigma_2^{\,2} + \ldots + \left(\frac{\partial f}{\partial x_n}\right)^2 \cdot \sigma_n^{\,2}}$$

Der mittlere Fehler des Mittelwertes aus n mit gleicher Präzision durchgeführter Messungen ist gleich dem durch $\sqrt{n}$ geteilten mittleren Fehler der Einzelmessungen.

Für einen geschätzten mittleren Fehler einer Einzelbeobachtung mit dem Gewicht $p = 1$ ergibt sich:

$$m = \sqrt{\frac{1}{n-k} \cdot \left[\sum_{i=1}^{n} p_i \cdot (a_i - \hat{y}_i)^2 \right]}$$

$a_i \triangleq$ Messwerte; $p_i \triangleq$ Gewichte der Messung;
$\hat{y}_i \triangleq$ ausgeglichene Messwerte; $(n-k) \triangleq$ Anzahl der überschüssigen Messungen

Der mittlere Fehler einer Einzelmessung mit dem Gewicht p_i beträgt:

$$m_i = \frac{m}{\sqrt{p_i}}$$

Ein Schätzwert für eine zu messende Größe ergibt sich aus dem Mittelwert der Einzelmessungen. Bei direkten Messungen mit gleicher Präzision ergibt sich für den Schätzwert $\hat{y}$:

$$\hat{y} = \frac{a_1 + a_2 + \ldots + a_n}{n}$$

Mittlerer Fehler der Einzelmessung bei gleicher Präzision der einzelnen Messungen:

$$m = \sqrt{\frac{\sum_{i=1}^{n} (a_i - \hat{y})^2}{n-1}}$$

Schätzwert bei direkten Messungen ungleicher Präzision:

$$\hat{y} = \left(\sum_{i=1}^{n} p_i \cdot a_i\right) : \left(\sum_{i=1}^{n} p_i\right)$$

Mittlerer Fehler des Schätzwertes bei Messungen ungleicher Präzision:

$$m_{\hat{y}} = \frac{m}{\sqrt{\left(\sum_{i=1}^{n} p_i\right)}}$$

6.3 Die Näherungsrechnung

Alle Rechnungen, bei denen mit Näherungswerten gearbeitet wird, kann man als Näherungsrechnungen bezeichnen. Die Näherungsrechnung macht es möglich, komplizierte Rechenoperationen durch einfachere zu ersetzen.

Ein kleiner dabei auftretender Nachteil ist, dass man an Stelle der exakten Lösungen nur Näherungslösungen erhält.

Für viele mathematische Probleme aber bietet die Näherungsrechnung die einzige Möglichkeit, numerische Lösungen zu erhalten.

Näherungsverfahren zur Berechnung von Funktionswerten:

Ist eine Funktion $F(x)$ als Summe $f(1) + f(2) + \ldots + f(x-1) + f(x)$ darstellbar, so hat die Euler'sche Summenformel Gültigkeit (siehe Folgeseite):

$$F(x) = \int_1^x f(t)\,dt + \frac{1}{2} \cdot [\,f(x) + f(1)\,] + \\ + \sum_{k=1}^{n} \frac{B_{2k}}{(2k)!} \cdot [\,f^{(2k-1)}(x) - f^{(2k-1)}(1)\,] + R_n(x)$$

B_{2k} ≙ Bernoulli'sche Zahlen; $R_n(x)$ ≙ abschätzbarer Rest

Näherungsverfahren zur Berechnung der Fakultät einer Zahl x:

Für sehr große Werte von x läßt sich x! nur durch sehr zeitraubende Berechnungen ermitteln.

Dem 1696 in St. Ninians geborenen James Stirling ist es gelungen, eine Formel herzuleiten, welche auch für sehr große Werte von x einen zumindest näherungsweisen Wert errechnen lässt.

Stirling'sche Formel:

$$x! \approx \sqrt{2 \cdot \pi \cdot x} \cdot x^x \cdot e^{-x}$$

6.4 Mathematisches Optimieren

Mit der Entwicklung der Differenzial- und der Variationsrechnung im 18. Jahrhundert wurde ein Werkzeug geschaffen, um Optimalprobleme lösen zu können.

Optimalprobleme sind zum Beispiel Extremwertaufgaben mit Nebenbedingungen, bei denen die Anzahl der Variablen meist sehr groß ist.

Verfahren, mit denen bestimmte Zielstellungen durch rationellen Einsatz von gegebenen Möglichkeiten optimiert werden können, nennt man Optimierung.

Lineares Optimieren

Das lineare Optimieren ist ein mathematisches Verfahren, bei dem man versucht, mithilfe eines mathematischen Modells aus linearen Gleichungen und Ungleichungen das Optimum zu erreichen. Die Lösung des Optimierungsproblems stellt die Erfüllung des aufgabenspezifischen Optimalkriteriums dar.

Die Normalform der linearen Optimierung ist die Maximalaufgabe, bei der die einschränkenden Bedingungen nur positive Absolutwerte aufweisen.

Als Erster formulierte Kantorowitsch im Jahre 1939 das Maximumproblem (max-) der Linearoptimierung und löste es mit der Methode der Lösungsfaktoren. Die von Wood und Dantzig im Jahre 1947 aufgestellten Optimierungsprobleme löste Dantzig mit dem Simplexverfahren.

Aufstellen des mathematischen Modells:

Zielfunktion: $z(x) = c_1 \cdot x_1 + c_2 \cdot x_2 + \ldots + c_n \cdot x_n =$

$$= \sum_{k=1}^{n} c_k \cdot x_k \rightarrow \text{Optimum}$$

Matrizenschreibweise: $\vec{c} \odot \vec{x} \rightarrow \text{Optimum}$

Zeilenvektor: $\vec{c} = (\, c_1; c_2; \ldots c_n \,)$

Spaltenvektor: $\vec{x} = \begin{pmatrix} x_1 \\ x_2 \\ \vdots \\ x_n \end{pmatrix}$

Mathematik

Einschränkende Bedingungen:

Bedingung für Minimalaufgabe: $\sum_{k=1}^{n} = a_{ik} \cdot x_k \geq b$; mit $i, k \in \mathbb{N}$

Bedingung für Maximalaufgabe: $\sum_{k=1}^{n} = a_{ik} \cdot x_k \leq b$; mit $i, k \in \mathbb{N}$

Nicht-Negativitätsbedingung: $x_k \geq 0$ für $k = 1; 2; \ldots; n$

Durch die einschränkenden Bedingungen und die Nicht-Negativitätsbedingung wird der Definitionsbereich bestimmt.

Koeffizientenmatrix:

$$A = \begin{pmatrix} a_{11} & a_{12} & \ldots & a_{13} \\ a_{21} & a_{22} & \ldots & a_{23} \\ \ldots & \ldots & \ldots & \ldots \\ a_{m1} & a_{m2} & \ldots & a_{m3} \end{pmatrix}$$

Spaltenvektor:

$$\vec{b} = \begin{pmatrix} b_1 \\ b_2 \\ \vdots \\ b_m \end{pmatrix}$$

Die Bedingung $A \odot \vec{x} \leq \vec{b}$ bzw. $A \odot \vec{x} \geq \vec{b}$ ist durch die Anwendung des Inversionsgesetzes: $a \geq b \Leftrightarrow -a \leq -b$ stets erreichbar.

Die Lösung $\vec{x_0}$, für welche die Zielfunktion ein Optimum wird, heißt optimales Programm.

Eine andere Möglichkeit der Formulierung eines Extremwertproblems bietet folgende Schreibweise für die lineare Optimierung:

Maximumaufgabe: $\max\{\vec{c}^{T} \odot \vec{x} \mid A \odot \vec{x} \leq \vec{b};\ \vec{x} \geq \vec{o}\}$

Minimumaufgabe: $\min\{\vec{d}^{T} \odot \vec{x} \mid B \odot \vec{x} \geq \vec{h};\ \vec{x} > \vec{o}\}$

Je nach den Elementen der Matrizen $\vec{c}$, A, $\vec{b}$ bzw. $\vec{d}$, B, $\vec{h}$ unterscheidet man verschiedene Probleme:

- deterministische, wenn die Koeffizienten bekannte Konstanten sind,
- parametrische, wenn die Koeffizienten oder einige von ihnen in bekannten Intervallen variieren,
- stochastische, wenn die Koeffizienten oder einige von ihnen Zufallsgrößen sind.

Grafisches Lösungsverfahren

Das Verfahren ist nur anwendbar auf Zielfunktionen mit zwei Variablen. In einem rechtwinkligen Koordinatensystem mit den Koordinatenachsen x_1 und x_2 wird zuerst der Bereich aller geordneten Wertepaare $(x_1; x_2)$ ermittelt, für den die einschränkenden Bedingungen und die Nicht-Negativitätsbedingung erfüllt sind. Dies geschieht durch das Einzeichnen der Geraden.

$$a_{11} \cdot x_1 + a_{12} \cdot x_2 = b_1$$
$$a_{21} \cdot x_1 + a_{22} \cdot x_2 = b_2$$

Jede der angegebenen Geraden teilt, wenn die einschränkenden Bedingungen als Ungleichungen vorgegeben sind, die Fläche in einen möglichen und in einen nicht möglichen Bereich.

Die Lösungen können dann nur in dem Bereich liegen, der alle Bedingungen erfüllt.

Beim Lösen von Aufgaben wird folgendes Vorgehen vorgeschlagen:

1. Die gesuchten Größen werden mit den Variablen x_1 bzw. x_2 bezeichnet.
2. Es wird ein Ungleichungssystem aufgestellt (wenn nicht bereits gegeben!), das den angegebenen Bedingungen entspricht.
3. Es wird eine Zielfunktion aufgestellt.
4. Die gegebene Fläche wird auf den Bereich begrenzt, für den alle Bedingungen erfüllt sind (Planungsvieleck).
5. Die Gerade der Zielfunktionsgleichung wird in das Koordinatensystem eingezeichnet.
6. Eine größtmögliche Parallelverschiebung der Geraden der Zielfunktionsgleichung wird durchgeführt.
7. Die Koordinaten des dabei erreichten Eckpunktes werden angegeben, und es kann z. B. die günstigste Möglichkeit einer Planung angegeben werden.

Simplexverfahren:

Es ist ein Iterationsverfahren zur schrittweisen Annäherung an das Optimum und ist für zwei und mehrere Variablen geeignet.

Nichtlineares Optimieren

Von allen nichtlinearen Problemen gibt es nur für die konvexe Optimierung eine zumindest theoretische gewisse Geschlossenheit. Ein Bereich des n-dimensionalen euklidischen Raumes heißt konvex, wenn alle Punkte, die durch konvexe Linearkombination zwischen zwei Punkten dieses Bereichs entstehen, wieder zu diesem Bereich gehören.

konvexe Mengen:

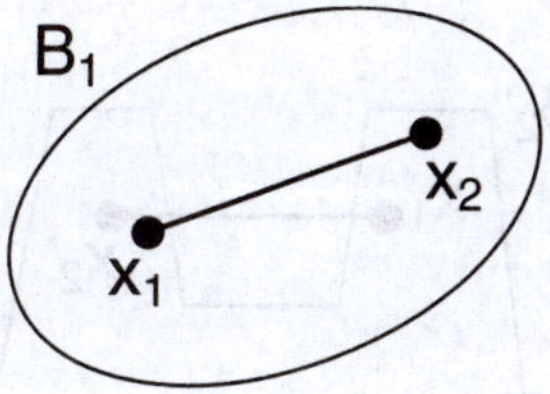

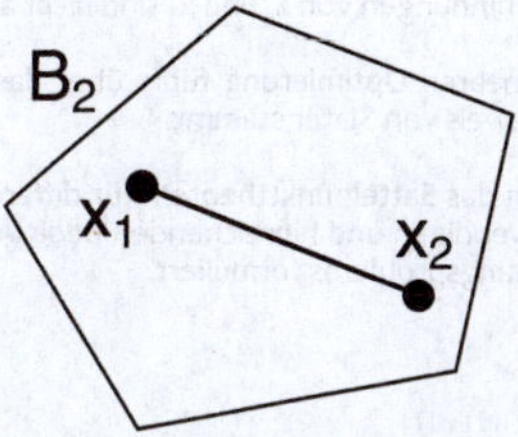

Alle Punkte der linearen Verbindungen von x_1 und x_2 sind in *B*.

nichtkonvexe Mengen:

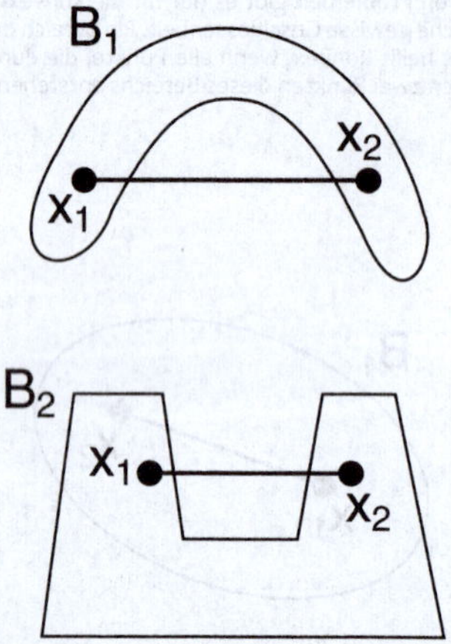

Punkte der linearen Verbindungen von x_1 und x_2 sind *nicht* alle in B.

Die Lösung der nichtlinearen Optimierung führt über das Sattelpunkttheorem, dessen vollständiger Beweis von Slater stammt.

Kuhn und Tucker haben das Sattelpunkttheorem für differenzierbare Funktionen bewiesen und die notwendigen und hinreichenden Bedingungen für eine Lösung des konvexen Optimierungsproblems formuliert.

Dynamisches Optimieren

Bei der dynamischen Optimierung wird das Optimierungsproblem in einen zeitlichen Ablauf, einen Prozess, umgeformt. Die Methode der dynamischen Optimierung setzt eine gewisse Eigenschaft der gegebenen Zielfunktion voraus, die sog. Markow'sche Eigenschaft:

Die Funktion f ist für jedes n definiert, das heißt, es ist eine Funktionenfolge $f(\vec{x^1})$; $f(\vec{x^1}; \vec{x^2}; \vec{u^1})$; $f(\vec{x^1}; \vec{x^2}; \vec{x^3}; \vec{u^1}; \vec{u^2})$; gegeben, die sich rekursiv berechnen lässt.

Die Funktion $f(\vec{x^1}; \ldots; \vec{x^n}; \vec{x^{n+1}}; \vec{u^1}; \ldots; \vec{u^n})$ lässt sich mithilfe der Funktion $f(\vec{x^1}; \ldots; \vec{x^n}; \vec{u^n}; \ldots; \vec{u^{n-1}})$ und mithilfe von x^{n+1} und u^n definieren.

Die Grundidee der dynamischen Optimierung liegt im Bellmann'schen Optimalitätsprinzip, das besagt:

Wenn $\vec{u_0^1}; \ldots; \vec{u_0^n}$ die optimale Strategie des gegebenen n-stufigen Prozesses mit dem Anfangszustand $\vec{x^1}$ ist, dann stellt die Entscheidungsfolge $\vec{u_0^2}; \ldots; \vec{u_0^n}$ die optimale Strategie des $(n-1)$-stufigen Prozesses mit dem Anfangszustand $\vec{x^2}$ dar.

Dabei ist $\vec{x^2}$ der Zustand, in den das betrachtete System S aus dem Anfangszustand $\vec{x^1}$ durch die Entscheidung $\vec{u^1}$ übergegangen ist.

6.5 Technische Informatik

Digitale Systeme

Die Boole'sche Funktion beschreibt die Zuordnung der Werte 0 und 1 zu den binären Werten von *n* binären Variablen.

NICHT (Negation)	$y = \overline{a};$	$y = \neg a$
UND (Konjunktion)	$y = a \cdot b;$	$y = a \wedge b$
ODER (Disjunktion)	$y = a + b;$	$y = a \vee b$
NICHT-UND	$y = \overline{a \cdot b};$	$y = \neg(a \wedge b)$
NICHT-ODER	$y = \overline{a + b};$	$y = \neg(a \vee b)$
EXKLUSIV-ODER (Antivalenz)	$y = a \not\equiv b;$	$y = a \oplus b$
GLEICHWERTIG (Äquivalenz)	$y = a \equiv b;$	$y = a \otimes b$
FUNKTION	$y = f(a, b, c)$	

Wahrheitstabelle

A	B	$\overline{A}$	$\overline{A \wedge B}$	$\overline{A \wedge B}$	$A \vee B$	$\overline{A \vee B}$	$A \oplus B$	$A \otimes B$
0	0	1	0	1	0	1	0	1
0	1	1	0	1	1	0	1	0
1	0	0	0	1	1	0	1	0
1	1	0	1	0	1	0	0	1

Schaltungstechnische Umsetzung der Grundgatter in CMOS-Technik

Invertierer:

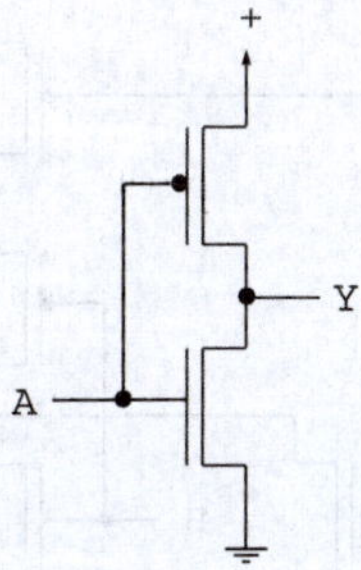

NICHT-UND:

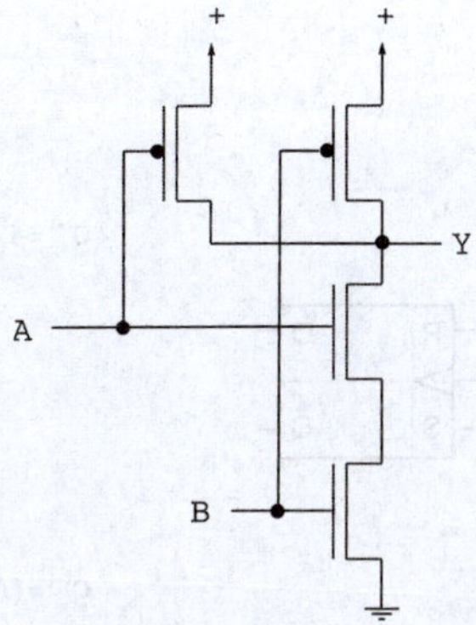

NICHT-ODER:

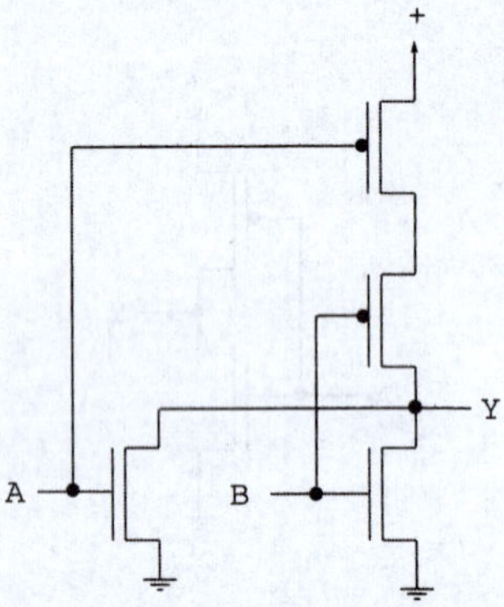

Mit diesen drei Grundgattern lassen sich alle Boole'schen Gleichungen realisieren.

Flip-Flops

RS-Flipflop $Q^{t+1} = S^t \vee (\overline{R}^t \wedge Q^t)$

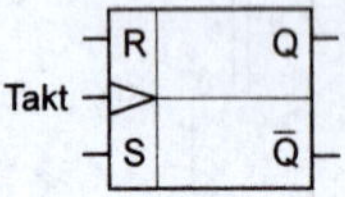

JK-Flipflop $Q^{t+1} = (J^t \wedge \overline{Q}^t) \vee (\overline{K}^t \wedge Q^t)$

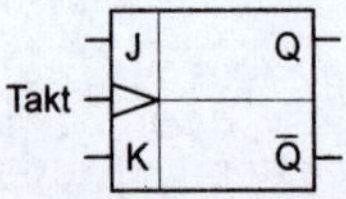

D-Flipflop $Q^{t+1} = D^t$

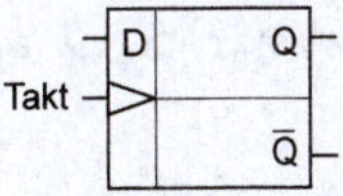

T-Flipflop $Q^{t+1} = (E^t \wedge \overline{Q}^t) \vee (\overline{E}^t \wedge Q^t)$

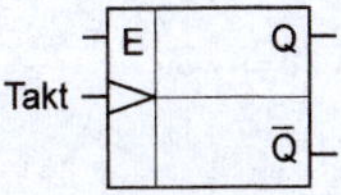

Das Dreieck am Takteingang besagt, dass es sich um flankengesteuerte FFs handelt, d.h. der Zustandswechsel erfolgt beim Übergang des Taktsignals von 0 auf 1.

Rechenregeln:

Assoziativgesetz	$(A \wedge B) \wedge C = A \wedge (B \wedge C)$
	$(A \vee B) \vee C = A \vee (B \vee C)$
Kommutativgesetz	$A \wedge B = B \wedge A$
	$A \vee B = B \vee A$
Idempotenzgesetz	$A \wedge A = A$
	$A \vee A = A$

Distributivgesetz	$(A \wedge B) \vee C = (A \vee C) \wedge (B \vee C)$
	$(A \vee B) \wedge C = (A \wedge C) \vee (B \wedge C)$
Absorptionsgesetz	$(A \wedge B) \vee A = A$
	$(A \vee B) \wedge A = A$
DeMorgan-Regel	$\overline{A \wedge B} = \overline{A} \vee \overline{B}$
	$\overline{A \vee B} = \overline{A} \wedge \overline{B}$

Kanonische Formen Boole'scher Funktionen

Jede Boole'sche Funktion kann als Disjunktion von Konjunktionstermen (disjunktive Normalform) oder als Konjunktion von Disjunktionstermen (konjunktive Normalform) geschrieben werden.
Durch Minimierung einer Boole'schen Funktionsgleichung, z. B. mithilfe von Karnaugh-Veitch-Diagrammen, kann der schaltungstechnische Aufwand zu ihrer Realisierung verringert werden.

Beispiel:

Volladdierer:

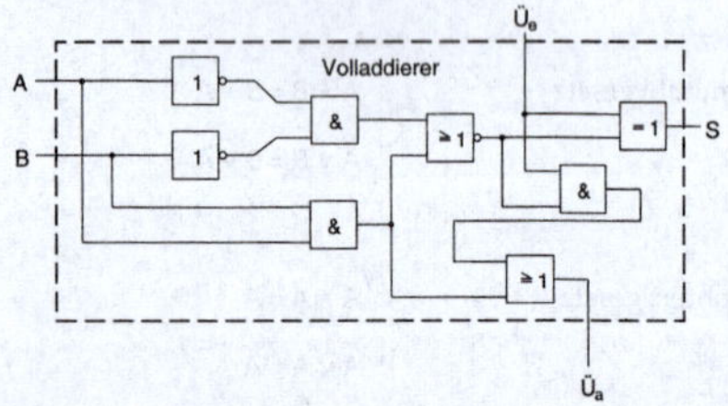

Ein Schaltnetz ist die schaltungstechnische Umsetzung einer Boole'schen Funktion. Im Gegensatz zu den Schaltwerken haben Schaltnetze keine inneren Zustände, keine Rückwirkungen. Jeder Eingangsvektor bewirkt genau einen definierten Ausgangsvektor. Schaltwerke haben die Struktur rückgekoppelter Schaltnetze. Bei ihnen wird der Ausgangsvektor vom Eingangsvektor und/oder von den inneren Zuständen bestimmt.

Ein einfacher Mikrocomputer besitzt einen Aufbau wie im Bild zu sehen.

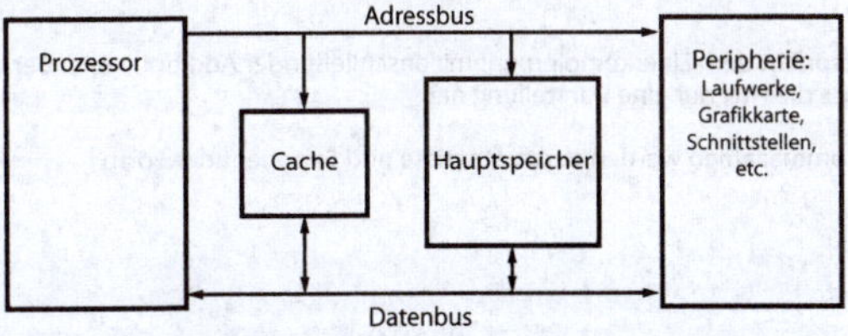

Datenstrukturen und -typen

Binäre Zahlendarstellung

Die Darstellung von Informationen in digitalen Rechnern erfolgt ausschließlich in binärer Form. Acht Bit werden zu einem Byte zusammengefasst. Ein Kilobyte oder auch KB umfasst 1024 Byte, ein Megabyte oder auch MB 1024 KB usw. Ein Wort ist abhängig von der Prozessorarchitektur und umfasst je nachdem 8-, 16-, 32-, oder 64-Bit. Die meisten (2003) PC-Prozessoren basieren auf 32-Bit Wortlängen.

Einerkomplement:

$$Z = -(b_{(N-1)}\, 2^{N-1}) + \left(\sum_{i=0}^{N-2} b_i 2^i \right) - 1; \text{ N: binäre Stellen}$$

Negative Zahlen werden durch das Komplement der positiven dargestellt, wobei die Null zwei Darstellungen hat: Alle Bit gleich 1 oder alle Bit gleich 0.

Zweierkomplement:

$$Z = -(b_{(N-1)}\, 2^{N-1}) + \sum_{i=0}^{N-2} b_i 2^i$$

Es entspricht dem Einerkomplement mit anschließender Addition von 1. Der Vorteil ist, dass die Null nur eine Darstellung hat.

Gleitkommazahlen werden durch Mantisse und Exponent der Form

$$Z_{GK} = (-1)^S \cdot (1,f) 2^{e-bias}$$

S: Vorzeichenbit

nach dem IEEE-Standard dargestellt, um einen höheren Wertebereich abzudecken. Die einfache Genauigkeit (single precision) hat 32 Bit, die doppelte (double precision) 64 Bit. Die normalisierte Form der Mantisse beginnt immer mit der Eins vor dem Komma und wird durch Verschieben der ursprünglichen Mantisse und Angleichen des Exponenten erreicht. Der Bias bewirkt, dass der Exponent immer eine vorzeichenlose Zahl ist und 127 bzw. 1024 (single bzw. double precision) beträgt.

MSB: höchstwertiges Bit (most significant bit)

LSB: nidrigstwertiges Bit (least sgnificant bit)

Buchstaben, Ziffern und Sonderzeichen sind also auch binär codiert. Der wichtigste dieser Codes ist der ASCII-Code (American Standard Code for Information Interchange), der mit 7 Bit 128 internationale Zeichen codiert. Intern erhält der ASCII-Code ein achtes Bit, das meistens als Flag bzw. Paritätsbit benutzt wird.

Tabelle ASCII-Code

	000	001	010	011	100	101	110	111
0000	NUL	SOH	STX	ETX	EOT	ENQ	ACK	BEL
0001	BS	HT	LF	VT	FF	CR	SO	SI
0010	DLE	DC1	DC2	DC3	DC4	NAK	SYN	ETB
0011	CAN	EM	SUB	ESC	FSP	GSP	RSP	USP
0100		!	"	#	$	%	&	'
0101	(	)	*	+	,	-	.	/
0110	0	1	2	3	4	5	6	7
0111	8	9	:	;	<	=	>	?
1000	@	A	B	C	D	E	F	G
1001	H	I	J	K	L	M	N	O
1010	P	Q	R	S	T	U	V	W
1011	X	Y	Z	[	\	]	^	_
1100	ʻ	a	b	c	d	e	f	g
1101	h	i	j	k	l	m	n	o
1110	p	q	r	s	t	u	v	w
1111	x	y	z	{	|	}	~	DEL

Bei der Darstellung von Speicherinhalten findet man häufig die Hexadezimaldarstellung, die in jeder Stelle zwei Bit zusammenfasst.

Zahlen sind in Zweierkomplement dargestellt, wobei das höchstwertige Bit als Vorzeichen interpretiert wird, d. h. der Wert 1 steht für Minus.

Der Prozessor besitzt ein Statusregister, in dem mit Carry- (C), Überlauf- (V) und Division-durch-Null-Flag (Z) Bereichsüberschreitungen bei den vier Grundrechenarten angezeigt und für Programmverzweigungen benutzt werden.

Ein höherer Datentyp ist der Vektor, der nur auf speziellen Rechnern, den Vektorrechnern implementiert ist und auf der Datenstruktur Feld mit einheitlichen Datenobjekten basiert. Ein Vektorbefehl löst dabei mehrere Einheitsopreationen aus, die meist parallel ausgeführt werden, woraus sich eine höhere Rechenleistung ergibt. Es werden Vektoren aus Bitvektoren, aus ganzen Zahlen und aus Gleitkommazahlen unterschieden.

Ein Feld (array) ist eine Matrix beliebiger Dimension (meist ein- bis dreidimensional) bestehend aus Datenelementen desselben Typs. Die Elemente heißen auch indizierte Variablen, denen man wie gewöhnlichen Variablen Werte zuweisen kann. Alle Objekte eines Feldes haben den gleichen Namen, sind gleich schnell verfügbar und besitzen Zahlen als Indices. Felder des Typs Zeichen werden zum Speichern von Texten benutzt. Der Spezialfall String hat keine festgelegte Länge und wird durch ein Terminalzeichen abgeschlossen, z. B. '/0' in C.

Verbunde (records) sind Felder, deren Objekte verschiedenen Typs sein können. Die Elemente heißen Komponenten.

Ein Keller (stack, Stapel, LIFO) ist eine eindimensionale Anordnung von beliebigen Datentypen, die auf zwei typische Arten bearbeitet wird: Hinzufügen (push) und Entnehmen (pop), bei dem immer das zuletzt eingefügte Element zur Verfügung steht. Daher der Name Last-In-First-Out (LIFO).
Dieses Speicherverfahren bietet für geschachtelte Prozeduraufrufe große Vorteile.

Die Schlange (queue, FIFO) unterscheidet sich vom Keller nur durch die Richtung des Datendurchsatzes. Das erste Element wird auch als erstes entnommen, daher der Name First-In-First-Out (FIFO). Schlangen finden ihre Anwendung in Datenpuffern, wenn z. B. Daten nicht schritthaltend, aber in der richtigen Reihenfolge bearbeitet werden sollen.

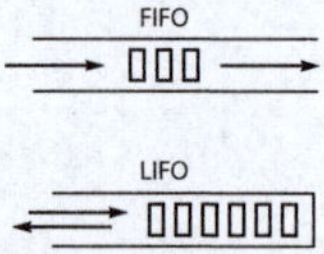

Ein Baum ist eine rekursive Anordnung beliebiger Datenobjekte, den Knoten. Die Wurzel ist ein besonderer Knoten, der statt auf seine Mutter auf sich selbst zeigt. Alle anderen Knoten sind hierarchisch angeordnet, bilden wieder einen Unterbaum und zeigen sowohl auf ihren Mutterknoten als auch auf alle ihre Kinder.

Ein populäres Beispiel für eine Baumstruktur sind grafische Benutzeroberflächen, bei denen alle Elemente als Objekte organisiert sind.

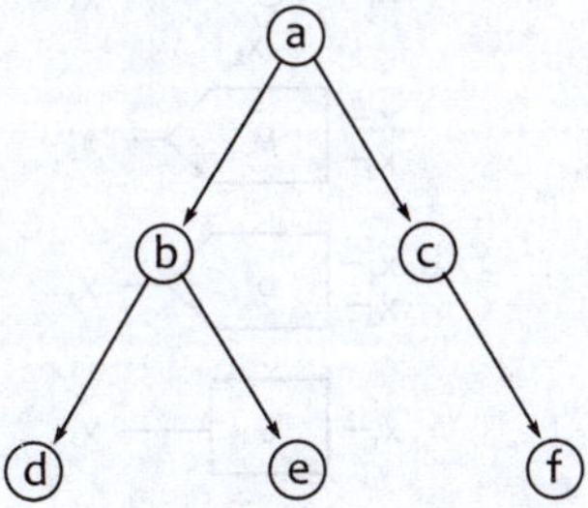

6.6 Regelungstechnik

Grundbegriffe

Regelsysteme verarbeiten und übertragen Signale und werden als Übertragungssysteme bezeichnet. Der Signalfluss kann im Blockschaltbild dargestellt werden. Es gibt Eingrößen-, Mehrgrößen- und Mehrstufensysteme.

Beim Regeln wird die sogenannte Regelgröße fortlaufend erfasst, mit der Führungsgröße verglichen, sodass der zu regelnde Vorgang hinsichtlich der Angleichung von Regel- und Führungsgröße beeinflusst wird.

Blockschaltbildsymbole

Bezeichnung	Symbol	math. Operation
Verzweigungspunkt	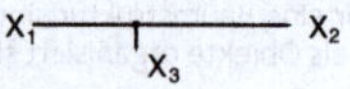	$X_1 = X_2 = X_3$
Summenpunkt	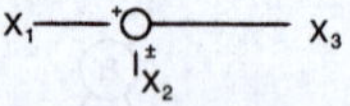	$X_3 = X_1 \pm X_2$
Multiplikationsstelle	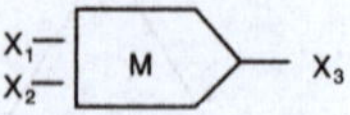	$X_3 = X_1 \cdot X_2$
Divisionsstelle	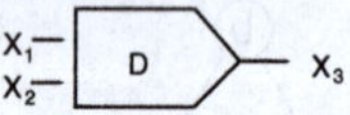	$X_3 = X_1 / X_2$
allg. lin. Operation	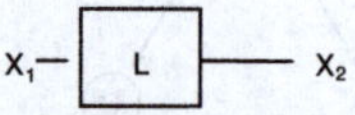	$X_2 = L(X_1)$
allg. nichtlin. Operation	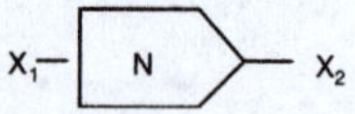	$X_2 = N(X_1)$

Mathematische Modellbildung

Gesichtspunkte zur Systembeschreibung

Die wichtigsten Eigenschaften von Regelsystemen sind:

Linearität/Nichtlinearität:
Dabei können statische Kennlinien und nichtlineare Differenzialgleichungen linearisiert werden. Statische Kennlinien werden im Arbeitspunkt (AP) in eine Taylorreihe entwickelt, die dann nach der ersten Ableitung abgebrochen wird. Bei einer nichtlinearen Differenzialgleichung der Form

$$y = f(y, u)$$

linearisiert man in der Umgebung eine Ruhelage, bei der $y = 0$ ist.
Die Ruhelagen des Systems ergeben sich aus der Gleichung

$$0 = f(y, u).$$

Mit der Abweichung $y^*(t)$ von der Ruhelage bzw. $u^*(t)$ liefert die Entwicklung der Differenzialgleichung eine Taylorreihe

$$y^*(t) = Ay^*(t) + Bu^*(t)$$

welche linear ist.

Systeme mit konzentrierten Parametern:
Das sind z. B. elektronische Schaltungen. Sie werden durch gewöhnliche Differenzialgleichungen beschrieben. Systeme mit verteilten Parametern, z. B. elektrische Leitungen, werden dagegen durch partielle Differenzialgleichungen beschrieben.

Zeitvarianz:
Ist das System zeitvariant, so ändern sich die Parameter mit der Zeit, ansonsten ist es zeitinvariant. Zeitinvariante Systeme haben die Eigenschaft, dass eine zeitliche Verschiebung des Eingangssignals eine gleiche Verschiebung des Ausgangssignals zur Folge hat, ohne dass die Form des Signals verändert wird.

Kontinuierlich/diskret:

kontinuierliche Größe
kontinuierliches Zeitverhalten

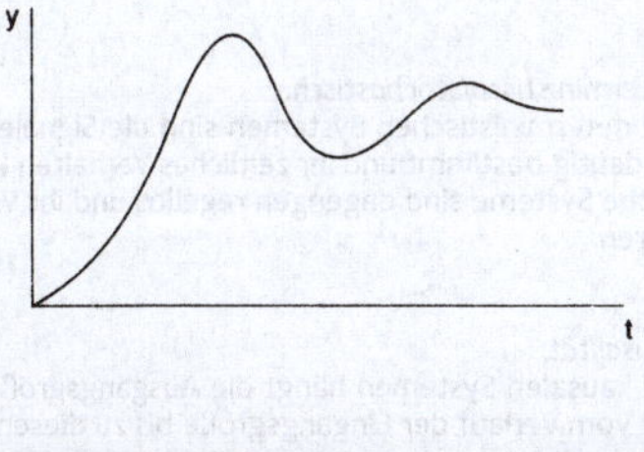

diskretisierte Größe
kontinuierliches Zeitverhalten

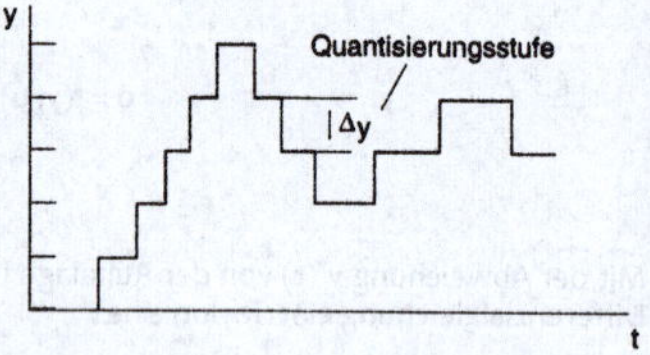

kontinuierliche Größe
diskretes Zeitverhalten

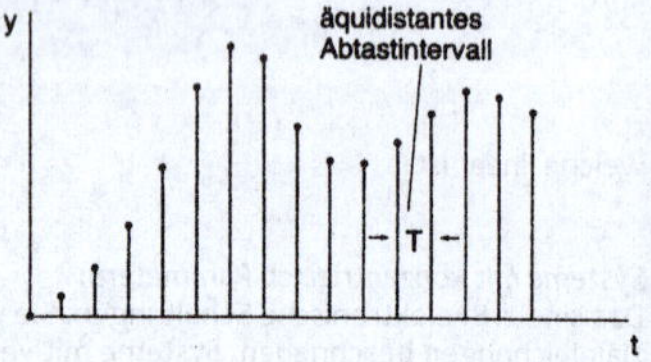

diskretisierte Größe
diskretes Zeitverhalten

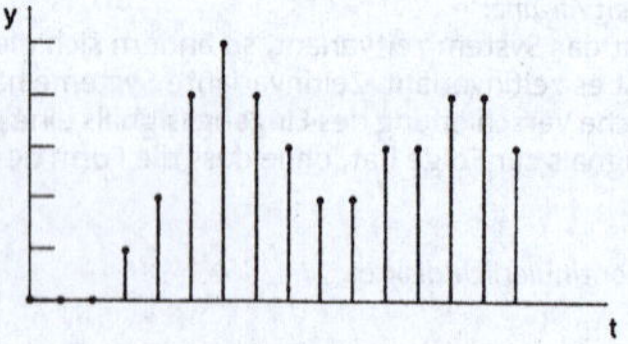

Deterministisch/stochastisch:
Bei deterministischen Systemen sind die Signale und das mathematische Modell eindeutig bestimmt und ihr zeitliches Verhalten lässt sich reproduzieren. Stochastische Systeme sind dagengen regellos und ihr Verhalten lässt sich nicht reproduzieren.

Kausalität:
Bei kausalen Systemen hängt die Ausgangsgröße zu einem beliebigen Zeitpunkt nur vom Verlauf der Eingangsgröße bis zu diesem Zeitpunkt ab. Alle realen Systeme sind kausal.

Stabilität:
Ein System ist dann und nur dann stabil, wenn jedes beschränkte zulässige Eingangssignal ein ebenfalls beschänktes Ausgangssignal zur Folge hat.

Verhalten linearer kontinuierlicher Regelkreise

Dynamisches Verhalten

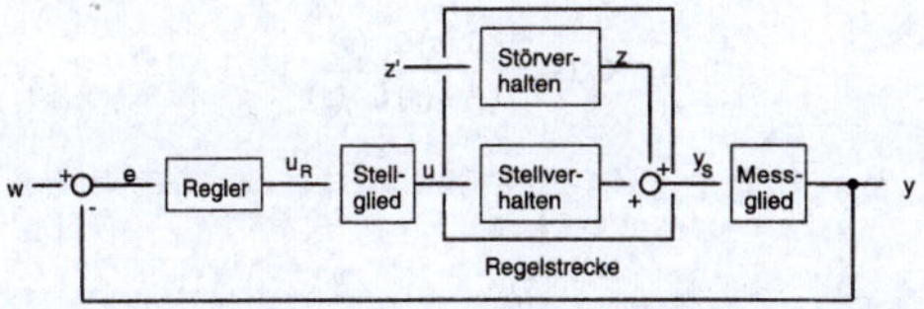

Im geschlossenen Regelkreis gilt für die Regelgröße:

$$Y(s) = \frac{G_{SZ}(s)}{1 + G_R(s)\,G_{SU}(s)}\,Z(s) + \frac{G_R(s)\,G_{SU}(s)}{1 + G_R(s)\,G_{SU}(s)}\,W(s)$$

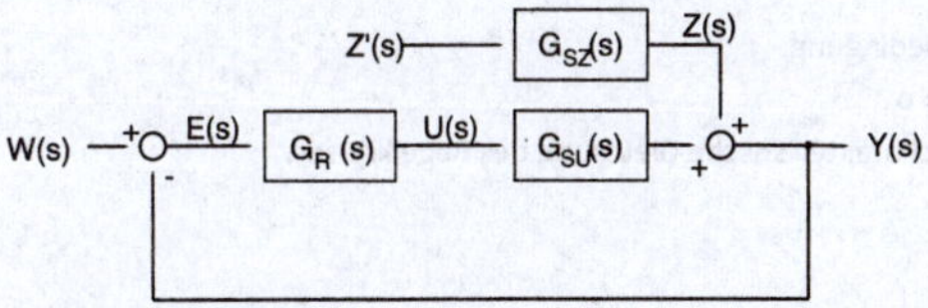

Für $W(s) = 0$ erhält man das Störverhalten

$$G_Z(s) = \frac{G_{SZ}(s)}{1 + G_R(s)\, G_{SU}(s)}$$

Für $Z(s) = 0$ erhält man das Führungsverhalten

$$G_W(s) = \frac{G_R(s)\, G_{SU}(s)}{1 + G_R(s)\, G_{SU}(s)}$$

Der dynamische Regelfaktor ist

$$R(s) = \frac{1}{[1 + G_0(s)]} \text{ mit } G_0(s) = G_R(s) G_{SU}(s)$$

Die Übertragungsfunktion des offenen Regelkreises ist

$$G_{offen}(s) = -\,G_R(s) G_{SU}(s) = -\,G_0(s)$$

Aus der Bedingung

$1 + G_0(s) = 0$

folgt die charakteristische Gleichung des Regelkreises.

Statisches Verhalten

Häufig lässt sich das Übertragungsverhalten des offenen Regelkreises wie folgt darstellen:

$$G_0(s) = \frac{K_0}{s^k} \frac{1 + \beta_1 s + \ldots + \beta_m s^m}{1 + \alpha_1 s + \ldots + \alpha_{n-k} s^{n-k}} e^{-T_t s}; \; m \leq n$$

mit $K_0 = K_R K_S$ und K_R und K_S als Verstärkungsfaktoren von Regler und Regelstrecke.

$G_0(s)$ weist für
- $k = 0$ proportionales Verhalten (P-Verhalten)
- $k = 1$ integrales Verhalten (I-Verhalten)
- $k = 2$ doppelt-integrales Verhalten (I-Verhalten) auf.

Für die Regelabweichung bei $t \to \infty$ gilt:

$$E(s) = \frac{1}{1 + G_0(s)} [W(s) - Z(s)] \text{ mit } \lim_{t \to \infty} e(t) = \lim_{s \to 0} sE(s)$$

Tabelle Regelabweichungen:

Typ von $G_0(s)$	Eingangsgröße	bleibende Regelabweichung
$k = 0$ (P-Verhalten)	$\frac{x_{e0}}{s}$	$\frac{1}{1 + k_0} x_{e0}$
	$\frac{x_{e1}}{s^2}$	∞
	$\frac{x_{e2}}{s^3}$	∞

Typ von $G_o(s)$	Eingangsgröße	bleibende Regelabweichung
k = 1 (I-Verhalten)	$\frac{x_{e0}}{s}$	0
	$\frac{x_{e1}}{s^2}$	$\frac{1}{k_0} x_{e1}$
	$\frac{x_{e2}}{s^3}$	∞

Realisierung der Standardregler mit Operationsverstärker

P-Regler

$$G(s) = \frac{R_2}{R_1}$$

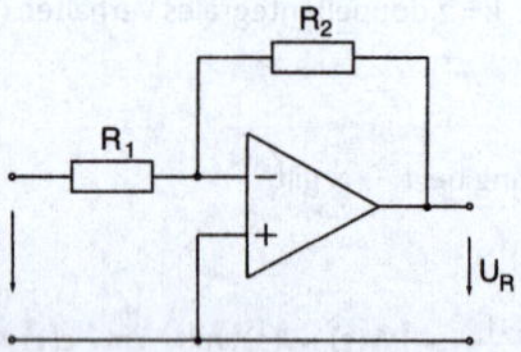

mit Verstärkung $K_R = -\frac{R_2}{R_1}$

I-Regler

$$G(s) = -\frac{\frac{1}{sC_2}}{R_1} = -\frac{1}{sR_1C_2}$$

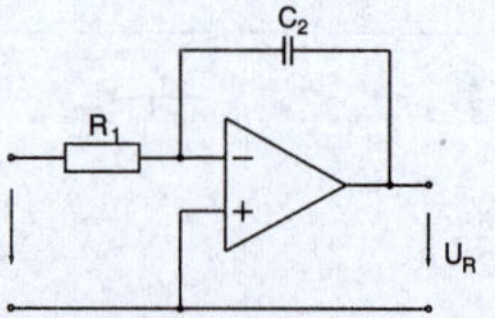

mit Nachstellzeit $T_I = -R_1C_2$

PI-Regler

$$G(s) = -\frac{R_2}{R_1}\left(1 + \frac{1}{sR_2C_2}\right)$$

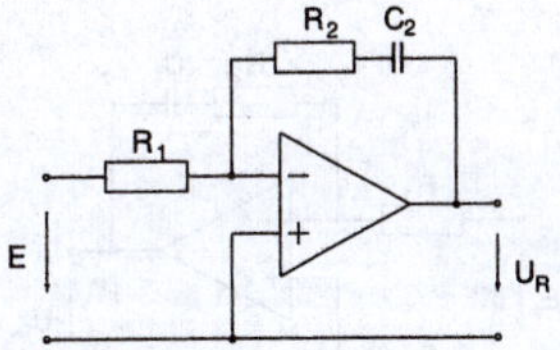

mit Verstärkung $K_R = -\frac{R_2}{R_1}$

und Nachstellzeit $T_I = R_2C_2$

PD-Regler

$$G(s) = -\frac{R_2}{R_1}(1 + sR_1C_1)$$

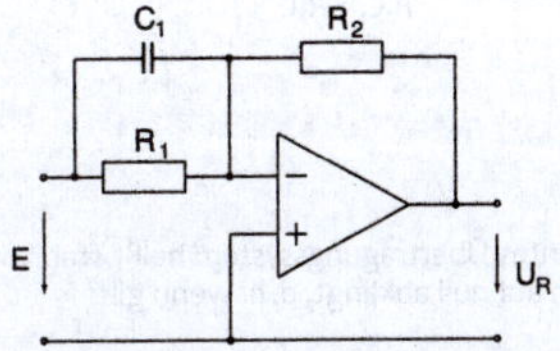

mit Verstärkung $K_R = -\frac{R_2}{R_1}$

und Vorhaltezeit $T_D = R_1C_1$

PID-Regler

$$G(s) = -\frac{R_2 + \frac{1}{sC_2}}{\frac{R_1}{1 + sR_1C_1}}$$

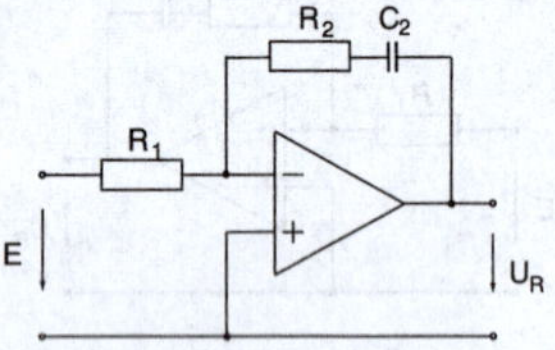

mit Verstärkung $K_R = -\frac{R_1C_1 + R_2C_2}{R_1C_2}$

und Nachstellzeit $T_I = -R_1C_1 + R_2C_2$

und Vorhaltezeit $T_D = -\frac{R_1R_2 + C_1C_2}{R_1C_1 + R_2C_2}$

Stabilität

Ein lineares zeitinvariantes Übertragungssystem heißt stabil, wenn seine Gewichtsfunktion asymptotisch auf null abklingt, d. h. wenn gilt:

$$\lim_{t \to \infty} g(t) = 0$$

Geht die Gewichtsfunktion betragsmäßig mit wachsendem t gegen unendlich, so heißt das System instabil.

Ein System ist insbesondere dann stabil, wenn alle Pole der Übertragungsfunktion einen negativen Realteil haben, also in der linken Halbebene liegen.

Hurwitz-Kriterium

(geschlossener Regelkreis)

Alle Koeffizienten des charakteristischen Polynoms

$$P(s) = a_0 + a_1 s + a_2 s^2 + \ldots + a_n s^n = 0$$

sind größer als Null.

Folgende n Determinaten sind positiv:

$$D_1 = a_{n-1} > 0$$

$$D_2 = \begin{vmatrix} a_{n-1} & a_n \\ a_{n-3} & a_{n-2} \end{vmatrix} > 0$$

$$D_3 = \begin{vmatrix} a_{n-1} & a_n & 0 \\ a_{n-3} & a_{n-2} & a_{n-1} \\ a_{n-5} & a_{n-4} & a_{n-3} \end{vmatrix} > 0;$$

$$D_{n-1} = \begin{vmatrix} a_{n-1} & a_n & \ldots & 0 \\ a_{n-3} & a_{n-2} & \ldots & . \\ . & . & & . \\ . & . & & . \\ 0 & 0 & \ldots & a_1 \end{vmatrix} > 0$$

$$D_n = a_0 D_{n-1} > 0$$

Nyquistkriterium

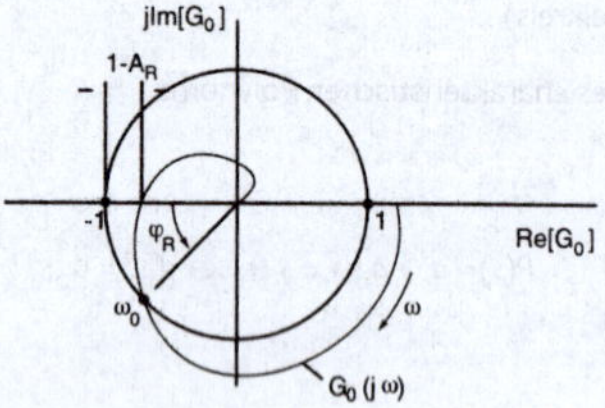

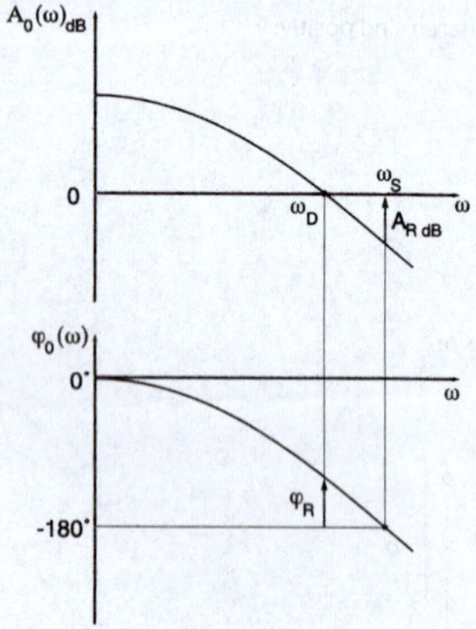

Ein geschlossener Regelkreis ist dann und nur dann stabil, wenn die stetige Winkeländerung $\Delta\varphi_R$ beim Durchlaufen der Ortskurve von $\omega = 0$ bis $\omega = \infty$ den Wert

$$\Delta\varphi_R = P\pi + \frac{\mu\pi}{2}$$

mit P: Anzahl der Pole des offenen Regelkreises in der rechten Halbebene

und μ: Anzahl der Pole auf der imaginären Achse

annimmt.

Wurzelortskurvenverfahren

Mithilfe dieses Verfahrens kann man aus der bekannten Pol- und Nullstenenverteilung der Übertragungsfunktion des offenen Regelkreises in anschaulicher Weise auf die Wurzeln des geschlossenen Regelkreises schließen.

Die Wurzelortskurven beschreiben Bahnen, die durch Parametervariation hervorgerufen werden. Die Wurzelortskurve (WOK) ermöglicht Aussagen über die Stabilität des geschlossenen Regelkreises und seiner Güte und eignet sich damit nicht nur zur Analyse sondern auch zur Synthese.

Man stellt die Übertragungsfunktion folgendermaßen dar, mit $k_0 > 0$, $m \leq n$ und $s_{N\mu} = s_{P\nu}$:

$$G_0(s) = k_0 \frac{\prod_{\mu=1}^{m}(s - s_{N\mu})}{\prod_{\nu=1}^{n}(s - s_{P\nu})} = k_0 G(s)$$

Die charakteristische Gleichung des geschlossenen Regelkreises ist:

$$1 + k_0 G(s) = 0$$

daraus folgt:

$$G(s) = -\frac{1}{k_0}$$

Durch Aufspalten der obigen Gleichung nach Betrag und Phase erhält man die Amplitudenbedingung:

$$|G(s)| = \frac{1}{k_0} \frac{\prod_{\mu=1}^{m} |s - s_{N\mu}|}{\prod_{\nu=1}^{n} |s - s_{P\nu}|}$$

und die Phasenbedingung:

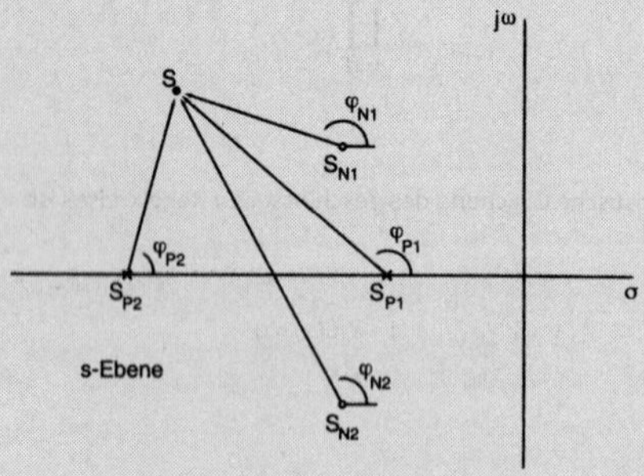

$$\varphi(s) = \arg[G(s)] = \sum_{\mu=1}^{m} \varphi_{N\mu} - \sum_{\nu=1}^{n} \varphi_{P\nu} = \pm 180°(2k+1)$$

Regeln zur Konstruktion

Die WOK ist symmetrisch zur reellen Achse.

Die WOK besteht aus *n* Ästen. (*n*–*m*) Äste enden im Unendlichen. Alle Äste beginnen mit $k_0 = 0$ in den Polen der charakteristischen Gleichung des offenen Regelkreises, *m* Äste enden mit $k \to \infty$ in den Nullstellen des offenen Regelkreises. Die Anzahl der in einem Pol beginnenden bzw. in einer Nullstelle endenden Äste ist gleich der Vielfachheit der Pol- bzw. Nullstelle.

Es gibt *n*–*m* Asymptoten mit Schnitt im Wurzelschwerpunkt aus der reellen Achse (σ_a, j0) mit

$$\sigma_a = \frac{1}{n-m}\left\{\sum_{\nu=1}^{n} \mathrm{Re}\{s_{P\nu}\} - \sum_{\mu=1}^{m} \mathrm{Re}\{s_{N\mu}\}\right\}$$

Ein Punkt auf der reelen Achse gehört dann zur WOK, wenn die Gesamtzahl der rechts von ihm liegenden Pole und Nullstellen ungerade ist.

Mindestens ein Verzweigungs- bzw. ein Vereinigungspunkt existiert dann, wenn ein Ast der WOK auf der reellen Achse zwischen zwei Pol- bzw. Nullstellen verläuft und erfüllt die Beziehung

$$\sum_{\nu=1}^{n} \frac{1}{s-s_{P\nu}} = \sum_{\mu=1}^{m} \frac{1}{s-s_{N\mu}}$$

für $s = \sigma_v$ als Verzweigungs- bzw. Vereinigungspunkt.

Austritts- und Eintrittswinkel aus Pol- bzw. in Nullstellenpaaren der Vielfachheit $r_{P\rho}$ bzw. $r_{N\rho}$:

$$\varphi_{P\rho,A} = \frac{1}{r_{P\rho}} \left\{ -\sum_{\substack{\nu=1 \\ \nu\neq\rho}}^{n} \varphi_{P\nu} + \sum_{\mu=1}^{m} \varphi_{N\mu} \pm 180^\circ (2k+1) \right\}$$

$$\varphi_{N\rho,E} = \frac{1}{r_{N\rho}} \left\{ -\sum_{\substack{\mu=1 \\ \mu\neq\rho}}^{m} + \sum_{\nu=1}^{n} \varphi_{P\nu} \pm 180^\circ (2k+1) \right\}$$

Belegung der WOK mit k_o-Werten: Zum Wert s gehört der Wert

$$k_o = \frac{\prod_{\nu=1}^{n} |s - s_{P\nu}|}{\prod_{\mu=1}^{m} |s - s_{N\nu}|}$$

(für $m = 0$ ist der Nenner eins)

Asymptotische Stabilität des geschlossenen Regelkreises liegt für alle k_o-Werte vor, die auf der WOK links von der imaginären Achse liegen.

Typische Beispiele für Pol- und Nullstellenverteilung:

lfd. Nr.	Wurzelortskurve
1	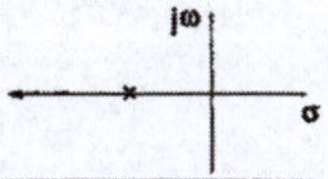
2	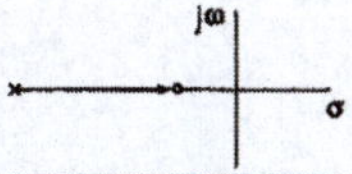
3	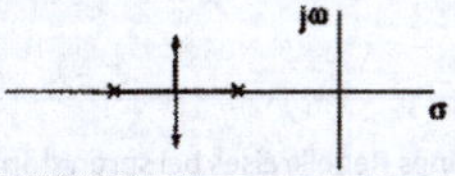
4	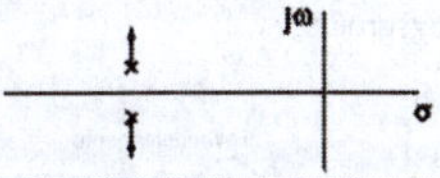
5	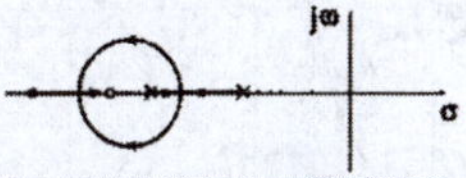
6	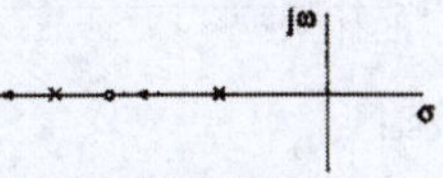
7	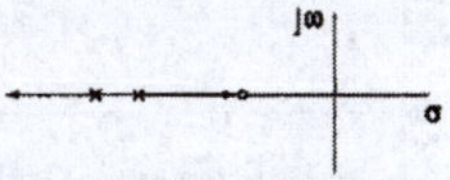
8	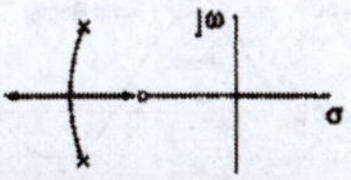

Mathematik

Gütemaße: Begriffe

maximale Überschwingweite	e_{max}
Zeitpunkt der maximalen Überschwingweite	t_{max}
Anstiegszeit T_a:	Schnittpunkt der Tangente im Wendepunkt *W* mit der 0 %- und 100 %-Linie
Verzugszeit	T_u
Ausregelzeit	t_ε
Anregelzeit t_{an}:	Zeitpunkt, zu dem zum ersten Mal der Sollwert erreicht wird.

Beispiele:

Antwort eines Regelkreises bei sprungförmiger Änderung

der Führungsgröße:

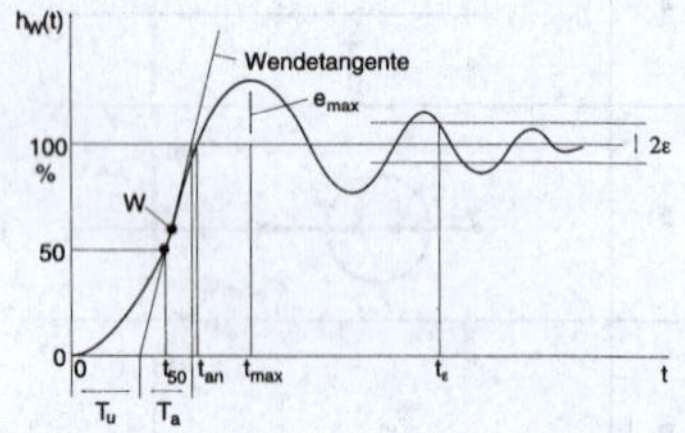

der Störgröße:

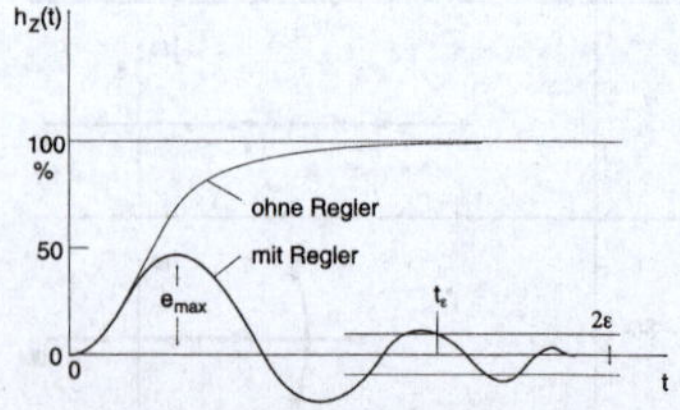

Lineare zeitdiskrete Systeme

Bei digitalen Regelsystemen wird, im zeitlichen Abstand *T*, das kontinuierliche Prozesssignal *f*(t) zu äquidistanten Zeitpunkten abgetastet.

Z-Transformation:

$$\mathcal{Z}\{f(k)\} = F_z(z) = \sum_{k=0}^{\infty} f(kT)\, z^{-k} \cdot \frac{1}{s} \qquad Z = e^{sT}$$

$$\mathcal{Z}^{-1}\{F_z(z)\} = f(k) = \frac{1}{2\pi j} \oint F_z(z)\, z^{k-1}\, dz \qquad k = 1, 2, \ldots$$

Korrespondenztabelle

$f(t)$	●—○	$F(z)$
1	●—○	$\frac{z}{z-1}$
t	●—○	$\frac{Tz}{(z-1)^2}$
t^2	●—○	$\frac{T^2 z(z+1)}{(z-1)^3}$
e^{-at}	●—○	$\frac{z}{z-e^{-aT}}$
te^{-at}	●—○	$\frac{Tze^{-aT}}{(z-e^{-aT})^2}$

PHYSIK

Vorwort

Die Physik gehört zusammen mit der Chemie und der Biologie zu den Hauptzweigen der Naturwissenschaften.

Es gibt inzwischen starke Überschneidungen zwischen den Disziplinen und es ist kaum möglich, klare Grenzen zwischen ihnen zu ziehen. Auch in den Namen für einzelne Teildisziplinen wird dies deutlich, wie beispielsweise Biophysik oder Physikalische Chemie. Viele Forschungsprojekte erfordern eine interdisziplinäre Zusammenarbeit (die Gehirnforschung), da nur so komplexe Zusammenhänge aufgedeckt werden können.

Trotzdem kann man eine Unterteilung angeben. Sie ist zwar etwas grob, doch im Großen und Ganzen kann man sagen, die Biologie befasst sich mit Vorgängen der belebten Natur, die Physik und die Chemie dagegen mit Vorgängen der unbelebten Natur. Forschungsinhalte der Chemie sind im Wesentlichen Prozesse, bei denen Stoffumwandlungen stattfinden. Alle anderen Sachverhalte und Phänomene der unbelebten Natur kann man zum Forschungsgegenstand der Physik zählen. Obwohl auch diese Trennung zwischen Chemie und Physik ihre Schwächen hat, wird zumindest deutlich, wie umfangreich und mannigfaltig das Forschungsfeld der Physik ist.

Historisch gesehen kann man die Physik in eine klassische und eine moderne Physik unterteilen. Alle Ergebnisse bis zum Anfang des 20. Jahrhunderts zählen zur klassischen Physik. Sie wurde maßgeblich von Isaac Newton geprägt und hat in ihrer ursprünglichen Form heute noch Gültigkeit. Erstaunliche Entdeckungen Anfang des 20. Jahrhunderts führten zu den umwälzenden Theorien von Albert Einstein, Max Planck, Werner Heisenberg und vielen anderen führenden Wissenschaftlern. Mit der Relativitätstheorie und der Quantenmechanik läuteten sie eine neue Ära ein, die ein völliges Umdenken in der Physik erforderte.

Aber auch diese Theorien können viele Phänomene unserer Welt noch nicht erklären. Gerade die grundlegendsten Probleme, wie die Entstehung des Universums oder die kleinsten Teilchen der Materie, werden vermutlich noch lange auf eine Lösung warten.

1. Mechanik einzelner Massenpunkte

1.1 Beschreibung der Dynamik einzelner Massenpunkte

Konzept des Massenpunktes

Bei dem **Modell des Massenpunktes** wird die räumliche Ausdehnung des Körpers vernachlässigt. Der Körper wird auf einen einzelnen Punkt reduziert, welcher die komplette Masse des Körpers in sich trägt.
Da der Massenpunkt keine Ausdehnung besitzt, kann er sich lediglich durch den Raum bewegen (**Translation**), sich jedoch **nicht** um sich selbst drehen (**Rotation**).

Physik

Die Voraussetzungen für das Massenpunkt-Modell sind beispielsweise für die Bewegung der Planeten um die Sonne sehr gut erfüllt: Nimmt man die Erde als Beispiel, so beträgt das Verhältnis zwischen dem Erdradius und der Größenordnung der Bewegung (Abstand: Erde-Sonne) ungefähr $5 \cdot 10^{-5}$, d.h., die Ausdehnung der Erde ist mehr als vier Größenordnungen kleiner als ihr Bahnradius und kann daher für die Berechnung der Erdumlaufbahn vernachlässigt werden.

Bahnkurve eines Massenpunktes

Die Bewegung des Körpers kann nun beschrieben werden, indem man ein Koordinatensystem wählt und anschließend die Position des Massenpunktes relativ zum Koordinatenursprung in Abhängigkeit von der Zeit bestimmt (vgl. Abb. 1.1).

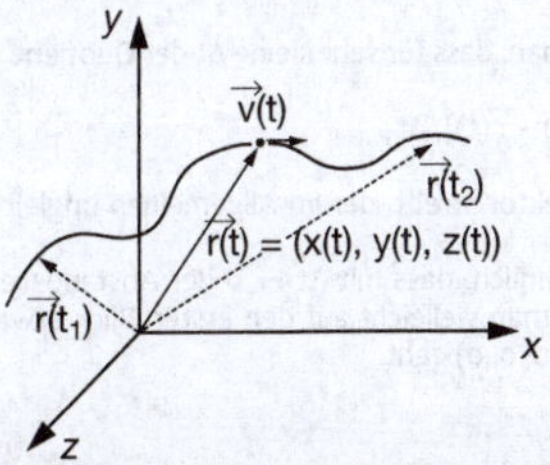

Abb. 1.1

Dadurch erhält man den Ortsvektor $\vec{r} = (x(t)), (y(t)), (z(t))$, dessen Komponenten $x(t)$, $y(t)$ und $z(t)$ Funktionen der Zeit t sind (was durch das t in der Klammer gekennzeichnet wird). Der (zeitabhängige) Ortsvektor $\vec{r}(t)$ kann somit als Bahn im dreidimensionalen Raum aufgefasst werden, wobei die Zeit t die Rolle des Bahnparameters spielt und die Bewegung eindeutig beschreibt.

Offensichtlich hängt die Beschreibung der Bewegung durch $\vec{r}(t)$ stark von der Wahl der Maßstäbe ab, mit denen der Abstand zum Ursprung und die Zeit gemessen werden. Üblicherweise werden hierfür die SI-Basiseinheiten 1 **Meter** = 1 m (für Längen) und 1 **Sekunde** = 1 s (für die Zeit) verwendet.

Geschwindigkeit und Impuls

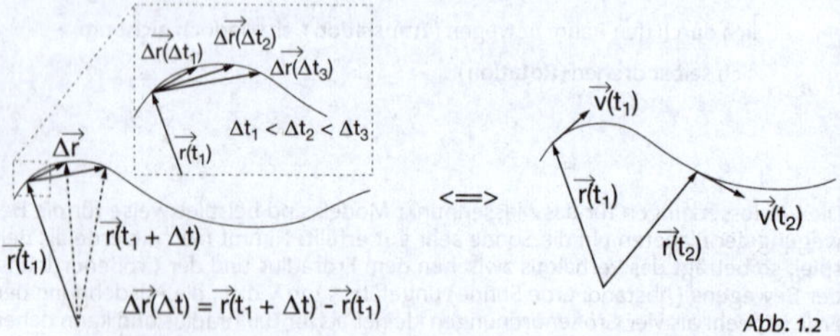

Abb. 1.2

Je schneller eine Bewegung durchgeführt wird, desto mehr Strecke $\Delta\vec{r}$ wird pro Zeiteinheit Δt zurückgelegt. Die **mittlere Geschwindigkeit** einer Bewegung wird berechnet, indem man den Quotienten aus zurückgelegter Strecke $\Delta\vec{r}$ pro Zeiteinheit Δt betrachtet:

$$\vec{v} = \frac{\Delta\vec{r}}{\Delta t} = \frac{\vec{r}(t+\Delta t) - \vec{r}(t)}{\Delta t}.$$

Interessanterweise findet man, dass für sehr kleine Δt der Quotient

$$\vec{v}(t, \Delta t) = \Delta\vec{r}/\Delta t = [\vec{r}(t+\Delta t) - \vec{r}(t)]/\Delta t$$

gegen einen konstanten Vektor strebt, der im Allgemeinen ungleich dem Nullvektor $\vec{0} = (0, 0, 0)$ ist.
Dies ist dahingehend erstaunlich, dass mit $\Delta t \to 0$ der Abstandsvektor $\Delta\vec{r}$ ebenfalls gegen $(0, 0, 0)$ strebt und man vielleicht auf den ersten Blick erwarten würde, dass somit auch $\vec{v}(t, \Delta t)$ gegen $(0, 0, 0)$ geht.

Mathematisch ausgedrückt bedeutet dies, dass beim Grenzübergang $\Delta t \to 0$ der Quotient $\Delta \vec{r} / \Delta t$ einen Grenzwert annimmt, den wir als die aktuelle Geschwindigkeit $\vec{v}(t)$ des Massenpunktes zum Zeitpunkt t bezeichnen:

Aktuelle Geschwindigkeit eines Massenpunktes:

Sei $\vec{r}(t)$ die Bahnkurve eines Massenpunktes, so ist die aktuelle Geschwindigkeit $\vec{v}(t)$ des Massenpunktes zum Zeitpunkt t durch den Grenzwert

$$\vec{v}(t) := \frac{d}{dt}\vec{r}(t) = \lim_{\Delta t \to 0} \frac{\vec{r}(t + \Delta t) - \vec{r}(t)}{\Delta t} \qquad \text{(Gleichung 1.1)}$$

gegeben.
Einheit: 1 m s^{-1}

Ist $\vec{v}(t) = const.$, d. h. zeitlich konstant, so liegt eine **gleichförmige** Bewegung vor, bei der der Massenpunkt pro Zeiteinheit Δt stets die gleiche Strecke $\Delta \vec{r} = \vec{v} \cdot \Delta t$ zurücklegt.

Ist $\vec{v}(t)$ andererseits eine Funktion der Zeit, so nennen wir die Bewegung **beschleunigt**.

Impuls eines Massenpunktes:

Sei $\vec{v}(t)$ die aktuelle Geschwindigkeit eines Massenpunktes (Masse *m*), so ist dessen Impuls durch

$$\vec{p}(t) := m \cdot \vec{v}(t)$$

definiert.

Einheit: 1 kg m s^{-1}

Beschleunigung

Wir definieren daher analog zur aktuellen Geschwindigkeit die

Aktuelle Beschleunigung:

Die unterschiedlichen Arten der Bewegung lassen sich leicht unterscheiden, wenn man die Änderung der aktuellen Geschwindigkeit $\vec{v}(t)$, d. h. die **aktuelle Beschleunigung** $\vec{a}(t)$,

$$\vec{a}(t) := \frac{d}{dt}\vec{v}(t) = \lim_{\Delta t \to 0} \frac{\vec{v}(t+\Delta t) - \vec{v}(t)}{\Delta t} \qquad \text{(Einheit: } 1\,\text{m} \cdot \text{s}^{-2}\text{)}$$

betrachtet.

Gilt $\left|\vec{a}(t)\right| = 0$, so verläuft die Bewegung **gleichförmig/unbeschleunigt.**

Eine **beschleunigte** Bewegung liegt dagegen genau dann vor, wenn $\left|\vec{a}(t)\right| > 0$ erfüllt ist.

Beispiele:

Gleichförmige Bewegung $\vec{r}(t) = (v_x \cdot t, y_0, 0)$

Hier wird pro Zeiteinheit dt die infinitesimale Strecke $d\vec{r}(t) = (v_x, 0, 0) \cdot dt$ zurückgelegt, woraus sofort die Geschwindigkeit $\vec{v}(t) = (v_x, 0, 0)$ folgt.

Sie ist (wie erwartet) eine Konstante, und daher folgt sofort für die Beschleunigung $\vec{a}(t) = (0, 0, 0)$.

Gleichförmige Kreisbewegung $\vec{r}(t) = (R \cdot \cos(\omega \cdot t), R \cdot \sin(\omega \cdot t), 0)$

Die Geschwindigkeit ergibt sich durch komponentenweises Differenzieren der Parametrisierung nach der Zeit, d. h.

$$\vec{v}(t) = \frac{d}{dt}\vec{r}(t) = (-\omega \cdot R \cdot \sin(\omega \cdot t), \omega \cdot R \cdot \cos(\omega \cdot t), 0)$$

und analog für die Beschleunigung

$$\vec{a}(t) := \frac{d}{dt}\vec{v}(t) = (-\omega^2 R \cdot \cos(\omega \cdot t), -\omega^2 R \cdot \sin(\omega \cdot t), 0) = -\omega^2 \cdot \vec{r}(t)$$

Für die Beträge der Vektoren folgt

$$|\vec{r}(t)| = R, \qquad |\vec{v}(t)| = \omega \cdot R, \qquad |\vec{a}(t)| = \omega^2 R$$

Kreisgeschwindigkeit und -beschleunigung:

Ein Massenpunkt (Masse m) bewege sich auf einer Kreisbahn mit Radius R. Dann ist die Kreisgeschwindigkeit durch $\omega(t) = v(t) / R$ (Einheit: 1 rad s^{-1}) und die Kreisbeschleunigung durch $\alpha(t) = a(t) / R$ (Einheit: 1 rad s^{-2}) gegeben.

Normal- und Tangentialbeschleunigung:

Seien $v(t)$ bzw. $a(t)$ die Geschwindigkeit bzw. die Beschleunigung eines Massenpunktes. Offensichtlich kann die Beschleunigung in zwei zueinander senkrechte Komponenten zerlegt werden:

$$\vec{a}(t) = \vec{a}_t(t) + \vec{a}_n(t).$$

Die Komponente $\vec{a}_t(t)$ liegt tangential an der Bahnkurve an, während $a_n(t)$ senkrecht zur Bahn ausgerichtet ist.

Tangential- und Normalbeschleunigung:

Sei $\vec{a}(t) = \vec{a}_t(t) + \vec{a}_n(t)$ die Beschleunigung eines Massenpunktes. Dann verändert die normal wirkende Komponente

$$\vec{a}_n(t) = v(t) \cdot \frac{d}{dt}\vec{e}_v(t)$$ (**Normalbeschleunigung**)

lediglich die Richtung des Geschwindigkeitsvektors, nicht aber seinen Betrag.

Dagegen ändert die tangential wirkende Komponente

$$\vec{a}_t(t) = \left(\frac{d}{dt}v(t)\right)\vec{e}_v(t)$$ (**Tangentialbeschleunigung**)

den Betrag der Bahngeschwindigkeit, lässt aber die Richtung der Bewegung unverändert.

Konvention: Rechte-Hand-Regel I:

Die Richtung des Kreuzproduktes $\vec{k} = \vec{r}_1 \times \vec{r}_2$ der Vektoren $\vec{r}_1$ und $\vec{r}_2$ kann durch die Rechte-Hand-Regel ermittelt werden. Dazu dreht man die rechte Hand derart, dass der Daumen in Richtung von $\vec{r}_1$ und der Zeigefinger in Richtung von $\vec{r}_2$ zeigt. Die Richtung des Mittelfingers gibt dann die Richtung des Kreuzproduktes an (vgl. Abb. 1.3).

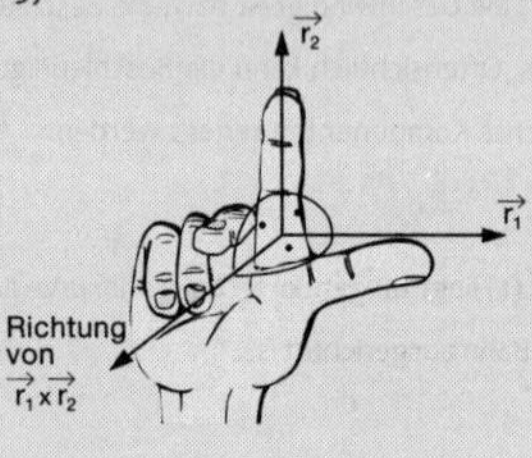

Abb. 1.3

Konvention: links- und rechtshändiges Koordinatensystem:

In der Physik wird üblicherweise mit **rechtshändigen Koordinatensystemen** gerechnet, d.h., die Koordinatenachsen sind derart zueinander ausgerichtet, dass $\vec{e}_x \times \vec{e}_y = \vec{e}_z$ gilt. Ein Koordinatensystem heißt dagegen **linkshändig**, falls $\vec{e}_x \times \vec{e}_y = -\vec{e}_z$ gilt. Welche Orientierung ein Koordinatensystem aufweist, lässt sich leicht mithilfe der Rechten-Hand-Regel ermitteln.

Vektoren, die **senkrecht zur Zeichenebene** stehen, werden durch einen Kreis mit Punkt symbolisiert, wenn sie aus der Zeichenebene herausstehen, während sie durch einen Kreis mit Kreuz dargestellt werden, wenn sie in die Zeichenebene hineingehen (siehe Abb. 1.4).

Um sich dies besser einzuprägen, kann man sich folgende Eselsbrücke zunutze machen: Man stellt sich den Vektor als Bogenpfeil vor und sieht dann die Pfeilspitze (also einen Punkt), wenn der Vektor auf den Betrachter zeigt, während man das Pfeilende (also das Kreuz) sieht, wenn der Vektor vom Betrachter zeigt weg.

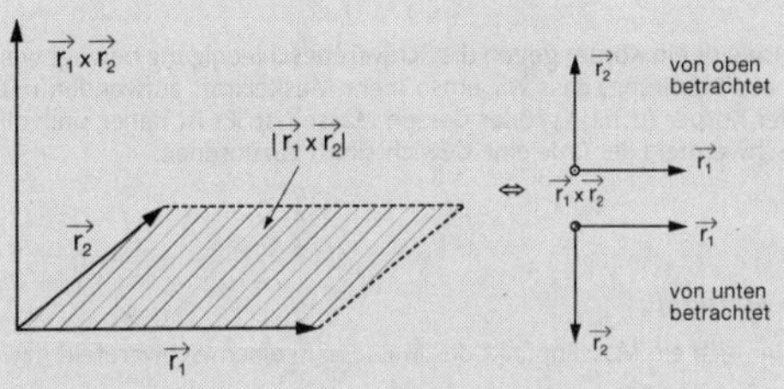

Abb. 1.4

Physik

1.2 Konzept der Kraft

Gewichtskraft

Nach ihrer Definition tritt eine Beschleunigung genau dann auf, wenn der Körper seinen Bewegungszustand verändert. Aus Erfahrung wissen wir jedoch, dass eine solche Veränderung nur dann stattfinden wird, wenn der Körper eine **Wechselwirkung** mit seiner Umgebung erfährt, d. h., wenn eine Kraft auf den Körper wirkt.

Wir verallgemeinern:

Kraft:

Ein Massenpunkt wird nur dann seinen Bewegungszustand verändern, wenn eine Kraft $\vec{F}$ auf ihn einwirkt. Diese Kraftwirkung äußert sich in einer Beschleunigung $\vec{a}$ des Massenpunktes, welche die gleiche Richtung wie die Kraft $\vec{F}$ aufweist, d. h. $\vec{F} \propto \vec{a}$.
(Ruht der Körper, so kann man sich anschaulich vorstellen, dass er durch $\vec{F}$ in die entsprechende Richtung „gezogen wird".)
Daraus folgt automatisch: Ein Massenpunkt wird nur dann seinen Bewegungszustand beibehalten, wenn keine Kraft auf ihn wirkt.

Soll beispielsweise ein Körper gegen die Schwerebeschleunigung bewegt werden, so wissen wir aus Erfahrung, dass wir umso mehr Muskelkraft aufwenden müssen, je schwerer der Körper (d. h. je größer dessen Masse) ist. Es ist daher sinnvoll, jedem Körper im Schwerefeld der Erde eine Gewichtskraft zuzuordnen.

Gewichtskraft:
Wenn sich ein Massenpunkt der Masse m in einem Schwerefeld mit Fallbeschleunigung g befindet, so wirkt auf ihn die Gewichtskraft $F_g = m \cdot g$, welche die gleiche Richtung wie die Fallbeschleunigung besitzt.

Einheit: $1\ \text{Newton} = 1\ \text{N} = 1\ \text{kg} \cdot \text{m} \cdot \text{s}^{-2}$

Die Fallbeschleunigung hängt schwach vom Ort auf der Erde ab, an dem sie gemessen wird. In Europa besitzt sie den Wert $g = 9{,}81\ \mathrm{m} \cdot \mathrm{s}^2$.

Newton'sche Gravitationskraft

Zwischen zwei Massenpunkten mit den Massen m_1 bzw. m_2 wirkt immer die **Newton'sche Gravitationskraft**

$$\vec{F}_{Grav} = -G \frac{m_1 \cdot m_2}{r^2} \vec{e}_r, \qquad \text{(Gleichung 1.2)}$$

wobei $\vec{r} = r \cdot \vec{e}_r$ den Abstandsvektor zwischen den beiden Massenpunkten darstellt. Sie wirkt immer entlang der Verbindungslinie beider Massenpunkte (vgl. Abb. 1.5). Die Konstante G heißt **Newton'sche Gravitationskonstante**: $G = 6{,}674 \cdot 10^{-11}\ \mathrm{m}^3 \cdot \mathrm{kg}^{-1} \cdot \mathrm{s}^{-2}$.

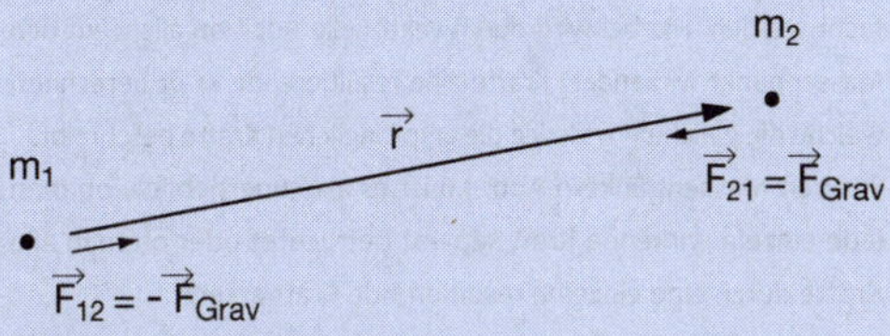

Abb. 1.5

Gewichtskraft als Linearisierung der Gravitationskraft

Fallbeschleunigung und Gewichtskraft II:

Die Gewichtskraft stellt eine Linearisierung der Newton'schen Gravitationskraft auf der Erdoberfläche dar. Für einen Massenpunkt (Masse m_2) kann die Gravitationskraft auf der Erdoberfläche somit sehr gut durch das Kraftfeld $F_{Grav} \approx g \cdot m_2$ angenähert werden, wobei die Konstante $g = -\frac{G \cdot m_1}{R^2_{Erde}}$ wieder die Fallbeschleunigung ist, die bereits von den Fallexperimenten bekannt ist.

Kräfte und Superpositionsprinzip

Superpositionsprinzip:

Wirken mehrere Kräfte auf einen Massenpunkt, so kann mithilfe des Superpositionsprinzips die Beschreibung des Systems stark vereinfacht werden. Hierbei wird durch vektorielle Addition aller (auf den Massenpunkt wirkender) Kräfte eine resultierende Kraft berechnet, welche die gleiche Physik wie die ursprünglichen Kräfte beschreibt.

Für den Massenpunkt in Abb. 1.6 ist es also unerheblich, ob man jede einzeln wirkende Kraft separat betrachtet oder ob man alle Kräfte durch eine einzelne resultierende Kraft ersetzt.

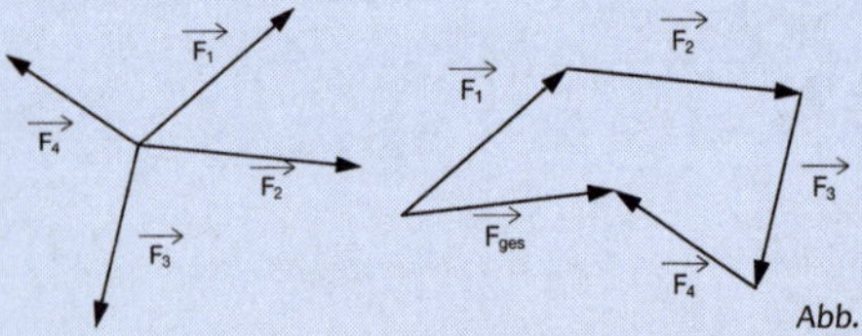

Abb. 1.6

Reibungskräfte am Beispiel von Haft- und Gleitreibung

Beispiel:

Haft- und Gleitreibung:

Wird ein Körper auf einem Untergrund verschoben, so sind die beteiligten Oberflächen nie perfekt glatt. Vielmehr findet man, dass jede Oberfläche mit einer gewissen Rauheit σ_{RMS} behaftet ist, wobei das Spektrum der Rauigkeiten sehr breit ist: Nach oben kann σ_{RMS} nahezu beliebige Werte annehmen, während sie nach unten durch atomar flache Oberflächen (z. B. Glimmer, $\sigma_{RMS} \approx 10^{-10}$ *m*) eingeschränkt wird.

Treffen zwei raue Oberflächen aufeinander, so werden sie sich in einem gewissen Maß ineinander verhaken (vgl. Abb. 1.7), was einer Verschiebung der Oberflächen einen Widerstand entgegensetzt. Dieser Widerstand äußert sich als Reibungskraft F_{Reib}, die von außen kompensiert werden muss, will man die Oberflächen gegeneinander verschieben (den Körper also bewegen).

Experimentell findet man häufig, dass die zu kompensierende Reibungskraft F_{reib} von der Normalkraft F_n des Körpers abhängt, mit der er auf die Unterlage gedrückt wird.
Sie kann somit in der Form $F_{reib} = \mu_{reib} \cdot F_n$ dargestellt werden, wobei μ_{reib} der Reibungskoeffizient ist und von den beteiligten Materialien abhängt.

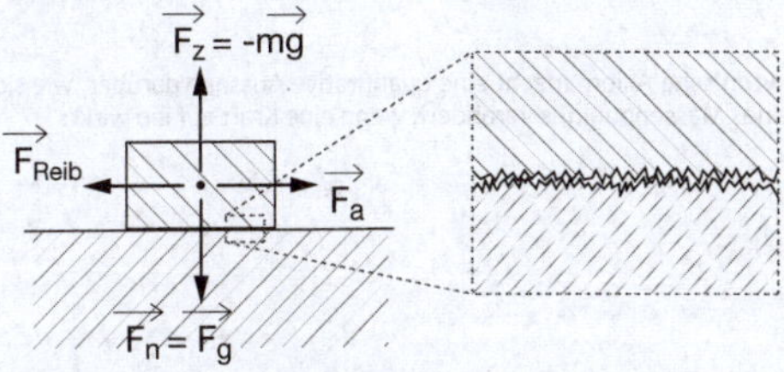

Abb. 1.7

1.3 Newton'sche Axiome und Bewegungsgleichung (Massenpunkt)

1. Newton'sches Axiom: Trägheitsprinzip

Das 1. Newton'sche Axiom macht eine Aussage darüber, wie sich ein Massenpunkt bewegt, wenn keine Kraft auf ihn wirkt:

Trägheitsprinzip:

Wirkt keine (resultierende) Kraft auf einen Massenpunkt, so führt der Massenpunkt eine gleichförmige Bewegung durch. In diesem Fall ist seine Geschwindigkeit konstant bzw. null. Ein solcher Massenpunkt heißt **frei**.

Dieses Axiom lässt sich leicht deuten:

Wenn keine (resultierende) Kraft auf den Massenpunkt wirkt, so wird sich sein Bewegungszustand nicht verändern. Der Massenpunkt verhält sich somit träge, d. h., jede Veränderung des Bewegungszustandes setzt die Existenz einer Kraft voraus. Ferner bewegen sich freie Körper gleichförmig auf geradlinigen Bahnen.

2. Newton'sches Axiom: Aktionsprinzip

Das 2. Newton'sche Axiom macht eine quantitative Aussage darüber, wie sich die Bewegung eines Massenpunktes verändert, wenn eine Kraft auf ihn wirkt:

Aktionsprinzip:

Wirkt eine (resultierende) Kraft auf einen Massenpunkt, so entspricht die zeitliche Änderung des Impulses der angreifenden Kraft, d. h., es gilt die Relation

$$\frac{d}{dt}\vec{p}(t) = \vec{F}_{res}(\vec{r}(t)), \qquad \text{(Gleichung 1.3)}$$

wobei $\vec{p}(t)$ den Impuls und $\vec{F}_{res}(\vec{r}(t))$ die auf den Massenpunkt wirkende Kraft darstellt.

Dieses Axiom ist von unschätzbarem Wert für die Mechanik, da es die auf den Massenpunkt wirkende Kraft mit seiner Bewegung (d. h. der Bahnkurve des Massenpunktes) verknüpft.

Da sowohl $d\vec{p}/dt$ als auch $\vec{F}_{res}(\vec{r}(t))$ in der Regel dreidimensional sind, stellt die obige Gleichung genau genommen ein System von drei Gleichungen dar, d. h., man muss im Allgemeinen die Gleichungen

$$\frac{d}{dt}p_x(t) = F_{res,x}(\vec{r}(t)),$$

$$\frac{d}{dt}p_y(t) = F_{res,y}(\vec{r}(t)),$$

$$\frac{d}{dt}p_z(t) = F_{res,z}(\vec{r}(t))$$

simultan lösen, wobei der Impuls und die Kraft in die Komponenten $\vec{p} = (p_x, p_y, p_z)$ bzw. $\vec{F}_{res} = (F_{res,x}, F_{res,y}, F_{res,z})$ zerlegt wurden.

3. Newton'sches Axiom: Reaktionsprinzip

Zu jeder Kraft $\vec{F}_{12}$, die ein Massenpunkt auf einen zweiten Massenpunkt ausübt, gibt es eine gleich große, aber entgegengerichtete Gegenkraft $\vec{F}_{12} = -\vec{F}_{21}$, die der zweite Massenpunkt auf den ersten ausübt (vgl. Abb. 1.8).

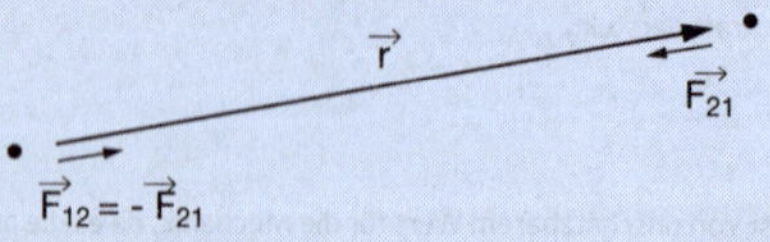

Abb. 1.8

Fallbewegungen – ein Beispiel:

Allgemeine Lösung:
Betrachten wir einen Massenpunkt mit konstanter Masse *m*, der unter dem Einfluss seiner Gewichtskraft zu Boden fällt. In diesem Fall wirkt nur eine Kraft im System, die Gewichtskraft $\vec{F}_g = (0, 0, -m \cdot g)$, wobei das Minuszeichen aus der Tatsache resultiert, dass die Kraft entgegengesetzt zum Einheitsvektor der z-Achse orientiert ist. Gl. 1.3 lautet somit

$$\frac{d}{dt} v_x(t) = 0, \qquad \frac{d}{dt} v_y(t) = 0, \qquad m \cdot \frac{d}{dt} v_z(t) = -m \cdot g.$$

Aus $dv_x/dt = 0$ und $dv_y/dt = 0$ folgt, dass v_x und v_y Konstanten sind, die im Folgenden als $v_x(t) = v_{x,0}$ und $v_y(t) = v_{y,0}$ bezeichnet werden sollen. Für $v_z(t)$ folgt nach Integration $v_z(t) = -g \cdot t + v_{z,0}$ mit der Integrationskonstanten $v_{z,0}$. Die Bahnkurve erhält man durch erneute Integration nach der Zeit

$$\vec{r}(t) = \left(v_{x,0} \cdot t + r_{x,0},\ v_{y,0} \cdot t + r_{y,0},\ -\frac{g}{2} \cdot t^2 + v_{z,0} \cdot t + r_{z,0}\right). \qquad \text{(Gleichung 1.4)}$$

Dies ist die allgemeine Lösung des freien Falls (wobei $\vec{r}_0(t) = (r_{x,0}, r_{y,0}, r_{z,0})$ wieder Integrationskonstanten sind, die durch die Randbedingungen definiert werden). Die allgemeine Fallbewegung setzt sich aus zwei unterschiedlichen Bewegungsformen zusammen: einer gleichförmigen Bewegung entlang der *x*- und *y*-Achse und einer beschleunigten Bewegung entlang der *z*-Achse. Die tatsächlich (physikalisch) realisierte Bewegung erhält man, indem man die Randbedingungen einsetzt, wie die folgenden Spezialfälle zeigen werden.

Senkrechter Fall:
Beim senkrechten Fall ruht der Massenpunkt vor dem Fall in einer Höhe h über dem Erdboden, während er zum (beliebig wählbaren) Zeitpunkt $t = 0$ losgelassen wird und die Fallbewegung vollführt. Da sich der Massenpunkt bei $t = 0$ in Ruhe befindet, gilt $\vec{v}_0 = (v_{x,0}, v_{y,0}, v_{z,0}) = (0, 0, 0)$. Ferner kann man als weitere Randbedingung $\vec{r}_0 = (0, 0, h)$ wählen, da sich der Massenpunkt vor dem Fallen in der Höhe h befindet.
Die Bahnkurve der Gleichung 1.4 lautet nun $r_{sF}(t) = (0, 0, -\frac{g}{2} \cdot t^2 + h)$. Die z-Komponente der Bahnkurve ist in Abb. 1.9 dargestellt und hat den Verlauf, den wir von den Fallexperimenten für einen senkrechten Fall erwarten würden.

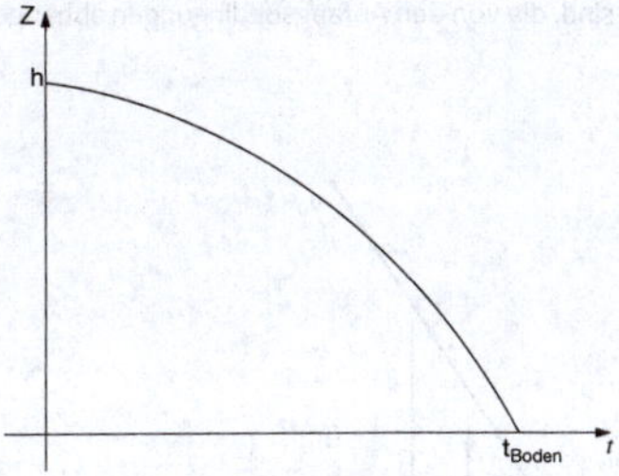

Abb 1.9

Physik

Übung:

Aufgabe:
Zeigen Sie, dass der Massenpunkt zum Zeitpunkt $t_{Boden} = \sqrt{2h/g}$ den Erdboden erreicht, d.h., dass $\vec{r}_{sF}(t_{Boden}) = (0, 0, 0)$ gilt.

Lösung:
Aus $\vec{r}_{sF}(t_{Boden}) = (0, 0, 0)$ folgt, dass der Boden erreicht wird, wenn $-\frac{g}{2} \cdot t_{Boden}^2 + h = 0$ gilt.

Umstellen nach t_{Boden} ergibt sofort die Behauptung.

Wurfparabel eines Projektils:

Nun sei der Massenpunkt ein Projektil (z. B. eine Kanonenkugel), das mit der Anfangsgeschwindigkeit v_0 im Winkel α vom Boden, d.h. vom Punkt $\vec{r}_0 = (0, 0, 0)$ aus, abgefeuert wird (vgl. Abb. 1.10).
In dieser Situation kann man das Koordinatensystem derart wählen, dass der Vektor der Anfangsgeschwindigkeit $\vec{v}_0$ in der *x-z*-Achse liegt. Diese Wahl hat zur Folge, dass die *y*-Komponente von $\vec{v}_0$ null ist, d.h., mit den Eigenschaften der Winkelfunktionen folgt aus Abb. 1.10 $\vec{v}_0 = (v_0 \cos\alpha, 0, v_0 \sin\alpha)$.

Einsetzen der Anfangsbedingungen in Gleichung 1.4 liefert sofort die Wurfparabel $\vec{r}_{Wurf}(t) = ([v_0 \cdot \cos\alpha] \cdot t, 0, [v_0 \cdot \sin\alpha] \cdot t - \frac{g}{2} \cdot t^2)$, wobei die Größen in den eckigen Klammern Konstanten sind, die von den Anfangsbedingungen abhängen.

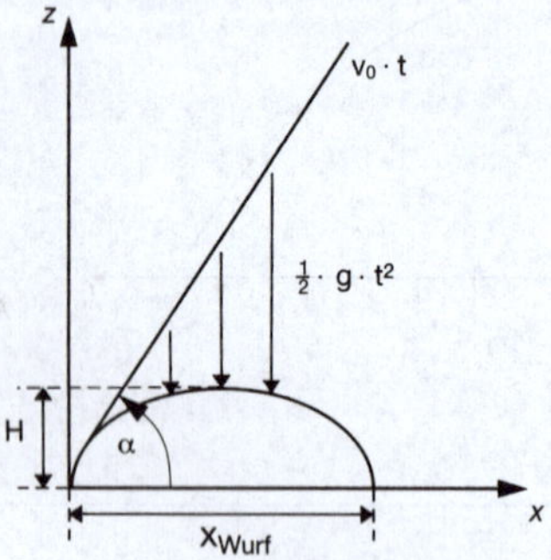

Abb 1.10

Übung:

Zeigen Sie, dass das Projektil den Boden zum Zeitpunkt $t_{Boden} = (2 \cdot v_0 \cdot \sin\alpha)/g$ wieder erreicht und dass es dabei insgesamt die Strecke $x_{Wurf} = (2 \cdot v_0^2 \cdot \sin\alpha \cdot \cos\alpha)/g$ zurücklegt.

Weisen Sie ferner nach, dass für $\alpha_{max} = 45°$ die Wurfweite x_{Wurf} ein Maximum annimmt, indem Sie die Ableitung $dx_{Wurf}/d\alpha$ bilden und zeigen, dass $dx_{Wurf}/d\alpha = 0$ an der Stelle $\alpha_{max} = 45°$ gilt.

Lösung:
Wie beim freien Fall wird der Boden erreicht, wenn $\vec{r}_{Wurf}(t_{Boden}) = \vec{0}$,
d.h. $\left(v_0 \cdot \sin\alpha - \frac{g}{2} \cdot t_{Boden}\right) \cdot t_{Boden} = 0$ gilt.
Dies ist zu zwei Zeiten erfüllt:
für $t_{Boden} = 0$ (Startpunkt der Bewegung) und $t_{Boden} = (2 \cdot v_0 \cdot \sin\alpha)/g$.
Des Weiteren gibt die *x*-Komponente von $\vec{r}_{Wurf}(t)$ an, wie weit sich das Projektil (projiziert auf die Erdoberfläche) bewegt hat. Einsetzen von t_{Boden} ergibt die Behauptung.

Diese Wurfweite wird bezüglich α genau dann maximal, wenn $(2 \cdot v_0^2/g) \cdot (\sin\alpha \cdot \cos\alpha)$ und somit $(\sin\alpha \cdot \cos\alpha)$ maximal wird (da die Terme in der Klammer Konstanten sind).
Die Ableitung unter Verwendung der Produktregel ergibt dann den Ausdruck $(\cos^2\alpha - \sin^2\alpha)$, der für $\alpha_{max} = 45°$ null ist.
Die Wurfweite nimmt daher für $\alpha_{max} = 45°$ ein Maximum an.

Physik

1.4 Arbeit, Potential, Energie und Leistung

Arbeit

Ein Massenpunkt werde entlang des Weges S mit der Kraft $\vec{F}(\vec{r})$ verschoben (wobei $\vec{r}(t)$ eine Parametrisierung des Weges S sei).
Für diese Bewegung wird dann die Arbeit

$$W_S := \int_S \vec{F}(\vec{r}) \cdot d\vec{r} \qquad \text{(Gleichung 1.5)}$$

verrichtet.

Einheit: 1 Joule = 1 J = 1 N m

Wie ist nun diese Definition praktisch zu verstehen? In der Regel kann man ohne weitere Probleme den Weg S durch eine Bahnkurve $\vec{r}(t) = (x(t), y(t), z(t))$ parametrisieren. Das Differential, über welches integriert wird, ist dann nach der Kettenregel einfach durch $d\vec{r}(t) = (\frac{d}{dt}x(t), \frac{d}{dt}y(t), \frac{d}{dt}z(t)) \cdot dt$ gegeben, wodurch die Integration entlang des infinitesimalen Richtungsvektors $d\vec{r}$ in eine Integration über den Bahnparameter dt umgewandelt wird.

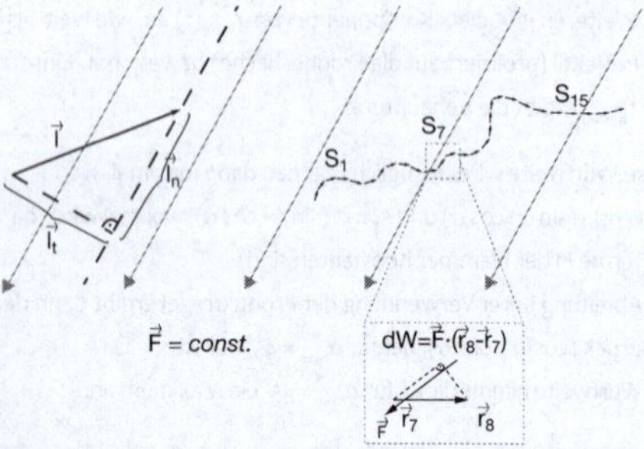

Abb 1.11

Bemerkungen:

1. Ein Integral der Form $W_S = \int_S \vec{F}(\vec{r}) \cdot d\vec{r}$ bezeichnet man als **Weg**- bzw. **Linienintegral**, da hier eine physikalische Größe entlang eines bestimmten Weges berechnet wird.

2. Die Arbeit hängt vom gewählten Weg ab, d. h. mindestens vom Anfangs- und Endpunkt der Bewegung, im Allgemeinen jedoch auch vom exakt gewählten Verlauf des Weges S. Dies wird in der Definition der Arbeit durch den Index S berücksichtigt.

3. Des Weiteren wurde in der Definition der Weg über die Zeit t parametrisiert, da als Bahnparameter häufig die Zeit gewählt wird. Die Analysis zeigt jedoch, dass die Definition der Arbeit unabhängig von der gewählten Parametrisierung ist. Solange also unterschiedliche Parametrisierungen den gleichen Weg ergeben, wird die Gleichung 1.5 auch die gleiche Arbeit berechnen.

Physik

Übung:

Betrachten Sie einen Massenpunkt der Masse m, auf den die Fallbeschleunigung $\vec{g} = (0, 0, -g)$ wirkt.
Berechnen Sie die Arbeit, die Sie verrichten müssen, um den Massenpunkt um die Höhe h (entlang der z-Achse) anzuheben.

Lösung:

Die Gewichtskraft ergibt sich zu $\vec{F} = (0, 0, -m \cdot g)$.

Wir wählen als Parametrisierung $\vec{r}(t) = (0, 0, t)$, wobei die Bewegung von $t_1 = 0$ nach $t_2 = h$ verlaufen soll, was bezüglich der z-Achse dem Anheben um die Höhe h entspricht.

Somit folgt $d\vec{r}(t) = (0, 0, 1) \cdot dt$ und für die Arbeit

$$W_S = \int_S \vec{F}(\vec{r}) \cdot d\vec{r} = \int_{t_1}^{t_2} F(\vec{r}(t)) \cdot (0, 0, 1) \cdot dt = -\int_{t_1}^{t_2} m \cdot g \cdot dt = -m \cdot g \cdot h.$$

(Gleichung 1.6)

Sei W_S die Arbeit, die bei einer geradlinigen Bewegung in einem homogenen Kraftfeld verrichtet wird.

Besitzt W_S ein positives Vorzeichen ($W_S > 0$), so wird der Massenpunkt mit der Kraft bewegt, d. h., Kraft und Weg schließen einen Winkel ein, der kleiner als 90° ist.

Gilt dagegen $W_S < 0$, so wird die Arbeit bei einer Bewegung gegen die Kraft verrichtet, d. h., Kraft und Weg schließen einen Winkel ein, der zwischen 90° und 180° liegt.

Konservative Kräfte und der Begriff des Potentials

Wir nennen eine Kraft $\vec{F}(\vec{r})$ **konservativ** bzw. **wegunabhängig,** wenn für zwei beliebig gewählte Punkte $\vec{r}_1$ und $\vec{r}_2$ gilt: Die Arbeit, die verrichtet werden muss, um von $\vec{r}_1$ nach $\vec{r}_2$ zu gelangen, hängt nur von den beiden Punkten $\vec{r}_1$ und $\vec{r}_2$ ab, aber nicht von dem Weg, der dazu zurückgelegt wird (vgl. Abb. 1.12).

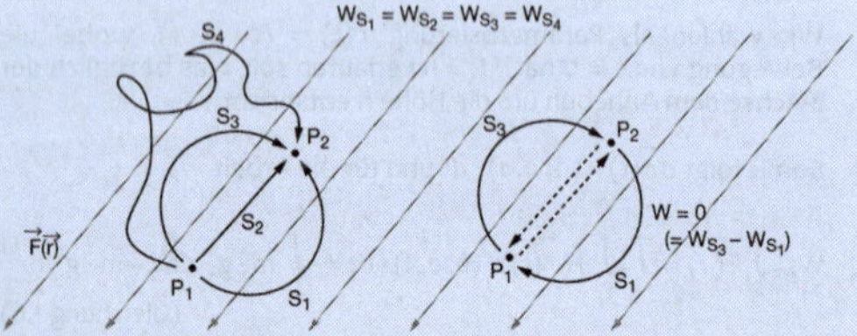

Abb. 1.12

Bemerkung:

Die Arbeit, die entlang eines geschlossenen Integrationsweges verrichtet wird (Abb. 1.12 rechts), muss bei einer konservativen Kraft verschwinden. In Formeln drückt man dies durch das Kontur-Integral aus $\oint_S$, welches eine Integration entlang eines geschlossenen Weges symbolisiert.

Ist $\vec{F}(\vec{r})$ eine konservative Kraft, so gilt entlang eines beliebigen geschlossenen Weges $W_S = \oint_S \vec{F}(\vec{r}) \cdot d\vec{r} = 0.$ (Gleichung 1.7)

Konservative Kräfte zeichnen sich gegenüber allen anderen Kräften durch diese besonderen Eigenschaften aus. Ferner wird in der Analysis gezeigt, dass man zu jedem konservativen Kraftfeld (mindestens) eine skalare Funktion $\Phi(\vec{r})$ findet, mit deren Hilfe sich das gesamte konservative Kraftfeld rekonstruieren lässt:

Potential:

Sei $\vec{F}(\vec{r}) = (F_x(\vec{r}), F_y(\vec{r}), F_z(\vec{r}))$ eine konservative Kraft in kartesischen Komponenten. Dann existiert (mindestens) eine skalare Funktion $\Phi(\vec{r})$, welche die Beziehung

$$\vec{F}(\vec{r}) = -\left(\frac{\partial}{\partial x}\Phi(\vec{r}), \frac{\partial}{\partial y}\Phi(\vec{r}), \frac{\partial}{\partial z}\Phi(\vec{r})\right) \qquad \text{(Gleichung 1.8)}$$

erfüllt. Die einzelnen Komponenten von $\vec{F}(\vec{r})$ können aus $\Phi(\vec{r})$ rekonstruiert werden, indem $\Phi(\vec{r})$ nach der entsprechenden Koordinate partiell abgeleitet wird, z. B. $F_x(\vec{r}) = -\frac{\partial}{\partial x}\Phi(\vec{r})$.

Übung:

Zeigen Sie durch Ableiten, dass das Potential der Gewichtskraft durch die Funktion $\Phi(\vec{r}) = m \cdot g \cdot z$ gegeben ist.

Lösung:

Nach Einsetzen in die Gleichung 1.8 folgt sofort

$$\vec{F}(\vec{r}) = -\left(\frac{\partial}{\partial x}\Phi(\vec{r}), \frac{\partial}{\partial y}\Phi(\vec{r}), \frac{\partial}{\partial z}\Phi(\vec{r})\right) = -(0, 0, m \cdot g),$$

was gerade die Gewichtskraft des Massenpunktes ist.

Potentielle Energie

Potentielle Energie:

Wird ein Massenpunkt in einem konservativen Kraftfeld $\vec{F}(\vec{r})$ bewegt, so kann er bei der Bewegung Energie speichern ($W < 0$) bzw. freisetzen ($W > 0$). Die derart gespeicherte Energie wird als potentielle Energie bezeichnet und ist durch

$$E_{pot}(r) := \Phi(\vec{r}) - \Phi(\vec{r}_0)$$

gegeben. Hierbei ist $\Phi(\vec{r})$ das Potential von $\vec{F}(\vec{r})$, und $\vec{r}_0$ ist ein beliebiger (aber fixierter) Referenzpunkt.

Wenn sich der Massenpunkt somit von $\vec{r}_1$ nach $\vec{r}_2$ bewegt, so wird die Energie

$$\Delta E_{pot} = E_{pot}(\vec{r}_2) - E_{pot}(\vec{r}_1) = \Phi(\vec{r}_2) - \Phi(\vec{r}_1)$$

freigesetzt ($\Delta E_{pot} < 0$) bzw. gespeichert ($\Delta E_{pot} > 0$).

Potential und Arbeit:

Sei $\Phi(\vec{r})$ das Potential einer konservativen Kraft $\vec{F}(\vec{r})$. Dann kann die Arbeit, welche verrichtet werden muss, um einen Massenpunkt von P_1 zu P_2 zu verschieben, durch

$$W = \Phi(\vec{r}_1) - \Phi(\vec{r}_2) = -\Delta E_{pot}$$

berechnet werden.

Somit folgt für Bewegungen mit $W > 0$ automatisch $\Delta E_{pot} < 0$, d. h., der Massenpunkt kann diese Bewegung spontan unter Reduzierung seiner potentiellen Energie durchführen. Wird andererseits während der Bewegung Arbeit gegen eine Kraft verrichtet ($W < 0$), so folgt aus $\Delta E_{pot} > 0$, dass der Massenpunkt die Bewegung nicht spontan ausführen kann, dass am Massenpunkt hierfür Arbeit verrichtet werden muss und dass die verrichtete Arbeit in Form potentieller Energie gespeichert wird.

Kinetische Energie

Wird ein Massenpunkt (Masse m) von der Geschwindigkeit v_1 auf die Geschwindigkeit v_2 beschleunigt, so muss hierfür die Arbeit $W_{kin} = -\frac{m}{2} \cdot (v_2^2 - v_1^2)$ verrichtet werden. Diese Arbeit wird als kinetische Energie

$$E_{kin} = -W_{kin} = \frac{m}{2} \cdot (v_2^2 - v_1^2)$$

gespeichert.

Besitzt ein Massenpunkt die Geschwindigkeit v, so steht ihm aufgrund seines Bewegungszustandes die kinetische Energie

$$E_{kin} = \frac{m}{2} \cdot v^2$$

zur Verfügung, um Arbeiten zu verrichten.

Führt der Massenpunkt eine gleichförmige Kreisbewegung mit Radius R und Winkelgeschwindigkeit ω durch, so besitzt er die kinetische Energie

$$E_{rot} = \frac{m}{2} \cdot v^2 = \frac{m \cdot R^2}{2} \cdot \omega^2,$$

welche in dieser Situation als **Rotationsenergie** bezeichnet wird.

Mechanische Gesamtenergie und ihre Erhaltung

Energieerhaltungssatz für Massenpunkte:

Wirken auf einen Massenpunkt (Masse *m*) ausschließlich konservative Kräfte, so ist die Summe aus potentieller und kinetischer Energie des Massenpunktes zeitlich konstant.

Zu jedem Zeitpunkt gilt daher

$$E_{kin} + E_{pot} = \frac{m}{2}\left(\frac{d}{dt}\vec{r}(t)\right)^2 + E_{pot}(r(t)) = E_0.$$

Die Konstante E_0 ist die mechanische Gesamtenergie des Massenpunktes.

Physik

Die Summe aus kinetischer und potentieller Energie wurde mit Absicht als mechanische Gesamtenergie bezeichnet, da es (wie wir in den späteren Abschnitten sehen werden) viele unterschiedliche Formen von Energie gibt.

Die Energieerhaltung hat eine interessante Konsequenz:

Energie unterschiedlicher Formen kann ineinander umgewandelt werden. Ein fallender Massenpunkt verringert beispielsweise seine potentielle Energie und wandelt die freigesetzte potentielle Energie in kinetische Energie um, was eine Erhöhung seiner Geschwindigkeit bewirkt. Andererseits kann der Massenpunkt auch seine Geschwindigkeit verringern und durch die freigesetzte kinetische Energie Arbeit verrichten, d. h. seine potentielle Energie erhöhen.

Energie ist somit die Fähigkeit eines Körpers, Arbeit zu verrichten. Sie besitzt daher ebenfalls die SI-Einheit 1 Joule = 1 J = 1 N m.

Leistung

Bei einer Bewegung werde pro Zeiteinheit dt die Arbeit $dW(t)$ verrichtet. Dann ist die damit verbundene Leistung P durch

$$P(t) := \frac{d}{dt}W(t)$$

gegeben.

Einheit: 1 Watt = 1 W = 1 J/s.

1.5 Drehimpuls und Drehmoment eines Massenpunktes

Drehmoment eines Massenpunktes

Drehmoment:

Die Kraft $\vec{F}$ greife an einem Massenpunkt an, der im Auflagepunkt O drehbar gelagert ist (vgl. Abb. 1.13). Wenn $\vec{l}$ vom Auflagepunkt zum Massenpunkt zeigt, so wird durch das Kreuzprodukt $\vec{D} := \vec{l} \times \vec{F}$ das Drehmoment definiert, das die Kraft $\vec{F}$ bezüglich O auf den Massenpunkt ausübt.

Einheit: 1 N · m

In kartesischen Koordinaten gilt für die Komponenten des Drehmomentes

$$D_x := r_y \cdot F_z - r_z \cdot F_y, \quad D_y := r_z \cdot F_x - r_x \cdot F_z, \quad D_z := r_x \cdot F_y - r_y \cdot F_x.$$

Sei ferner α der Winkel, der von $\vec{l}$ und $\vec{F}$ eingeschlossen wird. Dann gilt für den Betrag des Drehmomentes $D = l \cdot F \cdot \sin \alpha$.

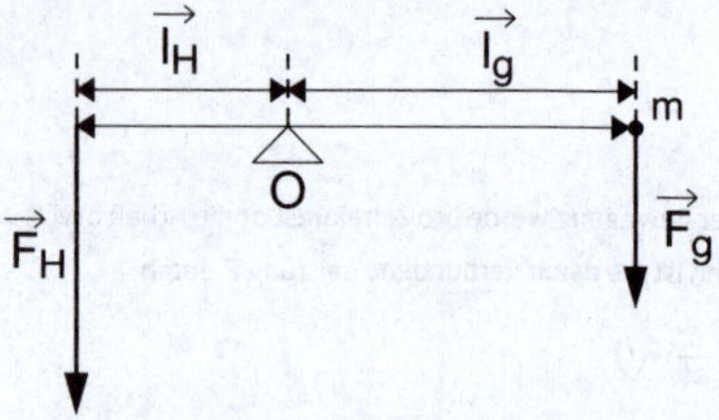

Abb 1.13

Auf den Hebel aus Abb. 1.13 angewendet, zeigt die Definition, dass die Kräfte $\vec{F}_g$ und $\vec{F}_H$ jeweils ein Drehmoment erzeugen. Da jedoch $\vec{l}_g$ und $\vec{l}_H$ entgegengesetzt zueinander orientiert sind, zeigen diese Drehmomente in entgegengesetzte Richtungen. Im Gleichgewicht, d.h. für $F_g \cdot l_g = F_H \cdot l_H$, heben sich die beiden Drehmomente komplett auf:
Das resultierende Drehmoment $\vec{D} = \vec{D}_g + \vec{D}_H$ ist null, und der Hebel bleibt in Ruhe. Für $F_g \cdot l_g <> F_H \cdot l_H$ ist das resultierende Drehmoment nicht mehr null und zeigt entweder aus der Zeichenebene heraus bzw. zum Beobachter hin ($F_g \cdot l_g < F_H \cdot l_H$) oder in sie hinein bzw. vom Beobachter weg ($F_g \cdot l_g > F_H \cdot l_H$).

Aus Erfahrung wissen wir, dass der Hebel sich in dieser Situation gegen bzw. im Uhrzeigersinn drehen würde, was auch sofort der Richtung des Drehmomentes entnommen werden kann:

Konvention: Rechte-Hand-Regel II:

Ein Drehmoment, das in einem rechtshändigen Koordinatensystem in die Zeichenebene zeigt, erzeugt eine Drehung im Uhrzeigersinn. Zeigt es dagegen aus der Zeichenebene heraus, so wird es eine Drehung gegen den Uhrzeigersinn bewirken.
Dies lässt sich mithilfe der rechten Faust gut merken: Legt man den Daumen in Richtung des Drehmomentes, so zeigen die Finger die bewirkte Drehrichtung an.

Drehimpuls eines Massenpunktes

Wir betrachten einen Massenpunkt (Masse m), der sich entlang einer beliebigen Bahnkurve $\vec{r}(t)$ bewegt.
Dann ist der Drehimpuls $\vec{L}(t)$ des Massenpunktes durch das Kreuzprodukt von Ortsvektor $\vec{r}(t)$ und Impuls $\vec{p}(t)$ des Massenpunktes definiert, d. h.

$$\vec{L}(t) = \vec{r}(t) \times \vec{p}(t) = m \cdot \vec{r}(t) \times \vec{v}(t). \qquad \text{(Gleichung 1.9)}$$

Physik

Übung:

Aufgabe:

Zeigen Sie, dass für die zeitliche Änderung des Drehimpulses $\frac{d}{dt}\vec{L}(t) = \vec{r}(t) \times \vec{F}(t) = \vec{D}(t)$ gilt, wobei $\vec{F}(t) = \vec{F}(\vec{r}(t))$ die Kraft ist, die am Ort $\vec{r}(t)$ auf den Massenpunkt wirkt.

Lösung:

Anwendung der Produktregel und des Aktionsprinzips ergibt

$$\frac{d}{dt}\vec{L}(t) = m \cdot \frac{d}{dt}\left(\vec{r}(t) \times \vec{v}(t)\right) =$$

$$= m \cdot \left(\vec{v}(t) \times \vec{v}(t) + \vec{r}(t) \times \vec{a}(t)\right) =$$

$$= \vec{r}(t) \times \vec{F}(t),$$

wobei ausgenutzt wurde, dass $\vec{v}(t) \times \vec{v}(t) = 0$.

Zusammenhang zwischen Drehmoment und Drehimpuls:

Wirkt auf einen Massenpunkt das Drehmoment $\vec{D}(t)$, so ändert sich dessen Drehimpuls $\vec{L}(t)$ gemäß $\frac{d}{dt}\vec{L}(t) = \vec{r}(t) \times \vec{F}(t) = \vec{D}(t)$.

Der Drehimpuls ist zeitlich konstant, wenn kein Drehmoment auf den Massenpunkt wirkt.
Dies ist der Fall, wenn:

1. keine Kraft auf den Massenpunkt wirkt, d.h. $\vec{F}(t) = 0$, oder:
2. die Kraft immer parallel zum Ortsvektor $\vec{r}(t)$ ist, d.h., wenn $\vec{F}(\vec{r}) = F(r) \cdot \vec{e}_r$ gilt. Solche Kräfte nennt man **Zentralkräfte**.
3. Ist der Drehimpuls eine zeitliche Konstante, so verläuft die Bewegung des Massenpunktes in einer Ebene.

Physik

Rotationsenergie und Trägheitsmoment

Rotiert ein Massenpunkt (Masse m) auf einem Kreis mit Radius r und Winkelgeschwindigkeit $\omega(t)$, so ist sein Trägheitsmoment durch $I = m \cdot r^2$ und sein Drehimpuls durch $L(t) = I \cdot \omega(t)$ gegeben. Ferner kann das Drehmoment durch $D(t) = dL(t)/dt = I \cdot \alpha(t)$ berechnet werden.
Die kinetische Energie der Rotation ist durch $E_{kin} = \frac{1}{2} I \cdot \omega^2$ gegeben.

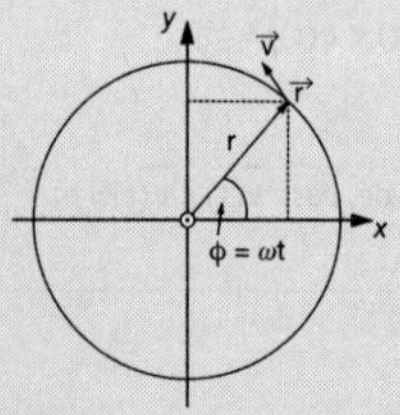

Abb 1.14

1.6 Einfluss des Bezugssystems auf die Bewegungsgleichung

Inertialsysteme

Inertialsysteme
Unbeschleunigte Bezugssysteme, die sogenannten **Inertialsysteme**, zeichnen sich durch die Eigenschaft aus, dass in ihnen die Newton'schen Axiome gültig sind und in das Aktionsprinzip lediglich die Kräfte eingehen, die real auf die Massenpunkte einwirken. Somit bewegen sich kräftefreie Massenpunkte in Inertialsystemen gleichförmig auf geradlinigen Bahnen oder ruhen.

Scheinkraft:
Wird eine Bewegung in einem beschleunigten Koordinatensystem betrachtet, so kann es notwendig sein, zusätzliche Kräfte einzuführen, um die Bewegung im gewählten Koordinatensystem durch die Newton'sche Bewegungsgleichung beschreiben zu können.
Diese Kräfte sind nicht real, sondern eine Konsequenz des rotierenden Koordinatensystems. Daher werden sie als **Scheinkräfte** bezeichnet.

Kreisförmige Bewegungen: Zentrifugal- und Zentripetalkraft

Zentrifugal- bzw. Zentripetalkraft:

Ein Massenpunkt führe die gleichförmige Kreisbewegung $\vec{r}(t) = (R \cdot \cos(\omega \cdot t), R \cdot \sin(\omega \cdot t), 0)$ aus.

Dann wirkt auf den Massenpunkt die Zentripetalkraft $\vec{F}_{ZP}(t) = -m \cdot \omega^2 \cdot \vec{r}(t)$, $F_{ZP} = m \cdot \omega^2 \cdot R$, die den Massenpunkt nach innen beschleunigt und ihn somit auf der Kreisbahn hält.

Diese Kraft wird (3. Newton'sches Axiom) durch eine gleich große, aber entgegengerichtete Kraft kompensiert, die sogenannte Zentrifugalkraft $\vec{F}_Z(t) = m \cdot \omega^2 \cdot \vec{r}(t)$ (vgl. Abb. 1.15).

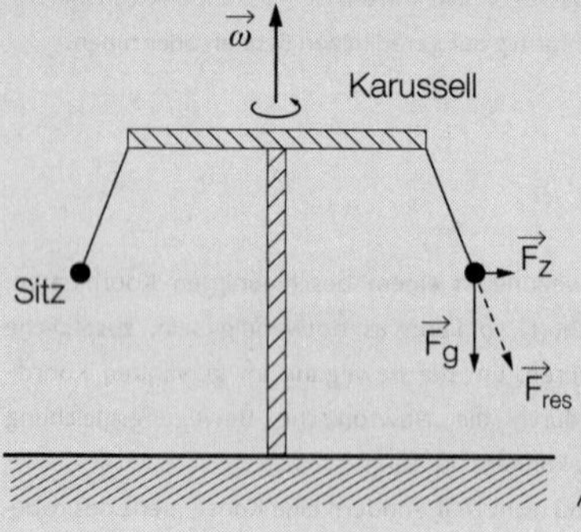

Abb 1.15

Die Zentripetalkraft erzeugt somit die Beschleunigung, die notwendig ist, um den Massenpunkt auf der Kreisbahn zu halten, und kann in dieser Situation somit als Zwangskraft aufgefasst werden. Ihre Gegenkraft ist die Zentrifugalkraft, deren Ursprung in der Trägheit des Massenpunktes zu finden ist: Der Massenpunkt widersetzt sich der Abweichung von der linearen Bahn, und diesen „Widerstand" messen wir als Zentrifugalkraft. Sie greift beim Karussell an den Sitzen an und beschleunigt diese nach außen.

Physik

1.7 Schwingungen

Federpendel

Ein Massenpunkt (Masse m) sei über eine Feder (Federkonstante k) an eine Mauer gebunden (Federpendel, vgl. Abb. 1.16). Des Weiteren nehmen wir an, dass die Feder masselos sei (ihre Masse somit gegenüber der des Massenpunktes vernachlässigbar ist) und sonst keine weiteren Kräfte auf das System wirken.

In Ruhe besitzt die Feder die Länge L. Wird nun der Massenpunkt um die Strecke x aus der Ruhelage ausgelenkt, so erfährt die Feder eine Längenänderung um $\Delta L = x$ und erzeugt aufgrund des Hooke'schen Gesetzes die rücktreibende Kraft $F_k = -k \cdot x$.

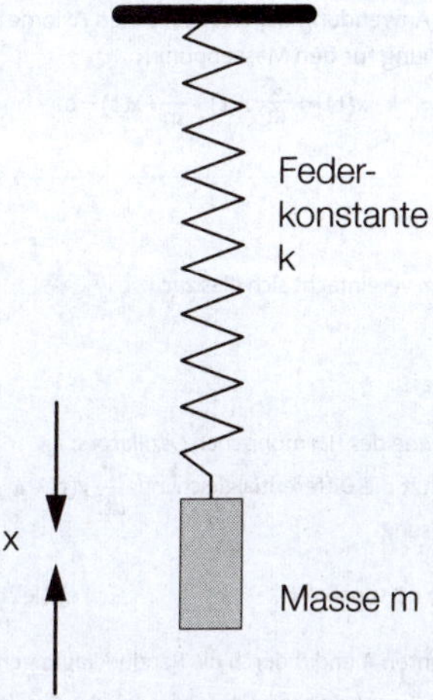

Abb 1.16

Übung:

Aufgabe:

Zeigen Sie, dass die potentielle Energie des Massenpunktes in Abb. 1.16 durch $E_{pot} = \frac{k}{2} \cdot x^2$ gegeben ist.

Lösung:

Wenn der Massenpunkt um x ausgelenkt wird, so muss gegen die Kraft $F_k = -k \cdot x$ Arbeit verrichtet werden:

$$W(x) = \int_{x'=0}^{x'=x} F_k \cdot dx' = -k \cdot \int_{x'=0}^{x'=x} x'dx' = -\frac{k}{2} \cdot x^2.$$

Mit der Definition der potentiellen Energie folgt hieraus die Behauptung.

Ferner liefert die Anwendung der Newton'schen Axiome folgende Bewegungsgleichung für den Massenpunkt:

$$m\frac{d^2}{dt^2}x(t) = F_k(t) = -k \cdot x(t) \Rightarrow \frac{d^2}{dt^2}x(t) + \frac{k}{m} \cdot x(t) = 0.$$

Mit der Abkürzung $\omega^2 = k/m$ vereinfacht sich dies zur

Differentialgleichung des Harmonischen Oszillators:

Für reelles ω besitzt die Differentialgleichung $\frac{d^2}{dt^2}x(t) + \omega^2 \cdot x(t) = 0$ die allgemeine Lösung

$$x(t) = A \cdot \sin(\omega \cdot t) + B \cdot \cos(\omega \cdot t), \qquad \text{(Gleichung 1.10)}$$

wobei die Konstanten A und B durch die Randbedingungen definiert werden. In dieser Form beschreibt der Harmonische Oszillator somit eine harmonische Schwingung der Variablen x(t).

Dies zeigt, dass das Federpendel bei Auslenkung im Allgemeinen eine Schwingung des Massenpunktes verursachen wird. Die genaue Form der Bewegung wird dabei durch die Rand- bzw. Anfangsbedingungen definiert.

Beispiel:

Der Massenpunkt des Federpendels (Abb. 1.16) werde um x_0 ausgelenkt und zum Zeitpunkt $t = 0$ aus der Ruhe losgelassen. Aufgrund der rücktreibenden Kraft der Feder wird der Massenpunkt eine Schwingung um die Ruhelage der Feder durchführen. Die Bewegung des Massenpunktes wird unter den gegebenen Bedingungen dann durch die Gleichungen $x(t) = x_0 \cdot \cos(\omega \cdot t)$ und $v(t) = \omega \cdot x_0 \cdot \sin(\omega \cdot t)$ beschrieben. Der Verlauf der Auslenkung $x(t)$ und der Geschwindigkeit $v(t)$ ist in Abb. 1.17 abgebildet.

Offensichtlich führen beide Größen harmonische Schwingungen um die t-Achse durch. Die Bezeichnung „harmonisch" wurde einst gewählt, da in der Akustik der (reine) Sinus-Ton einer harmonischen Schwingung entspricht und eine Überlagerung verschiedener Sinus-Töne der Frequenzen $n \cdot \omega$ vom Hörer als harmonisch empfunden wird. Beide Schwingungen sind dadurch gekennzeichnet, dass sie sich nach einer gewissen Zeit T (**Periodendauer**) wiederholen. Analog zu den Kreisbewegungen in Abschnitt 1.1 kann leicht gezeigt werden, dass für die Periodendauer $T = 2\pi/\omega$ gilt. Die Inverse der Periodendauer wird als **Frequenz** $f := 1/T$ bezeichnet (Einheit: 1 Hertz = 1 Hz = 1/s) und zeigt an, wie häufig sich die Schwingung pro Sekunde wiederholt.

Des Weiteren kann man Abb. 1.17 entnehmen, dass beide Schwingungen um einen konstanten Wert entlang der t-Achse verschoben sind, was man als **Phasenverschiebung** $\Delta\varphi$ der Schwingungen bezeichnet. Die Abbildung zeigt, dass Auslenkung und Geschwindigkeit eine Phasenverschiebung von $\Delta\varphi = \pi/2$ zueinander besitzen: Immer wenn der Massenpunkt maximal ausgelenkt wird, hat die Geschwindigkeit ihren Nulldurchgang, und analog nimmt die Geschwindigkeit ein Maximum an, wenn der Massenpunkt gerade die Ruhelage passiert. Da die kinetische Energie von der Geschwindigkeit und die potentielle Energie von der Auslenkung abhängt, zeigt diese Überlegung, dass während der Schwingung stets Energie zwischen diesen beiden Formen umgewandelt wird.

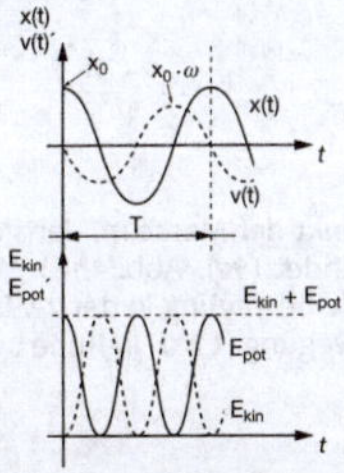

Abb 1.17

Physik

Übung:

Aufgabe:
Zeigen Sie, dass unter den gegebenen Bedingungen die Gesamtenergie des Massenpunktes zeitlich konstant und durch $E_{ges} = \frac{1}{2} k \cdot x_0^{\,2}$ gegeben ist.

Lösung:
Der Massenpunkt hat zwei Energieformen: potentielle und kinetische Energie.
Der kinetische Anteil folgt mit der Definition sofort zu
$E_{kin}(t) = \frac{1}{2} m \cdot v^2(t) = \frac{1}{2} m \cdot \omega^2 \cdot x_0^{\,2} \cdot \sin^2(\omega \cdot t) = \frac{1}{2} k \cdot x_0^{\,2} \cdot \sin^2(\omega \cdot t)$,
wobei im letzten Schritt $\omega^2 = k/m$ verwendet wurde.

Für die potentielle Energie folgt aus $E_{pot}(t) = \frac{k}{2} \cdot x^2(t)$ nach

Einsetzen sofort $E_{pot}(t) = \frac{k}{2} \cdot x^2(t) = \frac{1}{2} k \cdot x_0^{\,2} \cdot \cos^2(\omega \cdot t)$,
und somit ergibt sich die gesamte mechanische Energie zu
$E_{ges} = \frac{1}{2} k \cdot x_0^{\,2}$, wobei die trigonometrische Beziehung
$\sin^2 x + \cos^2 x = 1$ verwendet wurde.

Diese wichtige Information wird grafisch in Abb. 1.17 dargestellt: Während sich beide Energieformen ebenfalls zeitlich periodisch verändern, ist ihre Summe zeitlich konstant.

Fadenpendel

Wir betrachten einen Massenpunkt der Masse *m*, der sich an einem starren, masselosen Faden der Länge *l* befindet (vgl. Abb. 1.18). Wir beschränken uns (der Einfachheit halber) auf die Pendelbewegung in der *x*-*y*-Ebene. Ferner soll sich der Massenpunkt zu Beginn der Bewegung ($t = 0$) in Ruhe befinden.

Physik

Die Bewegung des Massenpunktes verläuft lediglich auf einer Kreisbahn und kann daher (vgl. das gewählte Koordinatensystem in Abb. 1.18) durch $\vec{r}(t) = (l \cdot \cos\varphi(t), l \cdot \sin\varphi(t))$ beschrieben werden, wobei der Winkel $\varphi(t)$ die Auslenkung des Massenpunktes von seiner Ruhelage $\varphi = 0$ bezeichnet und positiv gezählt wird, wenn sich der Massenpunkt in Abb. 1.18 „nach links" bewegt. Die Bewegungsgleichung des Massenpunktes lautet dann:

$$\frac{d^2}{dt^2}\varphi(t) + \frac{g}{l} \cdot \sin\varphi(t) = 0,$$

wobei das Minus vor F_t berücksichtigt, dass stets $\vec{v}(t) \uparrow\downarrow \vec{F}_t$ gilt. Diese Differentialgleichung hat schon fast die Form des Harmonischen Oszillators, lässt sich aber nicht exakt lösen, da in ihr anstelle von $\varphi(t)$ die (nichtlineare) Sinusfunktion $\sin\varphi(t)$ vorkommt. Für kleine Winkel ($\varphi(t) < 0.1$ rad $\approx 6°$) kann man jedoch zeigen, dass der Sinus in guter Näherung durch $\varphi(t)$ (im Bogenmaß) ersetzt werden kann, d. h., die Näherung $\sin\varphi(t) \approx \varphi(t)$ erzeugt einen Fehler, der kleiner als 0,2% ist.

Mithilfe dieser Näherung und der Abkürzung $\omega^2 = g/l$ vereinfacht sich die Bewegungsgleichung zum Harmonischen Oszillator, dessen Lösung eine Schwingung mit der Frequenz $f = \frac{1}{2\pi}\sqrt{\frac{g}{l}}$ beschreibt.

Auch hier lässt sich leicht zeigen, dass die mechanische Gesamtenergie zeitlich konstant ist und ständig zwischen kinetischer und potentieller Energie umgeformt wird.

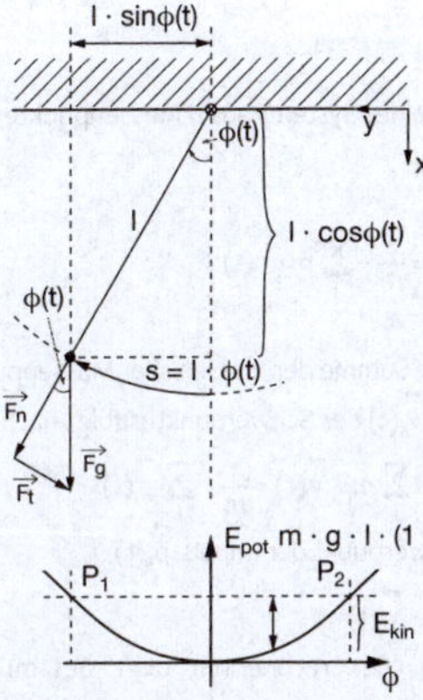

Abb 1.18

1.8 Systeme von mehreren Massenpunkten und mechanische Erhaltungssätze

Massenschwerpunkt und Impulserhaltungssatz

Betrachten wir ein System aus n Massenpunkten, wobei wir die einzelnen Massen von m_1 bis m_n und deren Ortsvektoren von $\vec{r}_1(t)$ bis $\vec{r}_n(t)$ durchnummerieren (vgl. Abb. 1.19 für $n = 4$).

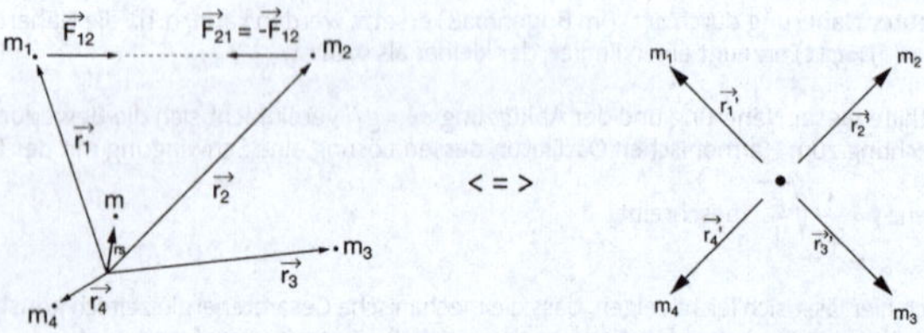

Abb. 1.19

Schwerpunkt:

Der Schwerpunkt $\vec{r}_S$ eines Systems aus n Massenpunkten wird durch das gewichtete Mittel

$$\vec{r}_S(t) = \frac{\sum_i m_i \cdot r_i(t)}{\sum_i m_i} = \frac{1}{m} \cdot \sum_i m_i \cdot \vec{r}_i(t)$$

definiert, wobei m die Summe der Massen aller Massenpunkte ist. Für die Geschwindigkeit $\vec{v}_S(t)$ des Schwerpunktes folgt nach Definition

$$\vec{v}_S(t) = \frac{d}{dt}\vec{r}_S(t) = \frac{1}{m} \cdot \sum_i m_i \cdot \vec{v}_i(t) = \frac{1}{m} \cdot \sum_i \vec{p}_i(t).$$

Somit kann dem Schwerpunkt der Impuls $\vec{p}_S(t)$

$$\vec{p}_S(t) = \sum_i \vec{p}_i(t) = m \cdot \vec{v}_S(t)$$

zugeordnet werden, der rechnerisch dem Gesamtimpuls aller Massenpunkte entspricht.

Innere und äußere Kräfte:
Eine konservative Kraft nennen wir **innere Kraft** des Systems, wenn sie durch die Wechselwirkung zweier Massenpunkte entsteht und beide Massenpunkte sich im betrachteten System befinden.
Gilt dies nicht, d.h., befindet sich der Verursacher der Wechselwirkung nicht im System, so handelt es sich um eine **äußere Kraft**.

Ein Beispiel für eine innere Kraft ist die Gravitationskraft, die zwischen zwei Massenpunkten wirkt. Hier wissen wir, dass beide Massenpunkte betragsmäßig die gleiche Kraft erfahren, dass die Kräfte aber entgegengesetzt ausgerichtet sind. Sie heben sich daher in einer Summe gegenseitig auf (vgl. F_{12} und F_{21} in Abb. 1.19), und somit folgt:

Zu einer inneren Kraft findet man nach dem Reaktionsprinzip stets eine gleich große, aber entgegengesetzt gerichtete Gegenkraft.

Somit heben sich in der Summe $\sum_i \vec{F}_i$ alle inneren Kräfte gegenseitig auf.

Daraus folgt, dass die zeitliche Änderung des Gesamtimpulses $\vec{p}_S(t)$ durch $\frac{d}{dt}\vec{p}_S = \sum_i \vec{F}_{i,\,ext}\,(\vec{r}_i(t))$ gegeben ist, wobei $\vec{F}_{i,ext}(\vec{r}_i(t))$ die äußere Kraft ist, die auf den *i*-ten Massenpunkt wirkt.

Abgeschlossenes System:

Ein System heißt abgeschlossen, wenn folgende Bedingungen erfüllt sind:

1. Es wirken keine äußeren Kräfte auf das System,

   d.h. $\sum_i \vec{F}_{i,ext}(\vec{r_i}(t)) = 0$.

2. Das System ist bezüglich der Masse und Energie abgeschlossen, d.h. weder Masse noch Energie werden in das System oder aus ihm heraus transferiert.

Impulserhaltungssatz:

In einem abgeschlossenen System ist der Impuls des Schwerpunktes eine Konstante, d.h., es gilt $\frac{d}{dt}\vec{p}_S = 0$.

Physik

Gesamtdrehimpuls und dessen Erhaltung

Gesamtdrehimpuls:

Der Gesamtdrehimpuls $\vec{L}_{ges}(t)$ eines Systems aus *n* Massenpunkten ist durch

$\vec{L}_{ges}(t) = \sum_i \vec{r}_i(t) \times \vec{p}_i(t)$ definiert.

Er kann zerlegt werden in den Drehimpuls des Schwerpunktes relativ zum Ursprung und die Drehimpulse der Relativbewegungen relativ zum Schwerpunkt,

d. h. $\vec{L}_{ges}(t) = \vec{r}_S(t) \times \vec{p}_S(t) + \sum_i \vec{r}'_i(t) \times \vec{p}'_i(t)$.

Drehimpulserhaltungssatz:

Innere Kräfte haben keine Auswirkungen auf den Gesamtdrehimpuls, d. h., die zeitliche Änderung des Gesamtdrehimpulses ist gleich der Summe der äußeren Drehmomente:

$$\frac{d}{dt}\vec{L}_{ges}(t) = \sum_i \vec{r}_i(t) \times \vec{F}_{i,ext}(\vec{r}_i(t)) = \sum_i \vec{D}_{i,ext}(t).$$

Verschwinden die äußeren Drehmomente $\sum_i \vec{D}_{i,ext}(t) = 0$, so bleibt der Gesamtdrehimpuls zeitlich konstant.

Physik

2.
Mechanik ausgedehnter Körper

2.1 Mechanik ausgedehnter, starrer Festkörper

Massendichte

Betrachten wir den starren Körper mit der Masse m, der in Abb. 2.1 skizziert wurde. Dieser Körper kann in kleinere kubische Teilkörper mit dem Volumen V zerlegt werden, und man kann leicht bestimmen, welche Teilmasse m_i des starren Körpers jeweils durch den i-ten Teilkörper eingeschlossen wird.

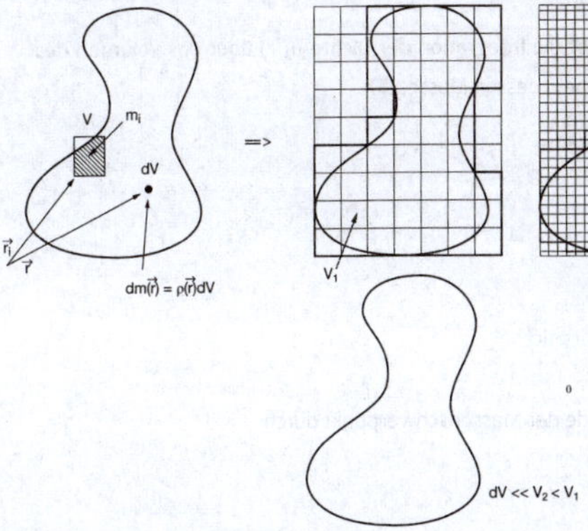

Abb. 2.1

Die Zerlegung in kubische Teilkörper wird den starren Körper umso besser wiedergeben, je kleiner die Teilkörper sind, d. h., je feiner der starre Körper zerlegt wurde. Daher muss man für eine quantitative Beschreibung wieder zu infinitesimalen Größen übergehen.

Die Massenverteilung eines starren Körpers ist eindeutig bestimmt, wenn die ortsabhängige Massendichte (oder kurz Dichte) des Körpers

$$\rho(\vec{r}) = \frac{dm(\vec{r})}{dV} \qquad \text{(Gleichung 2.1)}$$

bekannt ist. Einheit: $1\ \mathrm{kg\ m^{-3}}$

Diese Definition kann so verstanden werden, wie sie in Gl. 2.1 notiert wurde:
Zur Berechnung der Dichte am Ort $\vec{r}$ „schneidet" man dort ein infinitesimales Volumen dV aus dem starren Körper heraus, misst die herausgeschnittene Masse $dm(\vec{r})$ und bildet das Verhältnis gemäß Gl. 2.1. Diese Interpretation kann aber auch umgekehrt werden:

Sei $\rho(\vec{r})$ die Massendichte eines starren Körpers, so wird am Ort $\vec{r}$ durch das Volumen dV die infinitesimale Masse $dm(\vec{r}) = \rho(\vec{r}) \cdot dV$ eingeschlossen.

Ferner ergibt die Integration der Dichte $\rho(\vec{r})$ über das Volumen des starren Körpers dessen Masse, d. h.

$$m = \int_{Körper} dm(\vec{r}) = \int_{Körper} \rho(\vec{r}) \cdot dV.$$

Massenschwerpunkt

In Abschnitt 1.8 wurde der Massenschwerpunkt durch

$$\vec{r}_S = \frac{1}{m} \cdot \sum_i m_i \cdot \vec{r}_i$$

definiert, wobei $\vec{r}_i$ der Ortsvektor des *i*-ten Massenpunktes mit der Masse m_i ist und m die Gesamtmasse aller Massenpunkte darstellt.

Mit Hilfe seiner Dichte kann der starre Körper als kontinuierliche Verteilung von infinitesimalen Massenpunkten $dm(\vec{r}) = \rho(\vec{r}) \cdot dV$ aufgefasst werden. Da hierbei infinitesimale Größen aufsummiert werden, muss wieder die Summe durch ein Integral, d. h. durch

$$\vec{r}_S = \frac{1}{m} \int_{Körper} \vec{r} \cdot dm(\vec{r}) = \frac{1}{m} \int_{Körper} \vec{r} \cdot \rho(\vec{r}) \cdot dV$$

ersetzt werden, wobei der Ortsvektor $\vec{r}$ über den gesamten Körper abintegriert wird.

Achtung:
Diese Gleichung stellt wieder eine Integration eines Vektors über ein Volumen dar, d. h., sie steht stellvertretend für drei Integrationen, nämlich jeweils eine Integration für jede der drei Komponenten des Vektors.

Raumfeste Drehachse: Trägheitsmoment

In Abschnitt 1.5 wurde das Trägheitsmoment eines Massenpunktes (Masse m, Bewegung auf einer Kreisbahn mit dem Radius R) durch $I = m \cdot R^2$ definiert. Für eine Verallgemeinerung auf den starren Körper betrachten wir eine Rotation um eine beliebig gewählte raumfeste Drehachse. Raumfest bedeutet in diesem Zusammenhang, dass sie a) in einem Bezugssystem des Körpers ruht und b) im umgebenden Raum ihre Richtung nicht ändert.

Rollt beispielsweise ein Zylinder eine schiefe Ebene herab, so ist die Drehachse durch die Verbindungslinie von Zylinder und Ebene gegeben. Diese Drehachse erfüllt beide Bedingungen und kann daher als raumfest angesehen werden. Dagegen ist die Rotation der Erde um ihre Achse ein Beispiel für eine Drehbewegung, die nicht um eine raumfeste Achse erfolgt, da die Drehachse der Erde während ihrer Bewegung um die Sonne ebenfalls eine Drehbewegung durchführt, die als Präzession bekannt ist.

> *Trägheitsmoment eines starren Körpers:*
>
> Rotiert ein starrer Körper mit der Dichte $\rho(\vec{r})$ um eine beliebige, aber raumfeste Drehachse, so ist das Trägheitsmoment des Körpers bezüglich dieser Drehachse durch $I = \int_{\text{Körper}} r_\perp^2 \cdot dm(\vec{r}) = \int_{\text{Körper}} r_\perp^2 \cdot \rho(\vec{r}) \cdot dV$ definiert, wobei $r_\perp$ den Abstand des Ortsvektors $\vec{r}$ zur Drehachse darstellt, vgl. Abb. 2.2.
>
> Einheit: 1 kg m²

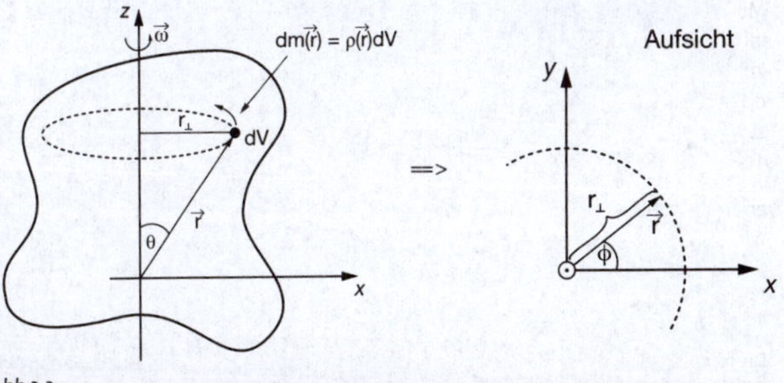

Abb 2.2

Die Massendichte geht linear in das Trägheitsmoment ein. Daraus folgt, dass sich die

Trägheitsmomente zweier Körper bei Rotation um die gleiche raumfeste Drehachse addieren, d.h. $I_{ges} = I_1 + I_2$. Man sagt auch, dass das Trägheitsmoment eine extensive Größe ist.

Häufig verwendete Trägheitsmomente können der folgenden Auflistung entnommen werden (homogene Massenverteilung):

Massenpunkt (Masse *m*) mit Kreisbewegung (Radius *R*):	$I = m \cdot R^2$
Vollzylinder (Masse *m*, Radius *R*) bei Rotation um die Symmetrieachse:	$I = \frac{1}{2} m \cdot R^2$
Hohlzylinder (Masse *m*, Radius *R*) bei Rotation um die Symmetrieachse:	$I = m \cdot R^2$
Vollkugel (Masse m, Radius *R*) mit Drehachse durch den Schwerpunkt:	$I = \frac{2}{5} m \cdot R^2$
Hohlkugel (Masse *m*, Radius *R*) mit Drehachse durch den Schwerpunkt:	$I = \frac{2}{3} m \cdot R^2$

Raumfeste Drehachse: Steiner'scher Satz

Sei I_S das Trägheitsmoment eines starren Körpers (Masse m) bezüglich einer Rotation, deren Drehachse durch den Schwerpunkt des Körpers verläuft. Wird diese Drehachse parallel um die Strecke r_a verschoben, so besitzt der Körper bezüglich der neuen Drehachse das Trägheitsmoment $I_A = I_S + r_a^2 \cdot m$.

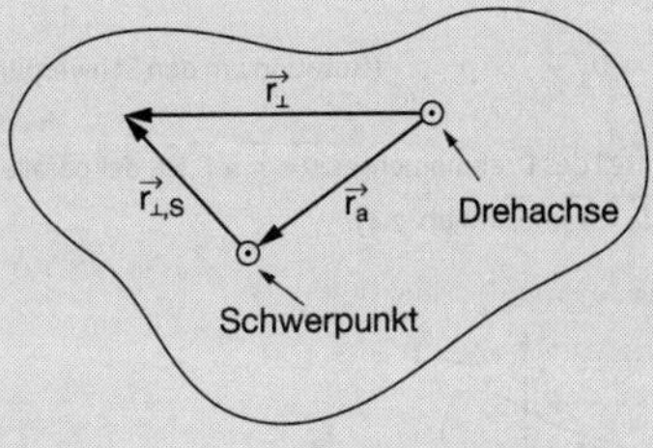

Abb 2.3

Raumfeste Drehachse: Drehimpuls und Rotationsenergie

Ein starrer Körper rotiere mit der Winkelgeschwindigkeit $\vec{\omega}(t)$ um eine raumfeste Drehachse. Wenn I das Trägheitsmoment des Körpers bezüglich dieser Drehachse ist, so ist der Drehimpuls des starren Körpers durch $\vec{L_S}(t) = I \cdot \vec{\omega}(t)$ und dessen Rotationsenergie durch $E_{rot}(t) = \frac{I}{2} \cdot \omega^2(t)$ gegeben.

Physik

Raumfeste Drehachse:

Bewegungsgleichung des starren Körpers

Ein starrer Körper sei so gelagert, dass er sich höchstens um eine raumfeste Drehachse drehen kann. Greift dann eine äußere Kraft $\vec{F}$ an einem Punkt eines starren Körpers an, welcher sich im Abstand $\vec{r}_a$ zur Drehachse befindet, so erfüllt der starre Körper die Bewegungsgleichungen

$$\frac{d}{dt}\vec{L} = I \cdot \frac{d}{dt}\vec{\omega} \equiv \vec{D}_{\parallel} \qquad \text{(Rotation um den Schwerpunkt),}$$

wobei $\vec{D}_{\parallel}$ der Anteil des Drehmomentes $\vec{D} = \vec{r}_a \times \vec{F}$ ist, der parallel zur Drehachse ist ($\vec{D}_{\parallel} = \vec{r}_a \times \vec{F}_t$ in Abb. 2.4).

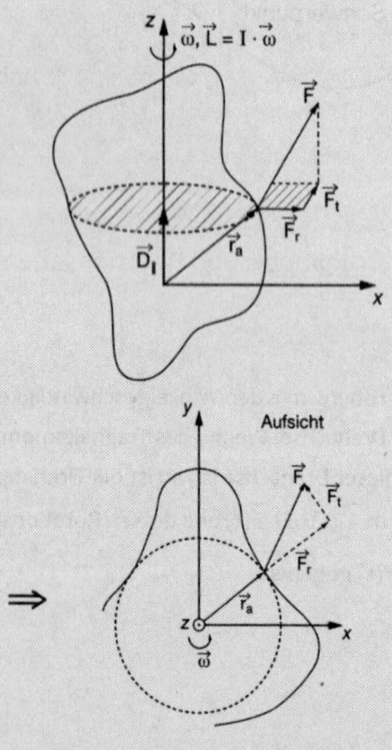

Abb 2.4

2.2 Mechanik deformierbarer Körper

Zugspannung und Hooke'sches Gesetz

Hooke'sches Gesetz:
Für kleine Zugkräfte F_Z, die an einen Festkörper der Länge L angreifen, ist die Längenausdehnung des Festkörpers $\Delta L := L(F_Z) - L(F_Z = 0)$ linear proportional zur angreifenden Zugkraft F_Z, d. h. $\frac{F_Z}{A} = E \cdot \frac{\Delta L}{L}$.
Die Proportionalitätskonstante E bezeichnet man als Elastizitätsmodul des Festkörpers

(Einheit: 1 Pascal = 1 Pa = 1 N m^{-2}).

Das Hooke'sche Gesetz wird auch häufig in der Form $\sigma_F = E \cdot \varepsilon_L$ aufgeschrieben, wobei $\sigma_F := F_Z / A$ als Zugspannung und $\varepsilon_L := \Delta L / L$ als relative Längenänderung bezeichnet wird.

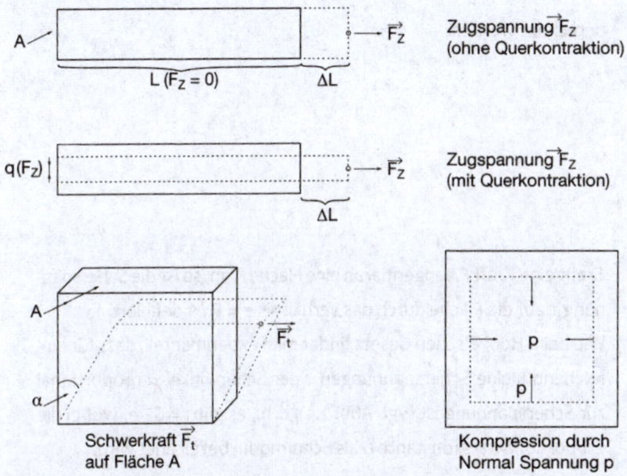

Abb 2.5

Querkontraktion

Dehnt sich ein Festkörper unter Einfluss einer Zugkraft F_Z um $\varepsilon_L = \Delta L / L$ aus, so zeigt er in der Regel auch eine Querkontraktion, d. h., sein Querschnitt verjüngt sich um Δq. Für diesen Festkörper ist die Poisson-Zahl μ durch das Verhältnis $\mu := \frac{\Delta q}{q} / \frac{\Delta L}{L}$ definiert.

Physik

Wenn die Zugkraft klein genug ist (sodass E und μ Konstanten bleiben), so kann man mithilfe dieser Definition und einiger Berechnungen die relative Volumenänderung bestimmen:

Ist die Zugspannung $\sigma_F = F_Z / A$, die auf einen Festkörper wirkt, derart klein, dass E und μ Konstanten sind, so kann die relative Volumenänderung durch

$$\frac{\Delta V}{V} = \frac{1 - 2 \cdot \mu}{E} \cdot \sigma_F$$

berechnet werden.

Scherung

Greift eine Kraft F_t tangential an eine Fläche A an, so ist die Scherspannung τ auf die Fläche durch das Verhältnis $\tau := F_t / A$ definiert.
Wie beim Hooke'schen Gesetz findet man experimentell, dass für hinreichend kleine Scherspannungen τ der Scherwinkel α proportional zur Scherspannung ist (vgl. Abb. 2.5), d. h., es gilt $\tau = G \cdot \alpha$, wobei die Proportionalitätskonstante G als Schermodul bezeichnet wird.

Druck, Volumenarbeit und Kompressibilität

Wir können die Zugspannung in ihrer Richtung umkehren, d. h., wir können versuchen, den Körper von allen Seiten durch eine Normalspannung $p = -\sigma_n$ zu komprimieren.

Greift diese Normalspannung an einer Fläche A an, so äußert sie sich durch die Normalkraft $|F_n| = \sigma_n \cdot A$, vgl. Abb. 2.5.
Ferner bezeichnet man p als den Druck, der auf die Fläche A wirkt.

Einheit: 1 Pascal = 1 Pa = 1 N m^{-2}

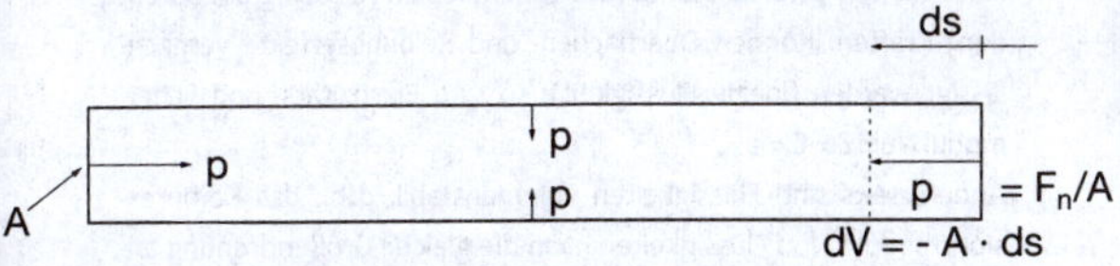

Abb. 2.6

Physikalisch kann der Druck als Kraft pro Einheitsfläche aufgefasst werden. Somit muss Arbeit verrichtet werden, wenn die Einheitsfläche gegen den Druck verschoben wird.

Volumenarbeit:
Ein Körper stehe unter dem Druck p. Verändert man dann sein Volumen um dV, so muss hierfür die Volumenarbeit $dW_V = -p \cdot dV$ verrichtet werden.

Zusammenhang zwischen den unterschiedlichen Moduln

Wenn die auf einen Festkörper wirkenden Spannungen derart klein sind, dass sie nur elastische Deformationen bewirken, dann erfüllen die Moduln eines isotropen Festkörpers die Relation
$E = 2 \cdot G \cdot (1 + \mu) = K \cdot (3 - 6 \cdot \mu)$.

2.3 Ruhende Flüssigkeiten

Flüssigkeiten deformieren bereits unter kleinen (einseitig angreifenden) Kräften. Können Oberflächen- und Reibungseffekte vernachlässigt werden (ideale Flüssigkeit), so sind Elastizitäts- und Schermodul Null: $E = G = 0$.
Andererseits sind Flüssigkeiten volumenstabil, d. h., das Kompressionsmodul K von Flüssigkeiten kann die gleiche Größenordnung annehmen wie die von Festkörpern.

Hydrostatischer Schweredruck

Eine inkompressible Flüssigkeit der Dichte ρ_{Fl} befinde sich in einem Gefäß im Schwerefeld der Erde. Dann erzeugt die Schwerkraft den hydrostatischen Schweredruck

$p(h) = \rho_{Fl} \cdot g \cdot h$,

der mit zunehmendem Abstand h von der Oberfläche ebenfalls zunimmt. Da die Flüssigkeit den Druck isotrop verteilt, nimmt die Normalspannung auf die Seitenteile des Gefäßes ebenfalls mit h zu.

Auftrieb

Auftriebskraft und Archimedisches Prinzip:

Taucht ein Körper (Dichte $\rho_{Körper}$) mit dem Volumen $V_{Körper}$ in eine Flüssigkeit (Dichte ρ_{Fl}) ein, so wirkt auf ihn die Auftriebskraft $F_A = \rho_{Fl} \cdot V_{Körper} \cdot g$, die der Schwerkraft $F_g = \rho_{Körper} \cdot V_{Körper} \cdot g$ des Körpers entgegengerichtet ist.

Auf den Körper wirkt somit die resultierende Kraft

$F_{res} = (\rho_{Körper} - \rho_{Fl}) \cdot V_{Körper} \cdot g.$

Der Körper schwimmt daher für $\rho_{Körper} < \rho_{Fl}$,

er schwebt für $\rho_{Körper} = \rho_{Fl}$,

und er sinkt zu Boden für $\rho_{Körper} > \rho_{Fl}$.

Oberflächenspannung

Betrachtet man die Oberfläche einer Flüssigkeit, so stellt man fest, dass anziehende Kräfte außerhalb der Flüssigkeit fehlen, während sie unterhalb der Oberfläche noch vorhanden sind.

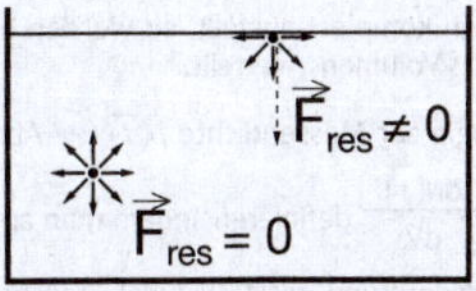

Abb 2.7

Daraus folgt, dass die Bausteine an der Oberfläche eine resultierende Kraft erfahren, die ins Innere der Flüssigkeit gerichtet ist. Versucht man, die Form der Grenzfläche zu verändern, so muss hierfür gegen diese Kraft Flüssigkeit aus dem Inneren an die Oberfläche gebracht werden, so dass offensichtlich Arbeit verrichtet werden muss:

Die Oberflächenspannung $\sigma = -\frac{dW}{dA}$

ist ein Maß für die Arbeit dW, die verrichtet werden muss, wenn man die Oberfläche einer Flüssigkeit um die Fläche dA vergrößert.

Einheit : $1\ J\ m^{-2}$

2.4 Ruhende Gase

Gase sind weder form- noch volumenstabil. Für ideale Gase (→ Abschnitt 3.3) gilt daher:

$E = G = 0$ und $K(p) = p$.

Ein Gas wird ein zur Verfügung stehendes Volumen vollständig ausfüllen.

Wenn das Gas ein Volumen komplett ausfüllt, so werden bei diesem Vorgang die N Teilchen des Gases über das Volumen V verteilt.

Man kann daher in Analogie zur Massendichte $\rho(\vec{r})$ (→ Abschnitt 2.1) eine Teilchendichte $n(\vec{r})$ durch $n(\vec{r}) = \frac{dN(\vec{r})}{dV}$ definieren, indem man am Ort $\vec{r}$ ein infinitesimales Volumen dV „herausschneidet" und misst, wie viele Teilchen dN sich an diesem Ort befinden.

Barometrische Höhenformel

Wenn die Schwerkraft auf ein Gas wirkt, so erzeugt diese Normalspannung nicht nur einen Schweredruck $p(h)$, sondern komprimiert zusätzlich das Gas. Ist die Temperatur insgesamt eine Konstante, so kann für den Schweredruck die barometrische Höhenformel $p(h) = p_0 \cdot e^{-\frac{\rho_0}{p_0} \cdot g \cdot h}$ abgeleitet werden. Hier wird h parallel zur Schwerkraft vom Boden aus gemessen, und ρ_0 bzw. p_0 stellen die Dichte bzw. den Schweredruck des Gases am Boden dar.

Auf die Luftatmosphäre der Erde angewendet, bezeichnet man $p(h)$ auch als Luftdruck. Er nimmt mit zunehmender Höhe exponentiell ab, d. h., es gibt keine scharfe Grenze zwischen der Luftatmosphäre und dem Vakuum ($p = 0$) des Weltraums.
Auf Meereshöhe misst man im Durchschnitt einen Luftdruck von $p_0 = 1{,}01 \cdot 10^5$ Pa, während die Luftdichte bei diesem Druck und bei $T = 0°$ C (Normbedingungen) einen durchschnittlichen Wert von $\rho_0 = 1{,}293\ \text{kg/m}^3$ annimmt.

2.5 Strömende Flüssigkeiten und Gase

Strömung, Strom und Kontinuitätsgleichung

Der Begriff **Strömung** bezieht sich allgemein auf die gerichtete Bewegung einer physikalischen Quantität. Dies kann beispielsweise der Transport von Masse m, Energie E oder Ladung Q sein.

Betrachten wir zunächst den Massentransport einer strömenden Flüssigkeit, dann kann man an einer beliebigen Stelle $\vec{r}$ innerhalb der Flüssigkeit messen, mit welcher Geschwindigkeit $\vec{v}(\vec{r}, t)$ sich die Bausteine dort bewegen.

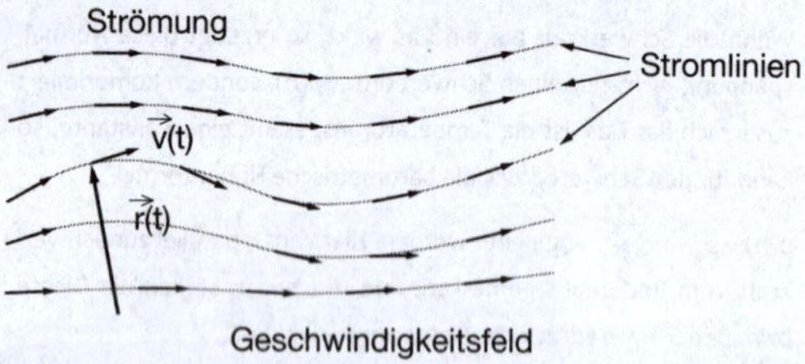

Abb 2.8

Das Geschwindigkeitsfeld $\vec{v}(\vec{r}, t)$ gibt an, mit welcher Geschwindigkeit eine physikalische Quantität (z. B. eine Masse) am Ort $\vec{r}$ zur Zeit t innerhalb einer Strömung transportiert wird.

Man nennt die Strömung **stationär**, wenn das Geschwindigkeitsfeld unabhängig von der Zeit ist: $\vec{v}(\vec{r}, t) = \vec{v}(\vec{r})$. Ist sie dagegen unabhängig vom Ort, so bezeichnet man sie als **homogen**.

Kontinuitätsgleichung

Wenn ein inkompressibles Fluid durch ein Rohr strömt, so bleibt die transportierte Masse erhalten: Was an Masse in das Rohr hineinströmt, muss am anderen Ende auch wieder hinausströmen (**Kontinuitätsgleichung**).

Dies ist nur möglich, wenn das Fluid an den engeren Stellen des Rohres schneller strömt als an den breiten Stellen.

Betrachten wir dazu eine Querschnittsfläche $A(x)$, durch die das Fluid mit der Geschwindigkeit $v(x)$ strömt.
Die Kontinuitätsgleichung besagt, dass dieser Strom für inkompressible Fluide eine Konstante ist, und somit folgt:

$$n \cdot A(x) \cdot v(x) = const \Rightarrow v(x_2) = \frac{A(x_1)}{A(x_2)} \cdot v(x_1). \quad (2.2)$$

Verengt sich das Rohr bei x_2 bezüglich x_1 (d.h. $A(x_1) > A(x_2)$), so folgt aus Gl. 2.2 sofort $v(x_2) > v(x_1)$, d.h., das Fluid wird bei Verengung beschleunigt.

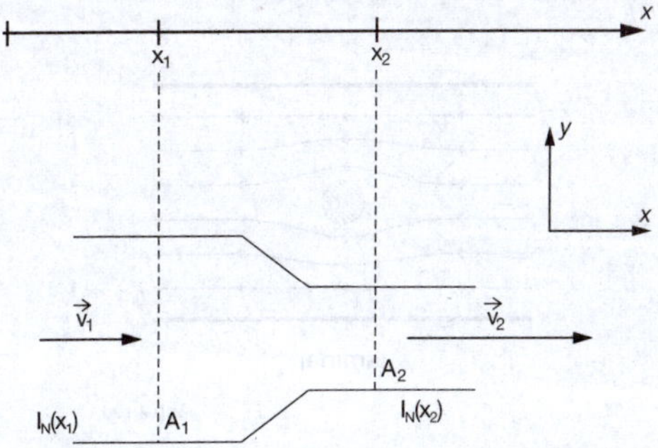

Abb 2.9

Bernoulli-Gleichung

Ein inkompressibles Fluid ströme reibungsfrei durch ein Rohr, wobei das Geschwindigkeitsfeld homogen bezüglich der Querschnittsflächen $A(x)$ des Rohres sei (vgl. Abb. 2.9). Dann ist die mechanische (Gesamt-)Energie des Fluids konstant, woraus sofort die Gleichung von Bernoulli

$$p_0 = p(x) + \frac{\rho}{2} \cdot v^2(x) = const \quad \text{(Gleichung 2.3)}$$

folgt.
Den konstanten Term p_0 bezeichnet man als **Gesamtdruck** des Fluids, $p(x)$ als **hydrostatischen Druck** am Ort x und die Differenz $p_0 - p(x)$ als **Staudruck**.

Physik

Reibungskräfte: Laminare und turbulente Strömung

Wenn die Reibungskräfte die dominierenden Kräfte im System sind, so werden Störungen während der Strömung schnell ausgedämpft und können sich nicht beliebig weit ausbreiten.

Die Strömung selbst erfolgt dann verhältnismäßig geordnet und wird als **laminare Strömung** bezeichnet, da das Fluid scheinbar in einzelnen Schichten (die durch Markierung einzelner Stromlinien sichtbar gemacht werden können) strömt (vgl. Abb. 2.10a).

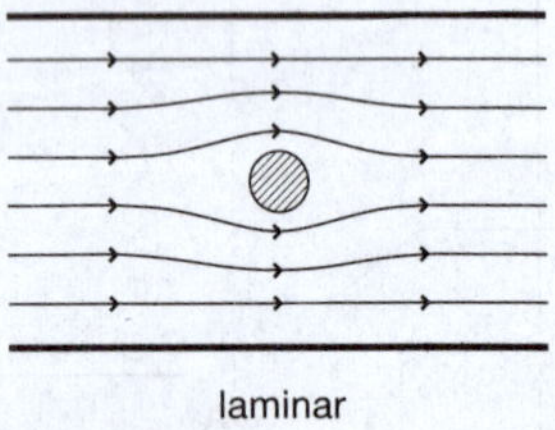

Abb 2.10a

Im Gegensatz dazu findet man jedoch auch Systeme, in denen die Stromlinien Wirbel bilden, so dass Turbulenzen innerhalb der Strömung entstehen können. Derartige **turbulente Strömungen** (vgl. Abb. 2.10b) wird man immer dann finden, wenn Reibungskräfte gegenüber den beschleunigenden Kräften vernachlässigbar sind, sodass Störungen über weite Bereiche der Strömung erhalten bleiben (d. h., die Turbulenzen werden nicht oder kaum durch die Reibungskräfte ausgedämpft).

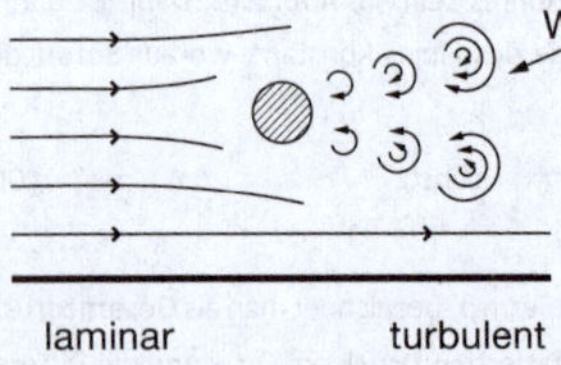

Abb 2.10b

Innere Reibung

Um das Phänomen der inneren Reibung besser verstehen zu können, betrachten wir innerhalb einer (laminaren) Strömung zwei benachbarte Schichten, die mit unterschiedlicher Geschwindigkeit laminar strömen. Das Geschwindigkeitsgefälle zwischen den Schichten wird eine innere Reibungskraft F_R erzeugen, welche die schnellere Schicht abbremst und die langsamere beschleunigt und dadurch das Geschwindigkeitsgefälle zwischen den Schichten reduziert. Experimentell findet man (**Newton'sches Reibungsgesetz**)

$$\frac{F_R}{A} = -\eta \cdot \frac{dv}{dz}, \qquad \text{(Gleichung 2.4)}$$

wobei η als **dynamische Viskosität** des Fluids bezeichnet wird (Einheit: 1 Pa s) und dv/dz den Geschwindigkeitsunterschied zwischen den benachbarten Schichten angibt. Manchmal wird die dynamische Viskosität η auch auf die Dichte ρ_{Fl} des Fluids normiert, wodurch man die kinematische Viskosität ν (Einheit: 1 $m^2\,s^{-1}$) erhält, welche die Gleichung $\eta = \nu \cdot \rho_{Fl}$ erfüllt (Hinweis: Bei ν handelt es sich um den griechischen Buchstaben Ny und nicht um das Deutsche v).

Bemerkung:

Bei bestimmten Stoffen kann die innere Reibung komplett zum Verschwinden gebracht werden, sobald ihre Temperatur einen kritischen Wert unterschreitet (der selbstverständlich materialspezifisch ist und in der Nähe des Temperaturnullpunktes liegt → Abschnitt 3.3). Dieser Effekt der **Suprafluidität** wurde bisher nur bei bestimmten Helium- und Lithium-Isotopen beobachtet und kann im Rahmen der Quantenmechanik verstanden werden. In Kapitel 4 werden wir mit der Supraleitung einen analogen Effekt kennenlernen, bei dem der elektrische Widerstand bei tiefen Temperaturen verschwindet.

Stokes'sche Reibung

Betrachten wir nun die Situation, bei der eine Kugel (Radius R) laminar von einem Fluid (dynamische Viskosität η) mit der Geschwindigkeit v umströmt wird, wobei v definiert ist als der Geschwindigkeitsunterschied zwischen der Kugeloberfläche und dem ungestört fließenden Fluid.

George Gabriel Stokes (1819 – 1903) untersuchte diese Situation eingehend und konnte dabei die Reibungskraft

$$F_R = -6\pi \cdot \eta \cdot R \cdot v \qquad \text{(Gleichung 2.5)}$$

ableiten, die aufgrund der inneren Reibung an der Kugel angreift. Zu seinen Ehren wird dieses Gesetz heute als **Stokes'sche Reibung** bezeichnet.

2.6 Wellen I: Wellenausbreitung in ausgedehnten Körpern

In Abschnitt 1.7 wurde gezeigt, dass Massenpunkte bei Anwesenheit einer rücktreibenden Kraft Schwingungen durchführen können. Hier werden wir zeigen, dass sich diese Schwingungen im Raum ausbreiten können, wenn zwischen benachbarten Massenpunkten eine Kopplung vorliegt.

Physik

Im Allgemeinen bezeichnet man als **Welle** die **räumliche und zeitliche Veränderung** einer physikalischen Eigenschaft, welche zu einem **Transport von Energie**, aber nicht von Materie führt. Die Veränderung kann zeitlich periodisch sein (z. B. Wasserwellen), muss es aber nicht (z. B. **Solitonen**).

Wenn man von Wellen spricht, so meint man im Allgemeinen die Ausbreitung von Wellen, die zeitlich periodisch erfolgt. Wir werden daher im Folgenden auch nur diese „periodischen“ Wellen betrachten.

Welche „Eigenschaft“ sich genau verändert, hängt natürlich ganz von der betrachteten Welle ab. Bei Schallwellen sind es beispielsweise Dichteschwankungen des Fluids, die sich durch den Raum ausbreiten. In Kapitel 6 wird gezeigt, dass man Licht auf die Ausbreitung eines elektromagnetischen Feldes zurückführen kann. Dieses Konzept wurde in der Physik stark verallgemeinert, sodass man heute auch sehr abstrakte Wellen betrachtet.

Generell zeigt sich, dass die Ausbreitung einer (periodischen) Welle zwingend die Energieumwandlung zwischen mindestens zwei Energieformen erfordert. Bei Schallwellen werden beispielsweise ständig kinetische und potenzielle Energie ineinander umgewandelt (siehe unten), während bei elektromagnetischen Wellen die Umwandlung der Energie zwischen einem elektrischen und einem magnetischen Feld erfolgt (→ Kapitel 6).

Beschreibung der Wellenausbreitung

Zu einem festen Zeitpunkt können wir diese Wellenausbreitung skizzieren, indem wir jeden Punkt, der zu einem Wellenberg gehört, markieren. Bei **Kugelwellen** führt diese Darstellungsweise zu Kreisen, die konzentrisch um die Quelle herum angeordnet sind (vgl. Abb. 2.11).

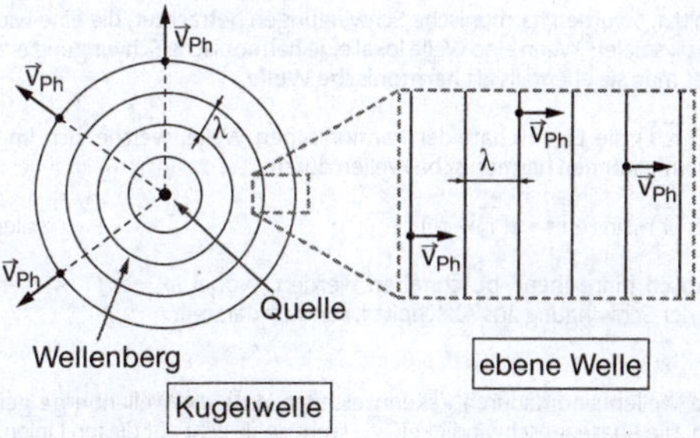

Abb 2.11

Betrachten wir nun die Ausbreitung von Wasserwellen im Meer, so fällt häufig auf, dass die Wellenberge und -täler nahezu gerade Linien bilden (vgl. Abb. 2.11), die sich in guter Näherung geradlinig in eine Richtung ausbreiten. Diese Wellen werden als **ebene Wellen** bezeichnet.

Bei beiden Wellentypen stellt man häufig fest, dass die Wellenberge einen festen Abstand zueinander besitzen, den man als **Wellenlänge** λ bezeichnet. Betrachtet man nun die Wellenausbreitung zu unterschiedlichen Zeiten, so kann man die Bewegung der Wellenberge nachvollziehen und die Geschwindigkeit $\vec{v}_{Ph}$ (genannt **Phasengeschwindigkeit**) messen, mit der sie sich bewegen.

Meistens wird man feststellen, dass die Welle lokal (d. h. an einem festen Ort) zu einer Schwingung führt, die durch eine Periodendauer T bzw. eine Frequenz $f = 1/T$ gekennzeichnet ist (vgl. Abb. 2.12 und → Abschnitt 1.7). Da sich die Welle pro Zeiteinheit T um die Strecke λ fortbewegt, kann man die Phasengeschwindigkeit auch durch $v_{Ph} = \lambda/T = \lambda \cdot f$ berechnen, d. h., das Produkt aus Wellenlänge und Frequenz ergibt gerade die Ausbreitungsgeschwindigkeit der Welle (**Dispersionsrelation**).

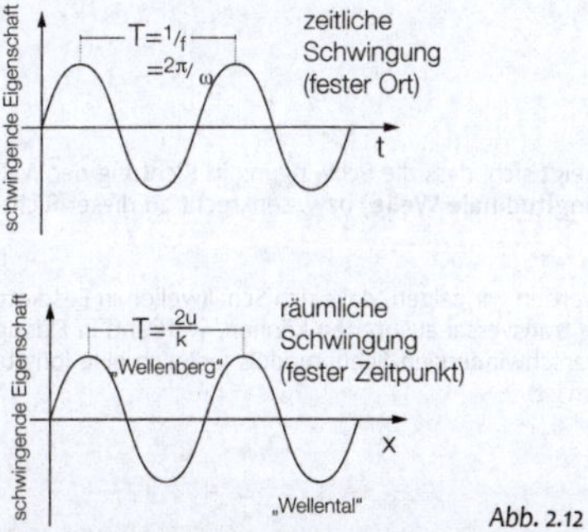

Abb. 2.12

In Abschnitt 1.7 wurden harmonische Schwingungen betrachtet, die eine wichtige Rolle in der Physik spielen. Wenn eine Welle lokal eine harmonische Schwingung erzeugt, dann bezeichnet man sie ebenfalls als **harmonische Welle.**

Sei nun $E(\vec{r}, t)$ die Eigenschaft der harmonischen Welle, welche sich im Raum ausbreitet. Häufig können harmonische Wellen durch

$$E(\vec{r}, t) = E_0(\vec{r}) \cdot \sin(\omega \cdot t + \phi(\vec{r}) + \phi_0) \qquad \text{(Gleichung 2.6)}$$

mathematisch hinreichend beschrieben werden, wobei $\omega = 2\pi/T$ wieder die Kreisfrequenz der Schwingung aus Abschnitt 1.1 und 1.7 darstellt.

1. Ebene Wellen sind dadurch gekennzeichnet, dass die Wellenberge gerade Linien bilden. Die Phasengeschwindigkeit $\vec{v}_{Ph}$ steht senkrecht auf diesen Linien, und daher ist es sinnvoll, die x-Achse unseres Koordinatensystems parallel zu $\vec{v}_{Ph}$ zu legen (vgl. Abb. 2.11).

   Es gilt $\phi(\vec{r}) = \phi(x) = k \cdot x$, wobei der **Wellenvektor** k ein Maß für die räumliche Periodizität der Welle ist. Aus dieser Periodizität folgt ferner

   $$\phi(x + \lambda) = \phi(x) + 2\pi \rightarrow k \cdot (x + \lambda) = k \cdot x + 2\pi \rightarrow k \cdot \lambda = 2\pi \text{ bzw. } k = 2\pi/\lambda.$$

2. Bei Kugelwellen wurde gezeigt, dass die „Wellenberge" konzentrische Kreise um die Quelle herum ausbilden (vgl. Abb. 2.11). Daher ist es hier sinnvoll, Kugelkoordinaten zu verwenden: $\phi(\vec{r}) = \phi(r, \phi, \theta)$.

   Anhand der Wellenberge erkennt man wieder, dass die Phase lediglich vom Abstand r zum Ursprung abhängt und daher unabhängig von ϕ und θ ist. Somit folgt analog zur ebenen Welle

   $$\phi(\vec{r}) = k \cdot r, \text{ d.h. } E_{Kugel}(\vec{r}, t) = E_0(r) \cdot \sin(\omega \cdot t + k \cdot r + \phi_0).$$

Bemerkung:

Experimentell zeigt sich, dass die Schwingung in Richtung der Wellenausbreitung erfolgen kann (**longitudinale Welle**) bzw. senkrecht zu dieser Richtung (**transversale Welle**).

Weiter unten werden wir zeigen, dass sich Schallwellen in Festkörpern sowohl longitudinal als auch transversal ausbreiten können, während in Flüssigkeiten und Gasen aufgrund des verschwindenden Schubmoduls lediglich eine longitudinale Wellenausbreitung möglich ist.

Schallwellen in elastischen Medien

Dichtewellen, die sich in elastischen Medien (Festkörpern, Flüssigkeiten, Gasen) ausbreiten, bezeichnet man im Allgemeinen als **Schallwellen.** Entsprechend nennt man die Ausbreitungsgeschwindigkeit $c = v_{Ph}$ **Schallgeschwindigkeit.** Wenn K_K die Kopplungskonstante bezeichnet, mit der benachbarte Teilchen aneinandergekoppelt sind, und ρ die Dichte des Mediums, so ist die Schallgeschwindigkeit häufig durch $c = \sqrt{K_K/\rho}$ gegeben.

In isotropen Flüssigkeiten und Gasen gibt es nur eine longitudinale Schallgeschwindigkeit $c_{long} = \sqrt{K/\rho}$, während isotrope Festkörper über eine longitudinale $c_{long} = \sqrt{E/\rho}$ und eine transversale $c_{trans} = \sqrt{G/\rho}$ Schallgeschwindigkeit verfügen.

Doppler-Effekt

Betrachten wir ein Medium mit Schallgeschwindigkeit c. Da c bezüglich eines ruhenden Mediums definiert ist, werden wir im Folgenden das Medium als Ruhesystem verwenden, d. h. alle Geschwindigkeiten relativ zu diesem Medium messen.

In dem Medium sollen sich eine Schallquelle und ein Empfänger mit den Geschwindigkeiten v_Q bzw. v_B aufeinander zubewegen. Wenn die Schallquelle dann eine Welle der Frequenz f_0 aussendet, so misst der Empfänger aufgrund des **Doppler-Effektes** die Frequenz

$$f(v_Q) = f_0 \cdot \frac{1 + v_B/c}{1 - v_Q/c}.$$

Physik

3.
Wärmelehre und Statistik

3.1 Temperatur und Wärme

Brown'sche Bewegung und das Konzept der thermischen Energie

Teilchen von Materie führen aufgrund der Temperatur (der Materie) zufällige, ungerichtete Bewegungen durch. Bei Gasen und Flüssigkeiten führt dies zu einem ungerichteten Transport der Teilchen, bei Festkörpern zu Schwingungen der Teilchen um ihre Ruhepositionen. Die Temperatur kann daher als Maß für die **mittlere kinetische Energie (thermische Energie)** der Teilchen verstanden werden.

Diese sogenannte Brown'sche Bewegung kann auf eine Wechselwirkung der Pollen mit den Teilchen der Flüssigkeit zurückgeführt werden: Durch die zufällige Bewegung der Flüssigkeitsteilchen kommt es ständig zu Zusammenstößen mit den Pollen, was zu der ungerichteten Bewegung führt.

Thermische Ausdehnung von Körpern

Thermische Längenänderung von Festkörpern:

Sei $L(T_0)$ die Länge eines Festkörpers bei der Temperatur T_0. Wenn sich die Temperatur des Festkörpers von T_0 auf T verändert, stellt man häufig fest, dass sich die Länge des Festkörpers in guter Näherung linear mit der Temperaturdifferenz $\Delta T := T - T_0$ ändert:

$$L(T) = L(T_0) \cdot (1 + \alpha_{th} \cdot \Delta T) \qquad \text{(Gleichung 3.1)}$$

Die materialspezifische Konstante α_{th} heißt **thermischer Längenausdehnungskoeffizient** (Einheit: 1 / Kelvin = K^{-1}).

Physik

‚Die meisten Stoffe besitzen einen positiven Längenausdehnungskoeffizienten, d.h., fast alle Stoffe zeigen mit steigender Temperatur ($\Delta T > 0$) eine Längenausdehnung ($\Delta L = L(T) - L(T_0) > 0$).

Da die Länge des Festkörpers sich in alle Richtungen gleichzeitig ändert, führt sie im Allgemeinen ebenfalls zu einer Volumenänderung.

Sei $V(T_0)$ das Volumen eines Mediums bei der Temperatur T_0. Dann kann man bei einer Temperaturänderung von T_0 auf T in Analogie zur Längenausdehnung den **thermischen Volumenausdehnungskoeffizienten** γ_{th} (Einheit: 1 / Kelvin = K^{-1}) durch

$$V(T) = V(T_0) \cdot (1 + \gamma_{th} \cdot \Delta T) \quad \text{(Gleichung 3.2)}$$

definieren.

Für **isotrope** Materialien gilt $\gamma_{th} = 3 \cdot \alpha_{th}$.

Physik

Messung der Temperatur über die thermische Ausdehnung

Da sich viele Stoffe nahezu linear mit steigender Temperatur ausdehnen, ist diese Eigenschaft sehr gut für eine Messung der Temperatur geeignet. Man greift hierbei bevorzugt auf Flüssigkeiten zurück, da die Volumenausdehnung bei ihnen viel leichter gemessen werden kann als die Längenausdehnung von Festkörpern (Flüssigkeitsthermometer).

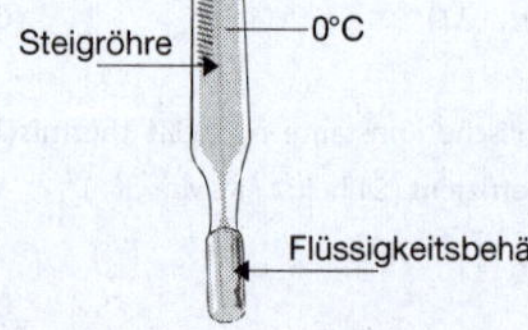

Abb 3.1

Um die Skala des Thermometers quantitativ in Zusammenhang mit der Temperatur bringen zu können, muss es jedoch erst an (hinreichend reproduzierbaren) Referenzpunkten kalibriert werden. In der Praxis haben sich zwei verschiedene Sätze von Referenzpunkten (= Temperaturskalen) etabliert:

1. Im Jahr 1742 schlug Anders Celsius (1701–1744) vor, die Schmelz- und Siedetemperatur von Wasser unter normalem Luftdruck (= 101325 Pa) als Referenzpunkte für eine Temperaturskala zu verwenden, die heute (ihm zu Ehren) als **Celsius-Skala** bekannt ist. Er unterteilte diese Skala gleichmäßig in 100 einzelne Grade, d. h., dem Schmelz- bzw. Siedepunkt wird die Temperatur $T_{Schm} = 0\,°C$ bzw. $T_{Siede} = 100\,°C$ zugeordnet.

2. In Amerika wird eine andere Temperaturskala verwendet, die auf Daniel Gabriel Fahrenheit (1686–1736) zurückgeht und daher als **Fahrenheit-Skala** bekannt ist. Es ergibt sich folgende Umrechnung zwischen der Celsius- und Fahrenheit-Skala: $T_{°C} = (T_{°F} - 32) \cdot 5/9$ bzw. $T_{°F} = T_{°C} \cdot 9/5 + 32$.

3. Die **Kelvin-Skala** verwendet die gleiche Grad-Einteilung wie die Celsius-Skala (d. h., Temperaturdifferenzen besitzen in beiden Skalen den gleichen Wert: $\Delta T = 1\,°C = 1\,K$), jedoch sind beide Temperaturskalen um −273,15 °C gegeneinander verschoben: $T_K = T_{°C} + 273{,}15$ bzw. $T_{°C} = T_K - 273{,}15$.

Wärme und Wärmekapazität

Aus dem Alltag ist bekannt, dass die Temperatur von Körpern stark zunehmen kann, wenn die Stoffe während einer Bewegung aneinander reiben, d. h., wenn Reibungsarbeit verrichtet wird.

Dieses Verhalten können wir dahingehend interpretieren, dass der Körper bei der Reibung mechanische Energie in thermische Energie umwandelt (die somit für die Bewegung verloren geht und zu einer Dämpfung der Bewegung führt), was eine Erhöhung der Temperatur zur Folge hat:

> Den Transport ΔE_{th} von thermischer Energie bezeichnet man in der Physik als **Wärme** bzw. **Wärmemenge** Q (= ΔE_{th}).
> Wird einem Stoff die Wärmemenge Q zugeführt, so nimmt im Allgemeinen dessen Temperatur um ΔT zu. In diesem Zusammenhang definiert man die **Wärmekapazität** C (Einheit: $1\,J \cdot K^{-1}$) eines Stoffes durch $Q = C \cdot \Delta T$.

Die Wärmekapazität stellt somit ein quantitatives Maß für die Energie dar, die einem Körper zugeführt werden muss, um seine Temperatur um 1 K zu erhöhen. Da diese Wärmemenge mit der Menge des betrachteten Körpers zunehmen muss, tabelliert man häufig normierte Wärmekapazitäten:

Wird die Wärmekapazität C auf die Masse m des Stoffes bezogen, so erhält man die spezifische Wärmekapazität des Stoffes:

$c_{spez} = C/m$.

(Einheit: $1\ J \cdot K^{-1} \cdot kg^{-1}$)

Wird die Wärmekapazität C auf die Stoffmenge n bezogen, so erhält man die **molare Wärmekapazität**

$c_{mol} := C/n$.

(Einheit: $1\ J \cdot K^{-1} \cdot mol^{-1}$)

Beispiel:

Die spezifische Wärmekapazität von Wasser beträgt bei 14,5 °C $c_{spez,\ Wasser} = 4{,}186\ kJ \cdot K^{-1} \cdot kg^{-1}$, d. h., um 1 kg Wasser von 14,5 °C auf 15,5 °C zu erwärmen, muss man die Wärmemenge $Q = 4{,}186\ kJ$ zuführen.
Historisch gesehen bezeichnet man diese Wärmemenge auch als (große) Kalorie: 1 kcal = 4,186 kJ.

3.2 Ideales Gas: kinetische Gastheorie und ideales Gasgesetz

Thermodynamisches System

Um zwischen mikroskopischen Prozessen und makroskopisch messbaren Größen einen quantitativen Zusammenhang herstellen zu können, müssen wir zunächst definieren, was wir unter Materie in thermodynamischem Sinne verstehen:

Unter einem **thermodynamischen System** verstehen wir ein System von Massenpunkten (Masse m), die miteinander oder mit ihrer Umgebung in Wechselwirkung stehen. Diese Wechselwirkung kann beispielsweise durch angreifende Kräfte (und die damit verbundene Arbeit) und durch einen Wärmeaustausch mit der Umgebung gegeben sein.

Ein thermodynamisches System wird **offen** genannt, wenn sowohl Massenpunkte als auch Energie mit der Umgebung ausgetauscht werden können.

Es wird als **geschlossen** bezeichnet, wenn die Systemgrenze nur noch durch Energie, aber nicht mehr von Massenpunkten passiert werden kann.

In Analogie zu Abschnitt 1.8 bezeichnet man es als **abgeschlossen**, wenn weder Masse- noch Energietransport über die Systemgrenzen hinweg möglich sind.

Ideales Gas und kinetische Gastheorie

Modell des idealen Gases (im Sinne der statistischen Physik):
Ein abgeschlossenes thermodynamisches System bestehe aus N Massenpunkten (Masse m), die sich in einem Gefäß mit dem Volumen V befinden und folgende Voraussetzungen erfüllen:

1. Die Bewegung der Massenpunkte sei zufällig und ungerichtet, d. h., die Wahrscheinlichkeit, dass sich ein Teilchen in eine bestimmte Richtung bewegt, ist unabhängig von der Richtung (isotrop).

2. Die Massenpunkte sollen des Weiteren bis auf elastische Stöße mit sich selbst oder der Wand des Gefäßes keine weiteren Wechselwirkungen aufweisen.

3. Ferner sei das System im thermodynamischen Gleichgewicht, d. h., makroskopische Eigenschaften wie Druck und Temperatur seien zeitlich konstant.

Dieses thermodynamische Modell bezeichnet man als **ideales Gas**.

Aufgrund der thermischen Energie führen die Massenpunkte eines idealen Gases zufällige, ungerichtete Bewegungen durch, denen eine kinetische Energie zugeschrieben werden kann. Wird die Temperatur T des idealen Gases in Kelvin gemessen, so ist die **mittlere kinetische Energie** eines Massenpunktes durch

$$< E_{kin} > = \frac{3}{2} \cdot k_B \cdot T \qquad \text{(Gleichung 3.3)}$$

gegeben, wobei die Proportionalitätskonstante $k_B = 1{,}38 \cdot 10^{-23}\,J \cdot K^{-1}$ als **Boltzmann-Konstante** bezeichnet wird. Setzt sich das ideale Gas aus N Teilchen zusammen, so steht dem Gas im Mittel die **kinetische Gesamtenergie** $N \cdot < E_{kin} >$ zur Verfügung. Sie ist proportional zum Produkt aus Druck und Volumen

$$p \cdot V = \frac{2}{3} \cdot N \cdot < E_{kin} > = N \cdot k_B \cdot T. \qquad \text{(Gleichung 3.4)}$$

Physik

Mithilfe der Stoffmenge lässt sich Gl. 3.4 unabhängig von der Masse m der Massenpunkte formulieren: $p \cdot V = N \cdot k_B \cdot T = n \cdot N_A \cdot k_B \cdot T \Rightarrow$.

Zustandsgleichung des idealen Gases bzw. ideales Gasgesetz:
Ein ideales Gas (Stoffmenge n) befinde sich in einem Gefäß mit dem Volumen V. Im thermodynamischen Gleichgewicht ist dann der Druck p, den das ideale Gas auf das Gefäß ausübt, durch

$$p \cdot V = n \cdot R \cdot T \qquad \text{(Gleichung 3.5)}$$

gegeben, wobei die Temperatur T des idealen Gases in Kelvin gemessen wird. Die Konstante $R = N_A \cdot k_B = 8{,}31\,J \cdot mol^{-1} \cdot K^{-1}$ heißt **Gaskonstante** und nimmt für alle idealen Gase (unabhängig von ihrer Zusammensetzung) den gleichen Wert an.

Bemerkungen:

1. Da die Massenpunkte im verwendeten Modell (jeweils) genau drei Freiheitsgrade besitzen, kann Gl. 3.5 auch dahingehend interpretiert werden, dass ein Massenpunkt in jedem seiner Freiheitsgrade im Mittel die thermische Energie $\frac{1}{2} \cdot k_B \cdot T$ speichert, sodass in allen drei Freiheitsgraden insgesamt $\frac{3}{2} \cdot k_B \cdot T$ gespeichert werden. Interessanterweise gilt diese Aussage allgemein:

Äquipartitionstheorem bzw. Gleichverteilungssatz:

Im thermodynamischen Gleichgewicht speichert ein Teilchen (im Mittel) in jedem seiner Freiheitsgrade die thermische Energie $\frac{1}{2} \cdot k_B \cdot T$.

Besitzt das Teilchen somit f Freiheitsgrade, so kann es die thermische Energie $\frac{f}{2} \cdot k_B \cdot T$ speichern.

Physik

Ein starres System von n Massenpunkten besitzt die folgende Anzahl an Freiheitsgraden:

$n = 1$: 3 Freiheitsgrade, dreidimensionale Translation

$n = 2$: 5 Freiheitsgrade, dreidimensionale Translation + Rotation um zwei Achsen

$n \geq 3$: 6 Freiheitsgrade, dreidimensionale Translation + Rotation

Die Bewegung eines starren Körpers kann somit immer durch Translation (alle Massenpunkte werden in gleicher Weise verschoben) und Rotation des Körpers um eine bestimmte Achse zusammengesetzt werden.

2. Die **spezifische molare Wärmekapazität** C_V eines idealen Gases ist **bei konstantem Volumen** durch $C_V = \frac{f}{2} \cdot R$ gegeben, wobei *f* die Anzahl der Freiheitsgrade der Gasteilchen angibt und der Index V die Konstanz des Volumens andeutet.

   Die **spezifische molare Wärmekapazität** C_p eines idealen Gases ist **bei konstantem Druck** durch $C_p = \frac{f+2}{2} \cdot R$ gegeben, wobei *f* die Anzahl der Freiheitsgrade der Gasteilchen angibt und der Index p die Konstanz des Volumens andeutet. Sie kann auch in der Form $C_p = C_V + R$ geschrieben werden, d. h., die spezifische molare Wärmekapazität eines idealen Gases ist bei isobaren Prozessen höher als bei isochoren.

Physik

3.3 Zustandsgrößen und thermodynamische Prozesse

Zustandsgrößen

Als **Zustandsgrößen** eines thermodynamischen Systems bezeichnet man alle (makroskopisch messbaren) Eigenschaften, die nur vom aktuellen Zustand (und somit nicht von der Vergangenheit) des thermodynamischen Systems abhängen. Für Zustandsgrößen ist es somit unerheblich, auf welchem Weg, d. h. durch welchen Prozess, das System den aktuellen Zustand erreicht hat. Ein thermodynamisches System befindet sich im **thermodynamischen Gleichgewicht**, wenn alle Zustandsgrößen zeitlich konstant bzw. stationär sind. In diesem Fall können die Zustandsgrößen häufig in Form von **Zustandsgleichungen** in Zusammenhang miteinander gebracht werden. Diesen Gleichungen kann ebenfalls entnommen werden, welche Zustandsgrößen mindestens bekannt sein müssen, damit der Zustand eines thermodynamischen Systems eindeutig aus den Zustandsgrößen ermittelt werden kann.

Beispiel für ideale Gase:

Im thermodynamischen Gleichgewicht wurde in Abschnitt 3.2 das Gasgesetz

$p \cdot V = n \cdot R \cdot T$ (Gleichung 3.6)

abgeleitet. Dieser Ableitung kann man entnehmen, dass die Größen *p*, *V* und *T* lediglich vom aktuellen Zustand und nicht „von der Vergangenheit" des Gases abhängen. Es handelt sich bei ihnen also um Zustandsgrößen des idealen Gases, und Gl. 3.6 stellt eine Zustandsgleichung dar.

Im Gegensatz dazu stellt die Wärme Q, die dem Gas zu- oder abgeführt wird, keine Zustandsgröße dar.

Physik

Zustandsänderung

Ändert sich während eines Prozesses mindestens eine Zustandsgröße, so sagt man, dass sich der **Zustand des thermodynamischen Systems verändert** hat und dass der Prozess zu einer **Zustandsänderung** geführt hat.
Eine Zustandsänderung heißt **reversibel,** wenn sie derart langsam durchgeführt wird, dass sich das System stets im thermodynamischen Gleichgewicht befindet.

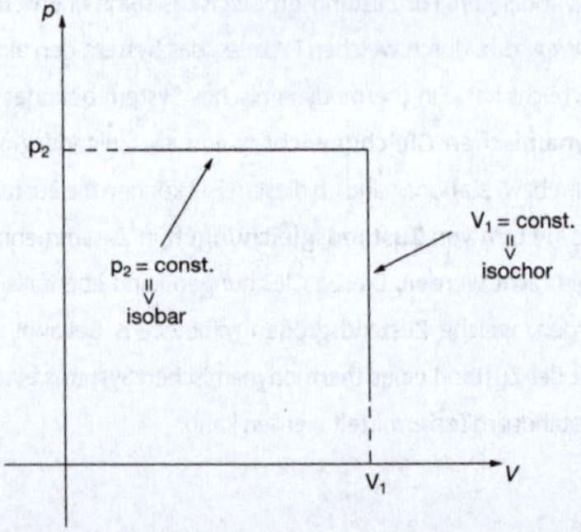

Abb 3.2 a

Eine Zustandsänderung heißt

isotherm, wenn die Temperatur erhalten bleibt ($T = const.$),

isobar, wenn der Druck erhalten bleibt ($p = const.$),

isochor, wenn das Volumen erhalten bleibt ($V = const.$),

adiabatisch, wenn keine Wärme über die Systemgrenze zu- oder abgeführt wird ($Q = 0$).

Ideales Gas

Isochore Zustandsänderung

$$p(T) = \frac{n \cdot R}{V} \cdot T \qquad \text{(Gleichung 3.7)}$$

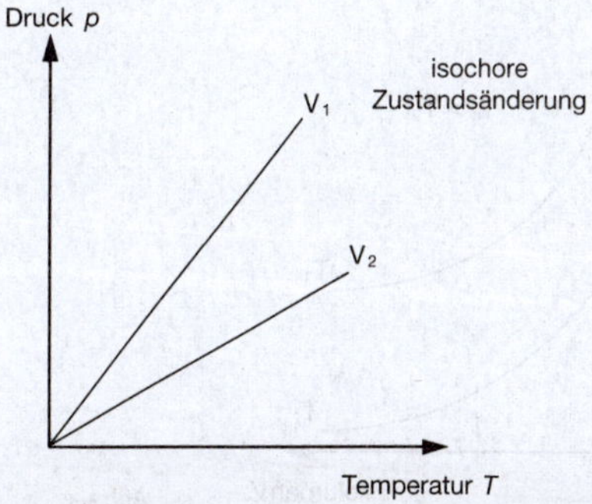

Abb 3.2 b

Isobare Zustandsänderung

$$V(T) = \frac{n \cdot R}{p} \cdot T \qquad \text{(Gleichung 3.8)}$$

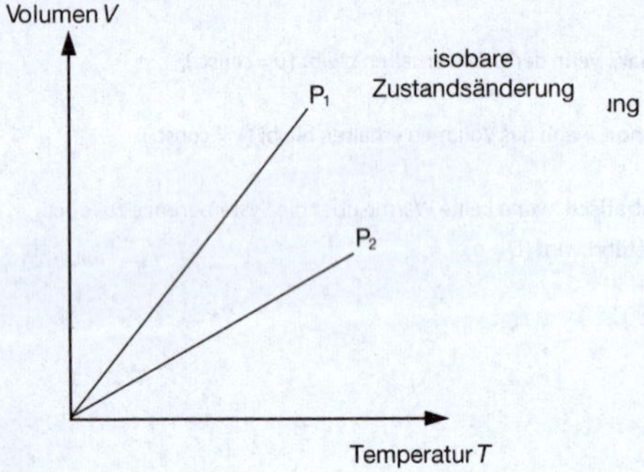

Abb 3.2 c

Isotherme Zustandsänderung

$$p(V) = n \cdot R \cdot T \cdot \frac{1}{V} \qquad \text{(Gleichung 3.9)}$$

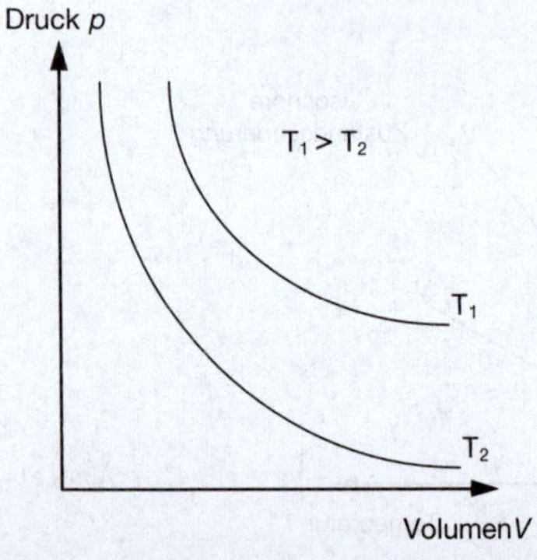

Abb 3.3

Adiabatische Zustandsänderung

Die adiabatische Zustandsänderung eines idealen Gases ist durch die Zustandsgleichungen

$p \cdot V^{\kappa} = const.$, $T \cdot V^{\kappa-1} = const.$ und

$p^{1-\kappa} \cdot T^{\kappa} = const.$

gekennzeichnet, wobei der **Adiabaten-Koeffizient** $\kappa = (f + 2)/f$ lediglich von der Anzahl der Freiheitsgrade f des idealen Gases abhängt.

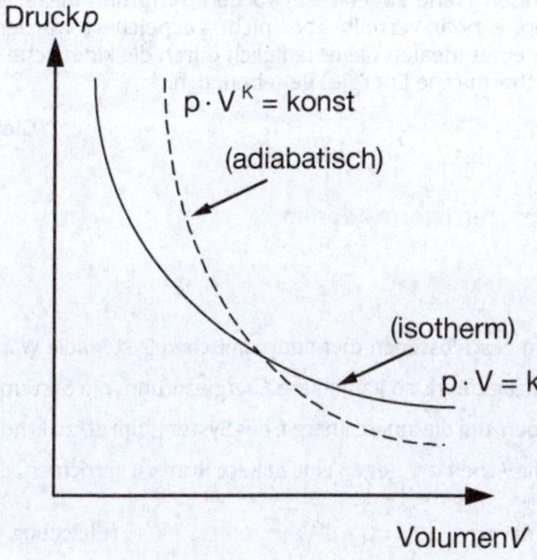

Abb 3.4

3.4 Zustandsgrößen und der erste Hauptsatz der Thermodynamik

Innere Energie

Im Folgenden wollen wir unter dem Begriff **innere Energie** (Formelzeichen *U*, Einheit: 1 J) die Summe aller Energieformen verstehen, die den Teilchen eines thermodynamischen Systems aufgrund ihrer Relativbewegung oder ihrer relativen Lage zueinander zur Verfügung stehen. Sie ist eine Zustandsgröße.

Physik

Betrachten wir beispielsweise das Modell des idealen Gases, so stellen wir fest, dass als Wechselwirkung lediglich Stöße der Massenpunkte untereinander bzw. mit der begrenzenden Wand zugelassen wurden. Aufgrund dieser Wechselwirkungen kann Energie zwar verteilt, aber nicht gespeichert werden. Somit ist die innere Energie eines idealen Gases lediglich durch die kinetische Energie der Massenpunkte (= thermische Energie) gegeben, d. h.

$$U_{IG} = \frac{f}{2} \cdot n \cdot R \cdot T. \qquad \text{(Gleichung 3.10)}$$

Erster Hauptsatz der Thermodynamik

Wird einem geschlossenen thermodynamischen System die Wärmemenge d*Q* zugeführt, so kann diese Energiezufuhr vom System genutzt werden, um die innere Energie des Systems um d*U* zu erhöhen oder um die Arbeit d*W* gegen eine äußere Kraft zu verrichten, d. h.

$$dQ = dU - dW \text{ bzw. } dU = dQ + dW. \qquad \text{(Gleichung 3.11)}$$

Dies zeigt ferner, dass die innere Energie eines thermodynamischen Systems um dU erhöht werden kann, wenn über die Systemgrenzen die Wärmemenge dQ zugeführt wird oder wenn am System die Arbeit dW verrichtet wird.

Dieser Satz zeigt nochmals deutlich auf, dass ein thermodynamisches System Arbeit verrichten kann, dass dies jedoch auf Kosten von innerer Energie oder zugeführter Wärme geht.

Es ist unmöglich, Energie zu zerstören oder aus dem Nichts zu gewinnen.

Diese **alternative Formulierung des ersten Hauptsatzes** drückt nochmals deutlich aus, dass ein thermodynamisches System zunächst höchstens so viel Arbeit verrichten kann, wie ihm aufgrund seiner inneren Energie oder aufgrund zugeführter Wärme zur Verfügung steht. Eine weitere Formulierung ist:

Es ist thermodynamisch unmöglich, ein funktionsfähiges **Perpetuum Mobile erster Art** zu konstruieren, d. h. eine Maschine zu bauen, die mehr Energie freisetzt, als ihr vorher zugeführt wurde.

3.5 Entropie und zweiter Hauptsatz der Thermodynamik

Entropie

Einem thermodynamischen System (Temperatur T) wird bei einem reversiblen Prozess die (infinitesimale) Wärmemenge dQ_{rev} zugeführt. Dann definieren wir durch

$$dS := \frac{dQ_{rev}}{T} \qquad \text{(Gleichung 3.12)}$$

eine neue thermodynamische Größe S, die als

reduzierte Wärme(menge) bzw. **Entropie** bezeichnet wird

(Einheit: $1\ J \cdot K^{-1}$). Sie ist eine Zustandsgröße.

Der Index „rev" deutet nochmals an, dass diese Definition zunächst nur für reversible Prozesse gilt. In der statistischen Physik wird gezeigt, dass die Entropie eine Zustandsgröße thermodynamischer Systeme ist, was bei Weitem nicht offensichtlich ist.

Spontane, reversible und irreversible Prozesse

1. Der Prozess wird **spontan** bzw. **selbstständig** ablaufen, wenn dabei die Entropie des Systems zunimmt: $\Delta S > 0$.

2. Nimmt während eines Prozesses die Entropie des Systems zu ($\Delta S > 0$), so ist der Prozess **irreversibel** bzw. **unumkehrbar**. Diese Prozesse sind dadurch gekennzeichnet, dass sie sich nicht selbstständig umkehren können. Daraus folgt, dass alle spontan verlaufenden Prozesse irreversibel sind.

3. Bleibt die Entropie während eines Prozesses konstant, so liegt ein **reversibler** Prozess vor. In dieser Situation hat der Prozess aufgrund von $\Delta S = 0$ keine bevorzugte „Ausführungsrichtung", d. h., er kann selbstständig in beide Richtungen verlaufen.

4. Die Entropie eines Teilsystems kann nur dann abnehmen, wenn das restliche System diese Entropieabnahme mindestens ausgleicht.

Zweiter Hauptsatz der Thermodynamik

Die Überlegungen können wie folgt zusammengefasst werden:

Ein thermodynamisches System wird nur die Prozesse selbstständig durchführen, die mit einer Erhöhung der Entropie des gesamten Systems verbunden sind. Es ist daher nicht möglich, eine Maschine zu bauen, die ihrer Umgebung selbstständig Wärmeenergie entnimmt, um diese Energie in Form von Arbeit zur Verfügung zu stellen.

Eine derartige Maschine wäre beispielsweise durch ein Schiff gegeben, das dem Meer Wärmeenergie entzieht und diese Energie zur eigenen Fortbewegung nutzt. Da dieser Prozess nicht den ersten, sondern den zweiten Hauptsatz der Thermodynamik verletzt, nennt man sie **Perpetuum Mobile zweiter Art.** Man kann daher auch formulieren:

Es ist unmöglich, ein Perpetuum Mobile zweiter Art zu konstruieren.

3.6 Aggregatzustände und Phasenübergänge

Phasenübergänge

Liegt ein Stoff in mehreren Aggregatzuständen vor (z. B. Eiswürfel in Wasser), so bezeichnet man sie als **Phasen** des Stoffes. Findet eine Umwandlung zwischen verschiedenen Phasen statt (z. B. Schmelzen von Eiswürfeln in flüssiges Wasser), so spricht man hier von einem **Phasenübergang**.

Aus dem Alltag sind Phasenübergänge zwischen Festkörpern und Flüssigkeiten als **Schmelzen** und **Erstarren** bzw. **Gefrieren** bekannt, während die Übergänge zwischen Flüssigkeiten und Gasen als **Verdampfen** und **Kondensieren** bezeichnet werden.

Seltener trifft man das **Sublimieren** an, d. h. den direkten Übergang eines Festkörpers in ein Gas, und das **Resublimieren** (direkter Übergang vom Gas in den Festkörper).

Diese Phasenübergänge sind in Abb. 3.5 zusammengefasst.

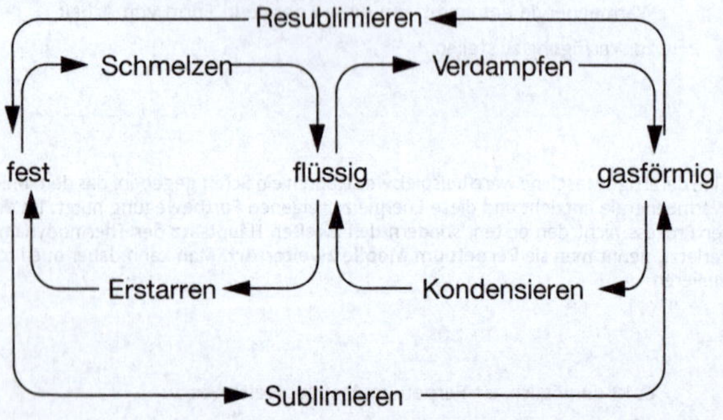

Abb. 3.5

Latente Wärme

Die Überlegungen haben gezeigt, dass die Zu- und Abfuhr von Wärme bei Phasenübergängen im Allgemeinen eine wichtige Rolle spielen. Aus Erfahrung wissen wir, dass während des Phasenübergangs häufig ein **Koexistenzbereich** verschiedener Phasen vorliegt: Schmilzt man beispielsweise Eiswürfel in einem Glas, so bildet sich hierbei flüssiges Wasser, welches die Eiswürfel umgibt. Durch weitere Zufuhr von Wärme wird die feste Phase des Wassers zunehmend gegen flüssiges Wasser ausgetauscht, sodass über einen gewissen Zeitraum beide Phasen im Glas **koexistieren.** Einen schlagartigen Phasenübergang ohne Koexistenz beobachtet man in der Natur selten.

Interessanterweise zeigt sich, dass während des Phasenübergangs, d.h. im Koexistenzbereich, eine Zu- bzw. Abfuhr von Wärme keine Änderung der Temperatur bewirkt. Diese **Temperaturkonstanz** bei Phasenübergängen wird beispielsweise beim Kochen von Eiern ausgenutzt, wo durch das siedende Wasser sichergestellt wird, dass sich die Eier in einer Umgebung der Temperatur 100 °C befinden.

Wenn wir daher die Temperatur eines Stoffes in Abhängigkeit von der zugeführten Wärme Q_{zu} auftragen, so erhalten wir häufig einen Verlauf, wie er in Abb. 3.6 qualitativ skizziert wurde. Auffällig ist, dass die geradlinige Zunahme der Temperatur unter Wärmezufuhr immer wieder von Bereichen konstanter Temperatur unterbrochen wird. Offensichtlich stellen diese Plateaus gerade die Temperaturbereiche dar, in denen die Phasenübergänge stattfinden.

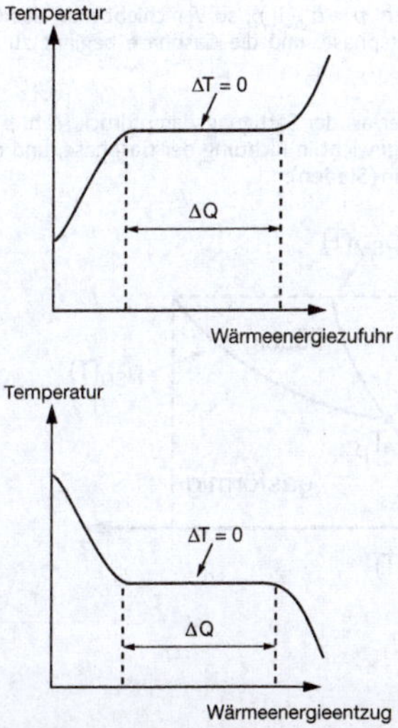

Abb 3.6

Physik

Da die Zufuhr von Wärme in diesen Bereichen zu keinem messbaren Temperaturanstieg führt, bezeichnet man sie als **latente Wärme**. Jedem Phasenübergang kann man eine latente Wärme zuordnen und erhält auf diese Weise z. B. die **Schmelz**- und **Verdampfungswärme** eines Stoffes. Ihre Messung kann erfolgen, indem man die „Länge" des Intervalls ΔQ mit konstanter Temperatur in Abb. 3.6 ermittelt.

Wie die Wärmekapazität ist auch die latente Wärme eine extensive Größe, d. h., sie nimmt proportional zur Stoffmenge bzw. Masse zu. Somit werden im Allgemeinen (in Analogie zu den spezifischen Wärmekapazitäten) die latenten Wärmen auf die Masse bzw. Stoffmenge normiert.

Physik

Gleichgewicht von flüssiger Phase und Gasphase: Sättigungsdampfdruck

Das Beispiel des siedenden Wassers zeigt, dass die gasförmige und flüssige Phase unter bestimmten Randbedingungen koexistieren können. Dies setzt allerdings voraus, dass beide Phasen im Gleichgewicht zueinander stehen:

1. Entspricht der Druck p gerade dem Sättigungsdampfdruck (d. h. $p = p_{SD}(T_0)$), so herrscht ein Gleichgewicht zwischen der Flüssigkeits- und der Gasphase und beide Phasen koexistieren nebeneinander.

2. Wird der Druck erhöht (d. h. $p > p_{SD}(T_0)$), so verschiebt man das Gleichgewicht in Richtung der Flüssigkeitsphase, und die Gasphase beginnt zu kondensieren (**Kondensation**).

3. Ist der äußere Druck kleiner als der Sättigungsdampfdruck (d. h. $p < p_{SD}(T_0)$), so verschiebt man das Gleichgewicht in Richtung der Gasphase, und die Flüssigkeit beginnt, Gasblasen zu bilden (**Sieden**).

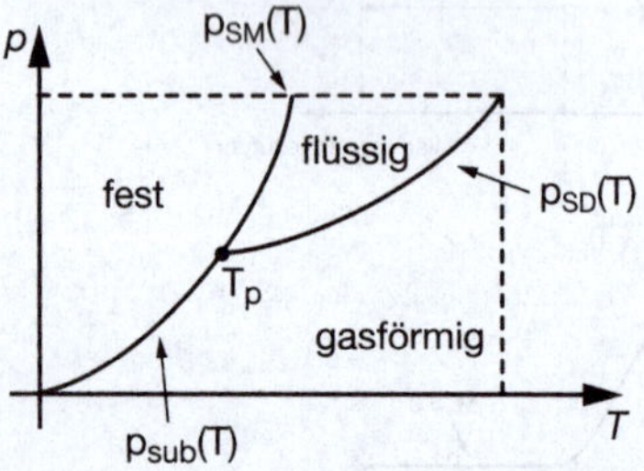

Abb 3.7

Diese Diskussion zeigt, dass im *p-T*-Diagramm (Abb. 3.7) die Kurve des Sättigungsdampfdrucks $p_{SD}(T)$ gerade die flüssige von der gasförmigen Phase separiert:
Für Drücke oberhalb von $p_{SD}(T)$ liegt der Stoff in kondensierter Form vor (Flüssigkeit), während unterhalb von $p_{SD}(T)$ eine gasförmige Phase vorgefunden wird. Liegt der Druck direkt auf der Kurve $p_{SD}(T)$, so können beide Phasen koexistieren.

Temperaturverlauf des Sättigungsdampfdrucks: Clausius-Clapeyron-Gleichung

Zwischen der molaren Verdampfungswärme Q_{VD} und dem Sättigungsdampfdruck $p_{SD}(T)$ besteht der Zusammenhang

$$Q_{VD} = T \cdot (V_{Dampf} - V_{Fl}) \cdot \frac{d}{dt} p_{SD}(T), \qquad \text{(Gleichung 3.13)}$$

wobei V_{Dampf} (bzw. V_{Fl}) das Molvolumen der Dampfphase (bzw. der flüssigen Phase) darstellt.

Physik

Schmelzgleichgewicht

Auch beim Schmelzen von Festkörpern findet man einen Koexistenzbereich von fester und flüssiger Phase, welcher analog zur Koexistenz flüssig-gasförmig verstanden werden kann. Ähnliche Überlegungen führen wieder auf eine Art Clausius-Clapeyron-Gleichung

$$Q_{SM} = T \cdot (V_{Fl} - V_{FK}) \cdot \frac{d}{dT} p_{SM}(T) \rightarrow \frac{Q_{SM}}{V_{Fl} - V_{FK}} = T \cdot \frac{d}{dT} p_{SM}(T), \qquad \text{(Gleichung 3.14)}$$

in der nun die molare Schmelzwärme Q_{SM} mit den molaren Volumina des Festkörpers V_{FK}, der Flüssigkeit V_{Fl} und der Schmelzdruckkurve $p_{SM}(T)$ verknüpft wird.

Da sich die beiden Volumina im Allgemeinen kaum voneinander unterscheiden, zeigt die umgestellte Fassung dieser Gleichung, dass die Schmelzdruckkurve $p_{SM}(T)$ viel steiler als $p_{SD}(T)$ verläuft (vgl. Abb. 3.7).

Tripelpunkt

Da die Schmelzdruckkurve $p_{SM}(T)$ im Allgemeinen viel steiler verläuft als die Kurve des Sättigungsdampfdrucks $p_{SD}(T)$, müssen sich beide Kurven in einem Punkt, dem **Tripelpunkt** T_p, treffen. Dieser Punkt zeichnet sich durch die interessante Eigenschaft aus, dass hier alle drei Phasen im Gleichgewicht zueinander stehen, d. h., alle drei Aggregatzustände koexistieren hier nebeneinander.

3.7 Technische Arbeitsprozesse

Die Turbine

Man betrachtet die Turbine als von einem idealen Gas durchströmtes System mit der technischen Leistung

$$P_T = m \cdot | W_T |$$

m: Massenstrom

$w_T = \dfrac{\Delta W_T}{\Delta m}$: spezifische technische Arbeit der Turbine

Reale Arbeit:

$W_T = h_2 - h_1 = c_p(T_2 - T_1)$ für ideale Gase

T_2: reale Endtemperatur

Adiabatischer Turbinenwirkungsgrad:

$$\eta_{Tad} = \frac{P_T}{P_{Tad}}$$

P_{Tad}: technische Turbinenleistung bei adiabatischer Zustandänderung

Polytroper Turbinenwirkungsgrad:

$$\eta_{Tpol} = \frac{P_T}{P_{Tpol}}$$

P_{Tpol}: technische Turbinenleistung bei polytroper Zustandänderung

Der Verdichter

Den Verdichter betrachtet man als von einem idealen Gas durchströmtes System mit der technischen Leistung

$$P_V = m \cdot |W_V|$$

m: Massenstrom

$w_V = \frac{\Delta W_V}{\Delta m}$: spezifische technische Arbeit des Verdichters

Reale Arbeit:

$$w_V = h_2 - h_1 = c_p(T_2 - T_1) \text{ für ideales Gas}$$

T_2: reale Endtemperatur

Adiabatischer Verdichterwirkungsgrad:

$$\eta_{Vad} = \frac{P_V}{P_{Vad}}$$

P_{Vad}: technische Verdichterleistung bei adiabatischer Zustandänderung

Polytroper Verdichterwirkungsgrad:

$$\eta_{Vpol} = \frac{P_V}{P_{Vpol}}$$

P_{Vpol}: technische Verdichterleistung bei polytroper Zustandänderung

Isothermer Verdichterwirkungsgrad:

$$\eta_{Viso} = \frac{P_V}{P_{Viso}}$$

P_{Viso}: technische Verdichterleistung bei isothermer Zustandänderung

Der isotherme Verdichtungsprozess ist der von der Energiebilanz her ideale Verdichtungsprozess.

3.8 Strömungsmaschinen

Allgemein

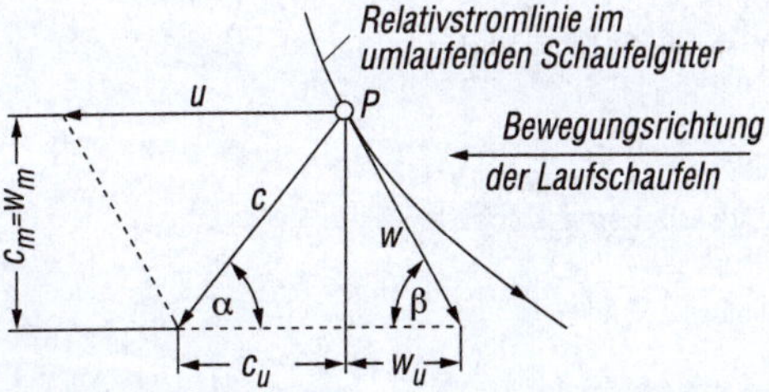

Geschwindigkeitsplan

$u = \pi \cdot d \cdot n$

$w^2 = c^2 + u^2 - 2 \cdot u \cdot c \cdot \cos \alpha$

$c^2 = w^2 + u^2 - 2 \cdot u \cdot w \cdot \cos \beta$

u: Umfangsgeschwindigkeit des Punktes P

n: Drehzahl

w: Relativgeschwindigkeit des Punktes P

c: Absolutgeschwindigkeit des Punktes P

Spezifische Schaufelarbeit:

$$Y_{Sch} = \frac{P_{th}}{m} = \int_1^2 u \cdot dc_u$$

P_{th}: theoretische Leistung der Strömungsmaschine

m: Massenstrom durch die Strömungsmaschine

Physik

Hydraulischer Wirkungsgrad:

$$\eta_h = \frac{Y_F}{Y_{Sch}}$$

Y_F: spezifische Förderarbeit

Physik

Strömungsarbeitsmaschinen

Kreiselpumpen

Spezifische Förderarbeit:

$$Y_F = \frac{p_D - p_S}{\rho} + g \cdot y$$

p_D: Druck auf der Druckseite der Pumpe

p_S: Druck auf der Saugseite der Pumpe

g: Ortsfaktor

y: Höhenunterschied in der Pumpe

Förderleistung:

$$P_e = V \cdot \rho \cdot Y_F$$

V: Durchsatz

ρ: Dichte

Wirkungsgrad der Pumpe:

$$\eta_e = \frac{P_e}{P_a}$$

P_a: effektive Antriebsleistung der Pumpe

Turboverdichter

Wirklich aufzuwendende, spezifische Schaufelarbeit:

$$Y_{Sch} = \int v \cdot dp + q_r = c_{pm} \cdot (T_2 - T_1) = h_2 - h_1$$

q_r: spezifische Reibung durch Wärme

c_{pm}: absolute Geschwindigkeit bei mittlerem Druck

v: spezifisches Volumen

p: Druck

T: Temperatur

$h_2 - h_1$: isentrope Enthalpiedifferenz

Diese Vorgänge können auch in einem p, v-Diagramm oder T, s-Diagramm dargestellt werden.

$$Y_{Sch} = Y_{pol} + Y_r$$

Y_{pol}: polytrope Verdichtungsarbeit

Y_r: Arbeit durch Gasreibung

Spezifische Förderarbeit:

$$Y_F = \eta_h \cdot k \cdot u_2 \cdot c_{2u}$$

η_h: hydraulischer Wirkungsgrad

k: Wärmedurchgangszahl

u_2, c_{2u}: Umfangsgeschwindigkeiten und Absolutgeschwindigkeiten aus dem entsprechenden Geschwindigkeitsplan entnehmen

Effektive Leistung:

$$P_e = V \cdot \rho \cdot Y_F = m \cdot Y_F$$

Verdichtungsarbeit:

$$Y_s = \frac{W}{m}$$

Isentroper Wirkungsgrad:

$$\eta_s = \frac{Y_s}{Y_{pol} + Y_r}$$

Propeller

Schubkraft:

$$F_s = \frac{\pi}{4} \cdot d_p^2 \cdot \Delta p$$

d_p: Propellerdurchmesser

Δp: Drucksprung vor und hinter dem Propeller

Nutzleistung:

$$P_e = F_s \cdot w_f$$

w_f: Relativgeschwindigkeit des vom Propeller bewegten Fahrzeuges gegenüber dem Medium

Schubzahl:

$$k_s = \frac{F_s}{\rho \cdot n^2 \cdot d_p^4}$$

ρ: Dichte des Mediums

n: Drehzahl

Leistungszahl:

$$k_p = \frac{P_e}{\rho \cdot n^3 \cdot d_p^5}$$

Kenngrößen Strömungsarbeitsmaschinen

Spezifische Drehzahl:	$n_y = n \cdot \frac{V^{0,5}}{Y_F^{0,75}}$
Druckzahl:	$\psi = \frac{2 \cdot Y_F}{u_2^2}$
Geschwindigkeit	u_2 aus dem Geschwindigkeitsplan
Lieferzahl, Durchflusszahl:	$\varphi = \frac{4 \cdot V}{\pi \cdot d_2^2 \cdot u_2}$
Radformzahl:	$\sigma = 2 \cdot \sqrt{\pi} \cdot n \cdot \frac{V^{0,5}}{(2 \cdot Y_F)^{0,75}}$ $\sigma = 2{,}108 \cdot n_y$
Spezifischer Durchmesser:	$\delta = \frac{\sqrt{\pi}}{2} \cdot d_2 \cdot \frac{(2 \cdot Y_F)^{0,25}}{V^{0,5}}$
Erforderliche Stufenzahl:	$i = \frac{2 \cdot Y_F}{\psi \cdot u_2^2}$

Physik

Strömungskraftmaschinen

Allgemein

$$g \cdot H_0 = Y_{Sch} + h_{Le} + h_{Le} + h_A$$

H_0: Nutzfallhöhe

g: Ortsfaktor

Y_{Sch}: spezifische Schaufelarbeit

h_{Le} : Strömungsverluste im Leitapparat

h_{La}: Strömungsverluste im Laufradkanal

h_A: Austrittsverluste

Spezifische Schaufelarbeit (nach Euler):

$$Y_{Sch} = \Delta(u \cdot c_u)$$

Geschwindigkeiten u und c_u aus dem Geschwindigkeitsplan

bei Wasserturbinen:

$$H_0 = \Delta H - \frac{c^2}{2 \cdot g} \cdot \Sigma\zeta$$

ΔH: Ortshöhenunterschied zwischen Ober- und Unterwasser

c: Strömungsgeschwindigkeit in der Druckleitung

$\Sigma\zeta$: Gesamtwiderstandszahl aus Rohrreibung und Einbauwiderständen

bei Gas- und Dampfturbinen:

$$g \cdot H_0 \triangleq \Delta h_s$$

Δh_s: zur Verfügung stehendes isentropes Wärmegefälle

Physik

Energieumwandlung im Leitapparat

r: Reaktionsgrad

Theoretische Leitkanal-Austrittsgeschwindigkeit:

$c_s = \sqrt{2 \cdot g \cdot H_0(l - r)}$ Wasserturbinen

$c_s = \sqrt{2 \cdot \Delta h_s(l - r)}$ Gas- und Dampfturbinen

Tatsächliche Austrittsgeschwindigkeit:

$$c_1 = \sqrt{\eta D} \cdot c_s$$

ηD: Düsenverlustzahl

Energieverlust im Leitapparat:

$$h_{Le} = \frac{c_s^2}{2} \cdot (1 - \eta D)$$

Energieumwandlung im Laufrad (radial)

$Y_{Sch} = u_1 \cdot c_{1u} - u_2 \cdot c_{2u}$

(sämtliche Geschwindigkeiten aus dem Geschwindigkeitsplan)

Mittlere Austrittsgeschwindigkeit:

$$c_2 = \sqrt{2 \cdot g \cdot H_0 \cdot \varepsilon^2}$$

ε: Auslasszahl (nach Pfleiderer), Werte einer Tabelle mit Kennwerten für Turbinen zu entnehmen

η_s: Schaufelverlustzahl

w_1: relative Austrittsgeschwindigkeit Leitapparat

Relative Austrittsgeschwindigkeit:

$w_2 = \sqrt{\eta_s} \cdot \sqrt{2 \cdot g \cdot H_0 \cdot r + w_1^2}$ Wasserturbinen

$w_2 = \sqrt{\eta_s} \cdot \sqrt{2 \cdot \Delta h_s \cdot r + w_1^2}$ Gas- und Dampfturbinen

Energieumwandlung im Laufrad (axial)

$$Y_{Sch} = u \cdot \Sigma w_u$$

d_m: mittlerer Raddurchmesser
n: Drehzahl

Umfangsgeschwindigkeit:

$$u = \pi \cdot d_m \cdot n$$

w_u: Relativgeschwindigkeit aus dem Geschwindigkeitsplan

Physik

Bei Gleichdruckrädern Reaktionsgrad r = 0

$$c_1 = \sqrt{\eta_D} \cdot \sqrt{2 \cdot g \cdot H_0} \quad \text{Wasserturbinen}$$

$$c_1 = \sqrt{\eta_D} \cdot \sqrt{2 \cdot \Delta h_s} \quad \text{Gas- und Dampfturbinen}$$

$$w_2 = \sqrt{\eta_s} \cdot w_1$$

Bei Überdruckrädern in mehrstufigen Dampfturbinen:

$$c_1 = \sqrt{\eta_D} \cdot \sqrt{2 \cdot \Delta h_s \cdot (1 - r) + c_2^2}$$

$$w_2 = \sqrt{\eta_s} \cdot \sqrt{2 \cdot \Delta h_s \cdot r + w_1^2}$$

Verluste, Wirkungsgrade, Leistungsbegriffe

Verluste beim Durchströmen der Laufschaufelkanäle:

$$h_{La} = \frac{w_1^2}{2} - \frac{w_2^2}{2}$$

bei Gleichdruck: $w_2 = \sqrt{\eta_s} \cdot w_1$

Austrittsverlust:

$$h_A = \frac{c_2^2}{2}$$

bei diffusorartigen Saugrohren (Kaplan-, Francis-Turbinen): $h_A = \sqrt{1 - \eta_D} \cdot \frac{c_2^2}{2}$

η_D: Diffusorwirkungsgrad

Spezifische Schaufelarbeit:

$Y_{Sch} = g \cdot H_0 - (h_{Le} + h_{La} + h_A)$ Wasserturbinen

$Y_{Sch} = \Delta h_s - (h_{Le} + h_{La} + h_A)$ Gas- und Dampfturbinen

Umfangswirkungsgrad:

$$\eta_u = \frac{Y_{Sch}}{\Delta h_s} = \frac{Y_{Sch}}{g \cdot H_0}$$

bei Überdruck: $\Delta h_s = \Delta h_{s,Le} + \Delta h_{s,La}$

Radreibungsverlust:

$$P_R = k \cdot \rho_m \cdot d_1 \cdot u_1$$

k: Wärmedurchgangszahl

ρ_m: mittlere Dichte

d_1: Durchmesser

u_1: Umfangsgeschwindigkeit

Verlustenergie durch Reibung:

$$h_R = \frac{P_R}{m}$$

Physik

In Gas- und Dampfturbinen entsteht durch Wirbelung des Arbeitsmediums eine Ventilatorwirkung und damit ein Ventilationsverlust h_V.

$P_V = 0{,}73 \cdot \rho_m \cdot (l - \varepsilon) \cdot l_m^{1,5} \cdot d_m^{3,8} \cdot n^{2,8}$

$$h_V = \frac{P_V}{m}$$

ε: Beaufschlagungsgrad

l_m: mittlere Schaufellänge

d_m: mittlerer Schaufeldurchmesser

n: Drehzahl

Spaltverlust:

$$h_s = \frac{m_s}{m} \cdot Y_{Sch}$$

m_s: Massenstrom durch den Spalt

bei Wasserturbinen:

$$h_s = \left(\frac{1}{\eta_V} - 1\right) \cdot Y_{Sch}$$

η_V: volumetrischer Wirkungsgrad

Nutzbare Arbeit an der Maschinenwelle:

$$Y_i = Y_{Sch} - h_R - h_V - h_S$$

Innerer Wirkungsgrad:

$$\eta_i = \frac{Y_i}{\Delta h_s} = \frac{Y_i}{g \cdot H_0}$$

Effektiver Wirkungsgrad:

$$\eta_e = \eta_i \cdot \eta_m$$

η_m: mechanischer Wirkungsgrad

Effektive Kupplungsleistung:

$P_e = \dot{m} \cdot g \cdot H_0 \cdot \eta_e = \dot{V} \cdot \rho \cdot g \cdot H_0 \cdot \eta_e$ Wasserturbinen

$P_e = \dot{m} \cdot \Delta h_s \cdot \eta_e$ Gas- und Dampfturbinen

$P_e = \dot{m} \cdot Y_i \cdot \eta_m$

$\dot{V}$, $\dot{m}$: Arbeitsmitteldurchsatz

Kenngrößen Strömungskraftmaschinen

Spezifische Drehzahl:

$$n_y = n \cdot \frac{V_m^{0,5}}{(g \cdot H_0)^{0,75}} = n \cdot \frac{V_m^{0,5}}{\Delta h_s^{0,75}}$$

Radformzahl:

$$\sigma = 2 \cdot \sqrt{\pi} \cdot n \cdot \frac{V_m^{0,5}}{(2 \cdot g \cdot H_0)^{0,75}} = 2 \cdot \sqrt{\pi} \cdot n \cdot \frac{V_m^{0,5}}{(2 \cdot \Delta h_s)^{0,75}}$$

Spezifische Durchmesser:

für Radialturbinen: $\delta = \frac{\sqrt{\pi}}{2} \cdot d_1 \cdot \frac{(2 \cdot g \cdot H_0)^{0,25}}{V_m^{0,5}}$

für axiale Dampfturbinen: $\delta = \frac{\sqrt{\pi}}{2} \cdot d_m \cdot \frac{(2 \cdot \Delta h_s)^{0,25}}{V_m^{0,5}}$

bei Gas- und Dampfturbinen: $V_m = \frac{V_1 + V_2}{2} = m \cdot \frac{v_1 + v_2}{2}$

V: Volumenströme

v: spezifisches Volumen

m: Massenstrom

Physik

Laufzahl:

$$\frac{1}{\sqrt{\psi}} = \frac{u_1}{\sqrt{2 \cdot g \cdot H_0}}$$

für axial durchströmte Gleich- und Überdruck-Dampfturbinen:

$$\frac{u}{\sqrt{2 \cdot \Delta h_s}} = 0,38 \ldots 0,47 \cdot (1 + 0,8\,r)$$

Einheitswerte (Wasserturbinen)

Einheitsdrehzahl:

$$n_1' = \frac{d}{(g \cdot H_0)^{0,5}}$$

Einheitsdurchfluss:

$$\dot{V}_1' = \frac{\dot{V}}{(g \cdot H_0)^{0,5} \cdot d^2}$$

Einheitsleistung:

$$P_1' = \frac{P}{(g \cdot H_0)^{1,5} \cdot d^2}$$

für Radialturbinen: d_{1a} für d

für Axialturbinen: d_m für d

Einheitswerte (Dampfturbinen)

Leistungszahl:

$$\lambda = \frac{Y_{Sch}}{\frac{u^2}{2}} = \frac{\eta_u}{\eta_D \cdot (1-r)} \cdot \left(\frac{c_1}{u}\right)^2$$

Durchsatzzahl:

$$\varphi' = \frac{c_{1m}}{u}$$

Sämtliche Geschwindigkeiten aus dem Geschwindigkeitsplan

Physik

Windkraft

Kupplungsleistung des Windrades:

$$P_e = \rho_L \cdot A \cdot \frac{c_w^3}{2} \cdot \varphi \cdot \eta$$

ρ_L: Dichte der Luft

A: wirksame Fläche $= \frac{\pi}{4} \cdot d^2$

d: Windraddurchmesser

c_w: Windgeschwindigkeit

φ: Leistungszahl

η: Wirkungsgrad

4.
Atomphysik

Unter der Atomphysik wird heute die Physik der Elektronenhülle und der Vorgänge, an denen die Atomelektronen beteiligt sind, zusammengefasst.

4.1 Beschreibungsgrößen

$m_A = A_r u$	m_A: absolute Atommasse: Die Masse eines Atoms wird in atomaren Masseneinheiten *u* oder in Kilogramm (kg) angegeben.
$m_M = M_r u$	m_M: absolute Molekülmasse M_r: relative Molekülmasse
u	atomare Masseneinheit: 1 atomare Masseneinheit (1 u) ist der 12te Teil der Masse des Nuklids ^{12}C (Kohlenstoff); $1\ u = 1{,}6605519 \cdot 10^{-27}$ kg. Beträgt die Teilchenmasse x u, so beträgt die Masse eines Mols dieser Teilchen x g.
$A_r = \frac{m}{12{,}000\ u}$	A_r: relative Atommasse (früher Atomgewicht) Massenverhältnis eines Atoms zur Masse eines ^{12}C-Atoms

Beispiele:

relative Atommasse des Wasserstoffs $A_{rH} = 1{,}008$

relative Atommasse des Sauerstoffs $A_{rO} = 15{,}999$

M_r	relative Molekülmasse: Summe der relativen Atommassen der die das Molekül zusammensetzenden Atome

Physik

Beispiel:

$$M_{rH_2O} = 2 \cdot M_{rH} + M_{rO} = 2 \cdot 1{,}008 + 15{,}999 = 18{,}015$$

Formel	Erläuterung
V	V: Stoffmenge: Ein Körper hat die Stoffmenge $V = 1$ mol, wenn er aus ebenso vielen Teilchen besteht wie Atome in 12 g des Nuklids ^{12}C enthalten sind, also aus N_A Teilchen.
$M_m = \frac{m}{n}$	M_m: molare Masse: Masse von 1 mol eines Stoffes m: Stoffmasse n: Anzahl der Mole des Stoffes
$N_A = 6{,}022 \cdot 10^{23} \frac{1}{\text{mol}}$	N_A: Avogadro'sche Konstante: gibt an, wie viele Atome oder Moleküle 1 Mol eines Stoffes enthält und ist für alle Stoffe gleich.
$N = \frac{m}{A_r u}$	N: Anzahl der in einem Stoff der Masse m enthaltenen Atome
$N = \frac{m}{M_r u}$	N: Anzahl der in einem Stoff der Masse m enthaltenen Moleküle
$V_m = \frac{V}{n}$	V_m: Molvolumen (molares Volumen) V: Volumen des Stoffes n: Anzahl der Mole eines Stoffes
$V_{mn} = 22{,}414 \frac{\text{dm}^3}{\text{mol}}$	V_{mn}= Molnormvolumen (molares Normvolumen): Molvolumen eines idealen Gases im Normzustand
$e = 1{,}602 \cdot 10^{-19}$ As	e: elektrische Elementarladung: Ladung eines Elektrons

$m_e = 9{,}11 \cdot 10^{-31}\,kg = 5{,}48 \cdot 10^{-4}\,u$ m_e: Elektronenmasse ($1\,u = 1822{,}89 \cdot m_e$)

$1\,eV = 1{,}602 \cdot 10^{-19}\,Ws$ 1 Elektrovolt (eV) entspricht der Energie, die ein Elektron beim Durchlaufen der Spannung 1 V enthält.

$\frac{e}{m_e} = 1{,}7588 \cdot 10^{11} \frac{C}{kg}$ $\frac{e}{m_e}$: spezifische Elektronenladung

4.2 Welle-Teilchen-Dualismus

Physik

Abhängig vom Experiment und der Beobachtungsart können sich mikrophysikalische Objekte als Teilchen oder als Welle verhalten. So kann man Licht weder als auf Bahnen fliegende Korpuskeln noch als Wellen kontinuierlicher Energieverteilung vollständig beschreiben.

Die Abgabe von Energie durch Licht der Frequenz V erfolgt immer in Energiequanten.

$E = h \cdot v$ E: Energie eines Quants
v: Frequenz der Strahlung
h: Plank'sches Wirkungsquantum

$h = 6{,}62618 \cdot 10^{-34}\,Js = 4{,}13570 \cdot 10^{-15}\,eVs$

$p = \frac{h}{\lambda}$ p: Impuls des Lichtquants
λ: Wellenlänge

$m = \frac{E}{c^2} = \frac{h \cdot v}{c^2}$ m: Masse der Lichtquanten
E: Energie E der Lichtquanten

$m_0 = 0$ m_0: Ruhemasse der Lichtquanten

Fotoeffekt

Auf ein Target treffende Lichtquanten (Photonen) können aus diesem Elektronen herauslösen.

$$h \cdot v = W_a + \frac{1}{2} m \cdot v^2$$

$h \cdot v$: Energie des absorbierten Lichtquants

W_a: Arbeit zum Herauslösen des Elektons

$\frac{1}{2} m \cdot v^2$: kinetische Energie des herausgelösten Elektrons

Physik

Comptoneffekt

Energiereiche Quanten (eines Röntgenstrahls) lösen beim Auftreffen auf Materie Elektronen heraus, zudem tritt eine Streustrahlung auf.

$$\Delta\lambda = \lambda_c (1 - \cos\theta)$$

$\Delta\lambda$: Differenz der Wellenlängen der eintreffenden und der gestreuten Strahlung (Comptonverschiebung) mit $\Delta\lambda = 0{,}024$ Å

λ_c: Comptonwellenlänge

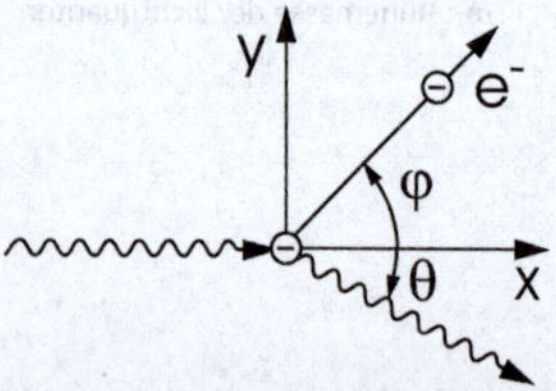

Unbestimmtheitsrelationen für Mikroteilchen

(Photonen, Elektronen und anderen Elementarteilchen)

Heisenberg'sche Unbestimmtheitsrelation

$$\Delta x \cdot \Delta p_x \geq h$$

Δx, Δp_x: Mittelwerte der Unbestimmtheiten für Ort und Impuls, die zusammen registriert werden

Aufgrund der Heisenberg'schen Unbestimmtheitsrelation kann der Bahnbegriff in atomaren Bereichen nicht angewendet werden.
Für alle Mikroteilchen gilt:

$$\lambda = \frac{h}{p}$$

De-Broglie-Wellen (Materiewellen)

λ: Wellenlänge

p: Impuls

Energie-Zeit-Unschärferelation

$$\Delta W \cdot \Delta t \geq h$$

ΔW: Energieunschärfe

Δt: Zeitdauer der Energiemessung

$$\Delta \gamma \cdot \Delta t \geq 1$$

$\Delta \gamma$: Frequenzunschärfe

4.3 Atommodelle

Demokrit von Abdera (460–371 v. Chr.) hat den Begriff des Atoms als erster geprägt. Seine Idee ging von der Überlegung aus, dass man ein Stück Materie in zwei Hälften teilen kann. Eine Hälfte davon kann man wieder teilen, usw.
Er stellte nun die Behauptung auf, dass man nach sehr vielen Teilungsschritten letztlich auf ein sehr kleines Teilchen stößt, das sich nicht mehr weiter teilen lässt, das Atom. Nach dieser Behauptung müssten also alle Körper dieser Welt aus solchen Atomen zusammengesetzt sein.

Mechanisches Atommodell (Kugelmodell)

Alle Köper bestehen aus einer großen Zahl äußerst kleiner, starrer, gleichmäßig mit Materie erfüllter und vollkommen elastischer Kugeln. Diese Kugeln ziehen einander durch Gravitationskräfte an. Die Atome der Grundstoffe unterscheiden sich durch Kugeln verschieden großer Masse und verschieden großem Volumen. Der Durchmesser eines Atoms liegt bei 1 Å. Durch dieses Atommodell lassen sich alle Vorgänge, die nur auf der Bewegung von Atomen beruhen, beschreiben.

Beispiele:

Abschätzung von Atomdurchmesser, -volumen und -masse;
Osmose und Diffusion; Brown'sche Molekularbewegung;
kinetische Gastheorie

Thomson'sches Atommodell

In einer gleichmäßig verteilten positiven Ladung sind Elektronen eingebettet, die wie räumliche harmonische Oszillatoren um das Zentrum der positiven Ladungskugel schwingen.

Rutherford'sches Atommodell

Das Atom besteht aus einem Kern und einer Hülle. Der Atomkern mit einem Radius von ca. 10^{-12} cm enthält die positive Ladung und fast die gesamte Masse. Um den Atomkern kreisen, ähnlich wie die Planeten um die Sonne, kleine Elementarteilchen, die Elektronen. Jedes Elektron trägt eine negative Elementarladung. Die Geschwindigkeit der Elektronen ist gerade so groß, dass jeweils die Zentrifugalkraft der Coulomb'schen Anziehung durch den Kern das Gleichgewicht hält. Die einzelnen Atomarten unterscheiden sich durch die Menge der positiven Elementarladungen $Z \cdot e$ (Z = Ordnungszahl) in Kern.

Bohr'sches Atommodell

Bohr verfeinerte das Rutherford'sche Atommodell durch seine Postulate und beseitigte somit die Widersprüche zur klassischen Physik.

Bohr'sche Postulate

1. Bohr'sches Postulat:
Ein Elektron kann sich nur auf bestimmten Bahnen um den Atomkern bewegen (den sog. Quantenbahnen oder stationären Bahnen), die durch die Quantenbedingungen festgelegt sind. Jeder Quantenbahn entspricht eine bestimmte Energiestufe, d.h., auf jeder möglichen Bahn hat das Elektron eine bestimmte Gesamtenergie.

Es sind nur Bahnen möglich, für die gilt:

$$2\pi \cdot r \cdot m \cdot v = h \cdot n$$

($n = 1, 2, 3, \ldots$ Hauptquantenzahl)

Die den Quantenbahnen entsprechenden Energiestufen bezeichnet man mit $E_1, E_2, E_3, \ldots E_n$, wobei E_1 die dem Atomkern am nächsten gelegene Bahn ist, dann folgt E_2, E_3 usw. Die Indices 1, 2, 3, … heißen Hauptquantenzahlen.

Befindet sich das Elektron auf der Energiestufe E_1, so hat es seinen größten negativen Energiewert (−13,53 eV), ist es dagegen sehr weit vom Kern entfernt, so hat es den Energiewert 0.

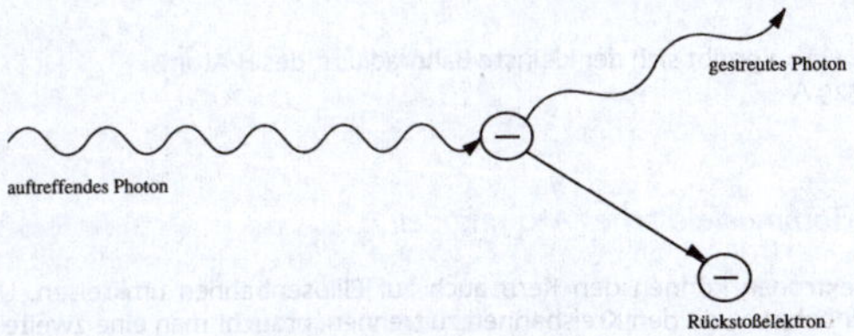

Physik

2. Bohr'sches Postulat:
Die Bewegung der Elektronen auf den Quantenbahnen erfolgt strahlungsfrei. E_n, E_k seien zwei Energiestufen mit $n > k$; $n, k, = 1, 2, 3, \ldots$ (E_n hat den größeren Bahnradius.) Ein Elektron kann von k nach n springen, wenn es die Energie $E_n - E_k$ aufgenommen hat. Umgekehrt wird es beim Übergang von E_n auf die kernnähere Stufe E_k die aufgenommene Energie als elektromagnetischer Wellenzug (Photon) wieder abgeben. Die Frequenz f des Photons ergibt sich durch die Beziehung:
$E_n - E_k = h \cdot f$.

h = Plank'sches Wirkungsquantum = $6{,}62 \cdot 10^{-34}$ Js

Für die Energieterme E_n des Wasserstoffatoms gilt:

$$E_n = \frac{R \cdot h \cdot c}{n^2}$$

R: Rydbergkonstante

Physik

Will man ein Atom ionisieren, so muss man mindestens die Energie E_n zuführen.

E_n heißt dann Ionisierungsenergie.

Aufgrund der Bohr'schen Postulate gilt für die möglichen Bahnradien r_n:

$$r_n = \frac{n \cdot h^2 \cdot \varepsilon_0}{p \cdot Z \cdot e^2 \cdot m_0}$$

für $Z = 1$, $n = 1$ ergibt sich der kleinste Bahnradius r_1 des H-Atoms:
$r_1 = 0{,}529$ Å

Bohr-Sommerfeld'sches Atommodell

Die Elektronen können den Kern auch auf Ellipsenbahnen umkreisen. Um die Ellipsenbahnen von den Kreisbahnen zu trennen, braucht man eine zweite Quantenzahl, die Nebenquantenzahl k. Die Hauptquantezahl n bestimmt die Gesamtenergie E_n des Terms, die Nebenquantenzahl k ($k \leq n$) die Exzentrizität. Der Energieterm ist n-fach entartet. (Die Nebenquantenzahl wird heute mit l berechnet, wobei $l = k - 1$.)

$$E_n = \frac{R \cdot h \cdot c \cdot Z^2}{n^2}$$

Verfeinertes Modell der Atomhüllen, Pauli-Prinzip

Die genaue Spektralanalyse des Lichts, das aus den Atomen ausgesandt wird, gibt Auskunft über den Aufbau der Atomhüllen. Im elektrischen Feld des Atomkerns gibt es zunächst die schon erwähnten Energiestufen, auf denen sich die Elektronen strahlungsfrei bewegen. Die Energiestufen heißen auch Schalen, denn sie liegen gleichsam wie Kugelschalen mit verschiedenen großen Radien um den Kern.

Die Schalen werden von innen nach außen mit K, L, M, N, O, P, Q bezeichnet, dies entspricht den Hauptquantenzahlen von 1 bis 7. Jede Energiestufe (ausgenommen E_1) muss noch in weitere Unterstufen eingeteilt werden, deren Zahl nach außen wächst. Die Energiezustände der Unterschalen heißen der Reihe nach s, p, d, f, … , sie entsprechen den Nebenquantenzahlen, bezeichnet mit l; $l = 0, 1, 2, 3, \ldots, (n-1)$. Aber auch die Unterschalen müssen noch feiner eingeteilt werden. Die Elektronen können dort weitere Energiezustände annehmen, die durch die magnetische Quantenzahl m und die Spinquantenzahl s beschrieben werden. m ist eine ganze Zahl mit $-l \leq m \leq +l$ und s hat nur zwei Werte, $s \pm \frac{1}{2}$.

Einem Elektron ordnet man also stets 4 Quantenzahlen zu: n, l, m, s.

Pauli-Prinzip:

Es sagt aus, dass in einem Atom nie zwei oder mehr Elektronen vorhanden sein können, die in allen vier Quantenzahlen übereinstimmen. Daraus folgt, dass jeder Schale nur eine bestimmte maximale Elektronenbesetzung haben kann, nämlich $2n^2$.

Physik

Wellenmechanisches Atommodell

Ausgehend von der Wellennatur der atomaren Teilchen entwickelte de Broglie ein grundlegend neues Atommodell, zu dem Schrödinger die mathematische Beschreibung lieferte.

Die stationären Quantenbahnen lassen sich als geschlossene stehende Elektronenwellen deuten.

$2\pi r_n = n \cdot \lambda; (n = 1, 2, 3, \ldots)$	Bedingung für stehende Wellen
$p = m \cdot v$	p: Impuls des Elektrons
$\lambda = \frac{h}{p}$	λ: Wellenlänge des Elektrons
$2\pi \cdot m \cdot v \cdot r_n = n \cdot h$	

Physik

4.4 Röntgenstrahlen

extrem kurzwellige energiereiche elektromagnetische Strahlung

$\lambda = 10^{-8}$ bis 10^{-12} m	Wellenlängenbereich
$f = 3 \cdot 10^{16}$ Hz bis $3 \cdot 10^{20}$ Hz	Frequenzbereich

Erzeugung von Röntgenstrahlung

Röntgenbremsstrahlung:

Schnelle geladene Teilchen, z. B. Elektronen, werden im Coulombfeld anderer geladener Teilchen, z. B. Atomkerne, abgebremst.

$$f_{max} = \frac{W_{kin}}{h} = \frac{q \cdot U}{h}$$

f_{max}: maximale Frequenz der Röntgenstrahlung (Grenzfrequenz)
W_{kin}: kinetische Energie des Teilchens
q: Ladung des schnellen Teilchens
U: Beschleunigungsspannung

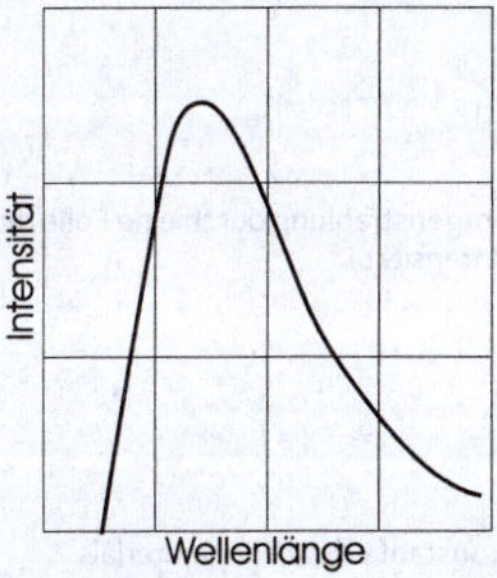

Charakteristische Röntgenstrahlung (Röntgenlinienstrahlung):

Sie entsteht beim Übergang von einem Elektron auf einen kernnahen Quantenzustand. Dies ist z. B. möglich, wenn zuvor ein schnelles Teilchen ein inneres Hüllenelektron herausgeschlagen hat und nun ein „Elektronenplatz" auf einer kernnäheren Bahn frei ist. Die beobachtbaren Spektrallinien fasst man in mehreren Serien zusammen, je nach Endposition des Elektrons.

$n = 1$: K-Serie
$n = 2$: L-Serie
$n = 3$: M-Serie

Für die Frequenz f der K-Linie gilt:

Moseley'sches Gesetz:

$$\sqrt{f} = A \cdot (Z - s)$$

Z: Kernladungszahl

A und s: material- und linienabhängige Konstanten

Absorption von Röntgenstrahlung

Beim Durchgang der Röntgenstrahlung durch eine Folie der Dicke d verringert sich die Intensität I_0 auf die Intensität I.

$$I = I_0 \cdot e^{kd}$$

k: Absorptionskonstante des Folienmaterials

Beugung der Röntgenstrahlung an Kristallen

Bragg'sche Interferenzbedingung:

$2 \cdot d \cdot \cos \vartheta^* = n \cdot \lambda, n = 1, 2, \ldots$ ϑ^*: Einfallswinkel

$2 \cdot d \cdot \sin \vartheta^* = n \cdot \lambda$ mit $\vartheta = \vartheta^* - 90°$

4.5 Atomkerne

Atomkerne enthalten die Protonen (Ladung +e, Masse 1,0073 u) und die Neutronen (keine Ladung, Masse 1,0087 u). Beide zusammen nennt man Nukleonen, der Kern heißt Nuklid.

Z ist die Zahl der Protonen (sie stimmt mit der Ordnungszahl des Periodensystems überein), *N* ist die Zahl der Neutronen und *A* ist die Massenzahl (die auf eine ganze Zahl auf- oder abgerundet relative Atommasse).

Es gilt:

$$A = Z + N$$

Beispiel:

Dem Periodensystem entnimmt man für das Atom Natrium $A = 23$ und $Z = 11$.

Dann hat das Atom $23 - 11 = 12$ Neutronen

Um den Kernaufbau und spätere Kernumwandlungen leichter beschreiben zu können, gibt man den Kern (das Nuklid) in einer besonderen Darstellung an: An das chemische Formelzeichen des betreffenden Elements schreibt man links oben die Massenzahl und links unten die Protonenzahl an.

Beispiele:

Stickstoff: ${}^{14}_{7}N$,
Natrium: ${}^{23}_{11}Na$,
Uran: ${}^{238}_{92}U$
Elektron: ${}^{0}_{-1}e$,
Proton: ${}^{1}_{1}p$,
Neutron: ${}^{1}_{0}n$

Physik

Isotope

Atome, deren Nuklide die gleiche Anzahl von Protonen, aber verschieden viele Neutronen besitzen, nennt man Isotope.

Beispiel:

Wasserstoff hat drei Isotope:

$^{1}_{1}H$, stabiles Wasserstoffnuklid, Anteil 99,98 %

$^{2}_{1}H$, stabiles Wasserstoffnuklid, genannt Deuterium

$^{3}_{1}H$, instabiles Wasserstoffnuklid, genannt Tritium

Massendefekt

$$\Delta M = Z \cdot m_p + N \cdot m_N - M$$

ΔM: Differenz der Ruhemassen sämtlicher Nukleonen und der tatsächlichen Ruhemasse des Kerns

m_p: Ruhemasse eines freien Protons

m_N: Ruhemasse eines freien Neutrons

M: Ruhemasse des Kerns

$\Delta M > 0$: stabile Kerne
$\Delta M < 0$: spontan zwerfallende Kerne (radioaktiv)

Aufgrund der Bindungskräfte wird beim Entstehen eines stabilen Kerns aus freien Protonen und Neutronen Energie frei:

$$W = \Delta M \cdot c^2$$

W: frei werdender Energiebetrag

c: Lichtgeschwindigkeit im Vakuum

Physik

Um einen Kern in seine Nukleonen zu zerlegen, muss die Kernbindungsenergie aufgewandt werden.

$$W_B = -\Delta_M \cdot c^2$$

Beispiel:

$^4_2$He: $\Delta M = 0{,}0518 \cdot 10^{-27}$ kg; $W_B = -29$ MeV

mittlere Bindungsenergie je Nukleon

$$\frac{W_B}{A}$$

Meist beträgt die Bindungsenergie je Nukleon im Kern zwischen 7 MeV und 9 MeV.

4.6 Radioaktivität

Spontaner Zerfall von Atomkernen unter Änderung von Masse, Kernladung und/oder Energie.

Natürliche Radioaktivität:
zerfallenes Nuklid kommt natürlich vor; bei allen Elementen mit $Z > 80$

Künstliche Radioaktivität:
zerfallenes Nuklid wurde künstlich erzeugt

Zerfallsgesetz:

$$N(t) = N_0 \cdot e^{-\lambda t}$$

$N(t)$: Anzahl der Atome zur Zeit t

N_0: Anzahl der Atome zur Zeit $t = 0$

λ: Zerfallskonstante

$$t_{\frac{1}{2}} = \frac{\ln 2}{\lambda}$$

$t_{\frac{1}{2}}$: Halbwertszeit: Die Hälfte der ursprünglich vorhandenen Kerne ist zerfallen.

Aktivität:

$$A(t) = -\frac{dN}{dt}$$

A: Aktivität: Kernzerfälle je Zeiteinheit

Bq: Becquerel

$$[A] = 1\ \text{Bq} = 1\frac{1}{s}$$

(spezifische Aktivitäten werden pro Flächeneinheit, je Masseneinheit, je Volumeneinheit angegeben)

Strahlung radioaktiver Kerne

α-Strahlen:
Sie bestehen aus einem Paket von zwei Protonen und zwei Neutronen, sind also Heliumkerne mit der Massenzahl $A = 4$. (Symbol: ${}^{4}_{2}He^{++}$ oder α). Sie können wegen ihrer elektrischen Ladung magnetisch und elektrisch abgelenkt werden. Beim Verlassen der radioaktiven Substanz haben sie Geschwindigkeiten von 5 % bis 10 % der Lichtgeschwindigkeit. Ihre Reichweite beträgt in der Luft je nach kinetischer Energie bis ca. 6 cm, in festen Stoffen ist die Reichweite geringer.

Beispiel:

$${}^{238}_{92}U \rightarrow {}^{234}_{90}Th + {}^{4}_{2}\alpha.$$

Das Isotop 238 Uran zerfällt unter Aussendung eines α-Teilchens in das Isotop 234 Thorium.

β-Strahlen:
Sie sind Elektronen, die mit großer Geschwindigkeit (bis zu 99 % der Lichtgeschwindigkeit) aus dem Atomkern geschleudert werden. Sie entstehen durch den spontanen Zerfall eines Neutrons im Kern in ein Proton und eben dieses Elektron (Symbol: ${}^{0}_{-1}e$ oder β). Wegen ihrer kleinen Masse werden sie in elektrischen oder magnetischen Feldern stärker abgelenkt als die α-Teilchen. Sie haben in der Luft eine etwas größere Reichweite als die α-Teilchen.

Beispiel:

$${}^{215}_{84}Po \rightarrow {}^{215}_{85}At + {}^{0}_{-1}\beta.$$

Das Isotop 215 Polonium zerfällt unter Aussendung eines β-Teilchens in 215 Astatium.

γ-Strahlen:
Sie sind elektromagnetische Wellen mit noch viel kleinerer Wellenlänge als die Röntgenstrahlen, sie sind demnach noch reicher an Energie als die Röntgenstrahlen. Sie stammen aus dem Kern und begleiten einen α- oder β-Zerfall. Sie lassen sich durch elektrische oder magnetische Felder nicht ablenken.

Dosimetrie

W	W: Strahlungsenergie
$[W] = 1\ \text{eV}$	$1\ \text{eV} = 1{,}6 \cdot 10^{-19}\ \text{J}$
$A = -\frac{dN}{dt}$	A: Akivität
$[A] = 1\ \text{Bq (Becquerel)} = 1\frac{1}{\text{s}}$	(alte Einheit 1 Ci (Curie); $1\ \text{Ci} = 3{,}7 \cdot 10^{10}\ \text{Bq}$)
$D = \frac{W}{m}$	D: Energiedosis: die vom Absorber der Masse m aufgenommene Energie W der Strahlung
$[D] = 1\ \text{Gy (Gray)} = 1\ \frac{\text{J}}{\text{kg}}$	(alte Einheit 1 rd (rad) = 10^{-2} Gy)
$\dot{D} = \frac{dD}{dt}$	$\dot{D}$: Energiedosisleistung
$[\dot{D}] = 1\frac{\text{Gy}}{\text{s}} = 1\frac{\text{W}}{\text{kg}}$	(alte Einheit $1\frac{\text{rd}}{\text{h}} = 2{,}78 \cdot 10^{-6}\ \frac{\text{Gy}}{\text{s}}$)
$D_I = \frac{Q}{m}$	D_I: Ionendosis: die im Absorber der Masse m durch Ionisation gebildete Ladungsmenge Q eines Vorzeichens

$[D_I] = 1\frac{\mathrm{C}}{\mathrm{kg}}$ (alte Einheit $1\ \mathrm{R} = 2{,}58 \cdot 10^{-4}\ \frac{\mathrm{C}}{\mathrm{kg}}$)

$\dot{D}_I = \frac{dD_I}{dt}$ $\dot{D}_I$: Ionendosisleistung

$[\dot{D}_I] = 1\frac{\mathrm{A}}{\mathrm{kg}}$ (alte Einheit $1\frac{\mathrm{R}}{\mathrm{h}} = 7{,}16 \cdot 10^{-8}\ \frac{\mathrm{A}}{\mathrm{kg}}$)

$K = \frac{W_{kin}}{m}$

$[K] = 1\ \mathrm{Gy}$

K: Kerma (die): die Summe der Anfangswerte der kinetischen Energie W_{kin} aller geladenen Teilchen, die von indirekt ionisierender Strahlung im Absorber der Masse m freigesetzt werden; für die meisten Anwendungen ist $D = K$.

$\dot{K} = \frac{dK}{dt}$ $\dot{K}$: Kermaleistung

$[\dot{K}] = 1\frac{\mathrm{Gy}}{\mathrm{s}}$

$H = q \cdot D = N \cdot Q \cdot D$

H: Äquivalentdosis: Die biologische Strahlenwirkung hängt stark von der Strahlenart ab, da die verschiedenen Strahlungsarten eine unterschiedliche Ionisierungsdichte haben. Dieser Einfluss wird durch den Bewertungsfaktor q berücksichtigt, wobei $q = Q \cdot N$ (mit Q: Qualitätsfaktor; N: modifizierender Faktor).

$[H] = 1\ \mathrm{Sv}$ (Sievert) $= 1\frac{\mathrm{J}}{\mathrm{kg}}$ (alte Einheit $1\ \mathrm{rem} = 10^{-2}\ \mathrm{Sv}$)

Physik

Strahlungsart	Qualitätsfaktor Q in $\frac{Sv}{Gy}$
α-Strahlen	20
β-Strahlen	1
γ- und Röntgenstrahlen	1
Neutronenstrahlung unbekannter Energie	10

Physik

Verschiedene Äquivalentdosisarten

Ortsdosis: Dosis an einem bestimmten Ort.

Teilkörperdosis: Dosis eines bestimmten Körperabschitts.

Effektive Äquivalentdosis: beschreibt die Belastung des Gesamtkörpers, wobei die Teilkörperdosen durch den Wichtungsfaktor w gewichtet und dann aufsummiert werden.

Wichtungsfaktoren:

Keimdrüsen: 0,25
Gebärmutter: 0,06
Brust: 0,15
rotes Knochenmark: 0,12
Lunge: 0,12
Schilddrüse: 0,03
Knochenoberfläche: 0,03
Blase, oberer Dickdarm, Dünndarm, Magen, Milz, Nebenniere, Niere,
Bauchspeicheldrüse, Thymus: je 0,06
Gehirn: 0,06

Personendosis: Äquivalentdosis, die ein am Körper getragenes Dosimeter anzeigt.

Genetisch signifilante Äquivaletdosis = Gonadendosis: Teilkörperdosis der Keimdrüsen

$$\dot{H} = \frac{dH}{dt}$$

$\dot{H}$: Äquivalentdosisleistung

$$[\dot{H}] = 1\,\frac{Sv}{s} = 1\,\frac{W}{kg}$$

(alte Einheit $1\,\frac{rem}{h} = 2{,}78 \cdot 10^{-6}\,\frac{Sv}{s}$)

5.
Elektrostatik und elektrischer Strom

5.1 Elektrostatik

Elektrische Ladungen: Coulomb-Kraft

Elektrisch geladene Körper erfahren eine Kraft, die als elektrostatische Wechselwirkung bezeichnet wird und die entweder anziehend oder abstoßend wirkt. Dabei zeigt sich, dass zur Beschreibung der Kraft lediglich zwei Arten von Ladungen benötigt werden, die sogenannten **positiven** (+) und **negativen** (–) Ladungen.

Experimentell zeigt sich ferner, dass gleich geladene Körper (+ vs. + bzw. – vs. –) sich gegenseitig abstoßen, während Ladungen, die sich im Vorzeichen unterscheiden (+ vs. –), sich gegenseitig anziehen.

Physik

> Ladungen mit gleichen Vorzeichen (gleichartige Ladungen) stoßen sich gegenseitig ab, während sich Ladungen mit ungleichen Vorzeichen anziehen (vgl. Abb. 4.1).

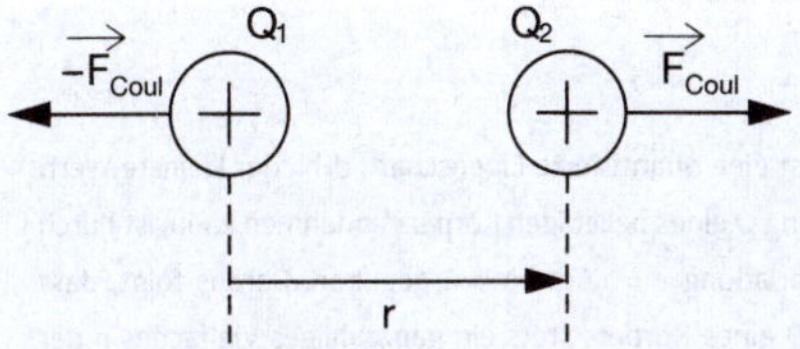

Abb 4.1a

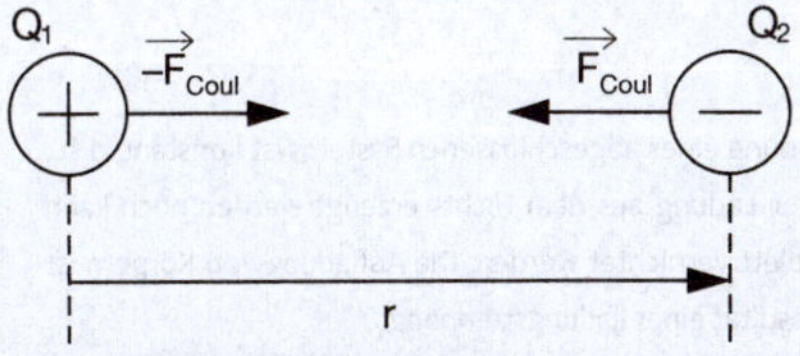

Abb 4.1b

Coulomb-Kraft bzw. das Coulomb'sche Gesetz:

Zwischen zwei elektrischen Punktladungen Q_1 und Q_2, die sich im Vakuum im Abstand $\vec{r}$ zueinander befinden, wirkt die Coulomb-Kraft

$$\vec{F}_{Coul}(\vec{r}) = \frac{1}{4\pi\varepsilon_0}\frac{Q_1 \cdot Q_2}{r^2} \cdot \vec{e}_r, \qquad \text{(Gleichung 4.1)}$$

wobei $r = |\vec{r}|$ der Betrag des Abstandsvektors $\vec{r}$ ist und $\vec{e}_r = \vec{r}/r$ dessen Richtungsvektor darstellt (vgl. Abb. 4.1).

Wird die Ladung in Coulomb ($[Q] = 1$ C) gemessen, so nimmt die **(Vakuum-)Dielektrizitätskonstante** ε_0 den Wert

$\varepsilon_0 = 8{,}85 \cdot 10^{-12}\ \mathrm{C \cdot V^{-1} \cdot m^{-1}}$ an.

Physik

Im Gegensatz zur Gravitationskraft besitzt Gl. 4.1 kein Minuszeichen, denn zwischen zwei gleichartigen Ladungen wirkt (aufgrund von $Q_1 \cdot Q_2 > 0$) eine abstoßende Coulomb-Kraft ($\vec{F}_{Coul} > 0$), während sich Ladungen unterschiedlichen Vorzeichens ($Q_1 \cdot Q_2 < 0$) gegenseitig anziehen ($\vec{F}_{Coul} < 0$).

Die Ladung ist eine **quantisierte** Eigenschaft, d. h., der kleinste Wert, den die Ladung Q eines beliebigen Körpers annehmen kann, ist durch die Elementarladung $e = 1{,}602 \cdot 10^{-19}$ C gegeben. Daraus folgt, dass die Ladung Q eines Körpers stets ein ganzzahliges Vielfaches n der Elementarladung ist: $Q = n \cdot e$.

Die Gesamtladung eines abgeschlossenen Systems ist konstant, d. h., es kann weder Ladung aus dem Nichts erzeugt werden noch kann Ladung komplett vernichtet werden. Die Aufladung von Körpern ist immer das Resultat einer Ladungstrennung.

Ladungen im elektrischen Feld

Jede Punktladung Q erzeugt in ihrer Umgebung ein **elektrisches Feld** $\vec{E}(\vec{r})$, welches im Abstand $\vec{r}$ durch

$$\vec{E}(\vec{r}) = \frac{1}{4\pi\varepsilon_0} \frac{\vec{e}_r}{r^2} \cdot Q \qquad \text{(Gleichung 4.2)}$$

gegeben ist.

(Einheit: 1 Volt/Meter = 1 V/m, siehe unten)

Die Wirkung des elektrischen Feldes (in Abhängigkeit vom Ort $\vec{r}$) kann man leicht messen, indem man eine sehr kleine Probeladung q an den Ort $\vec{r}$ bringt und dort die Coulomb-Kraft

$$\vec{F}_{Coul}(\vec{r}) = \vec{E}(\vec{r}) \cdot q \rightarrow \vec{E}(\vec{r}) = \vec{F}_{Coul}(\vec{r})/q \qquad \text{(Gleichung 4.3)}$$

bestimmt, die auf die Probeladung q wirkt. Mithilfe dieser Messung kann man an jeden Punkt $\vec{r}$ einen Vektor einzeichnen, der in Betrag und Richtung dem elektrischen Feld an dieser Stelle entspricht. Macht man diese Darstellung sehr fein, so erhält man (in Analogie zum Geschwindigkeitsfeld $\vec{v}(\vec{r})$ aus Abschnitt 2.5) die **Feldlinien** des elektrischen Feldes, deren Verlauf in Abb. 4.2 exemplarisch für eine positive (a) und eine negative Ladung (b) dargestellt ist. Offensichtlich verlaufen die Feldlinien des elektrischen Feldes stets von positiven zu negativen Ladungen.

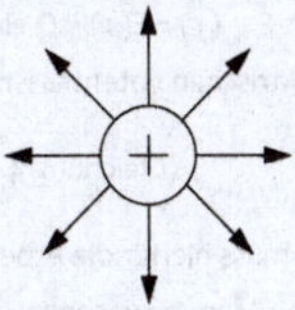

Abb. 4.2a

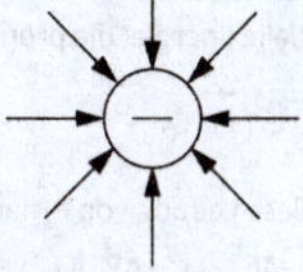

Abb. 4.2b

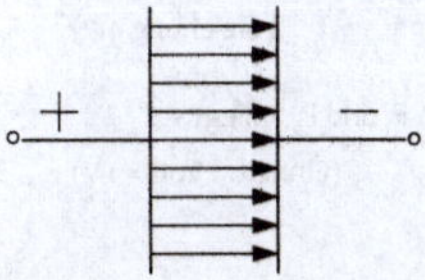

Abb. 4.2c

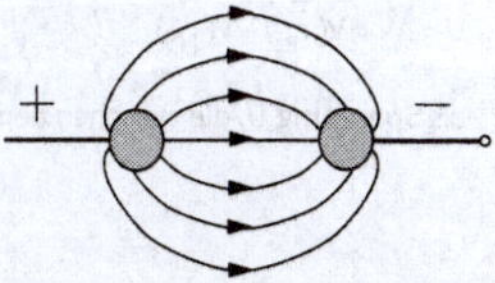

Abb. 4.2d

Interessanterweise zeigt sich, dass Gl. 4.3 für beliebige elektrische Felder gilt, d. h.:

Befindet sich eine Punktladung Q in einem beliebigen elektrischen Feld $\vec{E}(\vec{r})$, so wirkt am Ort $\vec{r}$ die Coulomb-Kraft

$$\vec{F}_{Coul}(\vec{r}) = Q \cdot \vec{E}(\vec{r}) \qquad \text{(Gleichung 4.4)}$$

auf die Ladung.

Elektrisches Potential und Spannung

Sei $\vec{E}(\vec{r})$ ein statisches elektrisches Feld. Dann gibt es eine skalare Funktion $V(\vec{r})$ (das **elektrische Potential**), welche die Gleichung

$$\vec{E}(\vec{r}) = -\left(\frac{\partial}{\partial x} V(\vec{r}), \frac{\partial}{\partial y} V(\vec{r}), \frac{\partial}{\partial z} V(\vec{r})\right) \qquad \text{(Gleichung 4.5)}$$

erfüllt (→ Abschnitt 1.4).

Wird nun eine Punktladung Q in dieses System eingebracht, so besitzt die Punktladung aufgrund der Coulomb-Kraft $\vec{F}_{Coul}(\vec{r}) = \vec{E}(\vec{r}) \cdot \vec{Q}$ eine potentielle Energie, die proportional zum elektrischen Potential ist:

$$E_{pot}(\vec{r}) = V(\vec{r}) \cdot Q. \qquad \text{(Gleichung 4.6)}$$

Wird diese Ladung von P_1 nach P_2 bewegt, so muss hierfür die Arbeit $W_S = -\Delta E_{pot} = -\Delta V \cdot Q_2$ verrichtet werden. Man bezeichnet die Potentialdifferenz

$$U = \Delta V = V(\vec{r}_{P_2}) - V(\vec{r}_{P_1}) \qquad \text{(Gleichung 4.7)}$$

als **Spannung** U, die zwischen den Punkten P_1 und P_2 anliegt.

(Einheit: 1 Volt = 1 V)

Diese Aufteilung der potentiellen Energie hat praktische Vorteile: Wird die Ladung Q_2 in dem elektrischen Feld $\vec{E}_1(\vec{r})$ bewegt, so muss für diese Bewegung im Allgemeinen die Arbeit W_S verrichtet werden, die leicht aus der Änderung der potentiellen Energie berechnet werden kann:

$$W_S = \int_{P_1}^{P_2} \vec{F}_{Coul}(\vec{r}) \cdot d\vec{r} = -(E_{pot}(\vec{r}_{P_2}) - E_{pot}(\vec{r}_{P_1})) = -\Delta E_{pot}$$

wobei $\Delta V = V(\vec{r}_{P_2}) - V(\vec{r}_{P_1})$ gerade die Änderung des elektrischen Potentials $V(r)$ ist.

Wenn daher eine Ladung Q eine Spannung U durchläuft, so muss hierfür die Arbeit $W_S = -U \cdot Q$ verrichtet werden. Für negative Ladungen ($Q < 0$) ist diese Arbeit positiv, d. h., die Bewegung verläuft in Richtung der Coulomb-Kraft und wird daher spontan (unter Verringerung der potentiellen Energie $\Delta E_{pot} = -W_S = U \cdot Q < 0$) ausgeführt. Dies zeigt, dass Elektronen ($Q_e = -e < 0$) im Vakuum durch elektrische Felder beschleunigt werden können, wobei eine Umwandlung von potentieller in kinetische Energie stattfindet, sodass das Elektron nach Durchlaufen der Spannung U die kinetische Energie

$$\Delta E_{kin} = -\Delta E_{pot} \rightarrow \frac{m_e}{2} v^2 = \frac{m_e}{2} v_0^2 + e \cdot U$$

besitzt, wobei v_0 die Anfangsgeschwindigkeit des Elektrons bezeichnet. War das Elektron zu Beginn in Ruhe ($v_0 = 0$), so wurde es durch die Spannung U auf die Geschwindigkeit

$$v = \sqrt{2 \cdot e \cdot U/m_e} \qquad \text{(Gleichung 4.8)}$$

beschleunigt.

Elektrische Dipole im elektrischen Feld

Ein **elektrischer Dipol** ist eine Ladungsverteilung zweier (bis auf das Vorzeichen) identischer Ladungen $Q_1 = -Q$ und $Q_2 = +Q$, die sich im (festen) Abstand d zueinander befinden (vgl. Abb. 4.3).

Viele Eigenschaften des Dipols können durch das **Dipolmoment** $\vec{p}_{el} = Q \cdot \vec{d}$ ausgedrückt werden (Einheit: 1 C · m), wobei $\vec{p}_{el}$ stets von der negativen zur positiven Ladung zeigt.

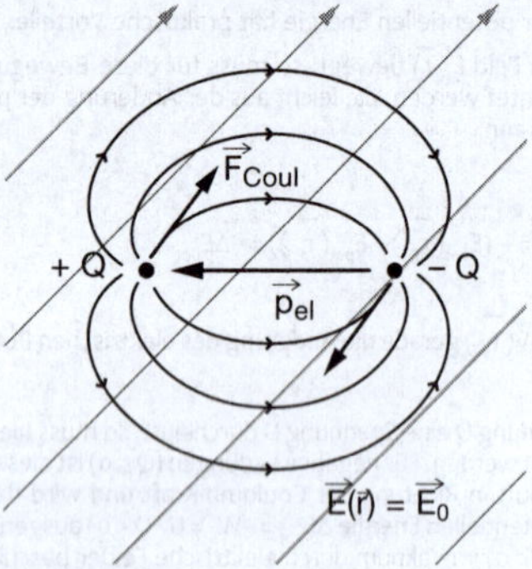

Abb 4.3 a

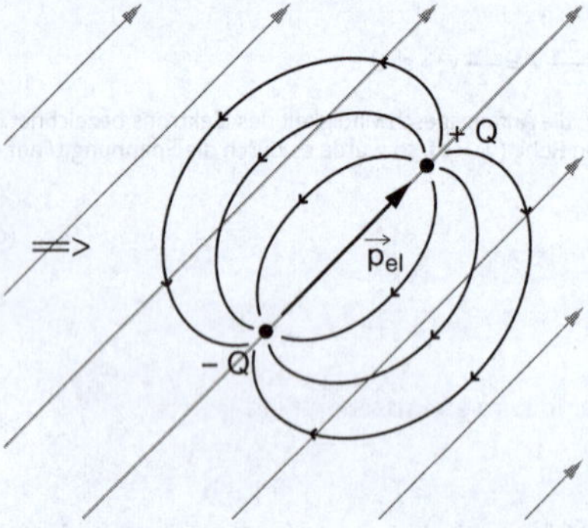

Abb 4.3 b

Das elektrische Feld $\vec{E}(\vec{r})$ des Dipols ist in Abb. 4.3a abgebildet und kann bei hinreichend großem Abstand von den Ladungen ($d << r$) in guter Näherung durch das elektrische Potential

$$V_{DP}(\vec{r}) = \frac{1}{4\pi\varepsilon_0} \frac{\vec{p}_{el} \cdot \vec{r}}{r^3}$$

beschrieben werden (wobei als Ursprung des Koordinatensystems der Mittelpunkt beider Ladungen gewählt wurde).

Wird ein elektrischer Dipol $\vec{p}_{el}$ in ein äußeres, homogenes elektrisches Feld $\vec{E}(\vec{r}) = \vec{E}_0 = const.$ eingebracht, so gelten folgende Aussagen:

1. Am Dipol greift das Drehmoment $\vec{D} = \vec{p}_{el} \times \vec{E}_0$ an.

2. Aufgrund des Drehmomentes kann dem Dipol die potentielle Energie (bezüglich der Drehung) $E_{pot} = -\vec{p}_{el} \cdot \vec{E}_0 = -p_{el} \cdot E_0 \cdot \cos\varphi$ zugeordnet werden, wobei φ der Winkel ist, der vom Dipolmoment und dem elektrischen Feld eingeschlossen wird.

3. Das Drehmoment bewirkt daher eine Drehung des Dipols um seinen Mittelpunkt, die erst stoppt, wenn der Dipol seine potentielle Energie minimiert hat, d.h., wenn das Dipolmoment parallel zum elektrischen Feld ausgerichtet ist ($\varphi = 0$).

5.2 Elektrische Flüsse um Ladungsverteilungen

Elektrischer (Kraft-)Fluss und Gauß'scher Integralsatz

Wird im Folgenden eine Fläche A vektoriell aufgefasst, so besitzt der Vektor $\vec{A}$ die folgenden Eigenschaften:

1. Der Betrag $A = |\vec{A}|$ entspricht dem Flächeninhalt der Fläche A.

2. Der Einheitsvektor $\vec{e}_A = \vec{A}/A$ entspricht dem Einheitsvektor, der senkrecht auf der Fläche A steht und bei gekrümmten Flächen nach außen zeigt.

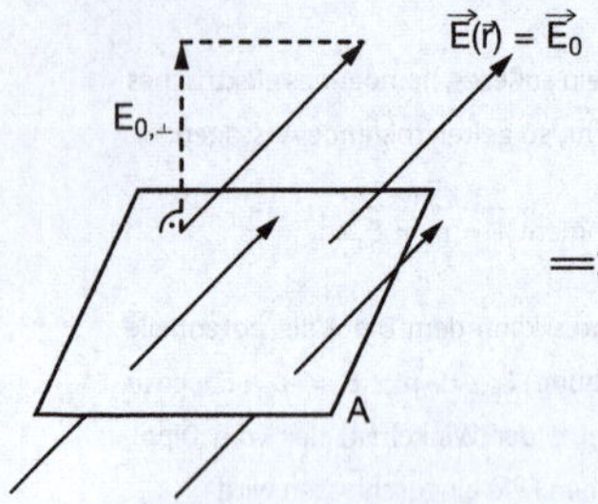

Abb 4.4a

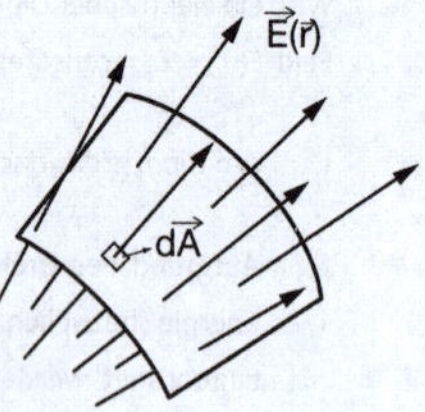

Abb 4.4b

Physik

Elektrischer (Kraft-)Fluss:

Fließt ein elektrisches Feld $\vec{E}(\vec{r})$ durch eine Oberfläche A, so kann der damit verbundene elektrische (Kraft-)Fluss durch

$$\Psi_{el} = \int_S d\Psi_{el}(\vec{r}) = \int_S \vec{E}(\vec{r}) \cdot d\vec{A} \qquad \text{(Gleichung 4.9)}$$

berechnet werden, wobei die infinitesimale Fläche $d\vec{A}$ über ganz A abintegriert wird (vgl. Abb. 4.4b).

(Einheit: 1 V · m)

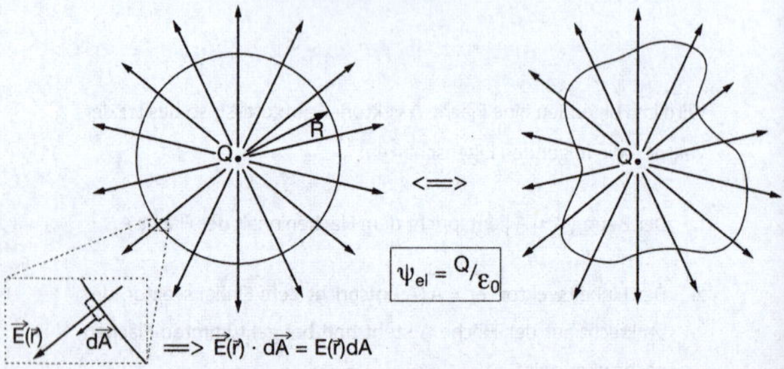

Abb 4.5

Gauß'scher Satz der Elektrostatik:

Betrachten wir eine **beliebige geschlossene** Oberfläche S, so hängt der elektrische Fluss

$$\Psi_{el} = \oint_S \vec{E}(\vec{r}) \cdot d\vec{A} = Q_{ein}/\varepsilon_0 \qquad \text{(Gleichung 4.10)}$$

lediglich von der Anzahl der eingeschlossenen Ladungsträger Q_{ein} ab. Dies ist ein überraschendes Resultat, da Ψ_{el} somit weder von der genauen Ladungsverteilung noch von der Wahl bzw. der Form der Oberfläche S abhängt.

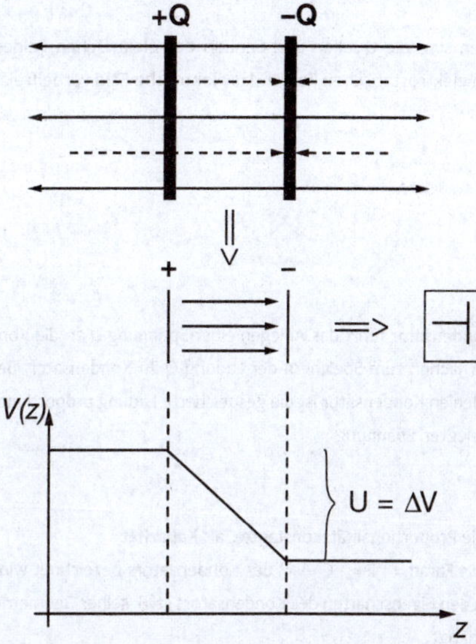

Abb 4.6

Dieses Resultat ist wirklich bemerkenswert und kann erst im Rahmen der Differentialgeometrie vollständig bewiesen werden. Es besagt anschaulich, dass alle Feldlinien, die von außen durch die geschlossene Oberfläche eintreten, automatisch an einer anderen Stelle wieder austreten müssen. Dadurch heben sich diese Feldlinien im elektrischen Fluss gegenseitig auf:

Lediglich eingeschlossene Ladungen erzeugen Feldlinien, die einen Beitrag zum elektrischen Fluss liefern.

Ferner folgt aus der Verknüpfung von $\vec{E}(\vec{r})$ und Q_{ein} in Gl. 4.10:

Ladungen sind die Quellen und Senken des elektrischen Feldes bzw., im elektrostatischen Fall ist das elektrische Feld wirbelfrei.

Kondensator

Beim **Kondensator** führt das Anlegen einer Spannung U an die Kondensatorflächen zum Speichern der Ladung Q im Kondensator. Bei einem idealen Kondensator ist die gespeicherte Ladung proportional zur angelegten Spannung

$$Q = C \cdot U,$$

wobei die Proportionalitätskonstante C als **Kapazität** (Einheit: 1 Farad = 1 F = 1 C · V^{-1}) des Kondensators bezeichnet wird und von den Eigenschaften des Kondensators (z. B. seiner Geometrie etc.) abhängt.

Ein **Plattenkondensator**, dessen Oberflächen (Flächeninhalt A, Abstand $d \ll \sqrt{A}$) durch die Spannung U die Ladungen $\pm Q$ tragen, erzeugt in seinem Inneren ein homogenes elektrisches Feld, dessen Feldstärke durch

$E = \frac{U}{d} = \frac{Q}{A \cdot \varepsilon_0}$ gegeben ist.

Seine Kapazität C ist daher $C = \frac{Q}{U} = \varepsilon_0 \cdot \frac{A}{d}$, sofern sich zwischen den Platten keine Materie befindet.

Die Kapazität ist eine sehr praktische Größe, die es erlaubt, einen Kondensator einfach durch seine Funktion (Ladungen zu speichern) zu beschreiben. Man muss daher nicht mehr genau wissen, wie der Kondensator explizit realisiert wurde, sondern die Kenntnis seiner Kapazität reicht für Berechnungen völlig aus.

Zur Beschreibung von Kondensatoren greift man daher häufig auf das in Abb. 4.6 skizzierte Symbol zurück, auch wenn es sich nicht um einen Plattenkondensator handelt. Die beiden parallelen Linien des Kondensatorsymbols stehen stellvertretend für die beiden Kondensatorflächen, die durch die Spannung U auf die Ladung Q aufgeladen werden.

Unter Verwendung der Kapazität kann ferner leicht berechnet werden, wie sich Systeme von Kondensatoren verhalten:

Werden mehrere Kondensatoren mit den Kapazitäten C_1 bis C_n **parallel** zueinander **geschaltet** (d. h., an den Kondensatorflächen liegt die gleiche Spannung U an, vgl. Abb. 4.7a), so ist die Kapazität des gesamten Systems durch die Summe der einzelnen Kapazitäten gegeben:

$C_{ges} = \sum_{i=1}^{n} C_i.$

Werden sie jedoch **hintereinander** geschaltet (vgl. Abb. 4.7b), so addieren sich die inversen Kapazitäten:

$C_{ges}^{-1} = \sum_{i=1}^{n} C_i^{-1}$, z. B. für $n = 2$: $C_{ges}^{-1} = C_1^{-1} + C_2^{-1} \rightarrow C_{ges} = \frac{C_1 \cdot C_2}{C_1 + C_2}$.

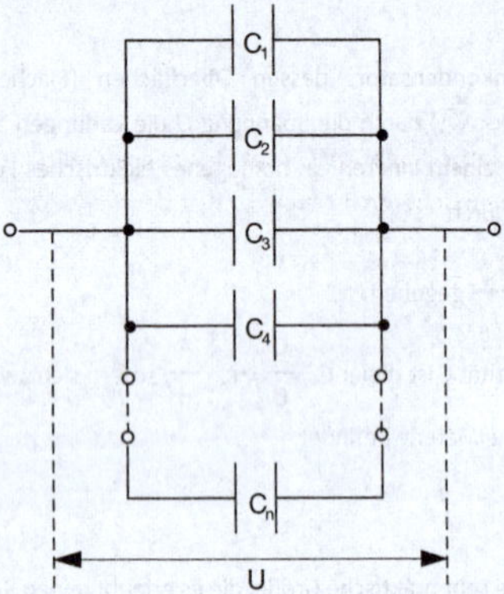

Abb. 4.7 a

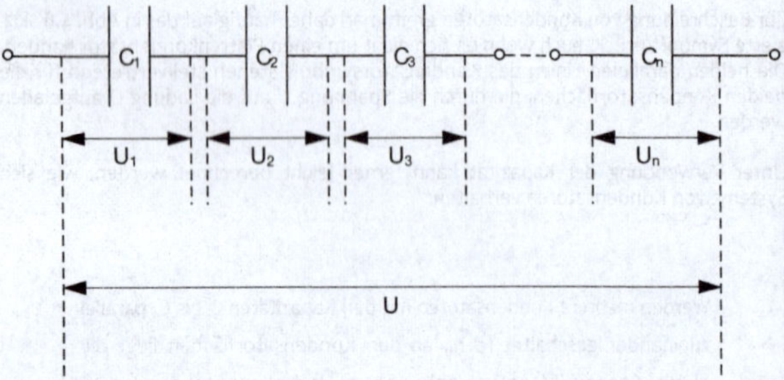

Abb. 4.7 b

Dies zeigt nochmals, wie praktisch die Abstraktion eines Kondensators durch dessen Kapazität ist: Obwohl Kondensatornetzwerke einen sehr komplizierten Aufbau besitzen können, lässt sich die Gesamtkapazität des Netzwerkes leicht durch sukzessive Anwendung dieser Regeln berechnen. Das komplexe Netzwerk kann daher ohne Probleme durch einen einfachen Kondensator ersetzt werden, solange er die gleiche Kapazität aufweist.

Elektrische Feldenergie eines Kondensators

Ein Kondensator (Kapazität C), der die Ladung $Q = C \cdot U$ trägt, speichert in seinem Inneren die elektrische Energie

$$E_{el} = \frac{1}{2 \cdot C} \cdot Q^2 = \frac{1}{2} CU^2.$$

5.3 Materie in elektrischen Feldern

Leiter und Isolatoren: Influenz versus dielektrische Polarisation

Wird Materie in ein äußeres elektrisches Feld $\vec{E}(\vec{r})$ eingebracht, so wird die Coulomb-Kraft an den (in der Materie enthaltenen) Ladungsträgern angreifen. Hier kann man grob zwei unterschiedliche Verhaltensweisen der Ladungsträger unterscheiden:

1. **Elektrische Leiter** zeichnen sich dadurch aus, dass sie in ihrem Inneren über **frei bewegliche Ladungsträger** verfügen. Daher wird die angreifende Kraft stets zu einer Umverteilung der Ladungsträger im Leiter führen, was als **Influenz** bezeichnet wird. Ein typisches Beispiel für elektrische Leiter stellen Metalle dar, die pro m^3 über ca. 10^{28} frei bewegliche Elektronen verfügen (→ Abschnitt 4.4).

2. Im Gegensatz dazu existieren in **Isolatoren** keine frei beweglichen Ladungsträger. Durch eine angreifende Kraft können die Ladungsträger in dieser Situation somit lediglich aus ihrer Ruhelage „ausgelenkt" werden (**dielektrische Polarisation**).

Dielektrika im elektrischen Feld: dielektrische Polarisation

Ein Dielektrikum reagiert auf ein äußeres elektrisches Feld mit der Ausbildung eines eigenen elektrischen Feldes, welches dem äußeren Feld entgegengerichtet ist. Das äußere Feld polarisiert das Dielektrikum also derart, dass es mit einem Gegenfeld antwortet. Hierdurch nimmt die elektrische Feldstärke zwischen den Platten ab und der Kondensator speichert bei gleicher Spannung mehr Ladungsträger.

Füllt man den Raum zwischen den Kondensatorplatten **vollständig** mit einem **Dielektrikum** mit der **Dielektrizitätskonstante** ε aus, so nimmt die Kapazität des Kondensators um den Faktor ε zu, d. h.
$C' = \varepsilon \cdot C$
(C Kapazität ohne Dielektrikum, C' Kapazität mit Dielektrikum).

Da die Kapazität des Kondensators um den Faktor ε zunimmt, erhöht sich die Fähigkeit, Ladungen (bei gleicher Spannung) zu speichern, ebenfalls um den Faktor ε. Dielektrika besitzen daher einen hohen Stellenwert in der Elektrotechnik, da durch ihren Einsatz die Größe von Kondensatoren reduziert werden kann, ohne dass dabei deren Speicherfähigkeit reduziert wird. Andererseits lässt sich leicht zeigen, dass durch Hinzufügen des Dielektrikums nicht nur die Spannung, sondern auch die elektrische Feldstärke um den Faktor ε abnimmt.

Diese Eigenschaft von Dielektrika kann unter anderem durch zwei verschiedene Mechanismen erklärt werden:

(1) **Induzierte Polarisation** tritt auf, wenn sich die Ladungen im Dielektrikum nicht frei bewegen können. In dieser Situation führt die Kraft (die durch das äußere elektrische Feld bewirkt wird) lediglich zu einer Verschiebung der Ladungsträger aus ihrer Ruheposition.

(2) **Orientierungspolarisation** tritt auf, wenn das Dielektrikum über bewegliche Dipole verfügt. In Abschnitt 4.1 wurde gezeigt, dass sich diese (bereits vorhandenen) Dipole parallel zum äußeren elektrischen Feld ausrichten und somit ebenfalls zu einer Abschwächung des äußeren Feldes führen.

Coulomb-Kraft in einem Dielektrikum

Zwischen zwei elektrischen Punktladungen Q_1 und Q_2, die sich in einem Dielektrikum (Dielektrizitätskonstante ε) im Abstand $\vec{r}$ zueinander befinden, wirkt die Coulomb-Kraft

$$\vec{F}_{\text{Coul}}(\vec{r}) = \frac{1}{4\pi\varepsilon_0\varepsilon}\,\frac{Q_1 \cdot Q_2}{r^2}\,\vec{e}_r\,,$$

wobei $r = |\vec{r}|$ den Betrag des Abstandsvektors $\vec{r}$ und $\vec{e}_r = \vec{r}/r$ dessen Richtungsvektor darstellen.

Ein Vergleich mit Gl. 4.1 zeigt, dass durch das Dielektrikum die Coulomb-Kraft (im Vergleich zum Vakuum) um den Faktor ε reduziert wird. Dies kann dramatische Auswirkungen haben, wenn Atome aufgrund einer elektrostatischen Anziehung aneinander gebunden sind (ionische Bindung), wie dies beispielsweise bei Kochsalz (Natriumchlorid, NaCl) der Fall ist. Im Vakuum sind die Bindungskräfte derart groß, dass der NaCl-Kristall stabil ist. Wird er jedoch in Wasser gegeben, so verringert sich die Coulomb-Kraft zwischen den Atomen um fast zwei Größenordnungen ($\varepsilon_{\text{Wasser}} \approx 87$), so dass der NaCl-Kristall instabil wird und sich im Wasser auflöst.

5.4 Elektrischer Strom

Elektrische Stromstärke

Werden durch einen elektrischen Leiter Ladungsträger auf einem Körper gespeichert bzw. von diesem entfernt, so wird sich die Aufladung des Körpers pro Zeiteinheit dt im Allgemeinen um dQ verändern. Als Stromstärke I des elektrischen Stromes durch den Leiter definieren wir daher die zeitliche Änderung der Aufladung, d.h.

$$I := \frac{dQ}{dt}. \qquad \text{(Einheit: 1 Ampere = 1 A = 1 C} \cdot \text{s}^{-1}\text{)}$$

Transportmechanismus in elektrischen Leitern: Stromrichtungen

Ein elektrischer Strom kann einsetzen, wenn 1. freie Ladungsträger und 2. ein elektrisches Feld vorhanden sind. In dem elektrischen Feld erfahren beide Ladungsträger eine Wechselwirkung, welche die positiven Ladungen in Richtung der Feldlinien beschleunigt, während negative Ladungen entgegengesetzt dazu transportiert werden. Der Teilchentransport verläuft also für beide Prozesse in die entgegengesetzte Richtung.

Der Ladungstransport erfolgt (aufgrund der sich unterscheidenden Vorzeichen) dennoch bei beiden Prozessen in die gleiche Richtung.

Daraus folgt auch, dass der von den negativen und positiven Ladungen (jeweils) erzeugte Strom das gleiche Vorzeichen besitzt, obwohl deren Teilchentransport entgegengesetzt zueinander verläuft.

Ideale Strom- und Spannungsquellen

1. **Ideale Spannungsquellen** zeichnen sich dadurch aus, dass der Potentialunterschied U an ihren Anschlüssen (**Polen**) unabhängig davon ist, wie groß die der Spannungsquelle entnommene Stromstärke ist. Das klassische Beispiel hierfür ist durch Batterien gegeben, die (sofern der entnommene Strom einen kritischen Wert nicht übersteigt) sich näherungsweise wie ideale Spannungsquellen verhalten.

2. Im Gegensatz dazu stellt eine **ideale Stromquelle** einen elektrischen Strom I zwischen ihren Anschlüssen zur Verfügung, der unabhängig von der weiteren elektrischen Beschaltung der Stromquelle ist (sogenannter eingeprägter Strom).

Bei vielen Strom- bzw. Spannungsquellen kann der eingeprägte Strom I bzw. der Potentialunterschied U gezielt eingestellt werden (geregelte Strom- bzw. Spannungsquellen), d.h., man gibt einmal die gewünschten Werte für I bzw. U vor, und danach „sorgen“ die Quellen für eine konstante Spannung bzw. Stromstärke.

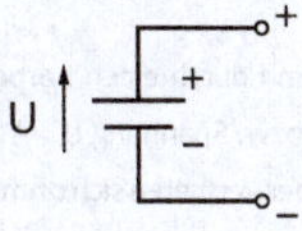

Spanungsquelle

Abb. 4.8 a

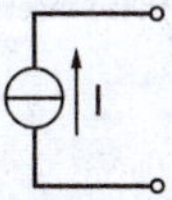

Stromquelle

Abb. 4.8 b

Auch hier kann zur Vereinfachung der Berechnung die ideale Spannungsquelle durch ihre Spannung *U* bzw. die ideale Stromquelle durch ihre eingeprägte Stromstärke *I* ersetzt werden.

Es ist üblich, hierfür die in Abb. 4.8a dargestellten Symbole zu verwenden. Bei der Spannungsquelle wird der Pol mit dem höheren elektrischen Potential durch ein Plus gekennzeichnet, während bei der Stromquelle die technische Stromrichtung durch einen Pfeil gekennzeichnet wird (vgl. Abb. 4.8a).

Ideale und ohmsche Leiter

Im Idealfall setzt ein elektrischer Leiter dem elektrischen Strom keinen Widerstand entgegen, d. h., dass sich in ihm die Ladungsträger frei von Störungen bewegen können. Im Allgemeinen wird es in elektrischen Leitern jedoch zu Störungen des Ladungstransportes kommen (z. B. durch Stöße der Ladungsträger untereinander oder mit Teilchen des Leiters), und der Leiter wird dem elektrischen Strom einen Widerstand entgegensetzen.

Gegen diesen Widerstand muss zur Aufrechterhaltung des elektrischen Stromes Arbeit verrichtet werden, was sich physikalisch als Abfall der potentiellen Energie der Ladungsträger, d. h. als Spannungsabfall äußert:

Damit ein elektrischer Strom I durch einen Körper fließt, muss eine gewisse Potentialdifferenz bzw. Spannung $U = \Delta V$ an diesem Körper angelegt werden. Viele Körper verhalten sich **ohmsch**, d. h., der Spannungsabfall U_R und die Stromstärke sind zueinander proportional

$$I := \frac{1}{R} \cdot U_R \text{ bzw. } U_R = R \cdot I, \qquad \text{(Gleichung 4.11)}$$

wobei die Proportionalitätskonstante R als **Ohm'scher Widerstand** (Einheit: 1 Ohm = 1 Ω = 1 $V \cdot A^{-1}$) bezeichnet wird (vgl. Abb. 4.8b).

Physik

Der Ohm'sche Widerstand R ist somit ein Maß dafür, wie stark ein Medium den Stromfluss behindert, d. h., wie viel Energie aufgewendet werden muss, um den Stromfluss durch das Medium zu erreichen:

Elektrische Arbeit und Leistung:

Fließt ein elektrischer Strom I entlang einer Spannung U, so muss hierfür pro Zeiteinheit dt die **Arbeit** $dW_{el} = U \cdot I \cdot dt$, also die **elektrische Leistung**

$$P_{el} = \frac{d}{dt} W_{el} = U \cdot I,$$

zum Transport der Ladungsträger geleistet werden.

Bei einem Ohm'schen Widerstand R entsteht der Spannungsabfall $U = R \cdot I$ durch Störungen des Ladungstransportes. Somit wird die verrichtete Arbeit komplett in (Joule'sche) Wärme umgewandelt, d. h., ein Ohm'scher Widerstand verringert die elektrische Leistung eines Systems um $P_{el,ohm} = U \cdot I = R \cdot I^2 = U^2/R$.

Bemerkungen:

1. Im Jahr 1911 machte Heike Kamerlingh Onnes (1853 – 1926) die Beobachtung, dass der Widerstand einiger Metalle sprunghaft gegen Null geht, sobald die Leitertemperatur einen kritischen Wert unterschreitet, welcher häufig in der Nähe des absoluten Temperaturnullpunktes liegt (→ Abschnitt 3.1).

   Da aus $R = 0$ automatisch $U = 0$ folgt, bedeutet dieses Verhalten, dass man zur Aufrechterhaltung eines elektrischen Stromes keine Arbeit mehr verrichten muss (**Supraleitung**). Ein einmal eingeprägter Strom kann daher zumindest hypothetisch beliebig lang durch einen geschlossenen Supraleiter fließen. Heute sind viele supraleitende Materialien bekannt, wobei derzeit die höchsten Übergangstemperaturen durch keramische Verbindungen erreicht werden.

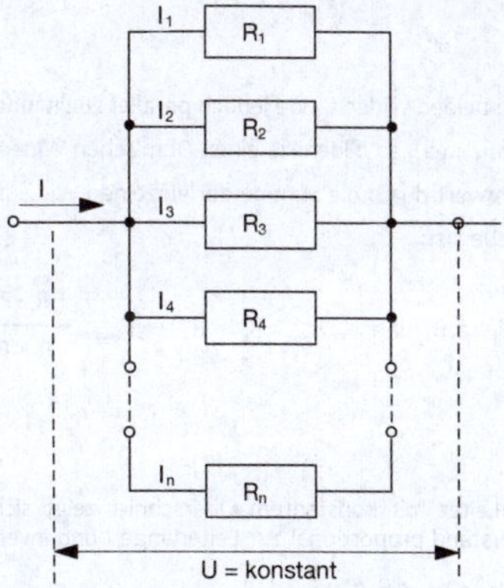

Abb. 4.9 a

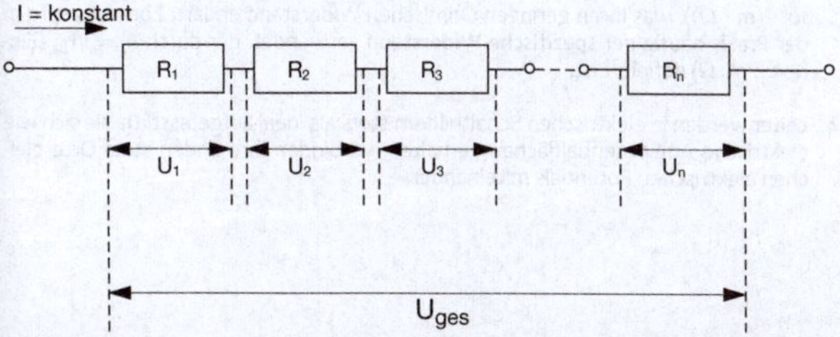

Abb. 4.9 b

2. Für die Verknüpfung mehrerer Ohm'scher Widerstände gelten die folgenden Aussagen:

Werden mehrere Ohm'sche Widerstände R_1 bis R_n **nacheinander (in Reihe)** geschaltet (vgl. Abb. 4.9b), so bilden sie zusammen einen Ohm'schen Widerstand R_{ges}, der durch die Summe aller Widerstände gegeben ist:

$$R_{ges} = \sum_{i=1}^{n} R_i.$$

Werden die beiden Widerstände jedoch **parallel** zueinander **geschaltet** (vgl. Abb. 4.9a), so bilden sie einen Ohm'schen Widerstand R_{ges}, dessen Kehrwert durch die Summe der einzelnen Widerstandskehrwerte gegeben ist:

$$R_{ges}^{-1} = \sum_{i=1}^{n} R_i^{-1}, \text{ z. B. für } n = 2\text{: } R_{ges}^{-1} = R_1^{-1} + R_2^{-1} \rightarrow R_{ges} = \frac{R_1 \cdot R_2}{R_1 + R_2}.$$

3. Für elektrische Leiter mit konstantem Querschnitt zeigt sich häufig, dass ihr Ohm'scher Widerstand proportional zur Leiterlänge l und invers proportional zur Querschnittsfläche A ist, d. h. $R = \frac{1}{\sigma_{el}} \cdot \frac{l}{A}$.

   Die (materialspezifische) Konstante σ_{el} bezeichnet man als **elektrische Leitfähigkeit** (Einheit: $1/(\text{m} \cdot \Omega)$). Metallische Leiter besitzen sehr hohe Leitfähigkeiten ($\sigma_{el} > 10^6\ /(\text{m} \cdot \Omega)$), was ihren geringen Ohm'schen Widerstand erklärt. Ebenfalls wird in der Praxis häufig der **spezifische Widerstand** verwendet, der durch $\rho_{el} = 1/\sigma_{el}$ (Einheit: $1\ \text{m} \cdot \Omega$) definiert ist.

4. Leiter werden in elektrischen Schaltbildern stets als ideal aufgefasst: Da sie sich wie elektrische Äquipotentialflächen verhalten, verbinden ihre Enden stets Orte gleichen elektrischen Potentials miteinander.

Knoten und Maschen: Kirchhoff'sche Regeln

1. Kirchhoff'sche Regel bzw. **Knotensatz:**
   Summiert man alle Ströme I_i, die in einen Knoten hinein- ($I_i > 0$) bzw. aus ihm hinausfließen ($I_i < 0$), so muss die Summe dieser Ströme verschwinden:

$$\sum_{\text{Masche}} I_i = 0.$$

2. Kirchhoff'sche Regel bzw. **Maschensatz:**
   Summiert man entlang einer Masche alle Spannungsabfälle U_i auf, so muss diese Summe verschwinden:

$$\sum_{\text{Generator}} U_i = \sum_{\text{Verbraucher}} U_i.$$

Bei der Berechnung dieser Summen muss darauf geachtet werden, dass die Spannungsabfälle vorzeichenrichtig aufsummiert werden:

„Läuft" man während der Umrundung in Richtung des Spannungsabfalls, so wird dieser Abfall positiv und andernfalls negativ gezählt.

6.
Magnetismus

6.1 Statische magnetische Felder

Eigenschaften von Magneten

Wie bei der Coulomb-Kraft (→ Abschnitt 4.1) gibt es lediglich zwei Arten von magnetischen Polen: Pole gleicher Art stoßen sich ab, während Pole unterschiedlicher Art sich gegenseitig anziehen.

Wird ein Magnet im Magnetfeld der Erde drehbar gelagert, so richtet sich ein Pol des Magneten stets nach Norden aus, während der andere stets nach Süden zeigt. Daher ist es durchaus üblich, die Pole eines Magneten als Nord- bzw. Südpol zu bezeichnen.

Es existieren keine magnetischen Monopole, d.h., es ist **unmöglich, isolierte magnetische Ladungen** zu erzeugen.

Ohne magnetische Monopole, die als Quellen bzw. Senken des magnetischen Feldes fungieren würden, folgt automatisch:

Die **Feldlinien** des **magnetischen Feldes** sind immer **geschlossen.** Dies ist der große Unterschied zum elektrischen Feld, dessen Feldlinien nicht geschlossen sein müssen, d.h., welches wirbelfrei sein kann (→ Abschnitt 4.2).

Ferner gilt die Konvention, dass die Feldlinien außerhalb des Magneten vom Nord- zum Südpol verlaufen, während sie innerhalb des Magneten entgegengesetzt orientiert sind.

Elektromagnetismus: Das Experiment von Ampère

André Marie Ampère (1775–1836) untersuchte die Kraft, die auf zwei parallel ausgerichtete Drähte der Länge L wirkt, wenn sie einen Abstand d zueinander haben und jeweils durch einen Strom der Stärke I_1 bzw. I_2 durchflossen werden (vgl. Abb. 5.1).

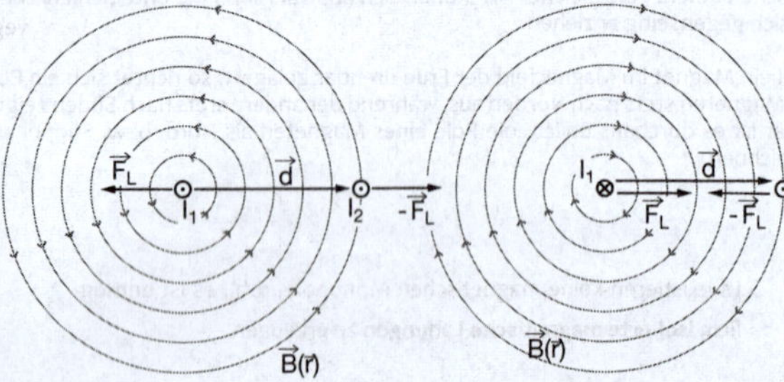

Abb 5.1

Für lange Drähte (d.h. $L >> d$) zeigt sich, dass die Kraft gemäß

$$\frac{F_L}{L} = \frac{\mu_0}{2\pi} \frac{I_1 I_2}{d} \qquad \text{(Gleichung 5.1)}$$

proportional mit den Strömen I_1 bzw. I_2 (durch Leiter 1 bzw. 2) zunimmt. Der Vorfaktor μ_0 wird als **magnetische Permeabilitätskonstante** bezeichnet und nimmt im SI-System den Wert $\mu_0 = 4\,\pi\,10^{-7}\ \text{VsA}^{-1}\text{m}^{-1}$ an.

Magnetische Flussdichte und das Ampère'sche Durchflutungsgesetz

Die Analogie zwischen Gl. 5.1 und dem Coulomb'schen Gesetz (→ Abschnitt 4.1) ist offensichtlich. Man kann daher auch hier die Wechselwirkung beider Drähte gemäß

$$\frac{F_L}{L} = \left(\frac{\mu_0}{2\pi} \frac{I_1}{d}\right) \cdot I_2 = B(d) \cdot I_2 \text{ mit } B(d) = \frac{\mu_0}{2\pi} \frac{I_1}{d}$$

durch die Wechselwirkung eines Drahtes (mit Stromstärke I_2) mit dem magnetischen Feld $B(d)$ ersetzen, welches (durch den Stromfluss I_1) vom anderen Draht erzeugt wird.

Die Größe B wird als **magnetische Flussdichte** bezeichnet und ist die physikalische Größe, mit deren Hilfe sich magnetische Wechselwirkungen beschreiben lassen.

Man kann (in Analogie zur Arbeit) die magnetische Flussdichte entlang eines geschlossenen Weges S aufsummieren, d.h. das geschlossene Linien-Integral (**magnetische Spannung**)

$$U_M(S) = \oint_S B(\vec{r}) \cdot d\vec{r} \qquad \text{(Gleichung 5.2)}$$

berechnen, wobei der Vektor $\vec{r} = \vec{r}(s)$ wieder den geschlossenen Integrationsweg S im Raum parametrisiert (→ Abschnitt 1.4).

Ampère'sches Durchflutungsgesetz

Umschließt ein Integrationsweg eine Stromverteilung N-mal, so ist die **magnetische Spannung** (Einheit: 1 A) proportional zum eingeschlossenen Strom, d.h., es gilt

$$U_M = \oint_S \vec{B}(\vec{r}) \cdot d\vec{r} = \mu_0 \cdot I \cdot N. \qquad \text{(Gleichung 5.3)}$$

U_M ist somit unabhängig vom konkreten Integrationsweg oder der exakten Stromverteilung im Leiter.

Bemerkungen:

1. Die Einheit der magnetischen Spannung U_M (1 Ampère) deutet bereits an, dass U_M nicht mit der in Abschnitt 4.1 definierten elektrischen Spannung U verwechselt werden darf.
2. Diese (integrale) Formulierung des Ampère'schen Durchflutungsgesetzes zeigt, dass Elektrizität und Magnetismus untrennbar miteinander verbunden sind. Die Formulierung dieses Gesetzes kann als Geburtsstunde des Elektromagnetismus gewertet werden.

Beispiel:

> Berechnen Sie mit Hilfe des Ampère-Gesetzes die magnetische Flussdichte im Inneren eines Hohlleiters.
>
> *Lösung:*
>
> Da innerhalb des Hohlleiters kein Stromfluss existiert, der durch einen Integrationsweg umschlossen werden könnte, folgt aus dem Ampère'schen Gesetz sofort $B = 0$.

Physik

Leiterschleifen und Spulen

Durch Rechnung kann gezeigt werden, dass eine kreisförmige Leiterschleife (Radius R) die magnetische Flussdichte

$$\vec{B}(z) = \vec{e}_z \cdot \frac{\mu_0 I R^2}{2(R^2+z^2)^{3/2}} \qquad \text{(Gleichung 5.4)}$$

auf ihrer Symmetrieachse erzeugt.

Dieses Ergebnis (vgl. Gl. 5.4) lässt sich (durch Integration der einzelnen Beiträge zur magnetischen Flussdichte) direkt auf die Zylinder-Spule (Länge L, Radius R) übertragen:

$$\vec{B}(z) = \vec{e}_z \frac{\mu_0 I N}{2L}\left[\frac{z+L/2}{(R^2+(z+L/2)^2)^{1/2}} - \frac{z-L/2}{(R^2+(z-L/2)^2)^{1/2}}\right]. \qquad \text{(Gleichung 5.5)}$$

Für lange Spulen (d. h. für $L >> R$) gilt daher im Mittelpunkt

$$\vec{B}(z=0) = \vec{e}_z \frac{\mu_0 I N}{2L}\left[2 \cdot \frac{L/2}{(R^2+(L/2)^2)^{1/2}}\right] \approx \vec{e}_z \frac{\mu_0 I N}{L}, \qquad \text{(Gleichung 5.6)}$$

d. h., die magnetische Flussdichte im Mittelpunkt einer langen Spule ist proportional zur Anzahl der Windungen N pro Spulenlänge L.

Bemerkung:

In der Praxis können Zylinderspulen mit $N > 1000$ Windungen konstruiert werden. Derartige Spulen erzeugen nach Gl. 5.5 eine Flussdichte, deren Feldstärke gegenüber der einer einzelnen Leiterschleife N-fach verstärkt ist. Durch den Einsatz von Spulen können daher sehr starke Magnetfelder erzeugt werden.

Helmholtz-Spule:

Werden zwei identische Spulen (Windungszahl N, Radius R) parallel im Abstand $d = R$ angeordnet, so nennt man diese Anordnung Helmholtz-Spule. Die Anwendung von Gl. 5.4 auf diese Geometrie liefert

$$\vec{B}(z) \approx \vec{e}_z \frac{\mu_0 I}{(5/4)^3 R}\left[1-\frac{144}{125}\left(\frac{z}{R}\right)^4\right] \qquad \text{(Gleichung 5.7)}$$

für die magnetische Flussdichte entlang der Symmetrieachse.

In Gl. 5.7 geht das Verhältnis z/R, d. h. der prozentuale Abstand vom Mittelpunkt der Helmholtz-Spule, mit der vierten Potenz ein. Betrachtet man z. B. die magnetische Flussdichte bei $z = 0.1\,R$, so ändert sich deren Feldstärke um weniger als 0,2 %, was zeigt, dass die Flussdichte innerhalb der Helmholtz-Spule über weite Bereiche nahezu homogen verläuft.

Physik

6.2 Kräfte in magnetischen Feldern

Lorentz-Kraft

Eine elektrische Ladung Q bewege sich am Ort $\vec{r}$ mit der Geschwindigkeit $\vec{v}$ durch die magnetische Flussdichte $\vec{B}(\vec{r})$. Dann wirkt am Ort $\vec{r}$ auf den Ladungsträger die **Lorentz-Kraft**

$$\vec{F}_{Lor}(\vec{r}) = Q \cdot [\vec{v} \times \vec{B}(\vec{r})]. \qquad \text{(Gleichung 5.8)}$$

Die Lorentz-Kraft wirkt somit stets senkrecht zu der Ebene, die durch die Vektoren $\vec{v}$ und $\vec{B}(\vec{r})$ aufgespannt wird. Ihr Betrag wird maximal, wenn $\vec{v}$ und $\vec{B}(\vec{r})$ senkrecht aufeinander stehen, d. h.

$$\vec{v} \perp \vec{B}(\vec{r}) \rightarrow F_{Lor}(\vec{r}) = |\vec{F}_{Lor}(\vec{r})| = Q \cdot v \cdot B(\vec{r}),$$

und Null, wenn die Bewegung entlang der Feldlinien erfolgt:

$$\vec{v} \parallel \vec{B}(\vec{r}) \rightarrow \vec{F}_{Lor}(\vec{r}) = 0.$$

Da die Lorentz-Kraft nach Gl. 5.8 stets senkrecht zur Geschwindigkeit wirkt ($\vec{v} \perp \vec{F}_{Lor}(\vec{r})$), kann diese Kraft lediglich die Richtung, aber nicht den Betrag der Geschwindigkeit verändern (Normal-Beschleunigung, → Abschnitt 1.1).

Beispiel:

> Betrachten Sie eine homogene magnetische Flussdichte $\vec{B}(\vec{r}) = B_0 \cdot \vec{e}_z$, die lediglich eine Komponente in *z*-Richtung besitzt. Zeigen Sie, dass ein geladenes Teilchen (Masse *m*, Ladung *Q*), dessen Anfangsgeschwindigkeit durch $\vec{v}(t = 0) = v_0 \cdot \vec{e}_x$ gegeben ist, sich in diesem System auf einer Kreisbahn mit Radius
>
> $R = \dfrac{v_0 \cdot m}{Q \cdot B_0}$ bewegt.
>
> *Lösung:*
>
> Man kann die Lösung erhalten, wenn man sich überlegt, dass die Kreisbahn nur dann stabil sein kann, wenn die Lorentz-Kraft und die Zentrifugalkraft sich gegenseitig kompensieren. Aus dem Kräftegleichgewicht folgt dann:
>
> $F_{Lor} = F_{ZF} \rightarrow Q \cdot v_0 \cdot B_0 = m \cdot v_0^2 / R \rightarrow R = \dfrac{m \cdot v_0}{Q \cdot B_0}$. **(Zyklotronradius)**

Bemerkungen:

1. Die Berechnung zeigt, dass **geladene Teilchen** sich in einer **homogenen magnetischen Flussdichte** auf **Kreisbahnen** bewegen, deren Radius insbesondere vom Verhältnis *m*/*Q* (**spezifische Ladung**) abhängt. Wenn daher v_0 und B_0 bekannt sind, kann anhand des Bahnradius sofort auf die spezifische Ladung des Teilchens geschlossen werden.

2. Wenn wir nun berücksichtigen, dass neben der magnetischen Flussdichte $\vec{B}(\vec{r})$ ebenfalls ein elektrisches Feld $\vec{E}(\vec{r})$ im System anwesend sein kann, so wirkt im allgemeinen Fall die Kraft

   $$\vec{F}_{Lor}(\vec{r}) = Q \cdot [\vec{E} + \vec{v} \times \vec{B}(\vec{r})] \qquad \text{(Gleichung 5.9)}$$

   auf die Ladung. Historisch wurde dieser Zusammenhang erstmals von Hendrik Antoon Lorentz (1853–1928) formuliert und enthält den Spezialfall von Gl. 5.8 ($\vec{E}(\vec{r}) = 0$). Wir wollen unter der **Lorentz-Kraft** im Folgenden stets die „ursprüngliche", verallgemeinerte Version Gl. 5.9 verstehen.

Physik

Magnetisches Dipolmoment

Wir betrachten eine ebene Fläche A, deren Rand N-mal von einem Strom der Stärke I umflossen wird (vgl. Abb. 5.2). Wenn $\vec{A}$ der Vektor ist, dessen Betrag dem Flächeninhalt von A entspricht und dessen Richtung (gemäß der Rechten-Hand-Regel) senkrecht auf der ebenen Fläche steht, dann ist durch

$$\vec{p}_{mag} := N \cdot I \cdot \vec{A}$$

das **magnetische Dipolmoment** (Einheit: $1\ A \cdot m^2$) des Stromes I definiert.

Bemerkung:

Die Orientierung von $\vec{A}$ (und somit $\vec{p}_{mag}$) ist daher durch die Richtung gegeben, welche die Rechte-Hand-Regel nach Anwendung auf den Strom ergibt: Bildet man eine Faust und orientiert die Finger parallel und in Richtung des Stromflusses, dann ist die Orientierung von $\vec{A}$ durch die Richtung gegeben, in die der gestreckte Daumen zeigt.

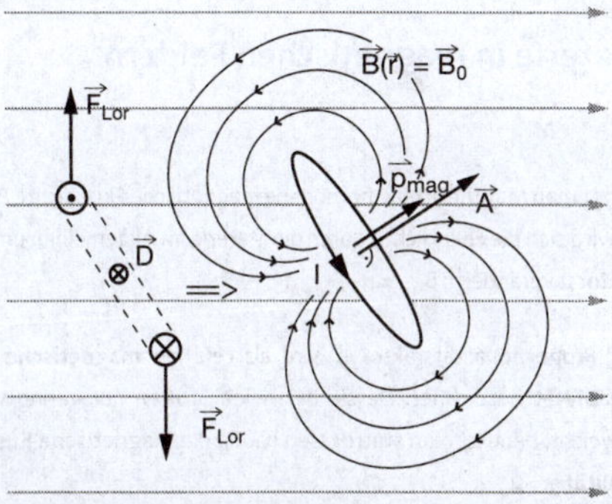

Abb 5.2

Mit Hilfe des magnetischen Dipolmomentes lässt sich das Verhalten einer Leiterschleife in einer homogenen magnetischen Flussdichte leicht berechnen:

Wird ein magnetischer Dipol $\vec{p}_{mag}$ in eine homogene magnetische Flussdichte $\vec{B}(\vec{r}) = \vec{B}_0 = const.$ eingebracht, so gelten folgende Aussagen:

1. Am Dipol greift das Drehmoment $\vec{D} = \vec{p}_{mag} \times \vec{B}_0$ an.

2. Aufgrund des Drehmomentes kann dem Dipol die potentielle Energie $E_{pot} = -\vec{p}_{mag} \cdot \vec{B}_0 = -p_{mag} \cdot B_0 \cdot \cos\varphi$ (bezüglich Drehung) zugeordnet werden, wobei φ der Winkel ist, der vom Dipolmoment und der magnetischen Flussdichte eingeschlossen wird.

3. Das Drehmoment bewirkt somit eine Drehung des Dipols um seinen Mittelpunkt, die erst stoppt, wenn der Dipol seine potentielle Energie minimiert hat, d. h., wenn das Dipolmoment parallel zur magnetischen Flussdichte ausgerichtet ist ($\varphi = 0$).

Physik

6.3 Materie in magnetischen Feldern

Bringt man Materie in eine homogene magnetische Flussdichte $B_{außen}$, so wird sich die Flussdichte durch die Materie im Allgemeinen um den Faktor μ verändern: $B_{Mat} = \mu \cdot B_{außen}$.

Der Proportionalitätsfaktor μ wird als **relative magnetische Permeabilität** bezeichnet. Da sie bei vielen Stoffen nur gering von 1 abweicht, benutzt man stattdessen häufig die **magnetische Suszeptibilität** $\chi = \mu - 1$.

Analog zum elektrischen Feld werden wir sehen, dass in bestimmten Stoffen magnetische Dipole induziert werden können, was zu einer Abschwächung der magnetischen Flussdichte in diesen Stoffen führt. Sie sind durch $\mu < 1$ bzw. $\chi < 0$ gekennzeichnet und werden als **Diamagnete** bezeichnet.

Im Gegensatz dazu gibt es jedoch auch Stoffe, die über permanente magnetische Dipole verfügen und durch deren Ausrichtung eine äußere Flussdichte verstärkt werden kann ($\chi > 0$). Diese Stoffe bezeichnet man als **Paramagnete** (sofern μ nur geringfügig größer als 1 ist) bzw. als **Ferromagnete** (sofern μ deutlich größer als 1 ist).

Durch die äußere magnetische Flussdichte $B_{außen}$ wird in der Materie daher im Allgemeinen ein magnetisches Feld M erzeugt (**Magnetisierung**), dessen Stärke durch $M = (B_{Mat} - B_{außen}) / \mu_0 = \chi / \mu_0 \cdot B_{außen}$ gegeben ist (wobei die Normierung auf μ_0 hier lediglich die Kompatibilität mit der restlichen physikalischen Literatur sicherstellt).

Physik

Diamagnetismus

Diese Form des Magnetismus beobachtet man immer bei Stoffen, die über keine permanenten magnetischen Dipolmomente verfügen. Jedoch ist es (aufgrund quantenmechanischer Effekte) möglich, in jeder Materie **magnetische Dipolmomente zu induzieren.**

Gemäß der Lenz'schen Regel (→ Abschnitt 4.1) sind diese Dipolmomente ihrer Ursache jedoch immer entgegengerichtet, sodass (analog zum Dielektrikum) die magnetische Flussdichte durch die umgekehrt orientierten Dipolmomente abgeschwächt wird.

Experimentell findet man außerdem, dass an Diamagneten, die in eine inhomogene magnetische Flussdichte eingebracht wurden, eine Kraft angreift, die stets in die Richtung der niedrigeren Feldstärke weist. Sind die eingebrachten Diamagnete beweglich, so werden sie sich stets in die Richtung geringerer Feldstärke bewegen.

Bemerkung:

In Abschnitt 4.3 wurden Supraleiter vorgestellt, die einem elektrischen Strom keinerlei Widerstand entgegensetzen (deren Ohm'scher Widerstand also verschwindet). Interessanterweise zeigt sich, dass Supraleiter ideale Diamagnete sind, d. h., ihre magnetische Suszeptibilität χ nimmt den kleinstmöglichen Wert von $\chi = -1$ an. Da die Feldlinien der magnetischen Flussdichte stets geschlossen sind, bedeutet dies automatisch, dass Supraleiter die magnetischen Flussdichten komplett aus ihrem Inneren verdrängen (**Meißner-Ochsenfeld-Effekt**).

Paramagnetismus

Im Gegensatz zu Diamagneten besitzen Paramagnete stets **permanente magnetische Dipolmomente**, die sich in einer äußeren magnetischen Flussdichte ausrichten können und die magnetische Flussdichte dadurch verstärken. Man kann jedoch zeigen, dass die einzelnen permanenten magnetischen Dipolmomente unabhängig voneinander ausgerichtet sind und ein Paramagnet somit im Allgemeinen über keine magnetische Ordnung verfügt.

Folglich sind die permanenten magnetischen Dipolmomente nicht in der Lage, ihre Orientierung bzw. ihre räumliche Ausrichtung im feldfreien Zustand (gegen die thermische Energie) aufrechtzuerhalten. Daraus folgt, dass Paramagnete ohne äußere magnetische Flussdichte kein makroskopisches magnetisches Dipolmoment ausbilden können, d. h., Paramagnete können nur dann eine magnetische Flussdichte erzeugen, wenn diese durch eine äußere Flussdichte induziert wird.

Experimentell findet man (analog zu Diamagneten), dass an Paramagneten, die in eine inhomogene magnetische Flussdichte eingebracht wurden, eine Kraft angreift, die stets in die Richtung einer höheren Feldstärke zeigt.

Physik

Ferromagnetismus

Bei einigen Stoffen kann es zu Wechselwirkungen, insbesondere zur sogenannten **Austauschwechselwirkung**, zwischen benachbarten permanenten Dipolmomenten kommen. Diese kann so stark sein, dass sich die Dipole nur noch gemeinsam, also kollektiv, ausrichten können. Durch diesen **kollektiven Effekt** können solche Stoffe eine magnetische Flussdichte teilweise drastisch verstärken, sodass man experimentell durchaus relative magnetische Permeabilitäten von 10^5 beobachten kann (Ferromagnetismus).

Interessanterweise zeigt sich, dass die Kopplung der einzelnen magnetischen Dipolmomente dazu führt, dass sich benachbarte Dipole bevorzugt parallel zueinander ausrichten. Somit findet man bei Ferromagneten selbst in Abwesenheit einer äußeren magnetischen Flussdichte stets Bereiche, in denen die Dipolmomente die gleiche Richtung aufweisen. Da diese Eigenschaft im Jahr 1907 erstmals von Pierre-Ernest Weiß (1865 – 1940) beobachtet wurde, nennt man diese Bezirke gleicher Dipolorientierung **Weiß'sche Bezirke**.

Ein Weiß'scher Bezirk kann auch im feldfreien Zustand eine makroskopisch messbare Magnetisierung (magnetische Flussdichte) erzeugen (**Permanentmagnet**).

Im Allgemeinen besitzt ein Ferromagnet viele Weiß'sche Bezirke, wobei sich die Orientierung der magnetischen Flussdichten benachbarter Bezirke deutlich unterscheiden kann. Die Grenzfläche zwischen zwei Weiß'schen Bezirken bezeichnet man als **Bloch-Wand**.

Wird der Ferromagnet in eine magnetische Flussdichte eingebracht, so kann es für die Weiß'schen Bezirke bei Erreichen einer hinreichend starken Feldstärke energetisch günstiger sein, ihre Orientierung den Feldlinien anzupassen. Dies bedeutet jedoch nicht, wie man vielleicht annehmen würde, dass gesamte Bezirke ihre Orientierung verändern. Vielmehr stellt man fest, dass durch Verschieben der Bloch-Wände diejenigen Bezirke ihr Volumen vergrößern, die bereits in Richtung der äußeren magnetischen Flussdichte orientiert sind, während die anderen Bezirke an Volumen verlieren. Durch diesen Vorgang kann es teilweise schlagartig zu einer Umorientierung der Bezirke kommen, was als **Barkhausen-Sprung** bezeichnet wird (siehe auch **Barkhausen-Effekt**).

Da die Dipolmomente durch diesen Prozess zunehmend parallel zueinander ausgerichtet werden (sich also eine magnetische Ordnung im Ferromagneten einstellt), entsteht eine makroskopisch messbare Magnetisierung (vgl. Abb. 5.3).

Abb. 5.3a

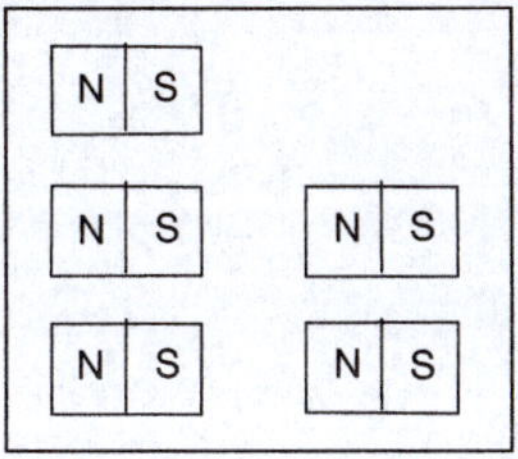

Abb. 5.3b

Physik

Bemerkung:

Bei den meisten ferromagnetischen Stoffen beobachtet man experimentell, dass oberhalb der Curie-Temperatur die Temperaturabhängigkeit ihrer magnetischen Suszeptibilität $\chi(T)$ in guter Näherung durch

$$\chi(T) = \frac{\theta_{\text{Curie}}}{T - T_{\text{Curie}}}$$ **(Curie-Weiß-Gesetz)**

beschrieben werden kann, wobei θ_{Curie} die Curie-Konstante und T_{Curie} die Curie-Temperatur des Ferromagneten darstellen (beide Eigenschaften sind selbstverständlich materialspezifisch).

Die Curie-Temperatur T_{Curie} kann hierbei als Übergangstemperatur interpretiert werden: Unterhalb der Curie-Temperatur zeigt das Material Ferromagnetismus, während sich oberhalb von T_{Curie} in den Weiß'schen Bezirken keine magnetische Ordnung mehr ausbilden kann (aufgrund der Dominanz der thermischen Energie), sodass sich die permanenten magnetischen Dipole unabhängig voneinander ausrichten und das Material Paramagnetismus zeigt.

7. Elektromagnetische Schwingungen und Wechselfelder

7.1 Effekte in zeitlich veränderlichen magnetischen Feldern

Magnetischer Fluss und magnetische Induktion

Magnetischer (Kraft-)Fluss:

Fließt durch eine Oberfläche A eine magnetische Flussdichte $\vec{B}(\vec{r})$, so ist der damit verbundene magnetische (Kraft-)Fluss Ψ_{mag} (Einheit: 1 Weber = 1 Wb = 1 T · m²) durch

$$\Psi_{mag} = \int_A d\Psi_{mag}(\vec{r}) = \int_A \vec{B}(\vec{r}) \cdot d\vec{A} \qquad \text{(Gleichung 6.1)}$$

gegeben, wobei die infinitesimale Fläche $d\vec{A}$ über die gesamte Oberfläche A abintegriert wird (vgl. Abb. 6.1).

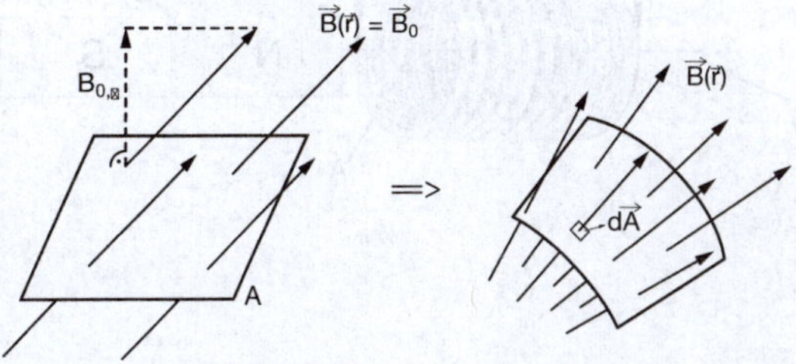

Abb. 6.1a *Abb. 6.1b*

Bemerkung:

Da magnetische Feldlinien immer geschlossen sind (→ Abschnitt 5.1), beträgt der magnetische Fluss durch eine geschlossene Oberfläche stets Null. Jedes Mal, wenn eine Feldlinie durch die Oberfläche eindringt, muss sie also an einer anderen Stelle der Oberfläche wieder austreten. Dies zeigt nochmals, dass es keine magnetischen Monopole gibt.

Physik

Faraday'sches Induktionsgesetz:

Eine Leiterschleife befinde sich in einer magnetischen Flussdichte $\vec{B}(\vec{r})$. Sei A die Fläche, die durch die Leiterschleife umrandet wird und Ψ_{mag} der magnetische Fluss durch diese Fläche, so induziert eine Änderung von Ψ_{mag} die Spannung (vgl. Abb. 6.2)

$$U_{ind}(t) = -\frac{d}{dt}\Psi_{mag}(t) \qquad \text{(Gleichung 6.2)}$$

an den Enden der Leiterschleife.

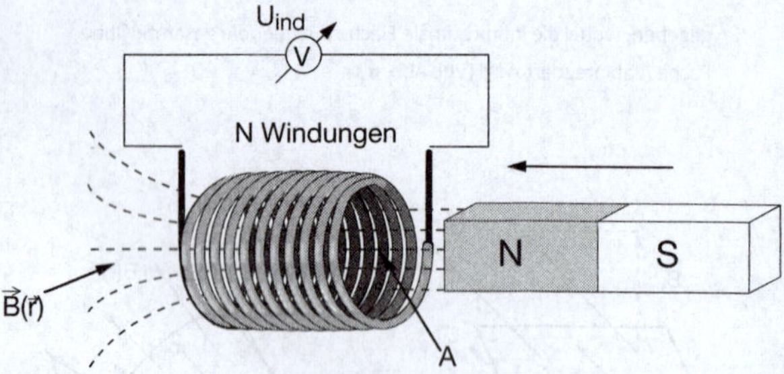

Abb. 6.2

Bemerkung:

Wird die gleiche Fläche *N*-mal durch die Leiterschleife umrandet (Spule), so wird der magnetische Fluss ebenfalls *N*-fach gezählt, d. h.

$$\Psi_{mag} = N \cdot \int_A \vec{B}(\vec{r}) \cdot d\vec{A}.$$

Beispiel:

Betrachten Sie die Spule aus Abb. 6.3 (*N* Windungen), die mit der konstanten Winkelgeschwindigkeit ω um eine Achse rotiere, die senkrecht zur (homogen angenommenen) magnetischen Flussdichte $\vec{B}(\vec{r}) = B_0 \cdot \vec{e}_z$ steht.
Zum Zeitpunkt t = 0 stehe die Querschnittsfläche der Spule senkrecht auf der Flussdichte. Dann ist die Induktionsspannung durch $U_{ind} = N \cdot B_0 \cdot A \cdot \omega \cdot \sin(\omega \cdot t)$ gegeben.

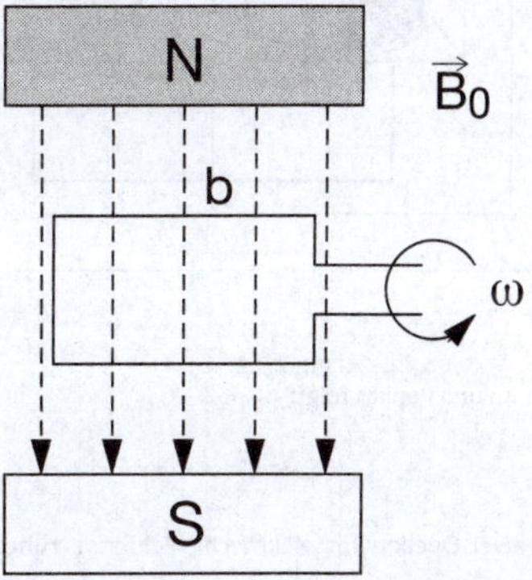

Abb. 6.3

Bemerkungen:

1. Das in Abb. 6.3 dargestellte Gerät ist in der Lage, mechanische in elektrische Energie umzuwandeln, und gehört somit zur Gruppe der elektrischen Generatoren. Das hierfür benötigte Magnetfeld wird in der Praxis häufig durch einen Elektromagneten (**Stator**) erzeugt, in dem die Induktionsspule rotiert (**Rotor**, vgl. Abb. 6.4). Die elektrische Energie wird dabei an den Enden des Rotors über sogenannte Bürsten als Spannung zur Verfügung gestellt und kann somit leicht einem elektrischen Schaltkreis zugeführt werden. Da die Richtung der Spannung (und somit des Stroms im Schaltkreis) periodisch ihre Orientierung ändert, bezeichnet man dies als **Wechselspannung** bzw. **Wechselstrom** (→ Abschnitt 6.2).

Physik

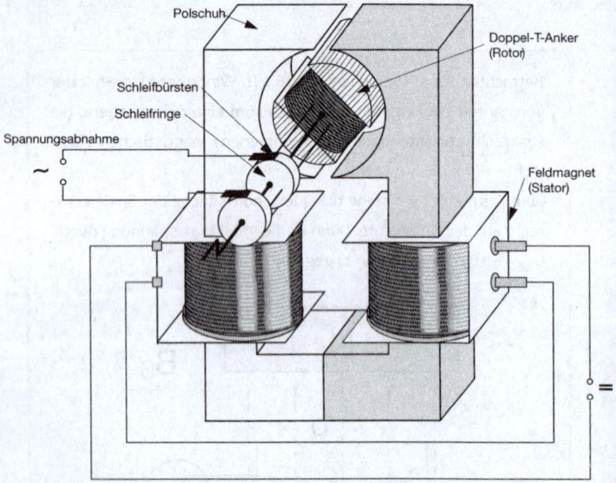

Abb. 6.4

2. Aus Abschnitt 4.1 und Punkt 1 folgt:

Es gibt zwei Quellen für elektrische Felder: 1. **ruhende Ladungen** erzeugen elektrische Felder, die **konservativ** und **wirbelfrei** sind (vgl. Abb. 4.2a/b), während 2. eine **zeitliche Änderung** der **magnetischen Flussdichte** ein **nicht-konservatives** elektrisches Feld mit geschlossenen Feldlinien erzeugt.

Lenz'sche Regel und Induktivität einer Spule

Das Minuszeichen in Gl. 6.2 hat einen profunden, physikalischen Grund.

Physik

Lenz'sche Regel:
Wird durch die Veränderung des magnetischen Flusses Ψ_{mag} an den Enden einer Leiterschleife eine Spannung U_{ind} induziert, so wirkt diese Spannung ihrer Ursache immer entgegen.
Das bedeutet: Ist die Leiterschleife geschlossen, so wird eine induzierte Spannung U_{ind} immer durch einen Stromfluss I_{ind} begleitet. Man kann sich die Leiterschleife daher als stromdurchflossene Spule vorstellen, die selbst eine magnetische Flussdichte $\vec{B}_{ind}(\vec{r})$ erzeugt. Die Lenz'sche Regel besagt dann, dass diese „induzierte" magnetische Flussdichte $\vec{B}_{ind}(\vec{r})$ der ursprünglichen Flussdichte stets entgegengerichtet ist.

Verändert sich die Stromstärke I, mit der ein elektrischer Strom eine Spule durchfließt, so verändert sich auch der magnetische Fluss Ψ_{mag} durch die Querschnittsfläche der Spule. Dies erzeugt an den Leiterenden der Spule (Faraday'sches Gesetz) eine Induktionsspannung U_{ind}, die proportional zur Änderung der Stromstärke ist.
Die Proportionalitätskonstante

$$U_{ind} = -L \cdot \frac{d}{dt} I \qquad \text{(Gleichung 6.3)}$$

bezeichnet man als **Induktivität** L der Spule.

Bemerkungen:

1. Aus Gl. 6.2 und 6.3 kann man sofort auf $\Psi_{mag}(t) = L \cdot I(t)$ schließen.
2. Eine Spule mit Induktivität L, die von einem Strom mit der Stromstärke I durchflossen wird, speichert in ihrer magnetischen Flussdichte die potentielle Energie $E_{mag} = \frac{L}{2} \cdot I^2$.

Physik

Wird Materie in den Spulenkörper eingebracht, so verändert sich hierdurch die magnetische Flussdichte und daher auch die Induktivität (analog zu den Überlegungen zur Kapazität).

Beispiel:

In Abschnitt 5.1 wurde mit Gl. 5.6 gezeigt, dass die magnetische Flussdichte im Mittelpunkt in einer sehr langen Zylinder-Spule (Länge l, Radius R, $l >> R$) durch $\vec{B}(0) = \vec{e}_z \cdot \frac{\mu_0 \, I \, N}{l}$ gegeben ist. Dann ist die Induktivität dieser Spule durch $L = \mu_0 \cdot N^2 \cdot V/l^2$ gegeben.

Anwendung – Transformator

Da die Feldlinien der magnetischen Flussdichte immer geschlossen sind, eröffnet sich eine Möglichkeit, magnetische Energie zwischen zwei Spulen zu transportieren, was exemplarisch beim **Transformator** in Abb. 6.5 wiedergegeben wurde. Er besteht aus zwei Spulen (**Primär-** und **Sekundärspule**) mit Windungszahlen N_P bzw. N_S, die über einen Ring (**Kern**) mit hoher magnetischer Permeabilität (z. B. Eisen) miteinander verbunden sind, sodass die magnetischen Feldlinien fast ausschließlich innerhalb des Rings verlaufen.

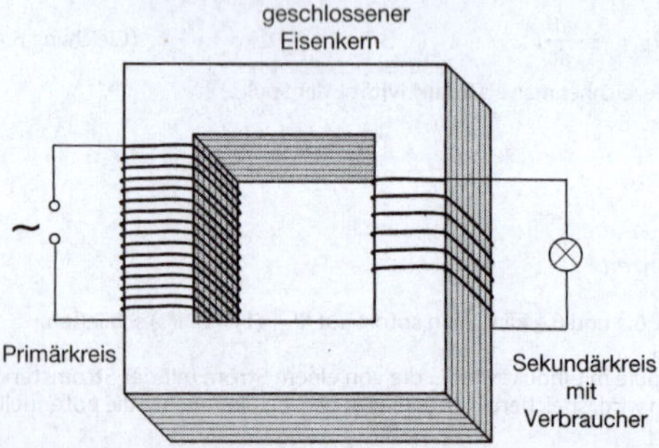

Abb. 6.5

Ist die Sekundärspule unbelastet (d. h. nicht weiter beschaltet), so gilt für das Verhältnis der Spannungsamplituden

$U_S / U_P = N_S / N_P$.

Wird die Sekundärspule hingegen durch einen Ohm'schen Widerstand belastet, so gilt für das Verhältnis der Amplituden der Stromstärke

$I_S / I_P = N_P / N_S$.

7.2. Wechselstrom-Netzwerke

Elektrische Leistung in Wechselstromnetzwerken

In Abschnitt 4.4 wurde gezeigt, dass über einem elektrischen Verbraucher, der von einem Strom der Stromstärke I durchflossen wird, stets eine Spannung U abfällt, sodass mit dem Stromfluss die elektrische Leistung

$$P_{el} = \frac{d}{dt} W_{el} = U \cdot I \qquad \text{(Gleichung 6.4)}$$

verbunden ist.

Im Gleichstromfall sind sowohl I als auch U und P_{el} zeitlich konstant. Wird der Verbraucher hingegen durch einen Wechselstrom mit Kreisfrequenz ω und Amplitude I_0 durchflossen,

$$I(t) = I_0 \cdot \sin(\omega \cdot t),$$

so wird sich im Allgemeinen auch der Spannungsabfall U zeitlich mit der Kreisfrequenz ω verändern. Zusätzlich findet man häufig, dass Strom und Spannung zeitlich gegeneinander verschoben sind, d. h. gegeneinander eine (zeitlich konstante) Phasenverschiebung φ_0 aufweisen:

$$U(t) = U_0 \cdot \sin(\omega \cdot t + \varphi_0).$$

Aus Gl. 6.4 folgt daher als elektrische Leistung des Verbrauchers

$$P_{el}(t) = U(t) \cdot I(t) = I_0 \cdot U_0 \cdot \sin(\omega \cdot t) \cdot \sin(\omega \cdot t + \varphi_0).$$

Sie kann mit Hilfe von trigonometrischen Additionstheoremen in

$$P_{el}(t) = \frac{I_0 \cdot U_0}{2} \cdot \left((1 - \cos(2 \cdot \omega \cdot t)) \cdot \cos \varphi_0 + \sin(2 \cdot \omega \cdot t) \cdot \sin \varphi_0\right) \qquad \text{(Gleichung 6.5)}$$

umgeformt werden.

Die elektrische Leistung setzt sich im Wechselstromfall aus zwei Termen zusammen:

1. Der erste Term $P_{Wirk}(t) = \frac{I_0 \cdot U_0}{2} \cdot \left(1 - \cos(2 \cdot \omega \cdot t)\right) \cdot \cos \varphi_0$ führt eine Kosinus-Schwingung mit der doppelten Kreisfrequenz $2 \cdot \omega$ um den (zeitlichen) Mittelwert $< P_{Wirk} > = I_0 \cdot U_0 \cdot \cos(\varphi_0)/2$ durch und nimmt immer positive Werte an (**Wirkleistung**).

2. Der zweite Term $P_{Blind}(t) = \frac{I_0 \cdot U_0}{2} \cdot \sin(2 \cdot \omega \cdot t) \cdot \sin \varphi_0$ schwingt sinusförmig mit der doppelten Kreisfrequenz, nimmt aber sowohl positive als auch negative Werte an. Die zugehörige Energie wird somit ständig zwischen Wechselstromkreis und Generator hin und her transferiert und steht für eine Umwandlung in andere Energieformen nicht zur Verfügung (**Blindleistung**).

Physik

Ohm'sche Widerstände

Bei einem Ohm'schen Widerstand R besteht zwischen Stromstärke I und Spannungsabfall U stets der Zusammenhang $U = R \cdot I$ (→ Abschnitt 4.3), d. h., die Phasenverschiebung ist Null ($\varphi_0 = 0$).

Da U und I in Phase sind ($\varphi_0 = 0$), fällt im Wechselstromfall an einem Ohm'schen Widerstand lediglich ein Wirkwiderstand der Größe $X_{Wirk,R} = R$ ab. Der Blindwiderstand ist Null.

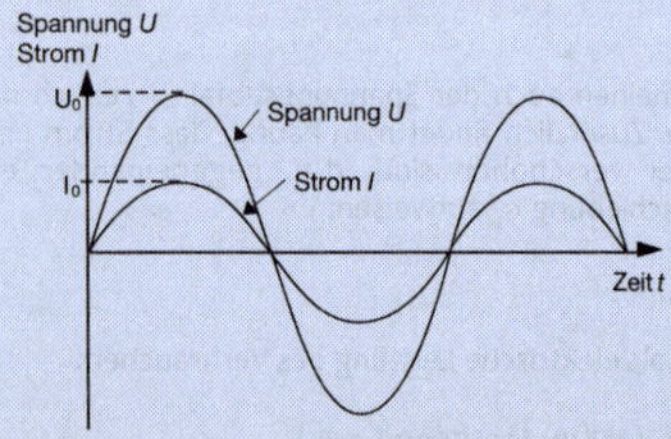

Abb.6.6

Spulen

Bei einer idealen Spule sind *U* und *I* um $\varphi_0 = \pi / 2 = 90°$ phasenverschoben, sodass im Wechselstromfall lediglich ein Blindwiderstand der Größe $X_{Blind,L} = \omega \cdot L$ an der Spule abfällt. Der Wirkwiderstand ist Null.

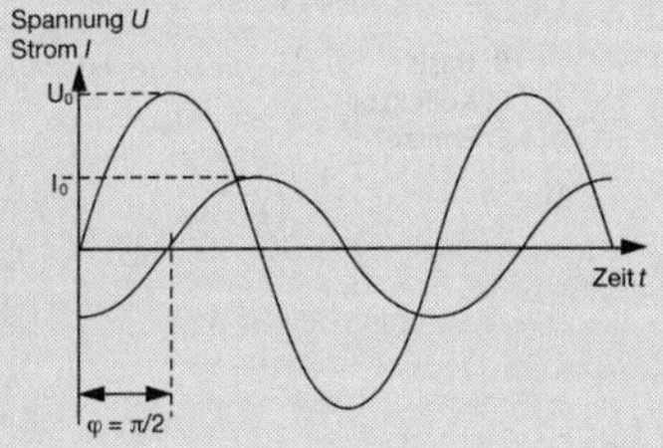

Abb.6.7

Kondensatoren

Bei einem idealen Kondensator sind *U* und *I* um $\varphi_0 = -\pi/2 = -90°$ phasenverschoben, sodass im Wechselstromfall lediglich ein Blindwiderstand der Größe $X_{Blind,C} = -1/(\omega \cdot C)$ an der Spule abfällt. Der Wirkwiderstand ist Null.

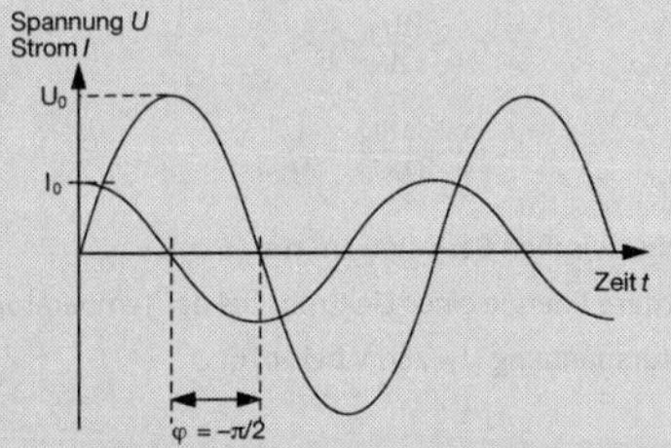

Abb.6.8

7.3 Transistoren

Schaltbild eines Bipolar-Transistors

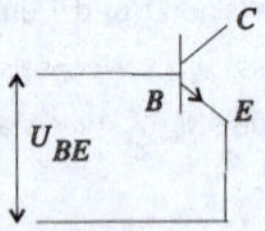

B: Basis
C: Kollektor
E: Emitter

Emitterschaltung

Grundschaltbild:

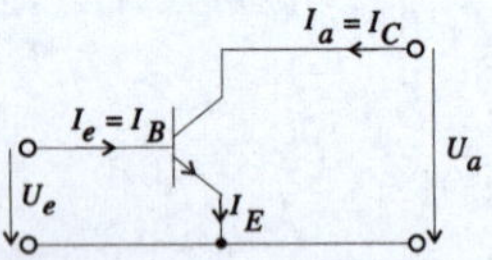

U_e: Eingangsspannung
U_a: Ausgangsspannung

Differenzieller Eingangswiderstand

$$r_{BE} = \frac{\Delta U_{BE}}{\Delta I_B} \; I_B = I_e$$

$$\frac{1}{r_{BE}} = \frac{dI_B}{dU_{BE}} = \frac{I_B}{U_T}$$

U_{BE}: Spannung zwischen Basis und Emitter ($= U_e$)
$U_T(T) \cdot e$: mittlere Energie eines Elektrons bei der Temperatur T
U_T: Temperaturspannung $U \approx 26\text{mV}$ bei 20 °C

Bei kleinen Spannungsschwankungen um den Arbeitspunkt A ist

$$r_{BE} = r_{BEA} = \left(1 + \frac{\Delta U_{BE}}{U_T}\right)^{-1}$$

r_{BEA}: differenzieller Eingangswiderstand am Arbeitspunkt
ΔU_{BE}: Differenz zwischen Spannung am Arbeitspunkt und aktueller Spannung

Stromverstärkungsfaktor

$$B = \frac{I_C}{I_B} >> 1$$

$$I_C = I_a$$

Kleinsignalstromverstärkung im Verstärkerbetrieb

Im Verstärkerbetrieb ist U_{CE} größer als die Sättigungsspannung. Dann ist

$$\beta = \left.\frac{\partial I_C}{\partial I_B}\right|_{U_{CE}}$$

β: Kleinsignalstromverstärkung
$\Delta I_C = \beta \cdot \Delta I_B$
ΔI_C ist groß gegenüber ΔI_B

Physik

Tiefpassverhalten eines realen Transistors

Frequenzabhängigkeit der Kleinsignalstromverstärkung:

$$|\beta(f)| = \frac{\beta_0}{\sqrt{1+\left(\frac{f}{f_g}\right)^2}} \quad f_g = \frac{1}{2\pi RC}$$

f_g: Grenzfrequenz

$\beta_0 = \beta(0)$: Gleichstromverstärkung

Transitfrequenz f_r: Hier ist $\beta(f_r) = 1$

Ersatzschaltbild (nicht zur direkten Umsetzung in einer elektronischen Schaltung bestimmt):

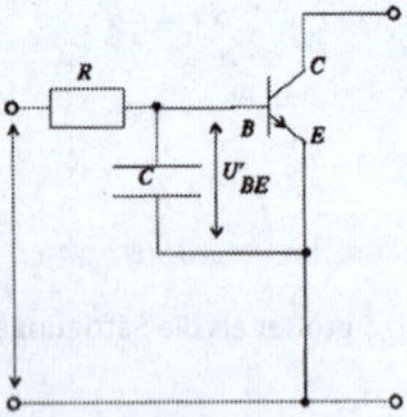

Ausgangswiderstand eines Transistors:

$$r_{CE} = \left.\frac{\partial U_{CE}}{\partial I_C}\right|_{I_B}$$

U_{EC}: Spannung zwischen Kollektor und Emitter (= U_a)

Spannungsrückgewinnung:

$$v_r = \left.\frac{\partial U_{BE}}{\partial U_{CE}}\right|_{I_B}$$

Vierpolgleichung eines Transistors:

$$\Delta U_{BE} = r_{BE} \cdot \Delta I_B + v_r \cdot \Delta U_{CE}$$

$$\Delta I_C = \beta \cdot \Delta I_B + \frac{1}{r_{CE}} \cdot \Delta U_{CE}$$

Matritzenschreibweise:

$$\begin{vmatrix} \Delta U_{BE} \\ \Delta I_C \end{vmatrix} = H \cdot \begin{vmatrix} \Delta I_B \\ \Delta U_{CE} \end{vmatrix} \quad H = \begin{vmatrix} r_{BE} & v_r \\ \beta & \frac{1}{r_{CE}} \end{vmatrix}$$

Vollständige Emitterschaltung (dient zur Veranschaulichung der Formeln):

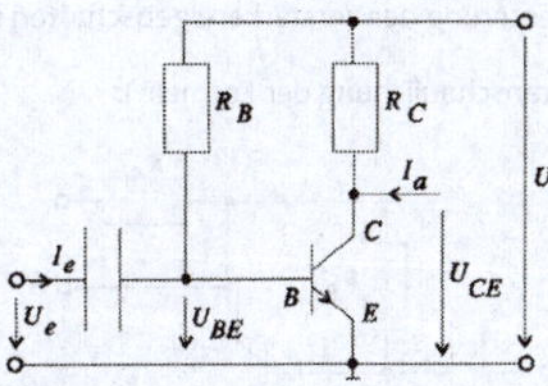

Alle folgenden Werte beziehen sich auf die Umgebung eines Arbeitspunktes A.

Eingangswiderstand:

$r_e = \frac{dU_e}{dI_e}$ $\frac{1}{r_e} = \frac{1}{r_{BEA}} + \frac{1}{R_B}$ r_{BEA}: Eingangswiderstand des Transistors am Arbeitspunkt A

Ausgangswiderstand:

$r_a = \frac{dU_a}{dI_a}$ $\frac{1}{r_a} = -\frac{1}{r_{CE}} + \frac{1}{R_c}$ $U_{CE} = U_a$

Physik

Spannungsverstärkung:

$V_U = \frac{\Delta U_{CE}}{\Delta U_{BE}}$ $\Delta U_{BE} = U_{BE} - U_{BEA}$ U_{BEA}: Spannung am Arbeitspunkt

Für $r_{CE} >> R_C$ ist $v_U = -\beta \frac{R_C || r_{CE}}{r_{BE}}$

Verstärkung bei größerer Abweichung vom Arbeitspunkt A:

$\Delta v_U = v_U \cdot \frac{U_E}{U_T}$

Dies ist eine Ursache für Verzerrungen (Nichtlinearität).

Emitterschaltung mit Spannungsgegenkopplung

Hier wird ein Teil der Ausgangsspannung in die Gegenphase wieder am Eingang angelegt, was zur Verbesserung der Verstärkereigenschaften führt.

Schaltbild (dient zur Veranschaulichung der Formeln):

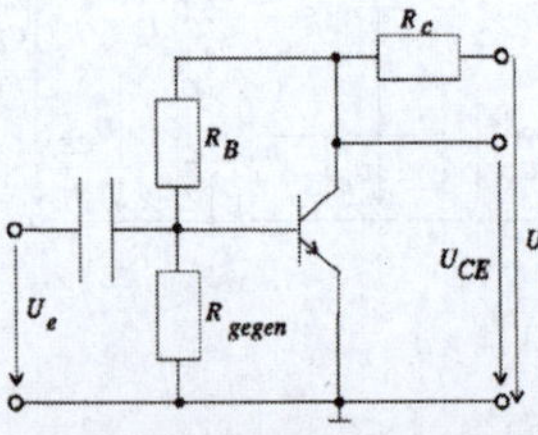

Spannungsverstärkung v_U für

$$v_U = -\frac{R_B}{R_e}\cdot\left(1+\frac{R_B}{R_e\cdot v_{ohne}}R_{gegen} >> \frac{R_B}{v_U}\right)^{-1}$$

v_{ohne}: Spannungsverstärkung ohne Gegenkopplung
R_e: innerer Widerstand der Spannungsquelle

Frequenzabhängigkeit beim realen Transistor:

$$v_U(f) = -\frac{\beta(f)\cdot R_c}{r_{BE}}$$

r_{BE}: differenzieller Eingangswiderstand des Transistors

Emitterschaltung mit Stromgegenkopplung (dient zur Veranschaulichung der Formeln):

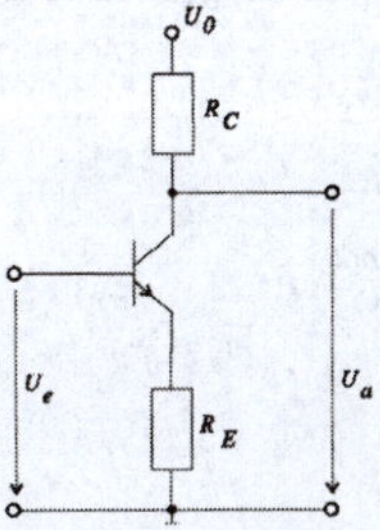

Spannungsverstärkung:

$$v_U = -\frac{R_C}{R_E}\cdot\left(1-\frac{1}{v_{ohne}}\cdot\frac{R_C}{R_E}\right)^{-1}$$

v_{ohne}: Spannungsverstärkung ohne Stromgegenkopplung

Kollektor- und Basisschaltung

Kolleltorschaltung (Emitterfolger):

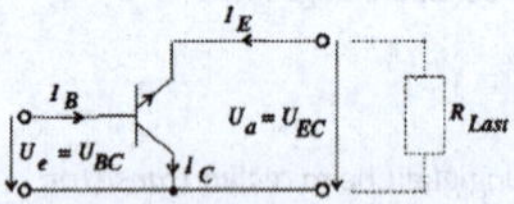

R_{Last}: Lastwiderstand

Eingangswiderstand:

$$r_e = r_{BE} + \beta R_{Last}$$

r_{BE}: differenzieller Eingangswiderstand (Emitterschaltung)

β: Kleinsignalstromverstärkung (Emitterschaltung)

Ausgangswiderstand:

$$r_a = \frac{r_{BE}}{\beta}$$

Spannungsverstärkung:

$$v_U = \left(1 + \frac{U_T}{U_a}\right)^{-1} \approx 1 - \frac{U_T}{U_a}$$

$U_T \cdot e$: Energie eines Elektrons bei der Temperatur T

U_T: Temperaturspannung $U_T \approx 16$ mV

Basisschaltung:

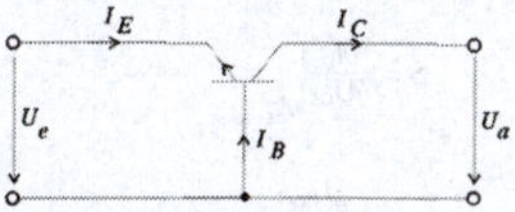

Eingangswiderstand:

$$r_e = \frac{r_{BE}}{\beta}$$

Spannungsverstärkung:

$$v_U = \frac{R_c \beta}{r_{BE}}$$

Feldeffekttransistoren (FET)

Der Eingangswiderstand von FET ist nahezu undendlich hoch, d. h. $I_G \approx 0$

Schaltbild (n-Kanal Sperrschicht FET):

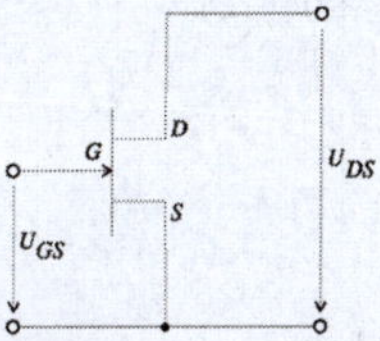

D: Drain
G: Gate
S: Source

Charakteristische Größen der FET

Steilheit: $S = \left.\frac{\partial I_D}{\partial U_{GS}}\right|_{U_{DS} = const}$

Ausgangswiderstand: $r_{DS} = \left.\frac{\partial U_{DS}}{\partial I_D}\right|_{U_{GS} = const}$

Kennlinie: $I_D = I_{D0}\left(1 - \frac{U_{GS}}{U_p}\right)^2$

I_{D0}: Drain-Strom für $U_{GS} = 0$ und $U_{DS} = const$

$$S = \frac{2I_{D0}}{U_p} \cdot \left(\frac{U_{GS}}{U_p} - 1\right) = \frac{2}{|U_p|}\sqrt{I_{D0} \cdot I_D}$$

U_N: Schwellspannung

Source-Schaltung mit FET:

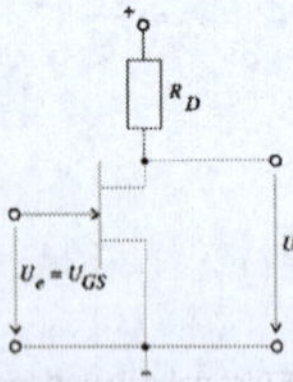

Spannungsverstärkung:

$$v_U = \frac{\Delta U_{DS}}{\Delta U_{GS}} = -S\,(R_D || r_{DS})$$

Ausgangswiderstand:

$$r_A = (R_D || r_{DS})$$

Drain-Schaltung:

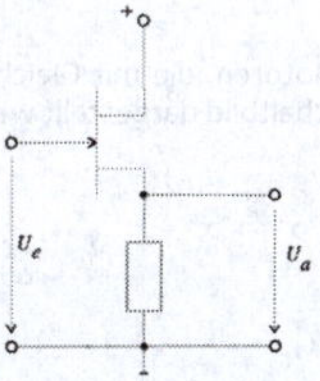

Spannungsverstärkung:

$$v_U = \frac{\Delta U_{DS}}{\Delta U_{GS}} \approx \frac{SR_S}{1 - SR_S}$$

7.4 Elektrische Maschinen

Begriffsbestimmung

Elektrische Maschinen sind Vorrichtungen, die elektrische Energie in mechanische Energie umwandeln können (Elektromotoren) und umgekehrt (Generatoren). Hierzu weist jede Maschine mindestens ein bewegliches und ein ruhendes Hauptelement auf (bei rotierenden Maschinen sind dies Rotor und Stator). Denjenigen Teil der Maschine, in dem eine Spannung induziert wird, bezeichnet man als Anker.

Wirkungsgrad elektrischer Maschinen:

$$\eta = \frac{P_2}{P_1} = \frac{P_2}{P_2 + P_V} = \frac{P_1 - P_V}{P_1}$$

P_1: aufgenommene Leistung

P_2: abgegebene Leistung

P_V: Verlustleistung

Gleichstrommotoren

Hierbei handelt es sich um Motoren, die mit Gleichstrom betrieben werden; sie können durch das folgende Schaltbild dargestellt werden.

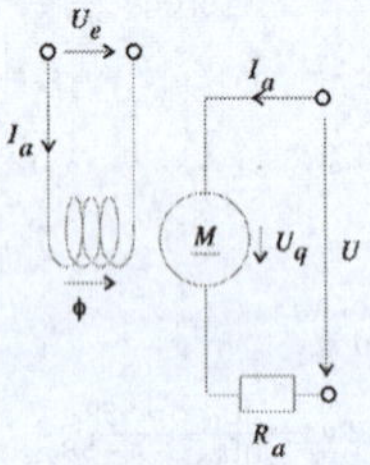

U_e: Erregerspannung
I_a: Erregerstrom

Quellspannung:

$$U_q = c\Phi\omega = 2\pi c\Phi n$$

c: Konstante (maschinenabhängig)
Φ: Polfluss
ω: Einkelgeschwindigkeit
$n = \frac{\omega}{2\pi}$: Drehzahl $\left[\frac{1}{s}\right]$

Ankerspannung U:

$$U = U_q + I_a R_a$$

I_a: Ankerstrom
R_a: Ankerkreiswiderstand (umfasst technische Elemente wie Wendepol- und Kompensationswicklung oder Bürstenübergang)

Moment:

$$M = c\Phi I_a$$

Reihenschluss- und Nebenschlussmotoren

Man unterteilt die Gleichstrommotoren in Reihenschluss- und Nebenschlussmotoren. Bei Reihenschlussmotoren ist die Erregerwicklung in Serie, bei Nebenschlussmotoren parallel zum Ankerkreis geschaltet.

	Nebenschlussmaschine $U = U_E$	**Reihenschlussmaschine** $I_E = I_A$
Ankerstrom	$I_A = \frac{M}{c\Phi}$	$I_A = \sqrt{\frac{M}{ck}}$ $k = \frac{\Phi}{I_E} = \frac{\Phi}{I_A}$: Erreger-konstante
Drehzahl	$n = \frac{1}{2\pi}\left(\frac{U}{c\Phi} - \frac{R_A}{(c\Phi)^2}\right)M$	$n = \frac{1}{2\pi}\left(\frac{U}{\sqrt{ckM}} - \frac{R_A \cdot R_E}{ck}\right)$

Drehfeldmotoren

Dies sind Motoren, die von einem Drehstrom betrieben werden, dem die folgenden Spannungen und Ströme zugrunde liegen:

$U_1 = U_0 e^{j\omega t}$ $I_1 = I_0 e^{j\omega t}$

$U_2 = U_0 e^{j\omega t - \frac{j2\pi}{3}} = U_1 e^{-\frac{j2\pi}{3}}$ $I_2 = I_0 e^{j\omega t - \frac{j2\pi}{3}} = I_1 e^{-\frac{j2\pi}{3}}$

$U_3 = U_0 e^{j\omega t - \frac{j4\pi}{3}} = U_1 e^{-\frac{j4\pi}{3}}$ $I_3 = I_0 e^{j\omega t - \frac{j4\pi}{3}} = I_1 e^{-\frac{j4\pi}{3}}$

U_0, I_0: komplexe Amplituden von Strom und Spannung

Diese Spannungen und Ströme werden erzeugt, indem man sinusförmige Wechselspannungen an Stern- oder Dreieckschaltungen komplexer Widerstände – in der Regel Spulen – anlegt.

Charakteristische Daten von Asynchronmaschinen

Synchrondrehzahl:	$n = \frac{f}{p}$	p: Polpaarzahl f: Netzfrequenz
Schlupf:	$s = \frac{n - n_W}{n}$	n_W: Drehzahl der Welle
Frequenz des Läuferstroms:	$f_L = sf$	
Zugeführte Wirkleistung:	$P_W = 3\, U_s I_s \cos\varphi$ $= \sqrt{3}\, U_{sA} \cdot I_{sA} \cos\varphi$	U_s, I_s: Ständerstrangspannung und -strom φ: Phasenverschiebung zwischen U und I
Vom Ständer verursachte Stromwärmeverluste:	$P_s = 3\, I_s^2 R_s$	R_s: Ohm'scher Widerstand des Ständers
Vom Läufer verursachte Stromwärmeverluste:	$P_L = 3\, I_L^2 R_L = sP_{Luft}$	I_L: Läuferstrom R_L: Ohm'scher Widerstand des Läufers P_{Luft}: Luftspaltleistung
Mechanische Leistung an der Welle (bei Berücksichtigung der Reibung):	$P = P_{Luft}(1 - s) = P_L\left(\frac{1}{s} - 1\right)$	
Kloß'sche Formel:	$\frac{M}{M_K} = 2 \cdot \left(\frac{s}{s_K} + \frac{s_K}{s}\right)^{-1}$ $s_K = \frac{R_L}{X_{\sigma L}}$	M_K: Kippmoment s_K: Kippschlupf $X_{\sigma L}$: Streureaktanz des Läufers

Charakteristische Daten von Synchronmaschinen

$n = \frac{f}{p}$ — p: Polpaarzahl

f: Netzfrequenz

Moment an der Welle: $M = M_K \sin\beta$ — M_K: Kippmoment

β: Polradwinkel

$M_K = \frac{3p}{2\pi f} U_s I_s$ — Definition der auftretenden Größen wie bei Asynchronmaschinen

Erregungsgrad: $\varepsilon = \frac{U_P}{U_N}$ — U_P: Nennspannung

U_N: Spannung am Polrad

7.5 Leistungselektronik

Allgemeines

Bei der Leistungselektronik geht es um das Schalten, Umformen und Steuern von elektrischer Energie durch elektronische Bauelemente. Das Schalten erfolgt mittels Stromrichterventilen, die zum Teil steuerbar sind (Transistoren, Thyristoren).

Das Umformen und Steuern elektrischer Energie erfolgt mit Stromrichtern, die sich in folgende Klassen einteilen lassen:

Wechselrichter: Hier fließt elektrische Energie von Gleichstrom- zum Wechselstromsystem.

Gleichrichter: Hier fließt die elektrische Energie von Wechselstrom- zum Gleichstromsystem.

Umrichter: Hier kann die Richtung des Energieflusses geändert werden.

Netzgeführte Stromrichter

Hierbei handelt es sich um Schaltungen, die von der Netzspannung geführt werden und je nach Beschaltung als Wechsel- oder Gleichrichter benutzt werden können.

Man unterscheidet:

Dreipuls-Mittelpunktumschaltungen bestehend aus sechs Spulen und drei Thyristoren

Sechspuls-Mittelpunktumschaltungen bestehend aus sechs Spulen und sechs Thyristoren

Zweipolbrückenschaltungen bestehen aus zwei Dioden und zwei Thyristoren

Schaltbild für eine unsymmetrisch halbgesteuerte Zweipolbrüchenschaltung:

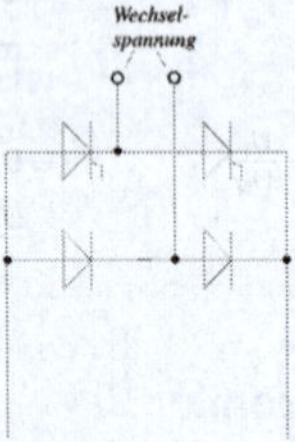

Physik

Selbstgeführte Stromrichter

Diese Stromrichter werden unabhängig vom Netz, an das sie angeschlossen sind, geführt. Man unterscheidet:
Gleichstromsteller, mit denen Gleichwerte von Spannungen verstellt werden können;
selbstgeführte Wechselrichter, mit denen Wechselströme umgerichtet werden können.

Schaltbild für einen Gleichstromsteller:

U_e: Eingangsspannung
U_a: Ausgangsspannung

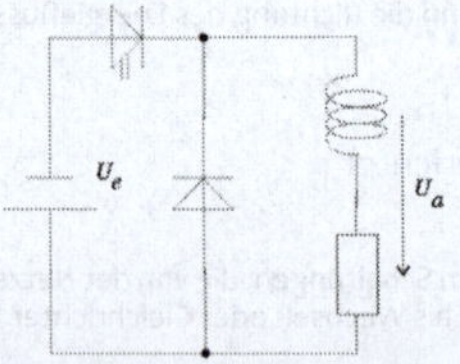

7.6 Elektrische Antriebe

Allgemeines

Elektrische Antriebe sollen mechanische Energie für Stell- oder Bewegungsvorgänge in der Technik liefern. Folgende Maschinen benötigen in der Regel elektrische Antriebe:

- diverse Fahrzeuge (vor allem Schienenfahrzeuge)
- Werkzeugmaschinen
- Roboter und Einrichtungen zum Positionieren
- Fördereinrichtungen
- Aufzüge und Kräne
- Schieber und Ventile
- Walzanlagen
- Pumpen
- Lüfter
- Kompressoren

Als Antriebe kommen Gleichstrom-, Synchron- und Asynchronmotoren infrage.

Aufgaben des Antriebs

- Umwandlungen von elektrischer in mechanische Energie
- Bereitstellung der von der Maschine benötigten Kräfte (Drehmomente) und Geschwindigkeiten (Winkelgeschwindigkeiten)
- Erzielung des für den jeweiligen technischen Prozess optimalen Bewegungsablaufs

Antriebstechnische Lösungen

Die antriebstechnischen Lösungen richten sich nach den Anforderungen des jeweiligen Prozesses; es gibt folgende Möglichkeiten:

Der Antrieb kann direkt von einer festen Netz- oder Versorgungsspannung und deren Frequenz geschaltet und betrieben werden.

Der Motor kann mit den technischen Mitteln der Leistungselektronik gesteuert, geregelt und betrieben werden.

Ein Betrieb der Motoren mithilfe der Regelungstechnik ist möglich.

Physikalische Grundgesetze der Antriebstechnik

Dynamisches Grundgesetz (Motormoment):

$$M = M_L + J\frac{d\omega}{dt}$$

M_L: Lastmoment

J: Massenträgheitsmoment

Stationärer Betrieb (Sonderfall des dynamischen Grundgesetzes mit $\omega = \text{const}$):
$M = M_L$

Übergang zwischen zwei stationären Zuständen:

$$t = \frac{J\,(\omega_2 - \omega_1)}{M}$$

t: Übergabezeit

M: Antriebsmoment (zeitlich konstant)

ω_1: Drehzahl im Anfangszustand

ω_2: Drehzahl im Endzustand

Am stabilen Arbeitspunkt gilt:

$$M + M_L = 0 \qquad \frac{dM}{d\omega} + \frac{dM_L}{d\omega} < 0$$

Änderung der Drehzahl

Um die Drehzahl zu ändern, gibt es für die unterschiedlichen Motorentypen die folgenden Möglichkeiten:

Beim Gleichstrommotor: Variation der Ankerspannung, Feldsteuerung oder Steuerung des Widerstandes im Ankerkreis.

Beim Synchronmotor: Variation der Speisefrequenz unter simultaner Spannungsanpassung.

Beim Asynchronmotor: Steuerung des Widerstandes im Läuferkreis, Steuerung der Spannung bei fester Frequenz oder Variation der Frequenz unter simultaner Spannungsanpassung.

Bremsen für elektrische Antriebe

Hier gibt es neben den mechanischen Bremsen Möglichkeiten der elektrischen Bremsung, und zwar nach den folgenden Verfahren:

Nutzbremsen: erneute Einspeisung von gewonnener Bremsenergie in das elektrische Netz

Widerstandsbremsen: Trennen des Antriebs von der Spannungsversorgung und anschließendes Bremsen des Antriebs durch stufenweises Einschalten von Widerständen (nur bei Gleichstrommotoren möglich)

Gegenstrombremsen: Auslösen des Bremsvorgangs durch Umschalten der Versorgungsspannung (stark verlustbehaftet)

Gleichstrombremsen: Auslösen des Bremsvorgangs durch Einspeisen eines Gleichstroms bei Drehstrommaschine

Betriebsarten elektrischer Antriebe nach DIN VDE 0530

Die Betriebsarten werden mit S1, S2, … S10 bezeichnet und bedeuten Folgendes:

S1: dauerhafter Betrieb mit konstanter Belastung
S2: kurzer Betrieb mit konstanter Belastung
S3: periodische Wechsel zwischen konstanter Belastung und Ruhe
S4: wie S3, aber mit merklicher Anlaufzeit zwischen Ruhe und Belastung
S5: wie S4, jedoch mit elektrischer Bremsung zwischen Belastung und Ruhe
S6: periodische Wechsel zwischen konstanter Belastung und Leerlauf
S7: wie S6, aber mit merklicher Anlaufzeit zwischen Leerlauf und Belastung
S8: periodischer Wechsel aus Zuständen unterschiedlicher Drehzahl und Belastung mit Brems- und Anlaufvorgängen dazwischen
S9: nichtperiodische Änderungen der Drehzahl und Belastung
S10: nichtperiodische Änderungen von unterschiedlich langen Zeitintervallen konstanter Belastung, die sich vom Zeitintervall zu Zeitintervall ändern kann

7.7 Elektrische Schwingkreise und Ausbreitung elektromagnetischer Wellen im Vakuum

Ungedämpfter Schwingkreis

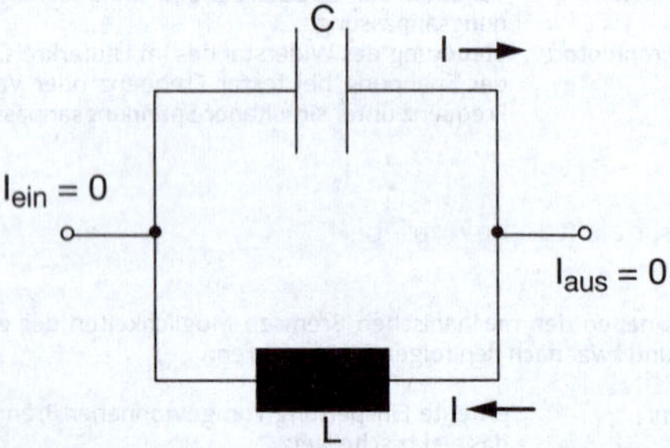

Abb. 6.9

Betrachten Sie den in Abb. 6.9 abgebildeten Schaltkreis, bei dem die Spule (Induktivität L) und der Kondensator (Kapazität C) parallel geschaltet wurden. Zum Zeitpunkt $t = 0$ sei der Stromfluss $I(0) = 0$, und der Kondensator trage die Ladung $Q(0) = Q_0$. Dann ist der Stromfluss durch $I(t) = -Q_0 \cdot \omega \cdot \sin(\omega \cdot t)$ gegeben.

Dies zeigt, dass der in Abb. 6.9 abgebildete Schaltkreis selbstständig eine elektrische Schwingung mit der Kreisfrequenz $\omega^2 = 1/(L \cdot C)$ durchführen kann (Thomson'sche Schwingungsgleichung), d. h., einen elektrischen (**Reihen-**)**Schwingkreis** darstellt. Der Vorgang der elektrischen Schwingung wird anschaulicher, wenn wir die Energie des Kondensators $E_{el}(t)$ bzw. der Spule $E_{mag}(t)$ berechnen:

$$E_{el}(t) = \frac{1}{2} C \cdot U_C^2(t) = \frac{1}{2} C \cdot \frac{Q_0^2}{C^2} \cdot \cos^2(\omega \cdot t) = \frac{1}{2} \frac{Q_0^2}{C} \cdot \cos^2(\omega \cdot t) \text{ und}$$

$$E_{mag}(t) = \frac{1}{2} L \cdot I^2(t) = \frac{1}{2} L \cdot Q_0^2 \cdot \omega^2 \cdot \sin^2(\omega \cdot t) = \frac{1}{2} \frac{Q_0^2}{C} \cdot \sin^2(\omega \cdot t).$$

Dies zeigt, dass (wie bei den Schwingungen in Abschnitt 1.7) auch beim elektrischen Schwingkreis eine ständige Umwandlung zwischen zwei Energieformen stattfindet (hier zwischen elektrischer und magnetischer Energie), wobei die Gesamtenergie $E_{el}(t) + E_{mag}(t) = Q_0^2/(2 \cdot C)$ zeitlich konstant ist und exakt der Energie entspricht, die dem Schwingkreis zu Beginn zugeführt wurde.

Der Schwingkreis kann daher als ein elektrisches Analogon zum Federpendel betrachtet werden: Obwohl beide Schwingungen unterschiedliche Ursachen haben, werden sie dennoch durch völlig analoge Gesetzmäßigkeiten beschrieben.

Offener Schwingkreis: Hertz'scher Dipol

Die Möglichkeit, elektrische Schwingungen mit Hilfe von Schwingkreisen zu erzeugen, hat bemerkenswerte Konsequenzen. So kann man beispielsweise Schwingkreise derart deformieren, dass die Platten des Kondensators nicht mehr im Schwingkreis, sondern an dessen Enden positioniert sind, vgl. Abb. 6.10.

Da noch eine Parallelschaltung von Kondensator und Spule vorliegt, kann das System weiterhin elektrische Schwingungen durchführen. Jedoch ist die elektrische Feldenergie nicht mehr zwischen den Kondensatorplatten lokalisiert, sondern kann sich nun (wie die magnetische Energie) im Raum verteilen (angedeutet durch die Feldlinien in Abb. 6.10). Experimentell stellt man tatsächlich fest, dass die elektrische Schwingung nicht mehr (räumlich) an den Schwingkreis gebunden ist, sondern sich von der Schaltung ablösen und sich selbstständig im Raum ausbreiten kann.

Diese Form der (elektromagnetischen) Wellenausbreitung konnte im Jahr 1886 von Heinrich Hertz (1857–1894) durch die Experimente an dem sogenannten **Hertz'schen Dipol** erstmals nachgewiesen werden.

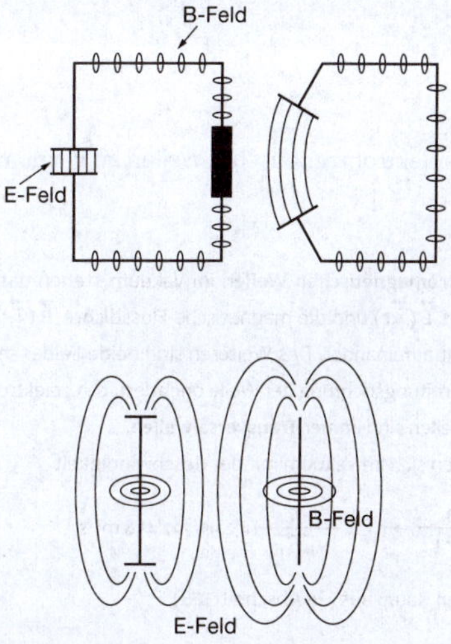

Abb. 6.10

Bemerkungen:

1. Da durch den Dipol eine Ausstrahlung von Wellen erfolgt, spricht man häufig auch von **elektromagnetischer Strahlung**.
2. Hertz war in der Lage, die Strahlungscharakteristik des Hertz'schen Dipols (unter bestimmten Näherungen) zu berechnen. So konnte er beispielsweise zeigen, dass parallel zur Dipolachse (Leiter) keine Wellen abgestrahlt werden können, was man zumindest qualitativ den elektrischen Feldlinien in Abb. 6.10 (unten) entnehmen kann.
3. Während der Schwingung wird die Aufladung des Kondensators ständig umgepolt, d. h., dass permanent Elektronen zwischen den Kondensatorplatten transportiert werden. Bei diesem Vorgang werden sie pausenlos beschleunigt und abgebremst, was im Zusammenhang mit dem Dipol zu einer Abstrahlung von elektromagnetischen Wellen führt. Interessanterweise zeigt sich, dass sich dies verallgemeinern lässt:

Physik

Beschleunigte Ladungen strahlen elektromagnetische Wellen ab.

Eigenschaften elektromagnetischer Wellen im Vakuum

Bei **elektromagnetischen Wellen** im Vakuum stehen das elektrische Feld $\vec{E}(\vec{r},t)$ und die magnetische Flussdichte $\vec{B}(\vec{r},t)$ immer senkrecht aufeinander. Des Weiteren sind beide Felder senkrecht zur Ausbreitungsrichtung der Welle orientiert, d. h., elektromagnetische Wellen sind immer **Transversalwellen**.

Sie breiten sich im Vakuum mit der Geschwindigkeit

$$c_{EM}^2 = \frac{1}{\mu_0 \cdot \varepsilon_0} \rightarrow c_{Em} = \frac{1}{\sqrt{\mu_0 \cdot \varepsilon_0}} = 2{,}99'792'458 \text{ m} \cdot \text{s}^{-1}$$

durch den Raum aus (→ Abschnitt 2.6).

Des Weiteren gilt für elektromagnetische Wellen ebenfalls die **Dispersionsrelation harmonischer Wellen**

$c_{EM} = \lambda \cdot f = \omega / k,$

die den Zusammenhang zwischen der **Frequenz** f bzw. der **Kreisfrequenz** $\omega = 2\pi \cdot f$ und der **Wellenlänge** λ bzw. dem **Wellenvektor** $k = 2\pi / \lambda$ der elektromagnetischen Welle herstellt.

Mithilfe der Maxwell'schen Gleichungen kann gezeigt werden, dass für die Feldstärken $\vec{E}(\vec{r},t)$ und $\vec{B}(\vec{r},t)$ im Vakuum die Gleichung

$$B(\vec{r},t) = \frac{1}{c_{EM}} \cdot E(\vec{r},t)$$ (Gleichung 6.6)

gilt.

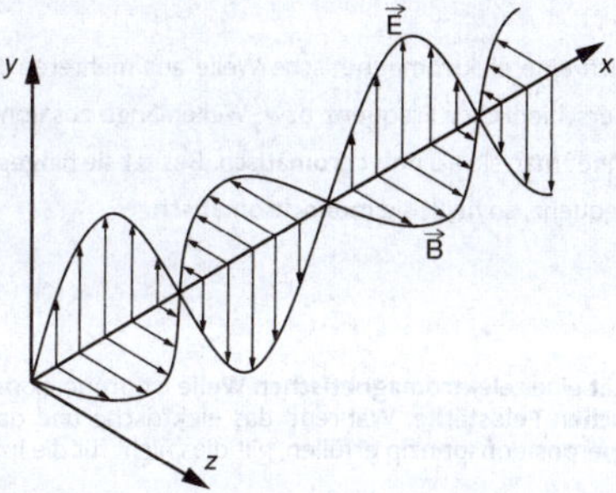

Abb. 6.11

Hier kann ein Feld somit aus dem anderen berechnet werden, sodass wir bei der Betrachtung der Eigenschaften einer elektromagnetischen Welle im Folgenden lediglich das elektrische Feld berücksichtigen. Da aus der Orientierung des elektrischen Feldes ferner auf die Orientierung der magnetischen Flussdichte geschlossen werden kann, ist es sinnvoll, folgende Definition vorzunehmen:

Die **Ebene** des **elektrischen Feldes** wird als **Polarisationsebene der elektromagnetischen Welle** bezeichnet. Sie gibt an, in welcher Ebene eine elektromagnetische Welle eine elektrische Polarisation von Materie verursacht.

Physik

Physik

Bemerkungen:

1. Da die (von Maxwell abgeleiteten) Wellengleichungen linear sind, kann man die elektrischen und magnetischen Felder zweier elektromagnetischer Wellen überlagern und erhält wieder eine elektromagnetische Welle. Dies bedeutet experimentell, dass sich elektromagnetische Wellen überlagern können, ohne sich gegenseitig in ihrer Ausbreitung zu stören. Dieses Verhalten kennt man beispielsweise von Licht, dessen Strahlen sich kreuzen können, ohne dass hierbei Strahlen abgelenkt werden.

   Hierin eingeschlossen ist auch die Überlagerung von Teilwellen mit unterschiedlichen Frequenzen bzw. Wellenlängen:

   > Setzt sich eine elektromagnetische Welle aus mehreren Teilwellen unterschiedlicher Frequenz bzw. Wellenlänge zusammen, so bezeichnet man sie als **polychromatisch**. Besitzt sie hingegen nur eine Frequenz, so heißt sie **monochromatisch**.

2. Die **Intensität** einer **elektromagnetischen Welle** ist proportional zum **Quadrat** der **elektrischen Feldstärke**. Während das elektrische und das magnetische Feld das Superpositionsprinzip erfüllen, gilt dies nicht für die Intensität.

Polarisation ebener elektromagnetischer Wellen

Die konstante Orientierung des elektrischen Feldes im vorangegangenen Beispiel ($\vec{E}(\vec{r},t) = E(\vec{r},t) \cdot \vec{e}_y$) stellt selbstverständlich nur einen Spezialfall dar, den wir nun verallgemeinern wollen.

Dazu überlagern wir das (in *y*-Richtung orientierte) elektrische Feld

$$\vec{E}_y(\vec{r},t) = E_{y,0} \cdot \sin(\omega \cdot t - k \cdot x) \cdot \vec{e}_y$$

mit einem elektrischen Feld, das gegenüber E_y um φ_0 phasenverschoben ist und entlang der *z*-Achse ausgerichtet ist:

$$\vec{E}_z(\vec{r},t) = E_{z,0} \cdot \sin(\omega \cdot t - k \cdot x + \varphi_0) \cdot \vec{e}_z.$$

Die Überlagerung beider Felder ($\vec{E}(\vec{r},t) = \vec{E}_y(\vec{r},t) + \vec{E}_z(\vec{r},t)$ einschließlich der zugehörigen magnetischen Flussdichte) beschreibt wieder eine elektromagnetische Welle, deren elektrisches Feld im Allgemeinen keine konstante Orientierung aufweist. Man kann nun folgende Fallunterscheidungen vornehmen:

1. Wenn die Phasenverschiebung verschwindet ($\varphi_0 = 0$), so ist die Polarisationsebene zeitlich und räumlich konstant ($\vec{E}(\vec{r},t) = \vec{E}_0$ mit $E_0 = \sqrt{E_{y,0}^2 + E_{z,0}^2}$).
   Entlang der Ausbreitungsrichtung entartet sie zu einer Linie, sodass man derartige Wellen als **linear polarisiert** bezeichnet.

2. Gelten $E_{y,0} = E_{z,0} \equiv E_0$ und $\varphi_0 = \pm\pi/2$, so kann $\vec{E}_z(\vec{r},t)$ in

   $$\vec{E}_z(\vec{r},t) = E_0 \cdot \sin(\omega \cdot t - k \cdot x \pm \pi/2) \cdot \vec{e}_z = \pm E_0 \cdot \cos(\omega \cdot t - k \cdot x) \cdot \vec{e}_z$$

   umgeschrieben werden. Der elektrische Feldstärkevektor $\vec{E}(\vec{r},t)$ beschreibt nun eine Kreisbahn in der y-z-Ebene, d. h., die Polarisationsebene dreht sich gleichmäßig um die Ausbreitungsrichtung.
   Dies bezeichnet man als **zirkulare Polarisation**. (Sie ist ein Spezialfall von **elliptisch** polarisierten Wellen, die man für $\varphi_0 \neq 0$ und bzw. oder $E_{y,0} \neq E_{z,0}$ vorfindet.)

3. Häufig findet man auch **unpolarisierte** elektromagnetische Wellen vor, bei denen sich die Orientierung der Polarisationsebene zufällig verändert und daher nicht durch Gesetzmäßigkeiten beschrieben werden kann.

Durch die Wechselwirkung von elektromagnetischen Wellen mit Materie wird sich im Allgemeinen die Polarisationsebene verändern. So zeigt sich beispielsweise in Abschnitt 6.4, dass bei Reflexion und Transmission an einer Grenzfläche häufig die Polarisationsebene gedreht wird. Dieses Verhalten kann z. B. auch beobachtet werden, wenn Licht durch eine Zuckerlösung hindurchtritt, und wird von Winzern ausgenutzt, um (aus der Stärke der Drehung) die Zuckerkonzentration von Weintrauben zu bestimmen.

Des Weiteren gibt es Körper, die den Polarisationszustand von linear zu elliptisch bzw. zirkular verändern können (z. B. $\lambda/4$-Plättchen) bzw. stets linear polarisierte Wellen erzeugen (**Polarisator**).

Licht als elektromagnetische Welle

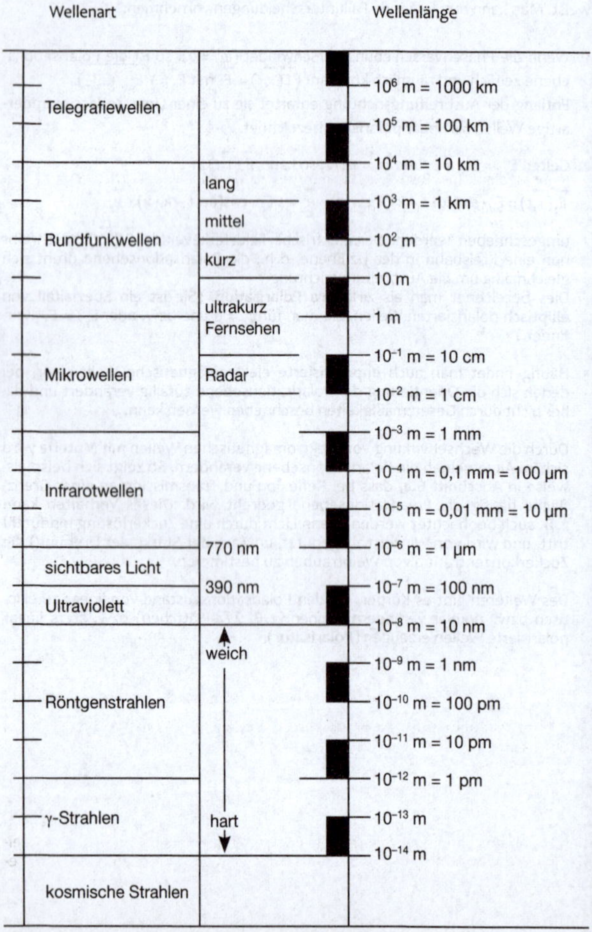

7.8 Elektromagnetische Wellenausbreitung in Materie

Adsorption und Lambert-Beer'sches Gesetz

Lambert-Beer'sches Gesetz:

Eine elektromagnetische Welle der Intensität I_0 breite sich in einem Medium aus. Beim Durchlaufen des Mediums wird die Intensität der Welle im Allgemeinen gemäß $I(d) = I_0 \cdot e^{-\alpha \cdot d}$ abnehmen, wobei α den **Adsorptionskoeffizienten des Mediums** (Einheit: $1\ m^{-1}$) und d die Strecke bezeichnet, welche die Welle im Medium zurückgelegt hat. Im Grenzfall $\alpha = 0$ zeigt das Medium keine Adsorption.

Lichtgeschwindigkeit in Materie: Brechungsindex und Dispersionsrelation

$n = c_{EM,0}/c_{EM}$ bzw. $c_{EM} = c_{EM,0}/n$ (Gleichung 6.7)

Der **Brechungsindex** n ist ein **Maß** für die **Geschwindigkeit** c_{EM}, mit der sich die elektromagnetische Welle durch die Materie ausbreitet:

Je größer der Brechungsindex n ist, desto geringer ist c_{EM} im Vergleich zur **Vakuum-Lichtgeschwindigkeit** $c_{EM,0} = 299'792'458\ m \cdot s^{-1}$.

Darüber hinaus kann man zeigen, dass in einem Dielektrikum $\vec{E}$- und $\vec{B}$-Feld weiterhin senkrecht aufeinander und zur Ausbreitungsrichtung stehen und dass insbesondere die Dispersionsrelation $c_{EM} = f \cdot \lambda \rightarrow c_{EM,0} = f \cdot \lambda \cdot n$ weiterhin gilt.

Physik

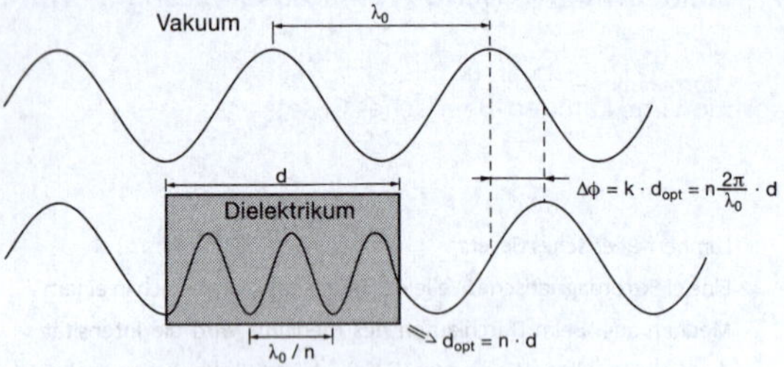

Abb. 6.12

Experimentell beobachtet man, dass sich die Frequenz der Welle bei Eindringen in das Dielektrikum nicht verändert ($f = f_0$), sodass für die Wellenlänge λ bzw. den Wellenvektor k in Materie

$$\frac{c_{EM}}{c_{EM,0}} = \frac{f \cdot \lambda}{f_0 \cdot \lambda_0} \rightarrow \frac{1}{n} = \frac{\lambda}{\lambda_0} \rightarrow \lambda = \frac{\lambda_0}{n} \text{ bzw. } k = k_0 \cdot n \qquad \text{(Gleichung 6.8)}$$

gelten. Dies zeigt, dass sich die Wellenlänge λ (bzw. der Wellenvektor k) im Dielektrikum um den Faktor n verringern (bzw. vergrößern), was anschaulich gesprochen für $n > 1$ bedeutet, dass der Abstand zwischen den Wellenbergen (bzw. den Wellentälern) abnimmt (vgl. Abb. 6.12).

Andererseits zeigt dies aber auch, dass sich die Phase der Welle in Materie pro Einheitslänge stärker verändert (genauer gesagt um den Faktor n) als im Vakuum. Durchläuft die Welle daher die Strecke d in Materie (Brechungsindex n), so ändert sich hierbei die Phase gemäß $\varphi(t,x) = \omega \cdot t - k \cdot x + \varphi_0$ um $\Delta\varphi(t,x) = \varphi(t,x+d) - \varphi(t,x) = k \cdot d = n \cdot k_0 \cdot d$, sodass die Welle im Vakuum zusätzlich die Strecke

$$d_{opt} = n \cdot d \qquad \text{(Gleichung 6.9)}$$

zurücklegen müsste, um die gleiche Phasenänderung zu erreichen. Wenn man daher die Phasenänderung in Materie berechnen möchte, ist es sinnvoll, die geometrische Weglänge d in die **optische Weglänge** $d_{opt} = n \cdot d$ umzurechnen.

Bemerkungen:

1. Experimentell zeigt sich, dass der Brechungsindex mit zunehmender Frequenz entweder zu- ($dn/d\omega > 0$ bzw. $dn/d\lambda < 0$, **normale Dispersion**) oder abnehmen ($dn/d\omega < 0$ bzw. $dn/d\lambda > 0$, **anomale Dispersion**) kann. Im Allgemeinen zeigt Materie sowohl normale als auch anomale Dispersion. Die Form der Dispersion hängt dabei davon ab, welchen Frequenz- bzw.Wellenlängenbereich man betrachtet. Bei sichtbarem Licht zeigt jedoch der Großteil der durchsichtigen Materie normale Dispersion (was die Namensgebung erklärt).

2. Vergleicht man die optische Weglänge der Einheitsstrecke in zwei Medien mit n_1 und $n_2 > n_1$, so ist sie im zweiten Medium größer als im ersten. Daher sagt man, dass das zweite Medium **optisch dichter** als das erste bzw. das erste Medium **optisch dünner** als das zweite ist.

Effekte an Grenzflächen: Brechungs- und Reflexionsgesetz

Trifft eine elektromagnetische Welle auf eine Grenzfläche, so wird ein Teil der Welle an der Grenzfläche „abprallen", d. h. von der Grenzfläche **reflektiert**, während der verbleibende Teil in das zweite Medium eindringt, also **transmittiert** wird (vgl. Abb. 6.13).

Die Ebene, die durch die Ausbreitungsrichtung der einfallenden Welle und der Grenzflächen-Normale gebildet wird, bezeichnet man als **Einfallsebene**.

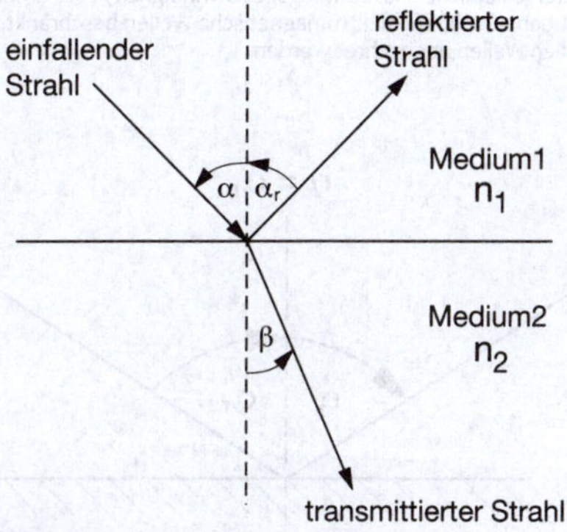

Abb. 6.13

Snellius'sches Brechungsgesetz:
Eine elektromagnetische Welle treffe auf eine Grenzfläche, die durch zwei Medien mit unterschiedlichen Brechungsindizes n_1 und n_2 gebildet wird. Werden Einfalls- α und Ausfallswinkel β bezüglich der Normalen bzw. dem Lot der Grenzfläche gemessen, so gilt

$$n_1 \cdot \sin\alpha = n_2 \cdot \sin\beta \rightarrow \frac{\sin\beta}{\sin\alpha} = \frac{n_1}{n_2} \text{ bzw. } \sin\beta = \frac{n_1}{n_2} \cdot \sin\alpha.$$

(Gleichung 6.10)

Dies zeigt, dass die Ausbreitungsrichtung der Welle sich bei Transmission durch die Grenzfläche verändert, dass also die **Welle an der Grenzfläche gebrochen** wird.

Physik

Bemerkung:

Die Brechung von Wellen ist eine Eigenschaft, die immer auftreten kann, wenn zwei Medien (mit unterschiedlicher Ausbreitungsgeschwindigkeit) eine Grenzfläche bilden. Dieser Effekt ist daher nicht auf elektromagnetische Wellen beschränkt, sondern kann im Prinzip bei allen Wellen beobachtet werden.

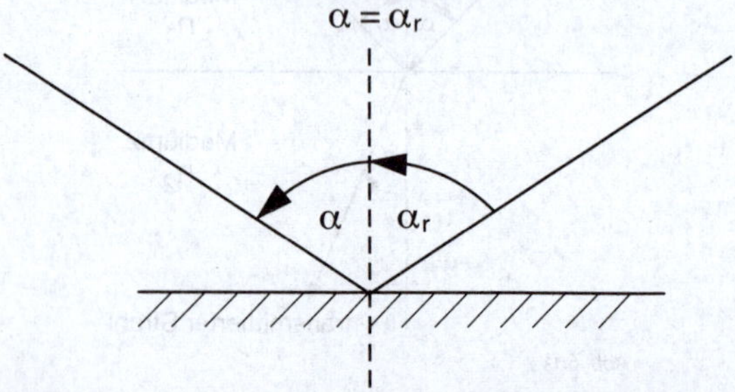

Abb. 6.14

Reflexionsgesetz:

Einfalls- und Ausfallswinkel einer reflektierten Welle stimmen immer überein, d. h. $\alpha = \alpha_r$, vgl. Abb. 6.14.

Totalreflexion

Übersteigt der Einfallswinkel α den kritischen Winkel $\sin \alpha_c = n_2 / n_1$, so kann die Welle nicht mehr transmittiert werden und wird komplett ins erste Medium zurückreflektiert (**Totalreflexion**). Diese Situation kann nur auftreten, wenn $n_1 > n_2$ (Übergang vom optisch dichteren zum optisch dünneren Medium) gilt.

Fresnel'sche Formeln und Brewster-Winkel

Wenn eine elektromagnetische Welle auf eine Grenzfläche trifft, so wird im Allgemeinen ein Teil der Welle reflektiert und ein Teil ins zweite Medium transmittiert.

Drücken wir diese Anteile bezüglich der Amplituden der elektrischen Feldstärken aus (E_0 der einlaufenden und E_r der reflektierten Welle), so können wir durch

$r := E_r/E_0$ (bzw. $R := r^2 = E_r^2/E_0^2$)

den Reflexionskoeffizienten r der Felder (bzw. R der Intensität) definieren.

Fresnel'sche Formeln:

1. Ist die Polarisationsebene senkrecht zur Einfallsebene orientiert (sogenannte s- bzw. TE-Polarisation), so wird der Anteil

$$r_s = \frac{n_1 \cdot \mu_2 \cdot \cos\alpha - n_2 \cdot \mu_1 \cdot \cos\beta}{n_1 \cdot \mu_2 \cdot \cos\alpha + n_2 \cdot \mu_1 \cdot \cos\beta}$$

(Gleichung 6.11a)

der elektrischen Feldstärke an der Grenzfläche reflektiert.

2. Ist die Polarisationsebene hingegen parallel zur Einfallsebene orientiert (sogenannte p- bzw. TM-Polarisation), so gilt

$$r_p = \frac{n_2 \cdot \mu_1 \cdot \cos\alpha - n_1 \cdot \mu_2 \cdot \cos\beta}{n_2 \cdot \mu_1 \cdot \cos\alpha + n_1 \cdot \mu_2 \cdot \cos\beta}.$$

(Gleichung 6.11b)

Physik

Bei p-Polarisation entspricht die Polarisationsebene der Einfallsebene, während sie bei s-Polarisation senkrecht zu ihr ausgerichtet ist.

Entspricht der Einfallswinkel α dem **Brewster-Winkel** α_{Brew}, so wird die p-polarisierte Komponente an der Grenzfläche nicht mehr reflektiert ($r_p(\alpha_{Brew}) = 0$). Die reflektierte Welle besteht daher lediglich aus der s-polarisierten Komponente und ist somit linear-polarisiert.

Gilt für die Medien $\mu_1 = \mu_2$, so schließen bei $a = a_{Brew}$ die reflektierte und transmittierte Welle einen rechten Winkel ein. Der Brewster-Winkel α_{Brew} kann dann durch $\tan\alpha_{Brew} = n_2 / n_1$ berechnet werden.

8.
Interferenz, Beugung (Wellenoptik), Geometrische Optik und Akustik

Nachdem wir uns im Kapitel 6 mit der Ausbreitung von elektromagnetischen Wellen im Allgemeinen befasst haben, soll es hier vorrangig um **optische Wellenlängen** gehen, die (im Vakuum) im Bereich zwischen ca. 100 nm und 10 µm zu finden sind. Dieser (**transparente**) **Bereich** ist für die Technik von besonderem Interesse, da man hier Materie findet, die eine geringe Adsorption zeigt und somit für eine gezielte Strahlformung von elektromagnetischen Wellen eingesetzt werden kann.

Die optischen Wellenlängen können zusätzlich in ultraviolettes (100 nm–380 nm), sichtbares (380 nm–750 nm) und nahes Infrarot-Licht (750 nm–10 µm) unterteilt werden. Das sichtbare Licht ist uns hierbei aus dem Alltag am besten bekannt. Es setzt sich aus Farbbereichen zusammen, wobei jeder Farbe ein bestimmter Wellenlängenbereich zugeordnet werden kann.

Bei der Ausbreitung von Licht wird häufig zwischen Wellenoptik und geometrischer Optik unterschieden. In der Wellenoptik werden Phänomene der Lichtausbreitung untersucht (z. B. **Beugung**), die sich nur dann erklären lassen, wenn man dem Licht einen Wellencharakter zuschreibt. In Abschnitt 7.2 wird gezeigt, dass dieser Wellencharakter bei der Lichtausbreitung immer dann berücksichtigt werden muss, wenn die Welle auf Körper trifft, deren Ausdehnung der Wellenlänge entspricht.

Findet die Wechselwirkung jedoch mit deutlich größeren Körpern statt, so erfolgt die Lichtausbreitung auf Linien (**geometrische Optik**), die unter Umständen (z. B. an Grenzflächen) gebrochen werden können. Hier kann man den Verlauf des Lichtes mithilfe von Geraden konstruieren und dadurch verstehen, wie Materie eingesetzt werden kann, um beispielsweise Objekte optisch abzubilden (→ Abschnitt 7.3).

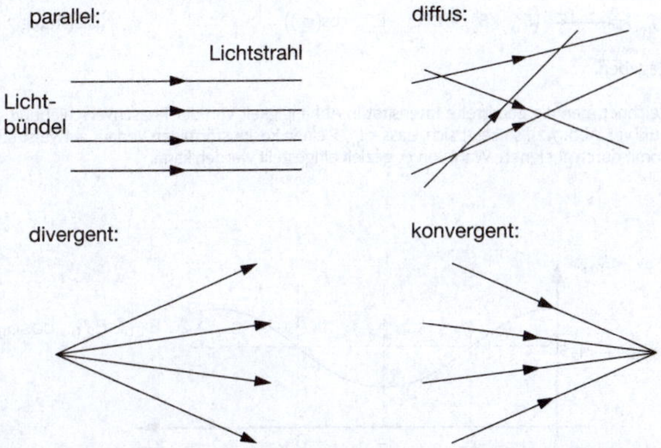

Abb 7.1

In diesem Bild wird eine ebene Lichtwelle durch ein **Lichtbündel** repräsentiert, das sich aus parallel ausgerichteten **Lichtstrahlen** zusammensetzt (vgl. Abb. 7.1). Des Weiteren kann das Licht von einem Punkt ausgestrahlt werden und sich daher **divergent** im Raum ausbreiten, bzw. es kann **konvergent** auf einen Punkt fokussiert werden. Weisen die Lichtstrahlen keine Ordnung auf, so nennt man sie **diffus**.

8.1 Wellen II: Interferenz

Zweistrahlinterferenz

In Abschnitt 6.3 wurde bereits gezeigt, dass die Überlagerung mehrerer (elektromagnetischer) Wellen wieder eine (elektromagnetische) Welle erzeugt, wobei sich lediglich die Feldstärken, nicht aber die Intensitäten der einzelnen Wellen überlagern.

Betrachten wir zunächst die vereinfachte („eindimensionale") Situation, bei der sich lediglich zwei elektrische Feldstärken

$$E_1(x,t) = E_{1,0}\cos(\omega \cdot t - k \cdot x) \text{ und } E_2(x,t) = E_{2,0} \cdot \cos(\omega \cdot t - k \cdot x + \varphi_0) \qquad \text{(Gleichung 7.1)}$$

(mit Wellenvektor k und Kreisfrequenz ω) überlagern.

Die gemittelte Intensität $< I_{res} >$ der resultierenden elektromagnetischen Welle ist dann durch

$$< I_{res} > = \frac{c \cdot \varepsilon_0}{2} \cdot \left(E_{1,0}^2 + E_{2,0}^2 + 2 \cdot E_{1,0} \cdot E_{2,0} \cdot \cos(\varphi_0)\right) \qquad \text{(Gleichung 7.2)}$$

gegeben.

Zeichnet man die gemittelte Intensität in Abhängigkeit von der Phasenverschiebung φ_0 auf (vgl. Abb. 7.2), so zeigt sich, dass $< I_{res} >$ einen kosinusförmigen Verlauf aufweist und somit durch geeignete Wahl von φ_0 gezielt eingestellt werden kann.

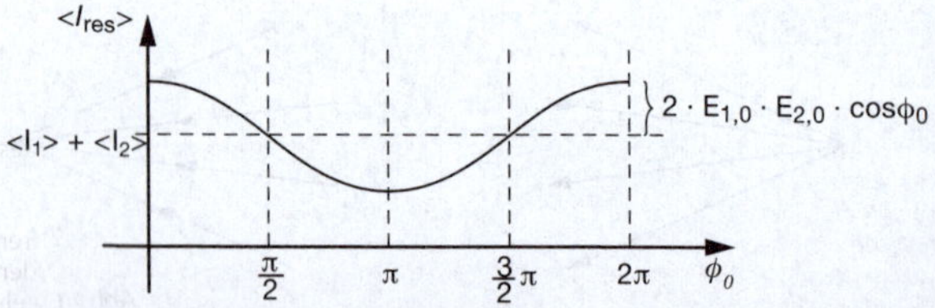

Abb 7.2

Überlagern sich mehrere elektromagnetische Wellen, so hängt die (mittlere) Intensität $< I_{res} >$ der resultierenden Welle auch von der Phasenverschiebung der Teilwellen ab (**Interferenz**). $< I_{res} >$ kann daher nicht einfach durch Superposition der Teilwellenintensitäten $< I_i >$ ermittelt werden.

Voraussetzungen für das Auftreten von Interferenz: Kohärenz

1. Damit zwischen zwei Wellen überhaupt Interferenz auftreten kann, müssen dise parallel zueinander orientierte Komponenten der Feldstärke aufweisen.

2. Ferner zeigen die vorangegangenen Berechnungen, dass die sich überlagernden Feldstärken ebenfalls die gleiche Frequenz aufweisen müssen, damit sich ein zeitlich stabiles Interferenzbild ausbilden kann.

3. Selbst wenn diese Voraussetzungen erfüllt sind, muss es nicht unbedingt zu einer Interferenz kommen. Damit Teilwellen eine stationäre Interferenzstruktur ausbilden können, müssen sie eine (relativ) konstante Phasenverschiebung φ_0 aufweisen, d. h., sie müssen **kohärent** sein bzw. **Kohärenz** aufweisen.

8.2 Wellen III: Beugung

Manchmal zeigt sich, dass Wellen, die auf bestimmte Hindernisse treffen, Energie an Orte hinter dem Hindernis transportieren, die auf geradlinigen Wegen nicht erreichbar wären. Diesen Effekt, der prinzipiell bei allen Wellen auftreten kann, wird als **Beugung** bezeichnet.

Huygens'sches Prinzip

Im Prinzip lässt sich das Auftreten von Beugung an Hindernissen mit Hilfe des Huygens'schen Prinzips gut nachvollziehen.

Ihm zufolge kann jede Welle (z. B. auch Schallwellen) als Überlagerung mehrerer Kugelwellen aufgefasst werden. Das bedeutet, dass jeder Punkt, der während der Ausbreitung durch eine Phasenfläche getroffen wird, Ausgangspunkt einer Kugelwelle ist.

Bei ebenen Wellen liegen die Raumpunkte, die durch die Phasenfläche angeregt werden, in einer Ebene, sodass die Überlagerung der angeregten Kugelwellen ebenfalls zu einer ebenen Phasenfläche in Ausbreitungsrichtung führt.

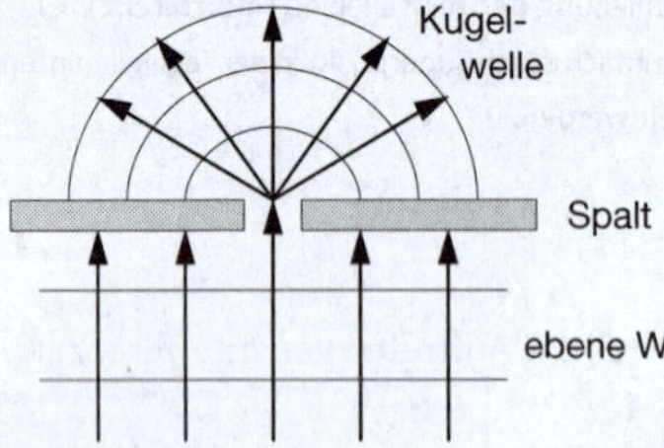

Abb 7.3

Dass sich eine ebene Welle tatsächlich aus Kugelwellen zusammensetzt, kann man sichtbar machen, indem man die Welle beispielsweise auf einen kleinen Spalt treffen lässt (vgl. Abb. 7.3). Er lässt nur die Kugelwellen passieren, die in seinem Inneren angeregt werden, und man findet hinter dem Spalt ausschließlich kugelförmige Phasenflächen vor. Interessanterweise zeigt sich, dass die Intensität hinter dem Spalt räumlich strukturiert sein kann, was auf Interferenzeffekte hindeutet.

Beugung am Doppelspalt

Young'scher Doppelspalt

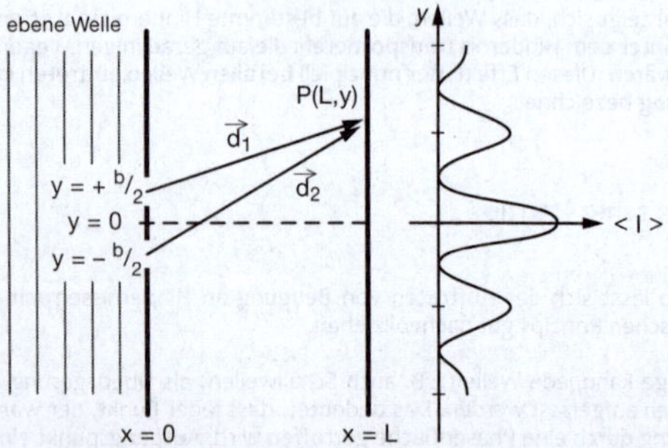

Abb 7.4

Physik

Beugungsgitter

Ein **Beugungsgitter** ist eine **periodische Anordnung** von Spalten, deren Abstand als **Gitterkonstante** g bezeichnet wird. Der Doppelspalt kann somit als ein Beugungsgitter mit zwei Spalten aufgefasst werden, sodass die Gitterkonstante g dem Abstand der Spalten b entspricht: $g = b$.

Trifft eine Welle (Wellenlänge λ) unter dem Winkel α auf das Beugungsgitter, so werden in den Spalten Kugelwellen angeregt, die miteinander interferieren. Die Intensität der Welle hat dadurch bei bestimmten Winkeln α'_n ein lokales Maximum:

$\sin \alpha'_n = \sin \alpha + n \cdot \lambda / g$ (**Gittergleichung**) (Gleichung 7.3a)

(wobei die ganze Zahl n die einzelnen Maxima durchnummeriert).

Trifft die Welle senkrecht auf das Beugungsgitter ($\alpha = 0$), so folgt

$\sin \alpha'_n = n \cdot \lambda / g$. (Gleichung 7.3b)

Trivialerweise besitzen die Gl. 7.3 immer eine Lösung für $n = 0$, die als **Maximum 0. Ordnung** des Beugungsgitters bezeichnet wird.

Der exakte Verlauf der Intensität hängt von der Form der Spalten ab.

Trifft eine Welle auf ein Objekt, dessen Ausdehnung der Wellenlänge entspricht, so wird die Welle am Objekt gebeugt. Ist das Objekt hingegen deutlich größer als die Wellenlänge, so sind Beugungseffekte vernachlässigbar und die Wellenausbreitung kann weiterhin als geradlinig beschrieben werden (→ Abschnitt 7.3, geometrische Optik).

Bemerkungen:

1. Da die Ausfallswinkel α'_n in Gl. 7.3 von der Wellenlänge abhängen, können Beugungsgitter zur Zerlegung polychromatischer Wellen in ihre einzelnen Bestandteile (d. h. in **Spektrometer**) verwendet werden.

2. Manche Festkörper liegen in Form von Kristallen vor und zeichnen sich durch eine periodische Anordnung ihrer Bausteine aus. Kristalle können daher ebenfalls als Beugungsgitter aufgefasst werden, wobei die Gitterkonstante in dieser Situation durch die Abstände benachbarter Bausteine gegeben ist (z. B. Netzebenenabstände o. Ä.) und somit in der Größenordnung einiger Å (= 10^{-10} m) liegt. Will man daher Kristallbeugung beobachten, so muss man elektromagnetische Strahlung mit vergleichbarer Wellenlänge verwenden, d. h. Röntgenstrahlung.
   Mithilfe der **Bragg-Bedingung** kann dann aus den Beugungsmustern die Gitterstruktur berechnet werden, sodass sich durch **Röntgenbeugung** Gitterkonstanten mit sehr hoher Genauigkeit bestimmen lassen. Die Präzision moderner Röntgenbeugung ist derart hoch, dass sich bereits geringste Gitterveränderungen (z. B. durch thermische Ausdehnung oder Änderung der Zusammensetzung) messen lassen. Sie ist daher eine sehr wichtige Methode zur Strukturaufklärung in der modernen Physik.

Physik

8.3 Geometrische Optik

In diesem Abschnitt werden wir die Brechung von Lichtstrahlen an Körpern betrachten, die deutlich größer als die Wellenlänge des Lichtes sind, sodass Beugungseffekte vernachlässigt werden können. Dies erlaubt, die brechende Wirkung von transparenten Körpern (z. B. Linsen und Prismen) mit Hilfe geometrischer Überlegungen zu berechnen (geometrische Optik).

Sphärische Linsen

Betrachten wir dazu die Grenzfläche, die ein kugelförmiger Körper (Brechungsindex n_2, Radius R) mit einem zweiten Medium (Brechungsindex $n_1 < n_2$) bildet (vgl. Abb. 7.5). Läuft eine ebene elektromagnetische Welle von links in das System ein, so lässt sich zeigen, dass alle achs-parallelen Strahlen durch denselben Punkt F_1 verlaufen. Dieser Punkt befindet sich ebenfalls auf der Achse, und sein Abstand f_1 (**Brennweite**) vom Apex des Körpers ist durch

$$f_1 = \frac{n_2}{n_2 - n_1} \cdot R$$

gegeben. Körper mit dieser Eigenschaft bezeichnet man als **Linsen** und den Punkt F_1 als Brennpunkt der Linse.

Man kann daher sagen, dass die Linse **Parallelstrahlen** in **Brennpunktstrahlen** umwandelt.

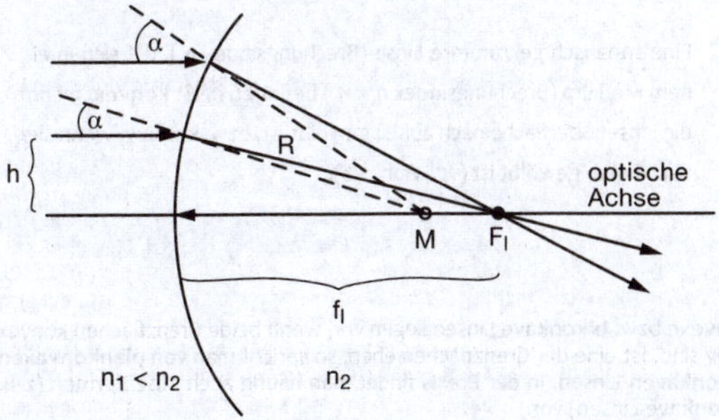

Abb. 7.5

Theoretisch können wir die Ausbreitung der Welle aber auch problemlos umkehren, d. h., wir können die Strahlen (wie in Abb. 7.5 eingezeichnet) von rechts in das System einlaufen lassen. Daraus folgt, dass eine Linse ebenfalls **Brennpunktstrahlen** in **Parallelstrahlen** umwandelt.

Linsenformen

Wir wollen unsere Überlegungen nun auf Linsen mit zwei Grenzflächen erweitern, da man dies in der Praxis viel häufiger antrifft. Dabei werden wir uns auf die Situation beschränken, bei welcher der Brechungsindex n_2 der Linse höher als der des umgebenden Mediums n_1 ist.

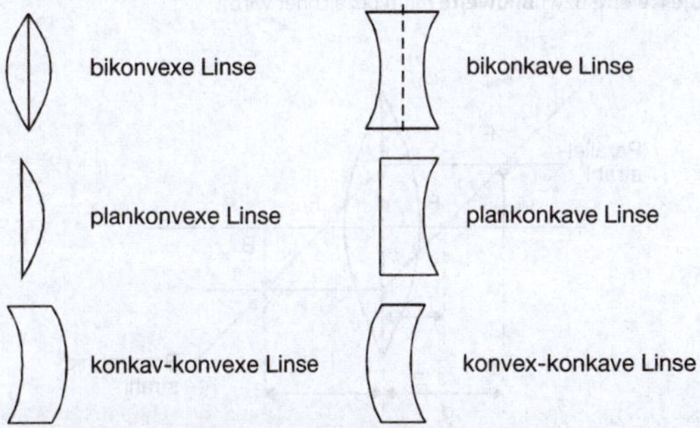

Abb 7.6

Eine sphärisch gekrümmte Linse (Brechungsindex n_2), die sich in einem Medium (Brechungsindex $n_1 < n_2$) befindet, heißt **konvex**, wenn die Linsenoberfläche nach außen gewölbt ist, bzw. **konkav**, wenn sie nach innen gewölbt ist (vgl. Abb. 7.6).

Bikonvexe bzw. **bikonkave** Linsen liegen vor, wenn beide Grenzflächen konvex bzw. konkav sind. Ist eine der Grenzflächen eben, so spricht man von **plankonvexen** bzw. **plankonkaven** Linsen. In der Praxis findet man häufig auch Mischformen (z. B. **konvex-konkave** Linsen) vor.

Linsengleichung von dünnen Sammellinsen

Es zeigt sich, dass wir die vorangegangenen Überlegungen direkt anwenden können: Jeder Linse können zwei Brennpunkte F_l und F_r zugewiesen werden, mit deren Hilfe sich die Brechung von Lichtwellen beschreiben lässt. Trifft die Welle beispielsweise auf eine konvexe Linse, so wird sie wieder in einem Brennpunkt gesammelt (vgl. Abb. 7.7a), während die Welle bei konkaven Linsen so gebrochen wird, dass sie einen Strahlenverlauf aufweist, als sei sie von einem der Brennpunkte emittiert worden (vgl. Abb. 7.7b).

Betrachten wir die Situation, bei der sich ein Objekt bzw. eine Lichtquelle im Abstand g (**Gegenstandsweite**) vor einer dünnen, symmetrischen Sammellinse mit Brennweite *f* befindet (Abb. 7.7a). Es wurde bereits gezeigt, dass die Sammellinse die Strahlen des Objektes in einem Punkt vereinigt, dessen Abstand von der Linsenebene als **Objektweite** bzw. **Bildweite** mit *b* bezeichnet wird.

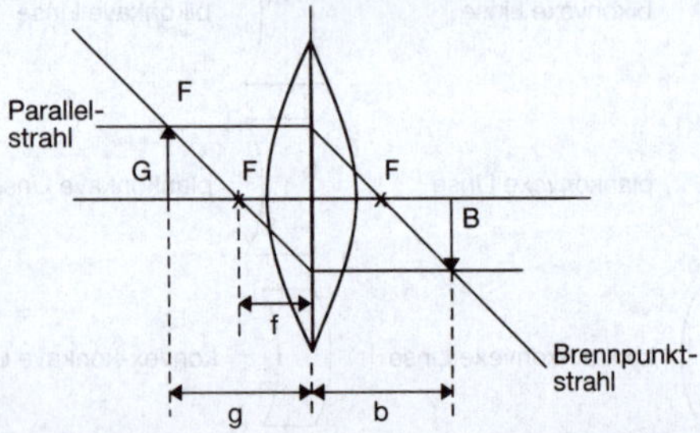

Abb 7.7a

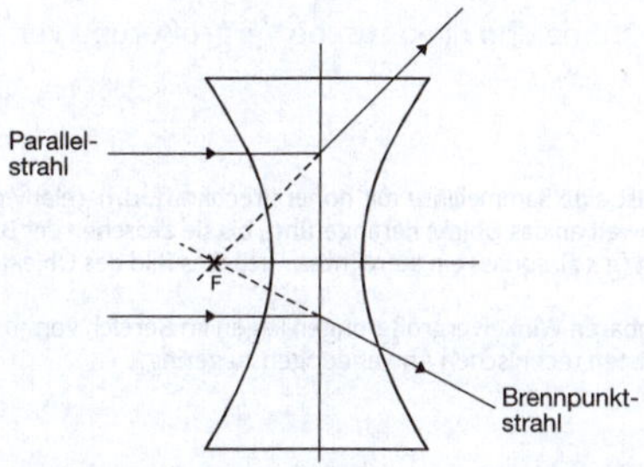

Abb 7.7b

Bei dieser Situation lässt sich mit Hilfe geometrischer Überlegungen zeigen, dass für die einzelnen Abstände die Linsengleichung

$$\frac{1}{f}=\frac{1}{b}+\frac{1}{g} \text{ bzw. } \frac{1}{b}=\frac{1}{f}-\frac{1}{g} \rightarrow b=\frac{f\cdot g}{g-f} \qquad \text{(Gleichung 7.4)}$$

gilt. (Da die Brennweite f invers in Gl. 7.4 eingeht, wird häufig mit der **Brechkraft** $D = 1/f$ der Linse gerechnet, Einheit: 1 Dioptrie = 1 dpt = 1 m^{-1}.)
Bezeichnen wir ferner die Größe des Objektes mit G (**Gegenstandsgröße**) bzw. die des Bildes mit B (**Bildgröße**), so folgt aus dem Strahlensatz der Geometrie sofort

$$\frac{b}{B}=\frac{g}{G} \rightarrow B=\frac{b}{g}\cdot G=\frac{f}{g-f}\cdot G. \qquad \text{(Gleichung 7.5)}$$

Anhand dieser Gleichungen können wir folgende Grenzfälle betrachten:

1. $g > f$: Ist die Gegenstandsweite g größer als die Brennweite f, so liefern die Gleichungen positive Brennweiten ($b > 0$) und Bildgrößen ($B > 0$). Das bedeutet, dass hinter der Sammellinse ein **reales, umgekehrtes Bild** entsteht, welches sich auf einem Bildschirm abbilden lässt (**Projektion**), sofern dieser sich im Abstand b von der Linsenebene befindet.

2. $g < f$: Im umgekehrten Fall werden die Nenner in beiden Gleichungen und somit auch die Bildweite ($b < 0$) und die Bildgröße ($B < 0$) negativ. Die negative Bildweite zeigt dabei an, dass hinter der Linse kein reales Bild entsteht, sondern dass die Strahlen durch die Linse zerstreut werden. Interessanterweise verlaufen die Strahlen so, als seien sie von einem größeren Objekt ausgesandt worden ($B > G$, vgl. Gl. 7.5), das sich im Abstand $-b$ von der Linsenebene befindet. Hier wird durch die Sammellinse kein reales, sondern ein **vergrößertes** und **rein imaginäres Bild** erzeugt, welches nur unter Zuhilfenahme weiterer Linsen beobachtet (z. B. mit dem Auge) bzw. projiziert werden kann.

3. Im Grenzfall $g = f$, bei der die Gegenstandsweite mit der Brennweite übereinstimmt, divergieren Gl. 7.4 und 7.5. Zeichnet man die Strahlengänge auf, so stellt man fest, dass die Lichtstrahlen des Objektes durch die Linse in Parallelstrahlen umgewandelt werden.

Physik

Linsensysteme und die optische Vergrößerung von Objekten

Lupe:

Eine Lupe ist eine Sammellinse mit hoher Brechkraft, d. h. relativ geringer Brennweite. Sie wird soweit an das Objekt herangeführt, bis sie zwischen der Brenn- und der Linsenebene liegt ($g \le f$), sodass ein aufrechtes, virtuelles Bild des Objektes entsteht.

Die erreichbaren Winkelvergrößerungen liegen im Bereich von 10 … 50 und sind somit für die meisten technischen Anwendungen zu gering.

Fernrohr:

Wird ein Objekt mit einer großen Gegenstandsweite g durch eine Sammellinse mit Brennweite f_S abgebildet, so folgt aus Gl. 7.4 mit $g >> f_S$

$$b = \frac{f_s \cdot g}{g - f_s} \rightarrow b(g >> f_s) \approx f_s.$$

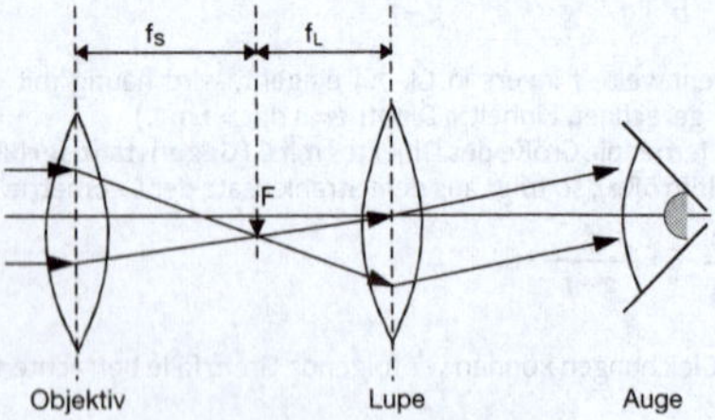

Abb 7.8

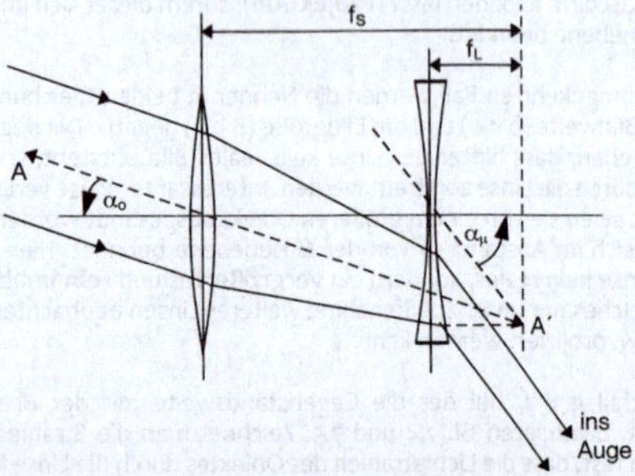

Abb 7.9

Das reale Zwischenbild wird daher in der bildseitigen Brennebene der Sammellinse erzeugt und kann durch eine Lupe (Brennweite f_L) vergrößert werden, wenn die Brennebenen beider Linsen nahezu übereinstimmen (vgl. Abb. 7.8 für das **Kepler'sche**, Abb. 7.9 für das **Galilei'sche Fernrohr**).

Es lässt sich zeigen, dass die Winkelvergrößerung V_W des Teleskops durch $V_W = f_S/f_L$ gegeben ist. Die Vergrößerung wird daher umso stärker, je größer die Brennweite der Sammellinse f_S und je kürzer die der Lupe f_L ist.

Mikroskop:
Die umgekehrte Situation ist gegeben, wenn Objekte mit endlicher Gegenstandsweite vergrößert werden müssen. Hierfür werden **Mikroskope** eingesetzt, bei denen wieder eine Sammellinse (**Objektiv**) ein reales, vergrößertes Zwischenbild erzeugt, welches anschließend durch eine Lupe (**Okular**) nochmals stark vergrößert wird, vgl. Abb. 7.10.

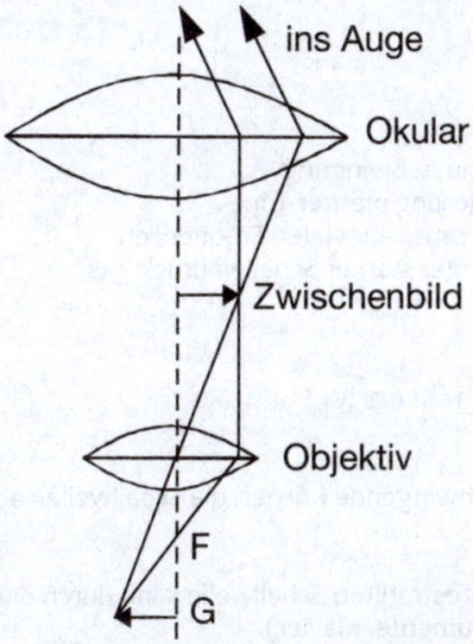

Abb 7.10

Die Winkelvergrößerung von Mikroskopen lässt sich nicht so einfach ausdrücken wie beim Teleskop. Dennoch kann man zeigen, dass sie in Näherung durch das Produkt von Okular- und Objekt-Vergrößerung gegeben ist und daher mit fallenden Brennweiten f_L und f_S zunimmt. Will man hohe Vergrößerungen erreichen, müssen daher Linsen mit sehr kleinen Brennweiten verwendet werden, sodass das Objektiv sehr dicht an das Objekt herangebracht werden muss ($g \approx f$).

Beim Mikroskop muss berücksichtigt werden, dass bei Objekten, welche die gleiche Größenordnung wie die Wellenlänge des verwendeten Lichtes besitzen, Beugungseffekte auftreten (→ Abschnitt 7.2). Dies führt zu einer Verschlechterung der Bildqualität, da das Bild nun durch die entstehenden Beugungsstrukturen „verzerrt" wird und somit unscharf erscheint.

Durch theoretische Überlegungen konnte Ernst Abbe (1840–1905) zeigen, dass die Auflösung von Mikroskopen die Grenze $d_{min} \geq \lambda/2$ nicht unterschreiten kann. Wird daher rotes Licht ($\lambda \approx 650$ nm) zur Beobachtung verwendet, können keine Strukturen aufgelöst werden, die kleiner als ≈ 325 nm sind. (Diese theoretische Untergrenze kann „umgangen" werden, wenn die Objekte nicht homogen, sondern durch nm-große Lichtquellen ausgeleuchtet werden, wie dies beispielsweise beim STED-Mikroskop oder beim optischen Rasternahfeldmikroskop (SNOM) ausgenutzt wird.)

8.4 Schallwellen, Akustik

Schall

Schallwellen sind mechanische Longitudinalwellen.
Hörbereich des Menschen: 16 Hz bis 20 000 Hz
< 16 Hz: Infraschall
> 20 kHz: Ultraschall

Ton, Klang, Geräusch, Knall

Ton: reine Sinusschwingung
Klang: Überlagerung mehrer Töne
Geräusch: Gemisch aus sehr vielen Frequenzen
Knall: kurzzeitiger starker Schalleindruck

Schallquellen (Schallsender)

Schallquellen sind schwingende Körper, die Schallwellen abstrahlen.

Schwingende Saiten

Die Frequenz der abgestrahlten Schallwelle kann durch die Saitenlänge verändert werden (Streichinstrumente, Klavier).

$$f = \frac{1}{2l}\sqrt{\frac{F}{\rho A}}$$

f: Frequenz der schwingenden Saite (Grundschwingung)

l: Saitenlänge

F: Kraft, mit der die Saite gespannt ist

ρ: Dichte des Saitenmaterials

A: Querschnittsfläche der Saite

Schwingende Luftsäulen

Die in Pfeifen eingeschlossenen Luftsäulen schwingen in stehenden Wellen.

Offene Pfeifen

am Mundstück: Wellenbauch; am Ende: Wellenbauch

$$f = \frac{c}{2l}$$

f: Frequenz (Grundschwingung)

c: Schallgeschwindigkeit in Luft

$$l = \frac{\lambda}{2}$$

l: Länge der schwingenden Luftsäule

Geschlossene Pfeifen

am Mundstück: Wellenbauch; am Ende: Wellenknoten

$$f = \frac{c}{4l}$$

f: Frequenz (Grundschwingung)

c: Schallgeschwindigkeit in Luft

$$l = \frac{\lambda}{4}$$

l: Länge der schwingenden Luftsäule

Oberschwingungen

Oberschwingungen treten neben der Grundschwingung (niedrigste Frequenz, mit der die Schallquelle schwingt) auf. Ihre Frequenzen sind ganzzahlige Vielfache der Grundfrequenz.

Schallausbreitung

Zur Schallausbreitung wird immer ein Medium benötigt, im Vakuum breitet sich Schall nicht aus.

Schallgeschwindigkeit

in Festkörpern:

$$c = \sqrt{\frac{E}{\rho}}$$

c: Schallgeschwindigkeit in einem langen Stab

E: Elastizitätsmodul

ρ: Dichte des Stabes

in Flüssigkeiten:

$$c = \sqrt{\frac{K}{\rho}}$$

$$K = \frac{1}{\kappa}$$

c: Schallgeschwindigkeit in einer Flüssigkeit

K: Kompressionsmodul

ρ: Dichte der Flüssigkeit

κ: Kompressibilität

in Gasen:

$$c = \sqrt{\frac{\kappa p}{\rho}}$$

c: Schallgeschwindigkeit in einem Gas

$\kappa = \frac{c_p}{c_v}$: Isentropenexponent

$$c = \sqrt{\kappa RT}$$

ρ: Gasdichte

p: Gasdruck

R: Gaskonstante

T: Gastemperatur

in Luft:

$c_0 = 331{,}2 \, \frac{\mathrm{m}}{\mathrm{s}}$ trockene Luft der Temperatur 0 °C

$$c = \left(331{,}6 + 0{,}6 \, \frac{t}{°\mathrm{C}}\right) \frac{\mathrm{m}}{\mathrm{s}}$$

t: Temperatur der (trockenen) Luft in °C

Die Schallgeschwindigkeit ist aufgrund ihrer Abhängigkeit von der Dichte temperaturabhängig.

Doppler-Effekt

Bewegen sich die Schallquellen und Schallempfänger relativ zueinander, so nimmt der Empfänger eine andere Frequenz wahr als die Schallquelle abstrahlt.

Physik

Bewegter Schallempfänger

Bewegt sich der Schallempfänger mit der Geschwindigkeit v auf die ruhende Schallquelle (Frequenz f) zu, so nimmt er die höhere Frequenz f'' wahr, bewegt er sich von der Schallquelle weg, dann nimmt er die tiefere Frequenz f' wahr.

$$f'' = f\left(1 + \frac{v}{c}\right) \qquad f' = f\left(1 - \frac{v}{c}\right)$$

Physik

Bewegte Schallquelle

Bewegt sich die Schallquelle (Frequenz f) mit der Geschwindigkeit v auf den ruhenden Schallempfänger zu, so nimmt dieser die höhere Frequenz f_2 wahr, bewegt er sich vom Schallempfänger weg, so nimmt er die tiefere Frequenz f_1 wahr.

$$f_2 = \frac{f}{1 - \frac{v}{c}} \qquad f_1 = \frac{f}{1 + \frac{v}{c}}$$

Schallfeldgrößen

Schallschnelle: Schwinggeschwindigkeit der Teilchen des Mediums (Wechselgeschwindigkeit)

$$v = \hat{y} \cdot \omega \cos \omega t$$

v: Schallschnelle

$\hat{y}$: Schwingungsamplitude der Teilchen

ω: Kreisfrequenz

Die Schallschnelle wird i. A. nicht gemessen, sondern aus dem Schalldruck berechnet.

Schalldruck: periodische Druckschwankungen, die in einer Schallwelle auftreten (Über- und Unterdruck; Wechseldruck)

$$p = \omega \rho c \hat{y} \cos 2\pi \left(\frac{t}{T} - \frac{x}{\lambda} \right)$$

$$\hat{p} = \rho c \omega \hat{y} = \rho c \hat{v}$$

$$Z = \frac{\hat{p}}{\hat{v}} = \rho \cdot c$$

p: Schalldruck

$\hat{p}$: maximaler Schalldruck (Druckamplitude)

Z: Schallwellenwiderstand (spezifische Schallimpedanz)

Der vom Ohr wahrnehmbare Schalldruck erstreckt sich von etwa 10^{-5} Pa bis über 10 Pa.

Schallintensität (Schallstärke): pro Zeiteinheit durch eine Flächeneinheit hindurchgetragene Schallenergie bzw. die Schalleistung pro Flächeneinheit.

$$I = \frac{P}{A} = \frac{dW}{A dt}$$

I: Schallintensität

P: Schalleistung, die auf die Fläche A trifft

$$[I] = \frac{W}{m^2}$$

$$I = \frac{\hat{p}^2}{2Z} \text{ mit } Z = \rho \cdot c = \frac{p^2}{Z}$$

$\hat{p}$: maximaler Schalldruck

Z: Schallimpedanz

p : Schalldruck

untere Wahrnehmungsgrenze des Ohrs: $10^{-12} \frac{W}{m^2}$ bei der Schallfrequenz $f = 1000$ Hz

Schallpegel (Schalldruckpegel): **Verhältniszahl, die den anzugebenden Schalldruck p_x mit dem (willkürlich festgelegten) Bezugsschalldruck p_0 vergleicht. Der Schallpegel wird in Dezibel (dB) angegeben.**

$$L = \log 10 \frac{p_x}{p_0} \text{ dB}$$

$[L]$ = dB

L: Schallpegel

p_0: Bezugsschalldruck $p_0 = 2 \cdot 10^{-5} \frac{\text{N}}{\text{m}^2}$

Physik

Beispiel:

$p_x = 2 \cdot 10^{-1} \frac{\text{N}}{\text{m}^2}$, dann L = 80 dB

Relativer Schallpegel:

$$\Delta L = L_1 - L_2$$

ΔL: relativer Schallpegel

L_1, L_2: absoluter Schallpegel

Schalldämm-Maß: **kennzeichnet die Schwächung der Schallwellen beim Durchgang duch Bau- und Isolierstoffe.**

$$R = 10 \log_{10} \frac{I_1}{I_2} \text{ dB} = 20 \log_{10} \frac{p_1}{p_2} \text{ dB}$$

R: Schalldämm-Maß

I_1, p_1: Schallintensität, Schalldruck vor dem dämmenden Material

I_2, p_2: Schallintensität, Schalldruck nach dem dämmenden Material

Bewertung des Schalls durch das menschliche Gehör

Lautstärkepegel: Das menschliche Ohr ist für Töne unterschiedlicher Frequenzen verschieden empfindlich. Am empfindlichsten ist es für Töne im Bereich 2000–5000 Hz. Mit Lautstärkepegel wird diese unterschiedliche Empfindlichkeit berücksichtigt. Der Testton wird mit einem Vergleichston von 1000 Hz verglichen.

$$L_N = 20 \log_{10} \frac{p}{p_0} \text{ phon}$$

L_N: Lautstärkepegel

p: Schalldruck eines gleich laut empfundenen 1000 Hz-Tons

p_0: Bezugsschalldruck $p_0 = 2 \cdot 10^{-5}$ Pa

Für einen Ton von 1000 Hz stimmen die Werte des Schalldruckpegels und des Lautstärkepegels überein.

Chemie

Vorwort

Die Chemie ist die Naturwissenschaft, die sich mit den Stoffen, ihrem Aufbau, ihren Eigenschaften und mit ihren Veränderungen beschäftigt; auch die Herstellung bestimmter Stoffe gehört zur Aufgabe der Chemie. Erfahrungen über die Veränderung von Stoffen im Feuer (Rösten, Räuchern, Töpferei), das Gerben von Häuten und Fellen oder die Gewinnung von Farbstoffen sammelten schon die Menschen in der Steinzeit. Auch im Altertum wurden Fragen nach der Mischung von Elementen in den natürlichen Stoffen gestellt. Die intensive Beschäftigung der Araber mit der Alchimie und die Blüte der Alchimie im mittelalterlichen Abendland führte zur Entdeckung neuer Stoffe und zu neuen chemischen Geräten und Arbeitsmethoden.

Zur der Zeit von Paracelsus, also im 16. Jahrhundert, begann die Chemie eine eigenständige Wissenschaft zu werden und es brach das empirische und rationale Denken in der Chemie durch. Der im 18. Jahrhundert folgende Entwicklungsabschnitt stand unter dem Einfluss der Phlogistontheorie (Wärmestoff), 1770 wurde der Sauerstoff entdeckt. Mit Lavoisier, Dalton und Avogadro begann die eigentliche quantitative Chemie.
Im 19. Jahrhundert folgte die Entdeckung der elektrochemischen Vorgänge (Faraday), die Harnstoffsynthese (Wöhler), die Herstellung der ersten Anilinfarben (von Reichenbach) und die Begründung der Agrikulturchemie (von Liebig). Die allgemeine Entwicklung der chemischen Industrie setzte in der zweiten Hälfte des 19. Jahrhunderts mit der Produktion von Düngemitteln, Farbstoffen und Arzneimitteln ein und erreichte in der Ammoniaksynthese (Haber-Bosch 1913) ihren ersten Höhepunkt. 1869 gelang es, im Periodensystem die Elemente nach allgemeinen Kriterien zu ordnen (Meyer, Mendelejew).

Ende des 19. Jahrhunderts wurde die theoretische Deutung der chemischen Vorgänge durch die physikalische Chemie (Massenwirkungsgesetz, Spektralanalyse, Osmose) vorangetrieben. Der Atombau wird heute noch immer durch das klassische Rutherford'sche Atommodell, ergänzt durch das Orbitalmodell, beschrieben. Allerdings werden durch die Quantenmechanik neue Impulse für das Verständnis atomar-chemischer Zusammenhänge gesetzt.

1. Einleitende Grundbegriffe

1.1 Der Stoffbegriff

Als Stoff bezeichnet man in der Chemie jede Art von Materie, die durch charakteristische Eigenschaften gekennzeichnet werden kann. So ist Holz ein Stoff, Eisen, Stahl, Wasserdampf usw.

1.2 Die Gemenge

Gemenge (auch Stoffgemische) entstehen, wenn Stoffe gemischt werden.

Heterogene Gemenge
(von griech. hetero = verschieden, anders):

Die Zusammensetzung aus unterschiedlichen Einzelbestandteilen ist optisch gut erkennbar.

Beispiele:

Rauch, hier sind Feststoffe mit Gas (Luft) vermengt.

Granit, hier sind mehrere Feststoffe mit unterschiedlichster Farbe vermengt.

Emulsion, hier sind sich nicht vermischende Flüssigkeiten, z. B. Öl und Wasser, miteinander vermengt.

Suspension, hier sind Flüssigkeit und Feststoff, z. B. Erde und Wasser (Schlamm), miteinander vermengt.

Nebel, hier sind Flüssigkeit und Gas, z. B. zerstäubtes Haarspray, miteinander vermengt.

Homogene Gemenge
(von griech. homo = gleich):

Sie sind optisch nicht als Gemenge erkennbar.

Beispiele:

Legierungen und Gläser sind erstarrte Metallschmelzen verschiedener Metalle bzw. Schmelzen von Quarzsand mit bestimmten Zuschlägen.

Feststofflösungen sind z. B. Salze oder Zucker in Wasser vollständig aufgelöst.

In **Flüssigkeitsgemengen** liegt ein Gemenge von unbegrenzt mischbaren Flüssigkeiten vor, z. B. Wasser und Alkohol.

Das bekannteste Beispiel für eine **Gasmischung** ist Luft, die aus Sauerstoff, Stickstoff, Kohlenstoffdioxid, Edelgasen und anderen Gasen zusammengesetzt ist.

Trennung von Gemengen:

Sie erfolgt mit physikalischen Methoden.

Destillation:

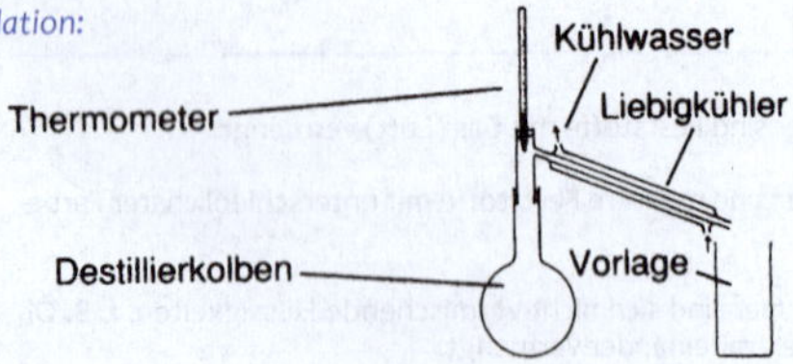

Bei der Destillation werden Flüssigkeitsgemenge nach den unterschiedlichen Siedepunkten der Reinstoffe getrennt.
Der Reinstoff mit dem niedrigeren Siedepunkt geht zuerst in die Gasphase über, kondensiert im Kühler und tropft in die Vorlage.
Im Destillierkolben bleibt der Stoff mit dem höheren Siedepunkt zurück oder wird nach dem Wechsel der Vorlage herausdestilliert.

Filtration:

Auf diese Weise werden Suspensionen getrennt. Die Porengröße des Filters muss kleiner sein als die Korngröße des abzutrennenden Feststoffs. Meist werden Papierfilter verwendet. Der Feststoff bleibt als Rückstand im Filter. Die durchlaufende klare Flüssigkeit wird als Filtrat bezeichnet.

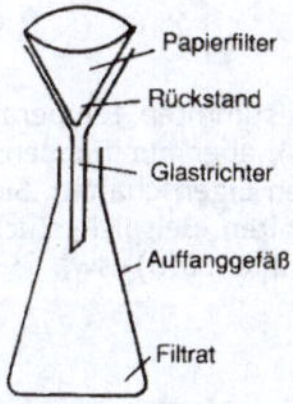

Der Filtriervorgang kann durch eine Nutsche beschleunigt werden. Dabei wird ein Porzellantrichter mit einem querliegenden gelochten Boden als Auflage für ein Papierrundfilter verwendet. Durch Unterdruck wird dann das Filtrat abgesaugt.

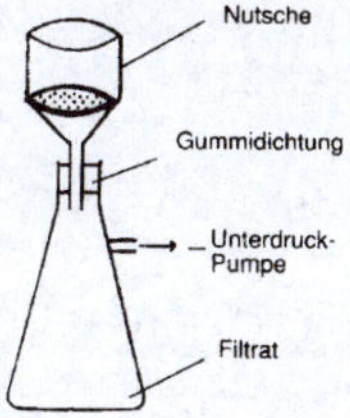

Abdampfen:

Diese Methode wird dann gewählt, wenn der gelöste Feststoff ohne das Lösungsmittel erhalten werden soll. Die Lösung wird in einer Porzellanschale so lange erhitzt, bis das Lösungsmittel vollständig verdampft ist. Zurück bleibt der Feststoff. Er liegt dann in Pulverform oder in Form kleiner Kristalle vor.

Dekantieren:

Dies ist eine grobe Trennung von Suspensionen. Auf dem Boden des Gefäßes lagert sich der Feststoff ab. Die überstehende Flüssigkeit kann abgesaugt oder abgegossen werden.

Zentrifugieren:

Mit dieser Methode werden Suspensionen getrennt. Unter Nutzung der Fliehkräfte erfolgt die Trennung aufgrund der unterschiedlichen Dichte der Bestandteile z. B. Wäscheschleuder, Fruchtsaftzentrifuge, Trennen von Blutbestandteilen.

1.3 Der Reinstoff

Reinstoffe haben bei einer bestimmten Temperatur und unter gleichem Druck immer dieselben (konstanten), aber nur für den jeweiligen Stoff zutreffenden physikalischen und chemischen Eigenschaften. Sie werden als das Ergebnis der Trennung von Gemengen erhalten. Beispiele: Zuckerkristalle (nicht aber Zuckerwasser!); Sauerstoffgas (nicht aber Luft!) usw.

2.
Zustände von Stoffen

2.1 Die Zustandsarten der Stoffe

Der Aggregatzustand eines Stoffes wird durch die Anordnung der Teilchen bestimmt.

fest (solid (s)):

Die Teilchen liegen dicht beieinander und regelmäßig angeordnet an einem festen Platz. Sie schwingen an ihrem Platz. Die zwischen den Teilchen wirkenden Anziehungskräfte sind stark.

flüssig (liquid (l)):

Die Teilchen liegen dicht, haben aber keinen festen Platz und sind demzufolge gegeneinander verschiebbar. Ihre Bewegungen sind unregelmäßig. Obwohl sich die Teilchen ständig neu anordnen, kann eine Anordnung festgestellt werden. Die zwischen den Teilchen wirkenden Kräfte sind locker.

gasförmig (gaseous (g)):

Die Teilchen bewegen sich schnell und frei im Raum. Die zwischen den Teilchen wirkenden Kräfte sind sehr gering. Die Teilchen sind ungeordnet und weit voneinander entfernt.

2.2 Die Zustandsänderungen der Stoffe

Unter Zustandsänderungen der Stoffe versteht man den Übergang von einem Aggregatzustand in einen anderen.

Schmelzen:
Übergang von einem Feststoff zu einer Flüssigkeit bei Erwärmung.

Verdampfen:
Übergang von einer Flüssigkeit zu einem gasförmigen Stoff bei Erwärmung.

Kondensieren:
Übergang vom gasförmigen Zustand in den flüssigen Zustand bei Abkühlung.

Erstarren:
Übergang von einer Flüssigkeit zu einem Feststoff bei Abkühlung.

Sublimieren:
Übergang eines Feststoffes in den gasförmigen Zustand bei Erwärmung.

Resublimieren:
Übergang vom gasförmigen Zustand in einen Feststoff bei Abkühlung.

3.
Grundreaktionen der Chemie

3.1 Die chemische Reaktion

Eine chemische Reaktion ist eine Stoffumwandlung bei der aus den Edukten (Ausgangsstoffen) die Produkte (Reaktionsprodukte) gebildet werden. Bei jeder chemischen Reaktion finden gleichzeitig Energieumwandlungen (Wärme- oder Lichterscheinungen) statt.
Weitere Merkmale jeder chemischen Reaktion sind die Umlagerung der Teilchen und die Veränderung der Bindungsverhältnisse.

3.2 Die Zersetzung (Analyse)

Durch Energiezufuhr zerfällt ein Reinstoff in neue Reinstoffe mit neuen physikalischen und chemischen Eigenschaften. Somit hat eine chemische Reaktion stattgefunden:

$$AB \rightarrow A + B$$

Beispiel:

Zersetzt man Wasser (AB) mit elektrischer Energie, so erhält man Sauerstoffgas (A) und Wasserstoffgas (B).

3.3 Die Vereinigung (Synthese)

Aus zwei oder mehr Reinstoffen wird ein neuer Reinstoff aufgebaut, mit neuen physikalischen und chemischen Eigenschaften:

$$A + B \rightarrow AB$$

Beispiel:

Eine Mischung von Wasserstoffgas (A) und Sauerstoffgas (B) reagiert zu Wasser (AB) unter Explosion.

Die Verbindung (AB) ist ein neuer Reinstoff.

3.4 Umsetzungen

Die meisten chemischen Reaktionen gehören zu diesem Typ.

Einfache Umsetzung

$$AB + C \rightarrow BC + A$$

oder:

$$AB + C \rightarrow AC + B$$

Doppelte Umsetzung

$$AB + CD \rightarrow AC + BD$$

oder:

$$AB + CD \rightarrow AD + BC$$

4. Grundbausteine der Chemie

4.1 Die Elemente

Sie sind Reinstoffe, die sich auf chemischem Weg nicht mehr weiter zersetzen lassen. Sie können durch Analyse von Reinstoffen gewonnen werden.
Es gibt 92 natürlich auftretende chemische Elemente. Weitere Elemente können durch bestimmte physikalische Experimente (Kernfusionen) hergestellt werden.

Elementsymbole

Sie werden durch Buchstaben symbolisiert, als Abkürzungen der lateinischen oder griechischen Namen der Elemente.

Beispiele:

Symbol O von Oxygenium (griech.) steht für das Element Sauerstoff.

Symbol H von Hydrogenium (griech.) steht für das Element Wasserstoff.

Alle Elemente sind tabellarisch im Periodensystem der Elemente (PSE) zusammengefasst (siehe Periodensystem).

4.2 Die Atome

Das Wort Atom leitet sich vom griechischen Wort atomos (unteilbar) ab. Atome sind die kleinsten Masseteilchen der Elemente, die noch die Eigenschaften des jeweiligen Elementes aufweisen. Sie sind auf chemischem Weg nicht teilbar.

Atome eines Elements haben dieselben chemischen Eigenschaften. Atome verschiedener Elemente haben unterschiedliche Eigenschaften.

Atome bestehen aus Elementarteilchen (siehe Atombau).

Der Atombau – eine Modellvorstellung

Der Atomkern:

Nach E. Rutherford (1911) hat jedes Atom einen positiv geladenen Kern, der fast die gesamte Masse des Atoms beinhaltet.
Er besteht aus zwei Arten von Nukleonen (Kernbausteine), die nahezu massegleich sind: den Protonen und den Neutronen. Das Proton trägt eine positive Elementarladung (= kleinste Einheit der elektrischen Ladung). Das Neutron ist ungeladen.

Atomkerndurchmesser:
Er beträgt ca. 10^{-13} cm.

Isotope:
Darunter versteht man die Atome eines Elementes, die zwar die gleiche Protonenzahl aufweisen, aber unterschiedliche Neutronenzahlen haben.

Protonenzahl:
Sie gibt die Anzahl der Protonen im Kern an und ist für jedes Atom eines Elementes gleich.

Neutronenzahl:
Für die Chemie spielt sie keine Rolle. Bei den leichten Elementen ist sie gleich der Protonenzahl, bei den schwereren nimmt sie gegenüber der Protonenzahl stark zu.

Die Elektronenhülle:

Nach der Modellvorstellung von N. Bohr (1913) umkreisen Elektronen als Träger der negativen Elementarladung den Atomkern.

Da jedes Atom elektrisch neutral ist, befinden sich stets so viele Elektronen in der Hülle, wie Protonen im Kern.

Die Elektronen befinden sich auf ganz bestimmten gedachten konzentrischen Kugelschalen, deren gemeinsamer Mittelpunkt der Atomkern ist.

Die Schalen werden von innen nach außen mit den Buchstaben K, L, M, N, O, P und Q bezeichnet. Nach der modernen quantenmechanischen Auffassung, nach der die Schalen als Energiestufen oder Hauptquantenzahlen (n) bezeichnet werden, kennzeichnet man sie als Hauptquantenzahl 1, 2, 3 usw. bis 7.
Die Maximalbelegung einer Schale errechnet man nach der Formel:

$$\text{Maximalbelegung} = 2n^2$$

Beispiele:

Auf der K-Schale ($n = 1$) haben daher 2 mal $1^2 = 2$ Elektronen Platz.
Auf der L-Schale ($n = 2$) sind es 2 mal $2^2 = 8$;
auf der M-Schale ($n = 3$) 2 mal $3^2 = 18$ usw.

Die Kugelschalen haben bestimmte Abstände vom Atomkern. Die elektrostatische Anziehung zwischen den Protonen des Kerns und den Elektronen der Hülle nimmt daher mit zunehmendem Abstand vom Kern deutlich ab.

Die Elektronenhülle des Elements Calcium nach B. Bohr:

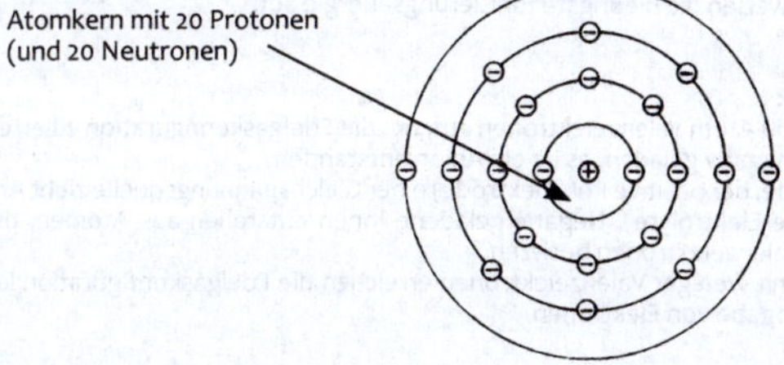

Die Valenzelektronen:

Valenzelektronen sind die Elektronen der äußersten Schale eines Atoms; sie werden vom Kern am wenigsten fest gebunden und können daher relativ leicht abgespalten werden (siehe Ionisierungsenergie). Nur die Valenzelektronen werden bei einer chemischen Reaktion benötigt.

Die Edelgaskonfiguration:

Die Belegung der jeweils äußersten Schale mit acht Elektronen (erste Schale nur zwei) ist ein energetisch stabiler Zustand. Man nennt ihn Edelgaskonfiguration, da alle Edelgase (außer Helium, erste Schale!) diese Zahl von Valenzelektronen aufweisen. Alle Atome sind bestrebt, diesen stabilen Zustand zu erreichen, was z. B. durch Aufnahme zusätzlicher Valenzelektronen von anderen Atomen oder durch Abgabe eigener Valenzelektronen erreicht werden kann.

Atom-Ionen:

Kationen:
Gibt ein Atom Valenzelektronen ab, um die Edelgaskonfiguration der weiter innen liegenden Schale zu erreichen, wird es positiv geladen.

Grund: Die (gleich gebliebene) Zahl der Protonen im Kern des Atoms ist größer als die Gesamtzahl der Elektronen. Der Name Kation kommt von Kathode, dem negativ geladenen Pol (Elektrode) einer Gleichspannungsquelle, von dem das Kation angezogen wird (siehe Elektrolyse). Kationen können in der Regel nur solche Elemente bilden, die weniger als fünf Valenzelektronen besitzen.

Grund: Die Anziehungskraft des Kerns auf die restlichen Elektronen wird zu groß, es müsste zu viel Ionisierungsenergie aufgewendet werden.

Ionisierungsenergie:
Darunter versteht man die Energie, die aufgewendet werden muss, um aus Atomen eines Stoffes im gasförmigen Zustand Elektronen freizusetzen.
Die Ionisierungsenergie ist abhängig von der Anzahl der Valenzelektronen. Alkalimetalle weisen die niedrigste Ionisierungsenergie auf.

Anionen:
Nimmt ein Atom Valenzelektronen auf, um die Edelgaskonfiguration zu erreichen, wird es negativ geladen, es ist ein Anion entstanden.
Die Anode, der positive Pol (Elektrode) einer Gleichspannungsquelle zieht Anionen an (siehe Elektrolyse). Negativ geladene Ionen entstehen aus Atomen, die 5, 6 oder 7 Valenzelektronen besitzen.
Atome mit weniger Valenzelektronen erreichen die Edelgaskonfiguration leichter durch Abgabe von Elektronen.

Elektronenaffinität:
Darunter versteht man die Energie, die auftritt, wenn Atome eines Stoffes im gasförmigen Zustand Elektronen aufnehmen. Halogenatome besitzen die höchsten Elektronenaffinitäten.

4.3 Die Moleküle

Sie sind die kleinsten Masseteilchen von Verbindungen, die noch deren chemische Eigenschaften besitzen, und bestehen aus festgefügten Verbänden von zwei oder mehr Atomen.

Molekül-Ionen:

Sie bestehen aus zwei oder mehr Atomen und können neutral oder elektrisch geladen sein. Sie können also Anionen, Kationen oder Neutralmoleküle sein.

Beispiele:

SO_4^{2-}: Dieses Ion besteht aus einem Schwefelatom, vier Sauerstoffatomen und trägt zwei negative Elementarladungen.

H_3O^+: Dieses Ion besteht aus drei Wasserstoffatomen, einem Sauerstoffatom und trägt eine positive Elementarladung.

SO_2: Dieses Molekül besteht aus einem Schwefelatom und zwei Sauerstoffatomen und ist neutral.

5.
Massenverhältnisse bei chemischen Reaktionen

5.1 Das Gesetz von der Erhaltung der Masse

„Bei chemischen Reaktionen bleibt die Summe der an der Reaktion beteiligten Massen unverändert.“

Das bedeutet, die Summe der Massen der Edukte (Ausgangsstoffe) ist bei chemischen Reaktionen gleich der Summe der Massen der Produkte.

Dieser Satz gilt allerdings nur mit der Einschränkung, dass Masseumwandlungen in Energie bzw. umgekehrte Vorgänge nicht messbar sind.

5.2 Das Gesetz der konstanten Proportionen

„Jede Verbindung enthält die Elemente in einem festen naturgegebenen Verhältnis.“

Das heißt, das Verhältnis der Massen von Elementen, die sich zu einer chemischen Verbindung vereinigen, ist konstant. Dadurch wird der Unterschied zwischen Verbindung und Gemenge deutlich!

Beispiel:

Im schwarzen Kupferoxid (CuO) verhalten sich die Massen von Kupfer und Sauerstoff stets wie 3,97 : 1.

Dabei spielt es keine Rolle, welche Massenverhältnisse vor der Reaktion von Kupfer mit Sauerstoff vorlagen.

5.3 Das Gesetz der multiplen Proportionen

„Bilden Elemente verschiedene Verbindungen, dann stehen die Massen des einen Elements, die sich mit jeweils der gleichen Masse des anderen Elements zu verschiedenen Verbindungen vereinigen, zueinander im Verhältnis kleiner ganzer Zahlen."

Beispiel:

Die Elemente Eisen und Schwefel können zu zwei verschiedenen Verbindungen zusammentreten:

Eisenkies (FeS_2): 1 g Eisen bindet 1,14 g Schwefel.

Eisensulfid (FeS): 1 g Eisen bindet 0,57 g Schwefel.

Die beiden Schwefelmassen verhalten sich wie 2 : 1.

6.
Volumenverhältnisse bei chemischen Reaktionen

6.1 Die Gasgesetze

Boyle-Mariotte:

(T = konst.) $p \cdot V = \text{konst.}$

Bei gleicher Temperatur ist das Produkt aus Druck und Volumen eines abgeschlossenen Gases konstant (unveränderlich).

Gay-Lussac:

(p = konst.) $\frac{V}{T} = \text{konst.}$

(V = konst.) $\frac{p}{T} = \text{konst.}$

6.2 Die allgemeine Gasgleichung

$$\frac{p_0 \cdot V_0}{T_0} = \frac{p_1 \cdot V_1}{T_1}$$

Die allgemeine Gasgleichung leitet sich aus dem Boyle-Mariott'schen und Gay-Lussac'schen Gesetz ab.

Mit ihr lassen sich bei gegebener Temperatur (T_1) und gegebenem Druck (p_1) vorliegende Volumina (V_1) von Gasexperimenten auf Normalbedingungen (0 °C und 101,3 kPa) umrechnen.

6.3 Das Gesetz von Gay-Lussac und Humboldt

„Bei Gasreaktionen treten stets einfache und ganzzahlige Volumenverhältnisse auf."

Das bedeutet, Gase reagieren bei gleichem Druck und gleicher Temperatur in ganzzahligen Volumenverhältnissen miteinander.

Beispiel:

Bei der Elektrolyse von Wasser erhält man stets Wasserstoffgas und Sauerstoffgas im Volumenverhältnis 2 : 1;
bei der Synthese von Wasser aus den Elementen reagieren stets 2 Raumteile Wasserstoffgas mit 1 Raumteil Sauerstoffgas zu 2 Raumteilen Wasserdampf.

6.4 Der Lehrsatz von Avogadro

„In gleich großen Raumteilen (Volumina) aller Gase befinden sich bei gleichem Druck und gleicher Temperatur die gleiche Anzahl von Teilchen (Atome bzw. Moleküle)."

Mithilfe des Satzes von Avogadro lassen sich Hinweise über die Zusammensetzung von Gasteilchen ableiten. Avogadro entwickelte die Theorie, dass die Teilchen von gasförmigen Elementen nicht aus Einzelatomen, sondern aus mindestens 2 Atomen bestehen.

Beispiel:

Chlorwasserstoffsynthese:

Im Experiment zeigt sich, dass stets 1 Raumteil Wasserstoff mit 1 Raumteil Chlorgas zwei Raumteile Chlorwasserstoffgas bildet.

Nach Avogadro reagiert demzufolge 1 Teilchen Wasserstoffgas mit einem Teilchen Chlorgas zu zwei Teilchen Chlorwasserstoffgas. Nachdem aber jedes Chlorwasserstoffteilchen sowohl Wasserstoff als auch Chlor enthalten muss, ergibt sich der Schluss, dass sowohl der Wasserstoff als auch das Chlor aus zweiatomigen Molekülen bestehen.

Modell:

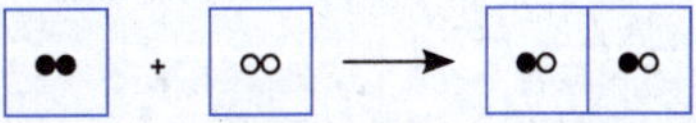

1 Rtl. H_2 + 1 Rtl. Cl_2 → 2 Rtl. HCl

Dies lässt sich auf alle elementaren Gase, mit Ausnahme der Edelgase, anwenden.

Alle anderen, bei Zimmertemperatur gasförmigen Elemente wie Wasserstoff, Sauerstoff, Stickstoff, Fluor, Chlor, Brom und Jod bestehen aus zweiatomigen Molekülen.

7.
Die Formelsprache der Chemie

7.1 Die Bedeutung der Elementsymbole

1. Ein Elementsymbol stellt die Abkürzung für den Namen des Elementes dar.

2. Es symbolisiert ein Atom des betreffenden Elementes.

7.2 Die chemische Formel

1. Die Zusammensetzung eines Moleküls wird durch Aneinanderreihen von Symbolen der beteiligten Elemente zum Ausdruck gebracht, wobei ein und dasselbe Element oder ein und dieselbe Atomgruppe mehrfach enthalten sein können. In diesem Falle wird eine kleine arabische Zahl hinter das betreffende Elementsymbol oder die in Klammern stehende Atomgruppe gesetzt.

   Die Angabe dieser Zahl erfolgt immer als tiefgestellte Zahl. Sie heißt Index. Der Index ist ein unveränderlicher Bestandteil der Formel einer bestimmten Verbindung (die Zahl 1 wird nicht geschrieben!).

Beispiele:

H_2 ist die Formel für ein Molekül des Elements Wasserstoff; es besteht aus zwei Wasserstoffatomen.

CH_4 ist die Formel für Methangas. Die Formel bezeichnet ein Molekül, bestehend aus 1 Atom Kohlenstoff (C) und 4 Atomen Wasserstoff (H).

$Ca(OH)_2$ ist die Formel für eine Baueinheit Calciumhydroxid. Calciumionen (Ca^{2+}) und Hydroxidionen (OH^-) liegen im Zahlenverhältnis 1 : 2 vor. Die Formel wird gelesen: Ca, OH in Klammern zweimal.

2. Die Anzahl von Molekülen oder von Einzelatomen wird durch eine vorangestellte große arabische Zahl ausgedrückt, durch den Koeffizienten. Auch hier wird die Zahl 1 nicht geschrieben.

Beispiele:

$5Na$ ist die Formel für 5 Atome des Elementes Natrium.

$3H_2O$ ist die Formel für 3 Moleküle Wasser, von denen jedes aus 2 Atomen Wasserstoff und 1 Atom Sauerstoff besteht.

7.3 Die chemische Gleichung

Eine Reaktionsgleichung kennzeichnet alle an der Reaktion beteiligten Stoffe. Sie gibt außerdem das Zahlenverhältnis, in dem die Teilchen reagieren, an.

Schreibt man zuerst die Formeln der Ausgangsstoffe (= Edukte) als Summanden, dann den Reaktionspfeil und schließlich die Formeln der Produkte ebenfalls als Summanden rechts davon, so erhält man eine Reaktionsgleichung (oder chemische Gleichung).

Chemie

Regeln zum Aufstellen von Reaktionsgleichungen:

Die Reaktionsgleichung kann nur richtig aufgestellt werden, wenn die Formeln der Edukte (Ausgangsstoffe) und Produkte bekannt sind.

Anschreiben der Formeln der Edukte und Produkte (mit den Indices), z. B.:

$$H_2 + \frac{1}{2}\,O_2 \rightarrow H_2O$$

Rechnerisches Richtigstellen durch ganzzahlige Koeffizienten, da nach dem Massenerhaltungssatz die Anzahl der gleichen Atome auf der linken und rechten Seite einer Gleichung übereinstimmen müssen.

Indices dürfen dabei nicht verändert werden, z. B.:

$$2H_2 + O_2 \rightarrow 2H_2O$$

8. Stöchiometrie

8.1 Relative Atommasse (m_A)

Sie ist eine Verhältniszahl, die angibt, um wie viel ein bestimmtes Atom schwerer ist als 1/12 der Masse des Kohlenstoffisotops ^{12}C. Die Bezugsgröße heißt atomare Masseneinheit 1 u.

8.2 Relative Molekülmasse (m_M)

Sie wird durch Addition der relativen Atommassen errechnet, entsprechend der Molekülformel, z. B. relative Molekülmasse von Wasser:

Wasserstoff	2 · 1 u
Sauerstoff	16 u
Wasser	18 u

Mischelemente:

Die meisten Elemente bestehen aus Isotopen mit unterschiedlichem prozentualem Anteil.
Das ist eine Ursache für die Tatsache, dass die relativen Atommassen des Periodensystems nicht ganzzahlig sind.

Reinelemente:

Sie weisen nur ein Isotop auf.

Stoffmenge (n):

Sie ist eine Größe in der Chemie für die Anzahl der vorhandenen Teilchen.
Ihre Einheit ist [mol].

8.3 Der Mol-Begriff

Das Mol ist eine messbare Menge von Atomen bzw. Molekülen. Es ist die Einheit der Stoffmenge.

Definition:

„1 mol ist die Stoffmenge eines Systems, das aus ebenso vielen Teilchen besteht, wie in genau 12 g Kohlenstoff des Isotops ^{12}C enthalten sind“.
In Zahlen angegeben heißt das etwa $6 \cdot 10^{23}$ Teilchen.

Für die Praxis hat sich folgende Definition bewährt:
„1 mol eines Stoffes ist die Menge in Gramm, die von der relativen Atom- bzw. Molekülmasse zahlenmäßig angegeben wird.“

Beispiele:

1 mol Kohlenstoff	=	12 g
1 mol Wasser	=	18 g

Chemie

Das Molvolumen (V_m)

Das Molvolumen oder auch molare Volumen ist der Quotient aus dem Volumen eines Stoffes und seiner Stoffmenge.

$$V_m = \frac{V}{n} \left[\frac{l}{mol} \right]$$

Das Volumen von 1 mol eines beliebigen Gases beträgt bei 0 °C und 101,3 kPa (Normalbedingungen) genau 22,4 Liter.

Die Loschmidt’sche Zahl (N_A)

Sie gibt an, wie viele Moleküle bzw. Einzelatome in 1 mol eines Stoffes enthalten sind: $N_A = 6{,}022 \cdot 10^{23}$

Die molare Masse (M):

Die molare Masse ist der Quotient aus der Masse eines Stoffes und seiner Stoffmenge.

$$M = \frac{m}{n}\left[\frac{g}{mol}\right]$$

Sie ist die Masse (m) eines Mols, also von $6{,}022 \cdot 10^{23}$ Teilchen. Sie ist zahlenmäßig gleich der Relation Atommasse in u.

Zusammenhang von u und g:

$$1\,u = \frac{1\,g}{6{,}022 \cdot 10^{23}}$$

8.4 Stöchiometrische Wertigkeit

Sie ist eine Zahl, die angibt, wie viel Wasserstoffatome ein Atom eines Elements binden oder in einer Verbindung ersetzen kann.

Beispiele:

H_2O: Sauerstoff hat die Wertigkeit zwei.

NH_3: Stickstoff hat die Wertigkeit drei.

Da die Wertigkeit von Sauerstoff stets zwei ist (außer bei Peroxiden) kann die Wertigkeit von Metallen in Verbindungen mit Sauerstoff (Oxiden) berechnet werden:

Beispiele:

CuO: Kupfer ist zweiwertig.

Al_2O_3: Aluminium ist dreiwertig.

Die stöchiometrische Wertigkeit kann durch eine hochgestellte römische Zahl angegeben werden.

Beispiele:

Al^{III}: dreiwertiges Aluminiumatom

Fe^{II}: zweiwertiges Eisenatom

Chemie

Viele Schwermetalle wie z. B. Kupfer, Blei, Mangan und Eisen können mehrere Wertigkeiten haben (multiple Proportionen). Daher wird bei diesen Metallen die Wertigkeit im Namen der Verbindung als nachgestellte römische Zahl angegeben.

Beispiele:

Blei(IV)-oxid PbO_2

Eisen(III)-chlorid $FeCl_3$

Eisen(II)-sulfat $FeSO_4$

Mangan(IV)-oxid MnO_2 usw.

8.5 Aussagen einer chemischen Gleichung

Ammoniaksynthese-Gleichung: $3H_2 + N_2 \rightarrow 2NH_3$

1. An der Reaktion nehmen die Elemente Wasserstoff und Stickstoff teil, es entsteht Ammoniak.
2. 3 Moleküle Wasserstoff und 1 Molekül Stickstoff reagieren zu 2 Molekülen Ammoniak.
3. 3 mol Wasserstoff und 1 mol Stickstoff reagieren zu 2 mol Ammoniak.
4. 6 g Wasserstoff und 28 g Stickstoff ergeben 34 g Ammoniak.
5. $3 \cdot 22{,}41\ l = 67{,}21\ l$ Wasserstoffgas und 22,41 l Stickstoffgas ergeben $2 \cdot 22{,}41\ l = 44{,}81\ l$ Ammoniakgas.

Regeln zum Erstellen eines Rechenansatzes:

- Aufstellen der Reaktionsgleichung.
- Unterstreichen des gesuchten und gegebenen Stoffes. Unter die unterstrichenen Formeln werden die molaren Massen, mit dem aus der Gleichung entnommenen Koeffizienten multipliziert, angeschrieben. Wenn Volumina gegeben sind, muss das Mol-Volumen mit dem betreffenden Koeffizienten multipliziert werden.
- Direkt unter die molaren Massen schreibt man die gegebenen Werte (in Gramm) bzw. den gesuchten Wert (x Gramm). Wenn Volumina gegeben sind, muss der Wert bzw. x in Liter eingesetzt werden.
- Aufstellen einer Verhältnisgleichung entsprechend der gegebenen und gesuchten Größen.
- Ausrechnen der Verhältnisgleichung.
- Formulierung des Ergebnisses.

Beispiel:

Wie viel Gramm Kohlenstoff braucht man, um aus 20 g Blei(II)-oxid Kohlendioxid und Blei herzustellen?

1. $2PbO + C \rightarrow CO_2 + 2Pb$

2. $2PbO + C \rightarrow CO_2 + 2Pb$

3. $2\ mol \cdot 223\ g/mol \qquad 1\ mol \cdot 12\ g/mol$

4. $20\ g \qquad x$

5. $$\frac{20\ g}{2\ mol \cdot 223\ g/mol} = \frac{x}{1\ mol \cdot 12\ g/mol}$$

6. $$x = \frac{20\ g \cdot 12}{2 \cdot 223}$$

$$x = 0{,}538\ g$$

7. Man benötigt 0,538 g Kohlenstoff.

Aufgabe:

Wie viel Liter Kohlenstoffdioxid entstehen, wenn in einem Gasentwickler Salzsäure auf 50 g Calciumcarbonat einwirkt?

Lösung:

1. $CaCO_3 + 2HCl \rightarrow CaCl2 + H_2O + CO_2$

2. $CaCO_3 + 2HCl \rightarrow CaCl_2 + H_2O + CO_2$

3. $1\ mol \cdot 100\ g/mol \qquad 1\ mol \cdot 22{,}4\ l/mol$

4. $50\ g \qquad x$

5. $$\frac{50\ g}{1\ mol \cdot 100\ g/mol} = \frac{x}{1\ mol \cdot 22{,}4\ l/mol}$$

6. $$x = \frac{50 \cdot 22{,}4\ l}{100}$$

$$x = 11{,}2\ l$$

7. Aus 50 g Calciumcarbonat lassen sich 11,2 Liter Kohlenstoffdioxid herstellen.

Chemie

9. Energieverhältnisse bei chemischen Reaktionen

Energieumwandlungen sind wesentliche Bestandteile jeder chemischen Reaktion.

Exotherme Reaktion

Bei dieser Reaktion wird Energie freigesetzt.
Der Energieinhalt der Ausgangsstoffe ist größer als der der Reaktionsprodukte.
Der Differenzbetrag wird als Reaktionswärme freigesetzt.

Endotherme Reaktion

Hier muss Energie ständig zugeführt werden, um das gewünschte Reaktionsprodukt zu erhalten.
Der Energieinhalt der Ausgangsstoffe ist niedriger als der der Reaktionsprodukte.
Der Differenzbetrag ist die aufgenommene Wärmemenge.

9.1 Die Enthalpie (H)

Darunter versteht man einen bestimmten, aber unbekannten Energieinhalt eines chemischen Systems.
Sie ist die Summe aus innerer Energie und Volumenenergie.

Die molare Reaktionsenthalpie ΔH_R

Die Reaktionsenthalpie ΔH_R ist die messbare Wärmeenergie, die bei konstantem Druck gemessen wird. Sie ist die Differenz der Enthalpien von End- und Anfangszustand des stofflichen Systems.

Bezieht man die Reaktionsenthalpie auf die Stoffmengen der Formelumsätze, so erhält man die molare Reaktionsenthalpie ΔH_R.

$$\Delta H_R = H_E - H_A$$

Chemie

ΔH_R hat bei exothermen Reaktionen einen negativen Wert, bei endothermen Reaktionen einen positiven Wert. Die Enthalpie wird in Joule (J) gemessen.

Beispiele:

$2H_2 + O_2 \rightarrow 2H_2O$; $\Delta H_R = -571{,}8$ kJ

$CuO + H_2 \rightarrow Cu + H_2O$; $\Delta H_R = +120{,}6$ kJ

$3ZnO + 2Fe \rightarrow Fe_2O_3 + 3Zn$; $\Delta H_R = +224{,}8$ kJ

Die molare Reaktionsenergie ΔU_R

Die Reaktionsenergie ΔU_R ist die messbare Wärmeenergie, die bei konstantem Volumen gemessen wird. Bezieht man die Reaktionsenergie auf die Stoffmengen der Formelumsätze, so erhält man die molare Reaktionsenergie ΔU_R.

Chemie

Die molare Bildungsenthalpie ΔH_B

Sie ist definiert als die molare Reaktionsenergie, die der Bildungsreaktion von 1 mol einer Verbindung aus den Elementen entspricht. Ihre Einheit ist [kJ/mol].

Die molare Verbrennungsenthalpie ΔH_V

Sie ist definiert als die molare Reaktionsenthalpie, die der Verbrennungsreaktion von 1 mol eines Stoffes entspricht.

Die molare Standardbildungsenthalpie

Molare Reaktionsenthalpien sind von Temperatur, Druck, Aggregatzustand und Modifikation der beteiligten Stoffe abhängig. Deshalb müssen zur Tabellierung von molaren Bildungs- und Verbrennungsenthalpien die Reaktionsbedingungen angegeben werden. Unter Standardbedingungen (T = 25 °C und p = 101,3 kPa) ermittelte molare Bildungsenthalpien bezeichnet man als molare Standardbildungsenthalpien.

9.2 Die Aktivierungsenergie (AE)

Darunter versteht man den Energiebetrag, den man zum Starten einer chemischen Reaktion einsetzen muss, auch wenn diese exotherm verläuft. In diesem Falle wird der Betrag der AE zusätzlich zur Reaktionsenthalpie wieder frei.

Durch die Energiezufuhr stoßen die Teilchen infolge der Erhöhung ihres Energieinhaltes wirksam zusammen. Die Teilchen gehen in einen energiereicheren (aktivierten) Zustand über. Aus den aktivierten Teilchen entstehen dann Reaktionsprodukte.

Beispiel:

> *Knallgas-Reaktion (Wassersynthese aus den Elementen):*
>
> Wasserstoffgas und Sauerstoffgas lassen sich beliebig lange als Gemisch aufbewahren.
>
> Wird von außen Energie (AE) zugeführt (Funken, glühender Draht), dann kommt es zu einer heftigen, exothermen Reaktion (Explosion).

Energieniveauschema:

a) exotherme Reaktion

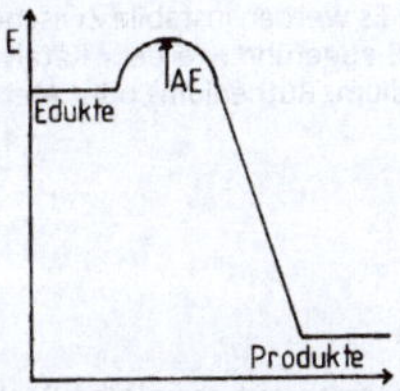

b) endotherme Reaktion

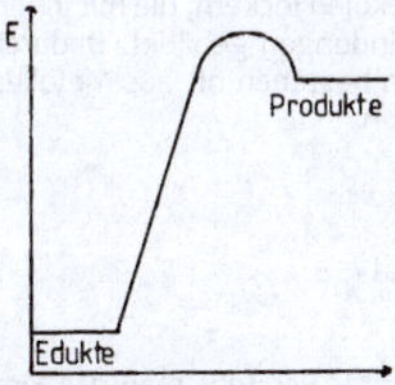

Die Aktivierungsenergie bildet einen Energieberg, der überwunden werden muss, damit es zu einer chemischen Reaktion kommt.

Chemie

9.3 Stabilitätsverhältnisse

Metastabiler Zustand

In diesem Zustand befinden sich die Edukte einer exothermen Reaktion bzw. die Produkte einer endothermen Reaktion, solange keine AE zugeführt wurde.

Instabiler Zustand

Nach Zufuhr von AE gelangen die Systeme auf die Spitze des AE-Berges, sie befinden sich unmittelbar vor der chemischen Reaktion.

Stabiler Zustand

Dies ist der energieärmste Zustand des jeweiligen Systems. Die Produkte einer exothermen Reaktion bzw. die Edukte einer endothermen Reaktion befinden sich im stabilen Zustand.

9.4 Der Katalysator

„Ein Katalysator ist ein Stoff, der eine chemische Reaktion beschleunigt und der am Ende der Reaktion wieder unverändert vorliegt."

Katalysatoren wirken durch ihre spezifische Oberfläche, indem sie Bindungen von Molekülen lockern, die mit ihnen in Kontakt treten. Es werden instabile Zwischenverbindungen gebildet. Dadurch muss weniger AE zugeführt werden. Katalysatoren bestehen oft aus Metallen (z. B. Platin, Rhodium, Ruthenium) oder Metalloxiden.

Katalyse

Darunter versteht man das Einwirken von Katalysatoren auf chemische Reaktionen. Bei einer positiven Katalyse werden die Reaktionsabläufe beschleunigt, bei einer negativen Katalyse verzögert. Katalysatoren, die für eine negative Katalyse verantwortlich sind, nennt man auch Inhibitoren.

9.5 Die Entropie (S)

Die Entropie ist ein Maß für den ungeordneten Zustand eines Systems. Alle chemischen Systeme streben nach maximaler Entropie, also nach einem möglichst ungeordneten Zustand, d. h., die Zunahme der Unordnung (positiv) begünstigt eine Reaktion.

Beispiel:

Die Entropie nimmt zu, wenn ein Feststoff zur Flüssigkeit wird, entweder in einer Lösung oder in einer Schmelze.

Der größte Entropiezuwachs entsteht beim Übergang vom festen in den gasförmigen Zustand (Sublimieren).
Daher verlaufen manche Reaktionen freiwillig, obwohl sie endotherm sind, z. B. Lösen von Salzen: Die Lösung kühlt sich dabei ab.

10.
Die chemische Bindung

10.1 Die Ionenbindung

Sie liegt stets dann vor, wenn sich Metallatome mit Nichtmetallatomen verbinden. Dabei geben Metallatome alle Valenzelektronen an ein oder mehrere Nichtmetallatome ab, wodurch alle Bindungspartner die Edelgaskonfiguration erreichen.

Ein Metallatom wird dabei zum (positiv geladenen) Kation, das je nach Anzahl der abgegebenen Valenzelektronen eine, zwei oder auch drei positive Elementarladungen trägt. Ein Nichtmetallatom wird dabei zum (negativ geladenen) Anion, das analog zum Kation eine, zwei oder drei negative Elementarladungen trägt, je nach Anzahl der aufgenommenen Elektronen (siehe Atombau).

Beispiele:

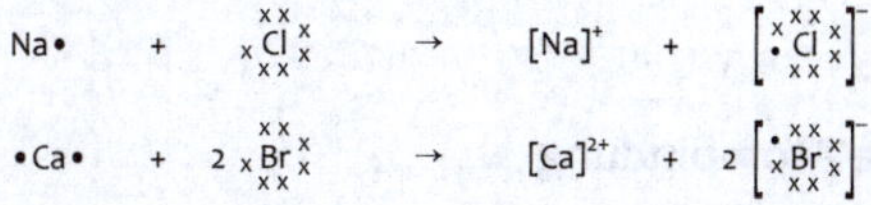

Angabe der Valenzelektronen durch Punkte bzw. durch Kreuzchen.
Die eckigen Klammern symbolisieren die Edelgaskonfiguration.

Kationen und Anionen ziehen sich durch ihre unterschiedliche Ladung elektrostatisch an; sie sind somit gebunden.

Ionenwertigkeit

Sie ist gleich der Zahl der aufgenommenen bzw. abgegebenen Elektronen eines Atoms. Sie wird durch eine kleine arabische Zahl und dem entsprechenden Vorzeichen angegeben.

Beispiele:

Na^+ hat die Ionenwertigkeit +1.

Al^{3+} hat die Ionenwertigkeit +3.

Ionengitter:

Ionen bilden keine abgeschlossenen Moleküle aus, weil die jeweilige Ladung kugelförmige elektrische Felder um das Ion aufbaut, die auf entgegengesetzt geladene Felder (Ionen) nach allen Raumrichtungen anziehend wirken.

Ein Kation zieht so viele Anionen an, wie es die Größe der beiden Ionenarten zulässt und umgekehrt. Dadurch entsteht ein Kristallgitter. Beim Kochsalz (NaCl) entsteht ein Würfel, wobei stets 6 Chloridionen um ein Natriumion, und 6 Natriumionen um ein Chloridion angeordnet sind.

Ionisierungsenergie

Sie ist definiert als die Energie, die benötigt wird, um von einem Atom ein Elektron abzuspalten.

10.2 Die Atombindung

Sie liegt stets dann vor, wenn sich Nichtmetallatome verbinden. Nichtmetallatome haben hohe Elektronegativitäten, d. h., sie ziehen ihre Valenzelektronen stark an. Daher kann die Edelgaskonfiguration nur so erreicht werden, dass die Bindungspartner gemeinsame bindende Elektronenpaare ausbilden.

Beispiel:

Angabe der Valenzelektronen durch Punkte bzw. durch Kreuzchen

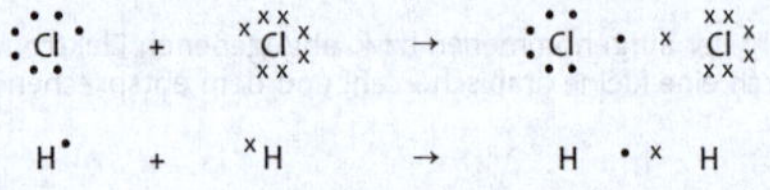

Valenzstrichformel:

Gemeinsame bindende Elektronenpaare werden durch Querstriche zwischen den Elementsymbolen angegeben.

Beispiele:

Chlormolekül 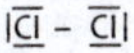

Methanmolekül 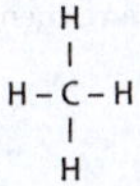

Freie Elektronenpaare:

Die nicht zur Bindung verwendeten Valenzelektronen werden auch paarweise zusammengefasst und durch Striche um die Elementsymbole angeordnet.

Beispiele:

Chlormolekül 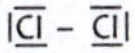

Wasser 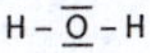

Ammoniak 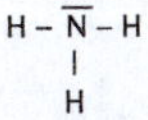

Atomwertigkeit (Bindigkeit)

„Sie ist gleich der Zahl von Atombindungen, die ein Atom in einem Molekül ausbildet."

Beispiele:

H – O – H	Sauerstoff ist zweiwertig.
H – H	Wasserstoff ist einwertig.

Mehrfachbindungen:

Doppelbindung:

Manche Elementatome müssen zwei bindende Elektronenpaare zwischen sich ausbilden, um die Edelgaskonfiguration zu erreichen.

Beispiel:

Das Sauerstoffmolekül:

Elektronenformel 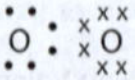

Valenzstrichformel $\overline{\underline{O}} = \overline{\underline{O}}$

Dreifachbindung:

Hier müssen drei bindende Elektronenpaare ausgebildet werden, um die Edelgaskonfiguration zu erreichen.

Beispiel:

Das Stickstoffmolekül:

Elektronenformel 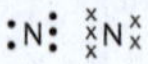

Valenzstrichformel $|N \equiv N|$

Mesomerie:

Unter Mesomerie versteht man, dass die tatsächliche Elektronenverteilung in den Bindungen eines Moleküls durch eine Valenzstrichformel nicht exakt wiedergegeben werden kann.

Grenzformeln:

Dies sind Valenzstrichformeln (Strukturformeln), die die tatsächliche Elektronenverteilung umschreiben.

Mesomeriepfeil (↔):

Er kennzeichnet die Zusammengehörigkeit mehrerer Grenzformeln.

Formale Ladung:

Hat ein Atom innerhalb einer Grenzformel nicht die Anzahl von Elektronen, die der Anzahl der Valenzelektronen entspricht, so erhält es eine entsprechende Zahl positiver bzw. negativer Ladungen. Sie werden von einem Kreissymbol umgeben, um sie von tatsächlichen Ladungen zu unterscheiden.
Die maßgebliche Elektronenzahl wird dadurch ermittelt, dass die Atombindungen im Molekül halbiert werden.

Beispiel:

Schwefelsäure:

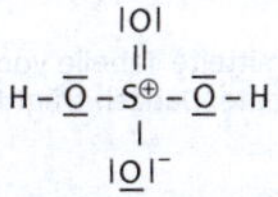

Die erste Strukturformel enthält die beteiligten Atome mit ihren jeweiligen Valenzelektronen. Das Schwefelatom besitzt nach Halbierung der Atombindungen nur noch fünf Elektronen. Da es aber sechs Valenzelektronen hat, erhält es eine positive Formalladung.

Das Sauerstoffatom, das nur mit dem Schwefelatom verbunden ist, besitzt sieben Elektronen (einschließlich der freien Elektronenpaare) und erhält eine negative Formalladung, weil es nur sechs Valenzelektronen hat. Ist das Molekül nach außen ungeladen, dann heben sich die Formalladungen im Molekül gegenseitig auf.

Registrierformel:

Sie gibt die tatsächliche Elektronenverteilung am besten wieder. Es wird die Grenzformel gewählt, in der die wenigsten Ladungen auftreten und in der möglichst viele der beteiligten Atome ihre maximale Bindigkeit erreicht haben.

Beispiel:

Schwefelsäure:

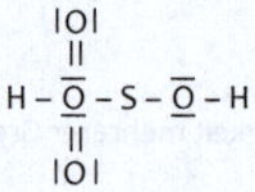

10.3 Die polare Bindung

Elektronegativität

Darunter versteht man das Bestreben eines Atoms, Bindungselektronen innerhalb eines Moleküls an sich zu ziehen.

L. Pauling erstellte eine empirisch ermittelte Tabelle von relativen Elektronegativitätswerten der Hauptgruppenelemente. Danach trägt Fluor den höchsten Wert (4,0), Francium den niedrigsten (0,7).

Dipolcharakter eines Moleküls

Besteht eine Verbindung aus verschiedenen Atomen, die durch Atombindung miteinander verbunden sind, z. B. $H^{\delta+} \wedge Cl^{\delta-}$, so ist die Bindung zwischen den Atomen durch die unterschiedlichen Elektronegativitäten polarisiert (Chlor ist elektronegativer als Wasserstoff).

Chlor erhält daher eine negative Partialladung (gekennzeichnet durch δ^-), Wasserstoff eine positive (gekennzeichnet durch δ^+). Das Ergebnis ist ein Dipol. Ionen können dabei nicht entstehen, weil die Bindungspartner Nichtmetalle sind.

Sonderfall Wasser

Wasser ist nur deshalb ein Dipol, weil das Molekül gewinkelt ist (Bindungswinkel = 104,5°).

Chemie

Somit liegt der negative Ladungsschwerpunkt am Sauerstoffatom und der positive zwischen den beiden Wasserstoffatomen:

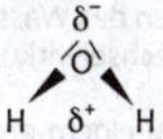

Hydratation

Unter Hydratation versteht man das Umhüllen von Ionen durch Wasserdipole. Salze werden dadurch gelöst. Die so entstandene Hydrathülle verhindert die gegenseitige Anziehung der Ionen und ist somit die Voraussetzung für die freie Beweglichkeit der Ionen bei Elektrolysen.

Kation:

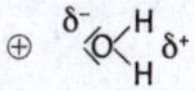

Anion:

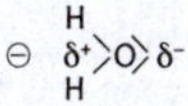

10.4 Die Metallbindung

Metallatome haben eine so geringe Elektronegativität, dass sie ihre Valenzelektronen leicht abspalten. Sie erreichen somit die Edelgaskonfiguration.

Die entstandenen Kationen (Atomrümpfe) sind von frei beweglichen Valenzelektronen umgeben (Elektronengas), von denen die Atomrümpfe durch die elektrische Anziehung zwischen Metallionen (Kationen) und frei beweglichen Elektronen zusammengehalten werden. Die kugelförmigen Atomrümpfe bilden somit ein leicht verformbares Kristallgitter. Die frei beweglichen Elektronen bedingen die elektrische Leitfähigkeit der Metalle.

Kräfte zwischen den Teilchen

Van-der-Waals-Kräfte:

Darunter versteht man die einfachen Anziehungskräfte zwischen den Teilchen (z. B. in Edelgasen oder unpolaren Molekülen).

Durch eine kurzzeitig auftretende asymmetrische Verteilung der Elektronen entstehen schwache Dipole, die auf benachbarte Moleküle einwirken. Diese Anziehungskräfte recht schwach. Sie verstärken sich mit zunehmender Elektronenzahl.

Wasserstoffbrückenbindung:

Sie tritt in solchen Stoffen auf, bei denen der Wasserstoff im Molekül stark polarisiert ist. Diese positiven Teilladungen des Wasserstoffs gehen mit negativen Teilladungen benachbarter Moleküle Wechselwirkungen ein.

Diese Wechselwirkungen führen zu einem größeren Zusammenhalt der Teilchen und bedingen u. a. die vergleichsweise höhere Siedetemperatur des Wassers.

Chemie

11.

Säure-Base-Reaktionen

Im Laufe der Jahrhunderte wurden verschiedene Vorstellungen zu Säure-Base-Begriffen entwickelt.

11.1 Säuren (nach Arrhenius)

Diese für den Chemieanfänger leicht verständliche Definition heißt: „Säuren sind chemische Verbindungen, die in wässriger Lösung in frei bewegliche Wasserstoffionen und Säurerestionen dissoziieren."

Beispiele:

Chlorwasserstoffsäure HCl, Säurerest Chloridion (Cl^-)

$$HCl \rightleftharpoons H^+ + Cl^-$$

Schwefelsäure H_2SO_4, Säurerest Sulfation (SO_4^{2-})

$$H_2SO_4 \rightleftharpoons 2H^+ + SO_4^{2-}$$

Das Wasserstoffion H^+ ist eigentlich ein Proton. Es kommt in wässriger Lösung nicht frei vor, sondern bildet mit einem Wassermolekül das Oxoniumion (Hydroniumion) H_3O^+.

Beispiele:

$$H^+ + H_2O \rightarrow H_3O^+$$

$$HCl + H_2O \rightarrow H_3O^+ + Cl^-$$

$$H_2SO_4 + 2H_2O \rightarrow 2H_3O^+ + SO_4^{2-}$$

Saure Reaktion

Darunter versteht man die Eigenschaft einer Lösung, Lackmusfarbstoff rot zu färben.
Verantwortlich dafür sind die H_3O^+-Ionen.

Bildung von Säuren

Säuren entstehen bei der chemischen Reaktion von Nichtmetallen mit Wasser.

Beispiele:

$SO_2 + H_2O \rightarrow H_2SO_3$

Schwefeldioxid — schweflige Säure

$CO_2 + H_2O \rightarrow H_2CO_3$

Kohlenstoffdioxid — Kohlensäure

Chemie

11.2 Basen (nach Arrhenius)

Basen sind chemische Verbindungen, die in wässriger Lösung in elektrisch positiv geladene Metallionen und elektrisch negativ geladene Hydroxidionen dissoziieren.

Beispiele:

Natriumhydroxid NaOH:

Reaktion in Wasser: $NaOH \rightleftharpoons Na^+ + OH^-$

Calciumhydroxid $Ca(OH)_2$:

Reaktion in Wasser : $Ca(OH)_2 \rightleftharpoons Ca^{2+} + 2OH^-$

Laugen

So nennt man wässrige Lösungen von Basen, in der hydratisierte Hydroxidionen enthalten sind. Sie reagieren alkalisch.

Alkalische Reaktion

Darunter versteht man die Eigenschaft einer Lösung, sich seifig anzufühlen und Lackmusfarbstoff blau zu färben.

11.3 Salze

Sie sind definiert als Stoffe, die aus Metallionen und Säureresten zusammengesetzt sind. Sie reagieren in Wasser gelöst weder sauer noch alkalisch, sondern neutral. Sie ändern die Farbe von Lackmus nicht.

11.4 Säure-Base-Reaktion nach Brönsted

Säuredefinition nach Brönsted

Säuren sind Teilchen, die bei Reaktionen Protonen (H^+) abgeben. Sie sind Protonendonatoren. Diese Teilchen enthalten Wasserstoffatome mit einer positiven Partialladung. Sie kommen als neutrale Moleküle (z. B. HCl) oder als geladene Moleküle (z. B. NH_4^+) vor.

Basendefinition nach Brönsted

Basen sind Teilchen, die bei Reaktionen Protonen (H^+) aufnehmen. Sie sind Protonenakzeptoren. Diese Teilchen besitzen mindestens ein freies Elektronenpaar. Auch Basen können Neutralmoleküle (z. B. NH_3) oder geladene Moleküle (z. B. OH^-) sein.
Säure-Base-Reaktionen nennt man Protolysen (Reaktionen mit Protonenübergang). Dabei reagieren Protonenakzeptoren (= Base B) mit Protonendonatoren (= Säure S) unter Austausch von Protonen.

Chemie

Beispiele:

$$\begin{array}{ccccccc} HCl & + & H_2O & \rightleftharpoons & H_3O^+ & + & Cl^- \\ S & & B & & S & & B \end{array}$$

$$\begin{array}{ccccccc} NH_3 & + & H_2O & \rightleftharpoons & NH_4^+ & + & OH^- \\ B & & S & & S & & B \end{array}$$

Je eine Säure (S) und eine Base (B) bilden ein korrespondierendes Säure-Base-Paar.

Beispiele:

$$\begin{array}{ccc} HCl & \rightleftharpoons & H^+ + Cl^- \\ S & & B \end{array}$$

$$\begin{array}{ccc} H_2O + H^+ & \rightleftharpoons & H_3O^+ \\ B & & S \end{array}$$

Demzufolge sind an jeder Protolyse zwei korrespondierende Säure-Base-Paare beteiligt.
Protolysen sind stets Gleichgewichtsreaktionen.

11.5 Die Neutralisation

Gleiche Mengen von Oxoniumionen und Hydroxidionen verbinden sich zu Wasser:

$$H_3O^+ + OH^- \rightarrow 2H_2O$$

Die Begleitionen (Säurerest und Metallion = Basenrest) bilden Salze:

$$Cl^- + K^+ \rightarrow KCl$$

Die Produkte beider Halbreaktionen (H_2O und KCl) reagieren neutral, d. h. verändern die Lackmusfarbe nicht.

Neutralisationsreaktionen

Sie erfolgen nach dem Prinzip:

Säure + Base → Salz + Wasser

Beispiele:

$$H_2SO_4 + Ca(OH)_2 \rightarrow CaSO_4 + 2H_2O$$
$$H_3PO_4 + 3NaOH \rightarrow Na_3PO_4 + 3H_2O$$
$$3H_2SO_3 + 2Al(OH)_3 \rightarrow Al_2(SO_3)_3 + 6H_2O$$

12.
Die Redox-reaktion

12.1 Die Oxidation

Einfachste Definition:
„Oxidation ist die Reaktion eines Stoffes mit Sauerstoff." Das entstandene Produkt heißt Oxid.

Beispiel:

Kupfer wird zu Kupferoxid oxidiert:
$2Cu + O_2 \rightarrow 2CuO$

Allgemein gültige Definition:
„Oxidation ist die Elektronenabgabe eines Stoffes."

Beispiel:

Kupfer wird zum Kupferion:
$Cu \rightarrow Cu^{2+} + 2e^-$

12.2 Die Reduktion

Einfachste Definition:
„Reduktion ist die Reaktion, bei der Verbindungen das Element Sauerstoff entzogen wird."

Beispiel:

Kupferoxid wird durch Wasserstoff zu Kupfermetall reduziert:
$CuO + H_2 \rightarrow Cu + H_2O$

Allgemein gültige Definition:
„Reduktion ist die Elektronenaufnahme eines Stoffes."

Beispiel:

Chlorgas wird zu Chloridionen reduziert:
$Cl_2 + 2e^- \rightarrow 2Cl^-$

Oxidationsmittel

Einfachste Definition:
„Das Oxidationsmittel ist der Sauerstoff abgebende Stoff."

Allgemein gültige Definition:
„Das Oxidationsmittel ist der Stoff, der Elektronen aufnimmt."

Beispiel:

Chlorgas nimmt Elektronen auf:
$Cl_2 + 2e^- \rightarrow 2Cl^-$

Das Oxidationsmittel wird bei der Redoxreaktion reduziert.

Reduktionsmittel

Einfachste Definition:
„Das Reduktionsmittel ist der Sauerstoff aufnehmende Stoff."

Allgemein gültige Definition:
„Das Reduktionsmittel ist der Stoff, der Elektronen abgibt."

Das Reduktionsmittel wird bei der Redoxreaktion oxidiert.

Beispiel:

> Ein Natriumatom gibt sein Elektron ab und wird zum Natriumion oxidiert:
> $Na \rightarrow Na^{+} + e^{-}$

Redoxreaktion

Oxidations- und Reduktionsreaktionen sind immer gekoppelt, da die abgegebenen Elektronen der Oxidation in der Reduktion aufgenommen werden. Das Ergebnis als Summe beider Reaktionen nennt man Redoxreaktion.

12.3 Die Oxidationszahl

Oxidationszahlen sind Scheinladungen in Molekülen bzw. Ionen. Sie sind Hilfsmittel zum Erstellen komplizierter Redoxgleichungen; sie verdeutlichen die Oxidations- und Reduktionsvorgänge, d. h. die Elektronenübergänge.
Die Oxidationszahlen können als arabische Ziffern mit positivem oder auch negativem Vorzeichen über dem Symbol angegeben werden.

Elemente besitzen immer die Oxidationszahl 0:

$\overset{0}{Cu}$ $\overset{0}{Cl_2}$

Elemente in Verbindungen:
Bei Metallen entspricht die Oxidationszahl der Wertigkeit:

$\overset{+2}{Fe}\overset{-2}{O}$

Wasserstoff hat immer die Oxidationszahl +1.

Sauerstoff hat immer (außer in Peroxiden) die Oxidationszahl −2:

$\overset{+1}{H_2}\overset{-2}{O}$

In einfachen Ionen entspricht die Oxidationszahl der Ionenladung:

$\overset{+1}{Na^{+}}$ $\overset{-1}{Cl^{-}}$

In zusammengesetzten Ionen entspricht die Summe aller Oxidationszahlen dem Zahlenwert der Ionenladung:

$\overset{-3}{N}\overset{+1}{H_4^{+}}$

In Molekülen bzw. Baueinheiten der Ionenverbindungen ist die Summe aller Oxidationszahlen 0:

$$\overset{+1+6-2}{H_2SO_4}$$

In gedachten Atomgruppen organischer Verbindungen ist die Summe aller Oxidationszahlen 0:

$$\overset{-3+1}{-CH_3}$$

Die Differenz der Oxidationszahlen über dem jeweils gleichen Elementsymbol wird als aufgenommene bzw. abgegebene Elektronenzahl angeschrieben:

$$\overset{0}{Cu} \rightarrow \overset{+2}{Cu^{2+}} + 2e^-$$

$$3e^- + \overset{+5}{NO_3^-} \rightarrow \overset{+2}{NO}$$

Die Summe der Oxidationszahlen aller Edukte ist gleich der Summe der Oxidationszahlen der Produkte, da keine Elektronen verlorengehen können.

Beispiel:

$$2\overset{+1+6-2}{H_2SO_4} + \overset{0}{Cu} \rightarrow \overset{+2+6-2}{CuSO_4} + \overset{+4-2}{SO_2} + 2\overset{+1-2}{H_2O}$$

12.4 Regeln zum Erstellen von Redoxreaktionen

Anschreiben der Formeln der Edukte und Produkte laut Angabe und Ermittlung der Oxidationszahlen.

Beispiel:

Kupfer reagiert mit Salpetersäure zu Kupfernitrat und Stickstoffmonoxid:

$$\overset{0}{Cu} + \overset{+1+5-2}{HNO_3} \rightarrow \overset{+2\ +5-2}{Cu(NO_3)_2} + \overset{+2-2}{NO}$$

Alle Verbindungen werden in Ionen zerlegt, soweit Ionenbindungen vorliegen (auch Säuren!):

$$\overset{0}{Cu} + \overset{+1}{H^+} + \overset{+5-2}{NO_3^-} \rightarrow \overset{+2}{Cu^{2+}} + \overset{+5-2}{2NO_3^-} + \overset{+2-2}{NO}$$

Nur die Ionen bzw. Atome, bei denen sich die Oxidationszahlen über einem Elementsymbol geändert haben, werden beibehalten, die übrigen werden gestrichen:

$$\overset{0}{Cu} + \overset{+5-2}{NO_3^-} \rightarrow \overset{+2}{Cu^{2+}} + \overset{+2-2}{NO}$$

Die Oxidations- und Reduktionspartner werden ermittelt (bei Oxidationen wird die Oxidationszahl positiver, bei Reduktionen negativer):

Oxidation:

$$\overset{0}{Cu} \rightarrow \overset{+2}{Cu^{2+}}$$

Reduktion:

$$\overset{+5}{NO_3^-} \rightarrow \overset{+2}{NO}$$

Ausgleich der Ladungen (Elektronen zählen wie Ionen) durch Oxoniumionen (H_3O^+) in sauren Lösungen, bzw. Hydroxidionen (OH^-) in alkalischen Lösungen:

$$Cu \rightarrow Cu^{2+} + 2e^-$$ (Ladungen sind ausgeglichen)

$$4H_3O^+ + 3e^- + NO_3^- \rightarrow NO$$

Stoffausgleich: Die Zahl der Sauerstoffatome bei Edukten und Produkten muss gleich sein. Diese gleiche Anzahl von Sauerstoffatomen wird durch das Hinzufügen einer entsprechenden Anzahl von Wassermolekülen erreicht:

$$4H_3O^+ + 3e^- + NO_3^- \rightarrow NO + 6H_2O$$

Gleichzeitig wird dadurch auch die Zahl der Wasserstoffatome ausgeglichen.

Durch geeignete Multiplikation der Teilgleichungen wird die Zahl der Elektronen ausgeglichen. Durch Addition der beiden Teilgleichungen erhält man schließlich die Redoxreaktion:

$$Cu \rightarrow Cu^{2+} + 2e^- \quad | \cdot 3$$

$$4H_3O^+ + 3e^- + NO_3^- \rightarrow NO + 6H_2O \quad | \cdot 2$$

$$3Cu + 8H_3O^+ + 2NO_3^- \rightarrow 3Cu_2^+ + 2NO + 12H_2O$$

Die gestrichenen Ionen werden auf beiden Seiten in gleichen Mengen wieder hinzugefügt und zu sinnvollen ungeladenen Molekülen ergänzt:

$$3Cu + 8H_3O^+ + 2NO_3^- \rightarrow 3Cu^{2+} + 2NO + 12H_2O$$

ergänzt: $+ 6NO_3^-$:

$$3Cu + 8HNO_3 + 8H_2O \rightarrow 3Cu(NO_3)_2 + 2NO + 12H_2O$$

Durch Kürzen des überschüssigen Wassers entsteht die fertige Redoxreaktion:

$$3Cu + 8HNO_3 \rightarrow 3Cu(NO_3)_2 + 2NO + 4H_2O$$

13.
Das chemische Gleichgewicht

Viele Reaktionen verlaufen nicht nur in einer Richtung; am Ende der Reaktion sind nicht 100 % Produkte bei 0 % Edukten entstanden. Ein Teil der Produkte reagiert wieder miteinander zu Edukten. Solche Reaktionen werden umkehrbare chemische Reaktionen genannt.

Allgemeine Gleichung:

$$A + B \rightleftharpoons C + D$$

Bei jeder umkehrbaren chemischen Reaktion bildet sich in einem abgeschlossenen System ein chemisches Gleichgewicht zwischen Edukten und Produkten aus.
Das Gleichgewicht ist eingestellt, wenn Hin- und Rückreaktion mit gleicher Geschwindigkeit ablaufen. Zwischen Edukten und Produkten ist dann ein bestimmtes Mengenverhältnis erreicht, das sich nicht mehr ändert.
Dieses Gleichgewicht ist dynamisch, d. h. es finden Hin- und Rückreaktionen auch nach Erreichen des Gleichgewichtes statt.

Dieser Zustand wird durch zwei Halbpfeile $\rightleftharpoons$ angegeben.

Einstellzeit des chemischen Gleichgewichtes

Darunter versteht man die Zeit vom Beginn der chemischen Reaktion bis zum Erreichen des chemischen Gleichgewichtes.

Lage des chemischen Gleichgewichtes

So nennt man das erreichte Konzentrationsverhältnis der reagierenden Stoffe. Die Lage des chemischen Gleichgewichtes bleibt nach ihrer Einstellung unverändert.

Einstellbarkeit des chemischen Gleichgewichtes

Das chemische Gleichgewicht ist von beiden Seiten einstellbar.

13.1 Die Reaktionsgeschwindigkeit (v)

Sie ist definiert als die Änderung der Konzentration der Produkte bzw. Edukte Δc_x in der Zeit t:

$$v = \frac{\Delta c_x}{\Delta t}$$

Die Reaktionsgeschwindigkeit ist abhängig von der Temperatur, der Konzentration der Stoffe und vom Zerteilungsgrad der Stoffe.

Die Hinreaktion A + B → C + D verläuft mit einer bestimmten Geschwindigkeit (v_1).

Die Rückreaktion C + D → A + B verläuft mit einer bestimmten Geschwindigkeit (v_2).

Wenn sich das Gleichgewicht eingestellt hat, dann ist $v_1 = v_2$.

13.2 Das Massenwirkungsgesetz (MWG)

„Im Gleichgewichtszustand ist das Verhältnis des Produktes der Konzentrationen der Endstoffe (Produkte) und des Produktes der Konzentrationen der Ausgangsstoffe (Edukte) bei bestimmter Temperatur und Druck konstant."

Formel des MWG, bezogen auf die allgemeine Gleichung $mA + nB \rightleftharpoons xC + yD$:

$$K = \frac{[C]^x \cdot [D]^y}{[A]^m \cdot [B]^n}$$

Gleichgewichtskonstante K:

Sie ist für ein bestimmtes Gleichgewicht konstant.

K = 1 bedeutet absolutes Gleichgewicht zwischen den Edukten und Produkten, d.h., sie liegen in gleichen Mengen nebeneinander vor.

K > 1 bedeutet, dass mehr Produkte als Edukte nebeneinander vorliegen; das Gleichgewicht liegt auf der rechten Seite.

K < 1 bedeutet, dass mehr Edukte als Produkte nebeneinander vorliegen; das Gleichgewicht liegt auf der linken Seite.

Veränderung der Lage des Gleichgewichtes:

Die Lage des chemischen Gleichgewichtes lässt sich nach dem Prinzip von Le Chatelier und Braun verändern.

„Eine Veränderung der Reaktionsbedingungen bewirkt in einem System, das sich im chemischen Gleichgewicht befindet, eine Verschiebung der Gleichgewichtslage, die die veränderten Reaktionsbedingungen ausgleicht."

Die Veränderungen der Reaktionsbedingungen haben folgende Wirkungen auf die Verschiebung der Gleichgewichtslage:

a) Temperatur:
Eine Erhöhung fördert die endotherme Reaktion, eine Senkung fördert die exotherme Reaktion.

b) Druck:
nur bei Gasen sinnvoll; eine Erhöhung fördert die Reaktion, die unter Volumenabnahme verläuft. Eine Senkung fördert die Reaktion, die unter Volumenzunahme verläuft.

c) Konzentration:
Eine Erhöhung fördert den Verbrauch des zugeführten Stoffes. Eine Verringerung (z. B. durch Entfernung des Produktes) fördert die Bildung des abgeführten Stoffes.

13.3 Das Löslichkeitsprodukt (L)

Das Löslichkeitsprodukt einer Verbindung ist das Produkt der Ionenkonzentration ihrer gesättigten Lösung. Gesättigte Lösung: Lösung, die bei der betreffenden Temperatur keine weiteren Mengen des gelösten Stoffes zu lösen vermag (Bodensatz).

Beispiel:

$$AgCl \rightleftharpoons Ag^{+} + Cl^{-}$$

Für dieses Gleichgewicht gilt das MWG:

$$K = \frac{[Ag^+] \cdot [Cl^-]}{[AgCl]}$$

Der Festkörper AgCl wird als konstant betrachtet, da seine Konzentration im Vergleich mit den Ionenkonzentrationen nahezu unendlich groß ist. Diese Konstante wird mit K multipliziert.

Das Ergebnis ist eine neue Konstante L, das Löslichkeitsprodukt:

$$L = [Ag^+] \cdot [Cl^-]$$

Anwendung:
Ist das Ionenprodukt einer Lösung größer als das Löslichkeitsprodukt L, so entsteht ein Feststoff-Niederschlag.

Beispiel:

$$L_{AgCl} = 10^{-10}\ (mol^2/l^2).$$

Allgemein gilt für das Löslichkeitsprodukt eines Salzes A_xB_y:

$$L = [A]^x \cdot [B]^y$$

Chemie

Beispiel:

Aufgabe:
Kommt es zu einem Niederschlag, wenn
$[Ag^+] = 10^{-5}$ mol/l und $[Cl^-] = 10^{-4}$ mol/l betragen?

Lösung:
$L = 10^{-5}$ mol/l $\cdot$ 10^{-4} mol/l $= 10^{-9}$ mol²/l².

Das theoretische Löslichkeitsprodukt wird überschritten, es bildet sich ein Niederschlag von Silberchlorid (AgCl).

13.4 Die Säure- und Basenstärke

Säuren bilden mit Wasser Gleichgewichtsreaktionen, sog. Protolysen:

$HR + H_2O \rightleftharpoons H_3O^+ + R^-$

Eine derartige Gleichgewichtsreaktion besagt, dass nicht alle Säuremoleküle (HR) in Ionen zerfallen sind bzw. mit dem Wasser zu Ionen reagiert haben.

Säurestärke

Starke Säuren sind weitgehend bzw. vollständig in Ionen zerfallen.
Schwache Säuren liegen dann vor, wenn nur wenige Moleküle in Ionen zerfallen sind.

Säurekonstante K_S

Durch Anwendung des MWG auf die Säureprotolyse folgt:

$$K = \frac{[H_3O^+] \cdot [R^-]}{[HR] \cdot [H_2O]}$$

Chemie

Da die Konzentration des Wassers praktisch konstant ist, wird deren Wert mit der Gleichgewichtskonstante K multipliziert:

$$K \cdot H_2O = K_S$$

$$K_S = \frac{[H_3O^+] \cdot [R^-]}{[HR]}$$

Die Säurekonstante K_S gibt direkt Auskunft über die Säurestärke einer bestimmten Säure.

Säureexponent pK_S

Chemie

Darunter versteht man den negativen dekadischen Logarithmus der Säurekonstante K_S:

$$pK_S = -\lg\ K_S$$

Beispiel:

Hat die Säurekonstante den Wert $10^{5,7}$, dann ist der pK_S-Wert –5,7.

Je kleiner der pK_S-Wert, umso größer ist die Konzentration von H_3O^+-Ionen in der Lösung, d. h., umso stärker ist die betreffende Säure.

Basenstärke

Basen bilden mit Wasser Gleichgewichtsreaktionen, sog. Protolysen:

$B + H_2O \rightleftharpoons BH^+ + OH^-$.

Diese Gleichgewichtsreaktion besagt, dass nicht alle Basenmoleküle dem Wasser ein Proton entreißen konnten.

Starke Basen reagieren vollständig oder weit gehend mit Wasser.
Schwache Basen reagieren kaum mit Wasser.

Basenkonstante K_B

Durch Anwendung des MWG auf die Basenprotolyse folgt:

$$K = \frac{[BH^+] \cdot [OH^-]}{[B] \cdot [H_2O]}$$

Wasser wird (wie bei der Säurekonstante) als konstant betrachtet und mit der Gleichgewichtskonstante multipliziert:

$$K_B = \frac{[BH^+] \cdot [OH^-]}{[B]}$$

Die Basenkonstante K_B gibt direkt Auskunft über die Basenstärke einer bestimmten Base.

Basenexponent pK_B

Darunter versteht man den negativen dekadischen Logarithmus der Basenkonstante K_B:

$$pK_B = -\lg K_B$$

Je kleiner der pK_B-Wert, umso größer ist die Konzentration der OH^--Ionen.

Zusammenhang zwischen pK_S und pK_B

In verdünnten Lösungen gilt:

$$K_S \cdot K_B = [H_3O^+] \cdot [OH^-] = 10^{-14}\ mol^2/l^2 \text{ (bei 22 °C)}$$

Aus $K_S \cdot K_B = 10^{-14}$ folgt:

$$pK_S + pK_B = 14$$

Somit lässt sich der pK_B-Wert berechnen, wenn der pK_S-Wert bekannt ist.

Beispiel:

$NH_4^+ \rightleftharpoons NH_3 + H^+$; $pK_B = 4{,}75$
$pK_S = 14 - 4{,}75 = 9{,}25$

Chemie

13.5 Der pH-Wert

Er ist definiert als der negative dekadische Logarithmus der Oxoniumionen-Konzentration (H_3O^+):

$$pH = -\lg[H_3O^+]$$

Aus der Autoprotolyse des Wassers lässt sich durch Anwendung des MWG das Ionenprodukt des Wassers formulieren:

$$H_2O + H_2O \rightleftharpoons H_3O^+ + OH^- \quad \text{(Autoprotolyse)}$$
$$K_W = [H_3O^+] \cdot [OH^-]$$

Das Ionenprodukt des Wassers K_W hat bei 22 °C den Wert 10^{-14} mol²/l². In reinem Wasser gilt $[H_3O^+] = [OH^-]$, da Wasser weder sauer noch alkalisch reagiert.

Daher gilt: $[H_3O^+] = [OH^-] = 10^{-7}$ mol/l
$pH = -\lg[H_3O^+] = 7$

pH-Werte von 0–6,9 sind Kennzeichen saurer Lösungen, pH-Wert = 7 bedeutet neutrale Lösung.
pH-Werte von 7,1–14 sind Kennzeichen alkalischer Lösungen.

Indikatoren

Indikatoren sind organische Farbstoffe, die in sauren Lösungen eine andere Farbe als in neutralen und alkalischen Lösungen haben.

Beispiel:

	alkalisch	sauer
Phenolphthalein:	rot	farblos
Methylorange:	rot	gelb
Lackmus:	blau	rot

Pufferlösungen

Sie sind definiert als ein gleichmolares Gemenge von schwachen Säuren und ihren korrespondierenden Basen. Es gilt:

$$pH = pK_S$$

In Pufferlösungen ändert sich der pH-Wert nur unwesentlich, wenn geringe Mengen von Säuren bzw. Laugen zugegeben werden.

Beispiele für Pufferlösungen:
Acetatpuffer, aus Essigsäure und Acetat (HAc/Ac^-);
Ammoniumpuffer, aus Ammoniak und Ammonium (NH_3/NH_4^+);
Phosphatpuffer, aus Dihydrogenphosphat und Hydrogenphosphat ($H_2PO_4^-/HPO_4^{2-}$);
Carbonatpuffer des Blutes, aus Hydrogencarbonat und Kohlensäure HCO_3^-/H_2CO_3.

Berechnungsbeispiel:

Gegeben ist der Acetatpuffer ($pK_S = 4{,}76$) aus je 1 mol Essigsäure und 1 mol Acetat. 4 g Natriumhydroxid werden dazugegeben. Wie ändert sich der pH-Wert?

Vor Laugenzugabe gilt $pH = pK_S = 4{,}76$, da gleichmolare Lösung.

Nach Laugenzugabe gilt: 4 g NaOH = 0,1 mol NaOH.
Als starke Base zerfällt sie vollständig in Ionen.

Es entsteht folgende Gleichgewichtsreaktion:
$OH^- + HAc \rightleftharpoons Ac^- + H_2O$

Dabei reagiert die starke Base (OH^-) mit der Essigsäure (HAc) vollständig zu Wasser und Acetat (Ac^-).

Daraus folgt:
[HAc] nimmt um 0,1 mol/l ab: 0,9 mol/l
[AC^-] steigt um 0,1 mol/l: 1,1 mol/l.

Chemie

Der Acetatpuffer bildet nun mit dem Wasser folgende Protolyse, auf die das MWG angewandt wird:

$$HAc + H_2O \rightleftharpoons H_3O^+ + Ac^-$$

$$K = \frac{[H_3O^+] \cdot [Ac^-]}{[HAc] \cdot [H_2O]}$$

$$K_S = \frac{[H_3O^+] \cdot [Ac^-]}{[HAc]}$$

$$[H_3O^+] = \frac{K_S \cdot [HAc]}{[Ac^-]}$$

$$pH = pK_S - \lg \frac{[HAc]}{[Ac^-]}$$

$$pH = 4{,}76 - \lg \frac{0{,}9}{1{,}1}$$

pH = 4,847; der pH-Wert ändert sich nur unwesentlich.

14. Elektrochemie

14.1 Galvanische Elemente

Taucht man zwei verschiedene Metalle (Elektroden) jeweils in Salzlösungen (Elektrolyte) des betreffenden Metalls, die durch eine Elektrolyt-Brücke (Stromschlüssel) verbunden sind, so kann zwischen den Metallen eine elektrische Spannung (ein Potenzial) gemessen werden. Das ist ein galvanisches Element.

Normalelektroden

Elektroden eines galvanischen Elementes nennt man Normalelektroden, wenn die betreffenden Salzlösungen 1molar sind (1 mol/l). Jede Normalelektrode stellt mit ihrer Salzlösung ein Redoxsystem dar, man nennt es galvanisches Halbelement.

Beispiel:

Kupfer wird in 1molare $CuSO_4$-Lösung, Zink in 1molare $ZnSO_4$-Lösung getaucht.
Zwischen beiden Elektroden liegt eine Spannung von 1,11 Volt:

Zn	$\rightleftharpoons$	$Zn^{2+} + 2e^-$	Zink-Normalelektrode
$Cu^{2+} + 2e^-$	$\rightleftharpoons$	Cu	Kupfer-Normalelektrode
$Zn + Cu^{2+}$	$\rightleftharpoons$	$Cu + Zn^{2+}$	Galvanisches Element

Normalwasserstoffelektrode

Sie besteht aus einem Platinblech, das in eine 1,2molare Salzsäurelösung eintaucht (sie enthält dann 1 mol H_3O^+-Ionen) und von Wasserstoffgas umspült wird.

Platin spaltet katalytisch die Wasserstoffmoleküle des Gases in Wasserstoffatome, die auf der Oberfläche des Platinblechs eine feste Wasserstoffelektrode bilden.

Die Normalwasserstoffelektrode ist der (willkürliche) Bezugspunkt für Spannungsmessungen zwischen galvanischen Elementen und ihr wird das Potenzial Null zugeordnet.

Das Normalpotenzial:

Zwischen Normalelektroden und der Normalwasserstoffelektrode treten Spannungswerte auf, die sog. Normalpotenziale (ε_0).

Das Normalpotenzial erhält ein negatives Vorzeichen, wenn die betreffende Normalelektrode an die Normalwasserstoffelektrode Elektronen abgibt bzw. im umgekehrten Fall ein positives Vorzeichen.

Das Normalpotenzial kann als Stoffeigenschaft des betreffenden Elektrodenmaterials aufgefasst werden.

14.2 Die Spannungsreihe der Elemente

Ordnet man alle bekannten Normalpotenziale nach Größe und Vorzeichen, so erhält man die Spannungsreihe der Elemente – besser ihrer Redoxsysteme.

Tabellenausschnitt

Metalle ε_0[V]:

K/K^+ -2,92	Ca/Ca^{2+} -2,76	Na/Na^+ -2,71	Mg/Mg^{2+} -2,38	Al/Al^{3+} -1,67	Zn/Zn^{2+} -0,76

Halogene ε_0[V]:

$I_2/2I^-$ +0,54	$Br_2/2Br^-$ +1,06	$Cl_2/2Cl^-$ +1,36	$F_2/2F^-$ +2,87

Jedes Metall reduziert die rechts von ihm stehenden Metallionen. Jedes Halogen oxidiert die links von ihm stehenden Halogenidionen.

Stärker negatives Normalpotenzial bedeutet höherer Elektronendruck als weniger negatives oder sogar positives Normalpotenzial einer anderen Normalelektrode. Dadurch ist eine Vorhersage möglich, in welche Richtung die Elektronen (d. h. der Strom) fließen werden.

Beispiele:

Die Zink-Normalelektrode besteht aus Zinkmetall und Zinkionen: Zn/Zn^{2+}: $\varepsilon_0 = -0{,}76$ V

Die Kupfer-Normalelektrode besteht analog dazu aus dem Halbelement Cu/Cu^{2+}: $\varepsilon_0 = +0{,}35$ V

Aus den Vorzeichen der Normalpotenziale folgt: Die Elektronen wandern vom Zink zum Kupfer, also gibt Zink Elektronen ab, die Kupferionen nehmen sie auf:

Halbelement 1:	Zn	$\rightleftharpoons$	$Zn^{2+} + 2e^-$	Oxidation
Halbelement 2:	$2e^- + Cu^{2+}$	$\rightleftharpoons$	Cu	Reduktion
Gesamt:	$Zn + Cu^{2+}$	$\rightleftharpoons$	$Cu + Zn^{2+}$	Redoxreaktion

14.3 Die Nernst'sche Gleichung

Für eine allgemeine Redoxreaktion $nA + mB \rightleftharpoons xC + yD$ gilt:

$$E = \Delta E_0 + \frac{0{,}059}{n} \cdot \lg \frac{[C]^x \cdot [D]^y}{[A]^n \cdot [B]^m}$$

E ≙ Gesamtspannung (Redoxpotenzial)

ΔE_0 ≙ Differenz der Normalpotenziale (Positiveres vom Negativeren abziehen)

n ≙ Zahl der wandernden Elektronen

0,059 ≙ temperaturabhängige Konstante (25 °C)

Chemie

Nernst'sche Gleichung für Halbelemente

$$\varepsilon = \Delta\varepsilon_0 + \frac{0{,}059}{n} \cdot \lg \frac{[Ox]}{[Red]}$$

ε	≙ durch Konzentrationsänderung erreichtes neues Potenzial
ε_0	≙ Normalpotenzial
0,059	≙ temperaturabhängige Konstante (25 °C)
[Ox]	≙ Konzentration der oxidierten Form
[Red]	≙ Konzentration der reduzierten Form

Beispiel:

Cu	⇌	$Cu^{2+} + 2e^-$
Reduzierte Form = Red		Oxidierte Form = Ox

Für die Konzentration des Metalls wird der Wert 1 eingesetzt.

Aufgabe:

Wie ändert sich das Potenzial eines Kupfer-Halbelementes, wenn die Ionenkonzentration in der Kupfersalzlösung auf 2 Mol erhöht wird?

Lösung:

$$\varepsilon = +0{,}35\ V + \frac{0{,}059}{2} \cdot \lg \frac{[Cu^{2+}]}{1}$$

In einer 2molaren Lösung ist $(Cu^{2+}) = 2$ mol/l

$\varepsilon = +0{,}35\ V + 0{,}003 \cdot \lg 2$;

$\varepsilon = +0{,}359$ V; d. h., der Elektronendruck ist geringer geworden.

Aufgabe:

Kann unter Standardbedingungen (d. h., alle Stoffe sind 1molar, Gase haben 100 kPa Druck) mit Kaliumpermanganat aus Chloriden (Salze der Salzsäure) Chlorgas entwickelt werden, wenn $\varepsilon_0(Cl^-/Cl_2) = 1{,}36$ V und $\varepsilon_0(Mn^{2+}/MnO_4^-) = -1{,}51$ V?

Die Frage kann bejaht werden, wenn sich für E ein negatives Vorzeichen errechnet.

Chemie

Lösung:

1. Redoxreaktion:

$8H_3O^+ + 5e^- + MnO_4^- \rightarrow Mn^{2+} + 12H_2O \quad | \cdot 2$

$2Cl^- \rightarrow Cl_2 + 2e^- \quad | \cdot 5$

$10Cl^- + 2MnO_4^- + 16H_3O^+ \rightarrow 5Cl_2 + 2Mn^{2+} + 24H_2O$

2. Einsetzen in die Nernst'sche Gleichung:

$$E = \Delta E_0 + \frac{0{,}059}{10} \cdot \lg \frac{[Mn^{2+}]^2 \cdot p[Cl_2]^5}{[MnO_4^-]^2 \cdot [H_3O^+]^{16} \cdot [Cl^-]^{10}}$$

$E = (1{,}36\ V - 1{,}51\ V) + 0{,}0059 \cdot \lg 1$

$E = -0{,}15\ V$, d. h. es wird Chlorgas entstehen.

14.4 Batterien

Taschenlampenbatterien (Leclanché-Element)

Sie besteht im Prinzip aus Zink und Braunstein (MnO_2), die sich in einem Elektolyten befinden, der aus eingedicktem Ammoniumchlorid (NH_4Cl) besteht. Als Kathode dient ein Kohlestift, der von Braunstein umhüllt wird.

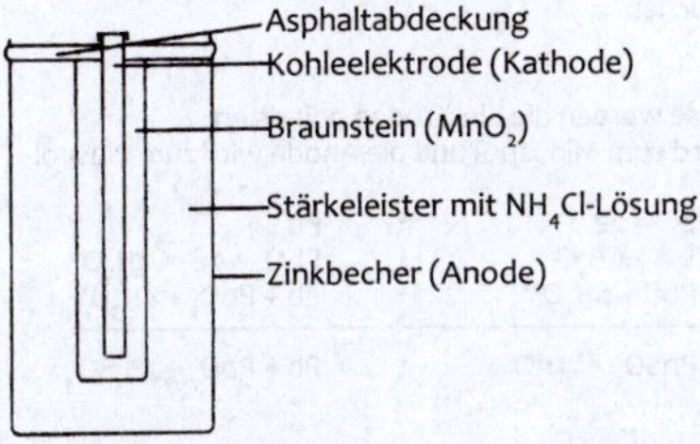

Zur Stromlieferung finden folgende chemische Reaktionen statt:

$Zn \rightarrow Zn^{2+} + 2e^-$

$2MnO_2 + 2e^- + 2H_3O^+ \rightarrow Mn_2O_3 + 3H_2O$

$Zn + 2MnO_2 + 2H_3O^+ \rightarrow Mn_2O_3 + 3H_2O + Zn^{2+}$

Die benötigten $2H_3O^+$-Ionen stammen aus der Protolyse der Ammoniumionen des Elektrolyten:

$$NH_4^+ + H_2O \rightleftharpoons NH_3 + H_3O^+$$

Der dabei gebildete Ammoniak würde als Gas die Batteriehülle sprengen. Das aber wird von den Zinkionen verhindert:

$$Zn^{2+} + 2NH_3 \rightarrow [Zn(NH_3)_2]^{2+}$$

Das so gebildete Diaminzinkion verbindet sich mit den Chloridionen des Elektrolyten zu schwerlöslichem Diaminzink(II)-chlorid. Dieses galvanische Element liefert 1,5 Volt.

Bleiakkumulator

Diese bekannte Batterie findet vor allem in Kraftfahrzeugen als Stromquelle für den Anlasser weite Verbreitung.

Bauprinzip:
Zwei Bleiplatten (Pb) tauchen in 20%ige Schwefelsäure (H_2SO_4).
Blei reagiert dabei (kurz) mit der Schwefelsäure zu Blei(II)-sulfat (schwerlöslich!) und Wasserstoffgas:

$$H_2SO_4 + Pb \rightarrow PbSO_4 + H_2$$

Das schwerlösliche Bleisulfat verhindert die Auflösung der Bleiplatten in der Schwefelsäure.
Dies ist kein galvanisches Element, da zwei gleiche Elektroden ($PbSO_4$) in einen Elektrolyten tauchen.

Ladevorgang:
Durch Elektrolyse werden die Elektroden polarisiert:
Die Kathode wird zum Minuspol und die Anode wird zum Pluspol.

Kathode:	$Pb^{2+} + 2e^-$	$\rightarrow$	Pb
Anode:	$Pb^{2+} + 6H_2O$	$\rightarrow$	$PbO_2 + 2e^- + 4H_3O^+$
	$2Pb^{2+} + 6H_2O$	$\rightarrow$	$Pb + PbO_2 + 4H_3O^+$
Stoffgl.:	$2PbSO_4 + 2H_2O$	$\rightarrow$	$Pb + PbO_2 + 2H_2SO_4$

Stromentnahme (Entladen):
Dabei verlaufen die Redoxreaktionen des Ladevorgangs in umgekehrter Richtung:

⊖ Pol:	Pb	$\rightarrow$	$Pb^{2+} + 2e^-$	=	−0,28 V
⊕ Pol:	$PbO_2 + 2e^- + 4H_3O^+$	$\rightarrow$	$Pb^{2+} + 6H_2O$	=	1,78 V
	$Pb + PbO_2 + 4H_3O^+$	$\rightarrow$	$2Pb^{2+} + 6H_2O$	=	1,5 V
Stoffgl.:	$Pb + PbO_2 + 2H_2SO_4$	$\rightarrow$	$2PbSO_4 + 2H_2O$		

Chemie

Da beim Entladen Wasser gebildet wird, verdünnt sich die Schwefelsäure; die Spannung zwischen den Polen sinkt. Zudem kann die Batterie bei niedriger Außentemperatur gefrieren und somit zerstört werden.

Polarisation

Zwei gleiche Metalle, die in den gleichen Elektrolysen tauchen, bilden kein galvanisches Element. Durch Elektrolyse können aber die Metalle mit unterschiedlichen Oberflächen versehen werden, sodass nun eine elektrische Spannung zwischen diesen Elektroden herrscht. Die Elektroden wurden polarisiert.

Beispiel:

Taucht man zwei Platinbleche in verdünnte Schwefelsäure, so kann zwischen diesen Elektroden keine Spannung gemessen werden. Legt man von außen durch eine Gleichstromquelle eine Spannung an die Elektroden, so überziehen sich die Platinbleche mit einer Wasserstoff- bzw. Sauerstoffhaut.
Somit haben sich Wasserstoff- und Sauerstoffelektroden gebildet:

Kathode:	$4H_3O^+ + 4e^-$	$\rightarrow$	$2H_2 + 4H_2O$
Anode:	$6H_2O$	$\rightarrow$	$O_2 + 4H_3O^+ + 4e^-$
Gesamt:	$2H_2O$	$\rightarrow$	$2H_2 + O_2$

Bei der Stromentnahme kehren sich die Redoxredaktionen um.

Brennstoffzelle

Sie stellt eine Energiequelle dar, die sich durch einen hohen Wirkungsgrad, niedrigen Brennstoffverbrauch und ihre Umweltfreundlichkeit auszeichnet.

Saure Zelle:
Die Elektroden bestehen aus porösen Nickelplatten, die in verdünnte Schwefelsäure tauchen. An der Anode wird unter Druck Wasserstoffgas eingeblasen, an der Kathode Sauerstoffgas (Nickel wirkt als Katalysator für die Spaltung der Wasserstoffmoleküle in Wasserstoffatome).

Stromentnahme:

Kathode:	$O_2 + 4H_3O^+ + 4e^-$	$\rightarrow$	$6H_2O$
Anode:	$4H_2O + 2H_2$	$\rightarrow$	$4H_3O^+ + 4e^-$
Gesamt:	$2H_2 + O_2$	$\rightarrow$	$2H_2O$

Da ständig Wasser gebildet wird, verdünnt sich die Schwefelsäure; sie muss daher häufig erneuert werden.

Alkalische Zelle:

Die Nickelelektroden sind in Schwefelsäure nicht beständig und müssen daher oft ausgetauscht werden. In den alkalischen Zellen wird das vermieden. Elektrolyt ist hier Kalilauge (KOH).

Stromentnahme:

Kathode:	$O_2 + 2H_2O + 4e^-$	→	$4OH^-$
Anode:	$2H_2 + 4OH^-$	→	$4H_2O + 4e^-$
Gesamt:	$2H_2 + O_2$	→	$2H_2O$

14.5 Korrosionsvorgänge

Lokalelemente

Ein Lokalelement ist ein kurzgeschlossenes galvanisches Element, das sich in einem Elektrolyten befindet.

Beispiel:

Eine Zinkelektrode wird mit einer Kupferelektrode über ein Amperemeter verbunden und in verdünnte Schwefelsäure gebracht. Dabei ist ein Stromfluss zu beobachten, wobei am Kupfer Wasserstoffgas entwickelt wird. Die Zinkelektrode löst sich allmählich auf.

Chemische Reaktion:

Zn	→	$Zn^{2+} + 2e^-$
$2H_3O^+ + 2e^-$	→	$H_2 + 2H_2O$ (am Kupfer!)

Die Entladung der H_3O^+-Ionen erfolgt nicht am unedlen Zink, wie eigentlich zu erwarten wäre, sondern am Kupfer, da die positiv geladenen Zinkionen die Annäherung der H_3O^+-Ionen an das Zink verhindern.

Chemie

Der Korrosionsvorgang

Unter Korrosion versteht man die zerstörende Wirkung elektrochemischer Reaktionen des Metalls mit Stoffen der Umgebung von der Oberfläche her. Meist bilden sich dabei einfache galvanische Elemente.

Der Rostvorgang

Unter Rosten versteht man die chemische Reaktion von Eisen mit Wasser unter Mitwirkung von Sauerstoff. Der Rostvorgang kann nur schwer beendet werden, da das entstehende Eisenoxid ($Fe_2O_3 \cdot H_2O$) keine feste Oxidschicht bildet, sondern leicht abblättert und somit dem Wasserdampf gute Kondensationsmöglichkeiten bietet.

Chemische Reaktionen:

Stufenweise Oxidation des Eisens:

$$Fe \rightarrow Fe^{2+} + 2e^-$$
$$Fe^{2+} \rightarrow Fe^{3+} + e^-$$

Reduktion des Sauerstoffs:

$$4H_3O^+ + O_2 + 4e^- \rightarrow 6H_2O$$

Das Wasser liefert zusätzlich OH^--Ionen:

$$4H_3O^+ + O_2 + 4e^- + 4OH^- \rightarrow 6H_2O + 4OH^-$$

Eisenionen reagieren mit den OH^--Ionen:

$$Fe^{3+} + 3OH^- \rightarrow Fe(OH)_3$$

Rostbildung:

$$2Fe(OH)_3 \rightarrow Fe_2O_3 \cdot H_2O + 2H_2O$$

Rostschutzmethoden

Überzug mit schützenden Metallschichten:

Galvanisieren:

Das Eisenwerkstück bildet die Kathode bei einer Elektrolyse mit der Salzlösung des schützenden Metalls. Geeignete Metalle sind: Nickel, Kupfer und Chrom.

Ein wirksamer Schutz wird nur erreicht, wenn das Eisen lückenlos vom schützenden Metall überzogen wird, da bei einer Verletzung der Schutzschicht ein Lokalelement entsteht, wobei das unedlere Eisen oxidiert (rostet).

Eine Ausnahme bildet das Zink: Eine Zinkschutzschicht schützt wirksam vor Korrosion, da Zink als unedles Metall in Lösung geht und Eisen als edleres Metall erhalten bleibt.

Festhaltende Überzüge aus deckenden Anstrichen:

Emaillieren:
Das Eisenwerkstück wird mit einer Glasur aus Quarzsand überzogen und gebrannt. Leinölfirnis mit Mennige (Pb_3O_4): Mennige hat eine leuchtend orangerote Farbe und war früher die bekannteste Rostschutzfarbe.

Chemisch widerstandsfähige Eisenverbindungen:
Rostumwandler arbeiten z. B. mit Tanninverbindungen, das sind Derivate der Gerbsäure. Andere Rostumwandler enthalten Phosphorsäure, die mit dem Eisen graues Eisenphosphat ($Fe_3(PO_4)_2$) bildet.

15. Das Periodensystem der Elemente

In der Mitte des vergangenen Jahrhunderts waren etwa 63 Elemente, darunter 50 Metalle bekannt. Verschiedene Gelehrte suchten nach einem Ordnungsprinzip, das wesentliche Zusammenhänge zwischen den Elementen verdeutlicht.

Unabhängig voneinander entwickelten der deutsche Chemiker Lothar Meyer und der russische Chemiker Dimitri Mendelejew im Jahre 1869 ein System, das als Periodensystem der Elemente (PSE) in die Geschichte einging. Die Elemente wurden nach ihren Atommassen einerseits und andererseits nach ihren Eigenschaften geordnet. Damals bekannte Elemente mit ähnlichen Eigenschaften wurden mit steigender Atommasse jeweils untereinander geschrieben. In dieser Übersicht traten Lücken auf. Mendelejew vertrat die Auffassung, dass es weitere noch unbekannte Elemente geben müsse. Er charakterisierte die noch fehlenden Elemente, die später gefunden wurden, mit großer Genauigkeit.

Der Atombau bestimmt die Reihenfolge der einzelnen Elemente im Periodensystem sowie die Zugehörigkeit zu den Gruppen. Auch die Einordnung der Elemente in die Perioden beruht auf dem Atombau.

15.1 Die Hauptgruppen

Ordnet man die Elemente nach steigenden Atommassen, so zeigen sich periodisch bei jedem 9. Element ähnliche Eigenschaften. Setzt man diese Elemente untereinander, so erhält man Elementfamilien, die Hauptgruppen. (Sie tragen in der Kopfleiste des PSE die römischen Zahlen I bis VIII). Gruppen im PSE sind senkrecht angeordnet. Die Nummer der Hauptgruppe entspricht der Anzahl der Valenzelektronen dieser Atome.

15.2 Die Perioden

Werden die Elemente der Hauptgruppen nach steigender Atommasse ihrer Atome geordnet, dann kehren Atome mit einer bestimmten Anzahl von Valenzelektronen regelmäßig periodisch wieder.
Jeweils nebeneinander stehende Elemente bilden eine Periode. Sie ändern ihre charakteristischen Eigenschaften schrittweise mit der Atommasse (siehe Atombau). Das erste Element einer Periode ist dabei stets ein Leichtmetall (Alkalimetall), das letzte ein Edelgas. Sie sind mit den Großbuchstaben K bis Q bzw. mit den Zahlen 1 bis 7 versehen und sind im PSE waagrecht angeordnet. Die Nummer der Periode entspricht der Anzahl der besetzten Elektronenschalen sowie der Nummer der besetzten äußeren Elektronenschale.
Da sich alle Elektronen in Abhängigkeit vom Atomkern bewegen, ordnet man Elektronen mit ähnlicher Entfernung vom Atomkern jeweils einer Elektronenschale zu. Die Valenzelektronen halten sich dann auf der äußeren Schale auf.

15.3 Die Ordnungszahl

Die Elemente tragen eine fortlaufende Nummer, die Ordnungszahl. Sie ist gleich der Anzahl von Protonen im Atomkern des jeweiligen Elements (siehe Atombau). Gleichzeitig wird damit auch die Elektronenzahl in der Hülle angegeben. Die Eigenschaften der Elemente sind von der Elektronenzahl der Valenzelektronen (siehe Atombau) abhängig. Die Ordnungszahl steht im Symbol links neben dem Symbol für das Element.

Tabellenausschnitt aus dem PSE

(gekürzte Form, Hauptgruppen):

	I	II	III	IV	V	VI	VII	VIII
K	$_{1}$H							$_{2}$He
L	$_{3}$Li	$_{4}$Be	$_{5}$B	$_{6}$C	$_{7}$N	$_{8}$O	$_{9}$F	$_{10}$Ne
M	$_{11}$Na	$_{12}$Mg	$_{13}$Al	$_{14}$Si	$_{15}$P	$_{16}$S	$_{17}$Cl	$_{18}$Ar
N	$_{19}$K	$_{20}$Ca	* $_{31}$Ga	$_{32}$Ge	$_{33}$As	$_{34}$Se	$_{35}$Br	$_{36}$Kr
O	$_{37}$Rb	$_{38}$Sr	* $_{49}$In	$_{50}$Sn	$_{51}$Sb	$_{52}$Te	$_{53}$I	$_{54}$Xe
P	$_{55}$Cs	$_{56}$Ba	* $_{81}$Tl	$_{82}$Pb	$_{83}$Bi	$_{84}$Po	$_{85}$At	$_{86}$Rn
Q	$_{87}$Fr	$_{188}$Ra						

* Nebengruppen-Elemente sowie Lanthaniden und Actiniden

Die Isotopenzahl, also die Zahl der Protonen plus Neutronen im Kern, schreibt man links oben neben das Symbol des Elements.

16. Die Hauptgruppenelemente

16.1 Der Wasserstoff $_1H$

Wichtige Isotope:
^1_1H der normale Wasserstoff; ^2_1H Deuterium, schwerer Wasserstoff;
^3_1H Tritium, radioaktiver überschwerer Wasserstoff.

Eigenschaften:
Relative Atommasse 1,01;
Dichte bei 0 °C und 101,3 kPa 0,09 g/l.
Leichtestes Element;
geruchlos; farblos;
in Wasser bei Normaldruck fast unlöslich;
brennbar, Entzündungstemp. ca. 600 °C.

Herstellung:
a) Durch Elektrolyse von Wasser entsteht an der Kathode Wasserstoff. Durch Solarenergie ist eine wirtschaftliche Herstellung möglich: $2H_2O \rightarrow 2H_2 + O_2$
b) Durch Reaktion unedler Metalle mit Säuren: z.B. $Mg + 2HCl \rightarrow MgCl_2 + H_2$

Verwendung:
a) Früher als Füllung für Luftschiffe verwendet (Explosionsgefahr!).
b) Zum autogenen Schweißen und Schneiden (2700 °C) im Knallgasgebläse ($H_2 + O_2$).
c) Als wichtiges Reduktionsmittel, z.B. zum Reduzieren von Kupferoxid zu Kupfer: $CuO + H_2 \rightarrow Cu + H_2O$.
d) In organischen Synthesen ist Wasserstoff als Hydrierungsmittel (= Addition von Wasserstoff) unentbehrlich.

Wichtige Verbindungen

Natürliches (Trink-)Wasser H_2O:

Wasser schafft wesentliche Voraussetzungen für das Leben. Es stellt ein sehr wichtiges Lösungs- und Transportmittel in allen Lebewesen dar.
Der Mensch besteht aus ca. 60 % Wasser.
Das sog. Trinkwasser ist eine Lösung von verschiedensten Salzen in geringer Konzentration.

Eigenschaften:
a) Wasser ist bei 20 °C eine farblose, geruchlose Flüssigkeit.
b) Abnormal hoher Siedepunkt bei 100 °C (auf Meereshöhe bei 101,3 kPa Druck).
c) Größte Dichte bei +4 °C, bei weiterem Abkühlen auf 0 °C wächst das Volumen um 1/11. Eis schwimmt daher auf dem Wasser, somit bleibt darunter Leben in Seen und Flüssen möglich.
d) Geringe Wärmeleitfähigkeit, wirkt dadurch ausgleichend auf das Klima.
e) Sehr geringe elektrische Leitfähigkeit (gilt nur für chemisch reines Wasser!).

Herstellung:
Durch Knallgasreaktion:

$$2H_2 + O_2 \rightarrow 2H_2O$$

Wasserhärte:
Verantwortlich für die Wasserhärte sind gelöste Calcium- und Magnesiumsalze. Hartes Wasser bedeutet allgemein, dieses Wasser enthält viele gelöste Calcium- und Magnesiumsalze.

Im natürlichen Kalkkreislauf nimmt das Regenwasser Kohlenstoffdioxid aus der Luft auf, es bildet sich Kohlensäure. Diese zersetzt Kalkstein unter Bildung von leicht löslichem Calciumhydrogencarbonat:

$$H_2CO_3 + CaCO_3 \rightarrow Ca(HCO_3)_2$$

Analog verläuft das Lösen von Magnesiumcarbonat. Ein Teil dieser gelösten Salze gelangt in das Grundwasser und verursacht dort die Wasserhärte.

Beim Erhitzen des Wassers werden leicht lösliche in schwer lösliche Verbindungen umgewandelt:

$$Ca(HCO_3)_2 \rightarrow CaCO_3 + H_2O + CO_2$$

Die temporäre Härte (vorübergehende Härte) ist der Teil der Wasserhärte, der durch Erhitzen beseitigt werden kann. Die permanente Härte (bleibende Härte) wird von den Salzen gebildet, die beim Erhitzen nicht zerfallen. Temporäre und permanente Härte bilden zusammen die Gesamthärte.

Die Wasserhärte wird in Grad deutscher Härte (°dH) gemessen:

$$1\,°dH = 0{,}18\ mmol/l$$

Chemie

Wasserstoffperoxid H_2O_2:

Verwendung:
Als Bleich- und Desinfektionsmittel, da es leicht atomaren Sauerstoff abspaltet, der dann Farbstoffe und Bakterien zerstört:

$$H_2O_2 \rightarrow H_2O + \langle O \rangle$$

Aus Wasserstoffperoxid kann man in einem Gasentwickler durch Zugabe eines entsprechenden Katalysators (Braunstein) kleinere Mengen Sauerstoff herstellen.

16.2 Die I. Hauptgruppe – Alkalimetalle

Lithium, Symbol Li (griech. lithos = Stein) $_3$Li:

Eigenschaften:
Relative Atommasse 6,94;
Dichte 0,53 g/cm³;
das leichteste Metall;
verbrennt in reinem Sauerstoff bei 180,2 °C zu Li_2O Lithiumoxid:

$$4Li + O_2 \rightarrow 2Li_2O$$

Natrium, Symbol Na (hebr. neter = Soda) $_{11}$Na:

Eigenschaften:
Relative Atommasse 22,99;
Dichte 0,97 g/cm³;
weiches,silbrig glänzendes Metall, das an der Luft rasch Oxidschichten bildet (Na_2O, Na_2CO_3).

Es reagiert mit Wasser heftig zu Natronlauge (NaOH), einer alkalischen Lösung:

$$2Na + 2H_2O \rightarrow 2NaOH + H_2$$

Der dabei entstehende Wasserstoff kann mithilfe der Knallgasprobe nachgewiesen werden.
Die Reaktion mit Alkohol ist weniger heftig. Man verwendet deshalb Ethanol zur Vernichtung von Na-Metallresten:

$$2Na + 2C_2H_5OH \rightarrow 2C_2H_5ONa + H_2$$

Mit Quecksilber kommt es zur Bildung von Natriumamalgam (NaHg) unter Feuerschein.
Aufbewahrung stets unter Petroleum oder Paraffinöl!

Herstellung:
Durch Schmelzelektrolyse von Ätznatron (festes NaOH):

Schmelze:	NaOH	→	$Na^+ + OH^-$
Kathode:	$4e^- + 4Na^+$	→	4Na
Anode:	$4OH^-$	→	$2H_2O + O_2 + 4e^-$

Verwendung:
Aufgrund der heftigen Reaktion mit Wasser wird Natrium in der organischen Chemie als Trocknungsmittel für Lösungsmittel, z. B. Ether eingesetzt.

Geschmolzenes Natrium wird in bestimmten Kernkraftwerken als Kühlmittel verwendet;
in Natriumdampflampen zur Gelbfärbung des Lichtes.

Wichtige Verbindungen

Natriumchlorid (Kochsalz) NaCl:

Natürliches Vorkommen:
Als Steinsalz bildet es große Lagerstätten, die bergmännisch abgebaut werden. Aus dem Meerwasser wird es in großflächigen Salinen durch Verdunstung gewonnen.

Eigenschaften:
Bildet würfelförmige Kristalle, die in Wasser leicht löslich sind;
in 100 g Wasser können sich bei 20 °C bis zu 35,85 g Kochsalz lösen, dann ist die Lösung gesättigt.
Die Löslichkeit ist, wie bei allen Salzen, temperaturabhängig.

Die Kristalle sind weiß, spröde und schmelzen bei 800 °C. Sie leiten nicht den elektrischen Strom.

Dagegen können Schmelze und Natriumchloridlösung den elektrischen Strom leiten, weil dann das Salz in dissoziierter Form als Na^+ und Cl^- vorliegt.

Herstellung:
Durch direkte Synthese aus Natrium und Chlorgas:

$$2Na + Cl_2 \rightarrow 2NaCl$$

Chemie

Verwendung:
Kochsalz ist ein wichtiger Ausgangsstoff zur Herstellung vieler Natrium- und Chlorverbindungen;
dient auch der Chlorgasherstellung durch Elektrolyse.

Weitere Verwendungsmöglichkeiten:
Als Speisewürze;
als Auftaumittel bei Eisglätte;
zur Herstellung von Kältemischungen (zusammen mit Eis können Temperaturen von –10 °C erreicht werden);
als Konservierungsmittel zum Pökeln von Fleisch;
zur Herstellung physiologischer Kochsalzlösung, die als Blutersatz bei hohem Blutverlust eingesetzt wird (0,9%ige Lösung).

In Gerbereien wird es zum Verarbeiten von Tierhäuten, in der Textilindustrie als Zusatz beim Färben von Stoffen bzw. im Haushalt und Gewerbe zum Enthärten von Wasser verwendet.

Natriumhydroxid (Ätznatron bzw. Natronlauge) NaOH:

NaOH kommt als Reinstoff in der Natur nicht vor; es muss daher hergestellt werden.

Eigenschaften:
Ätznatron ist ein weißer, kristalliner, stark ätzender und hygroskopischer (d.h. wasserziehender) Feststoff. Er muss luftdicht aufbewahrt werden, da er mit dem CO_2 der Luft Natriumcarbonat (Na_2CO_3) bildet:

$$2NaOH + CO_2 \rightarrow Na_2CO_3 + H_2O$$

Ätznatron reagiert unter Wärmefreisetzung mit Wasser zu Natronlauge (NaOH), einer starken Base.

Herstellung:
Bei der elektrolytischen Herstellung aus Kochsalz, der sog. Chloralkalielektrolyse gibt es zwei technische Verfahren:

Diaphragmaverfahren:
Der Kathoden- und Anodenraum wird durch ein Diaphragma (poröse Scheidewand) getrennt, um eine Durchmischung der Reaktionsprodukte zu verhindern. An der Kathode werden die durch Dissoziation des Wassers gebildeten Wasserstoffionen entladen, an der Anode werden die Chloridionen entladen, die aus der Dissoziation des Natriumchlorids stammen:

	$2H_2O$	$\rightleftharpoons$	$2H^+ + 2OH^-$
Kathode:	$2H^+ + 2e^-$	$\rightarrow$	H_2
	$2NaCl$	$\rightleftharpoons$	$2Na^+ + 2Cl^-$
Anode:	$2Cl^-$	$\rightarrow$	$Cl_2 + 2e^-$
Gesamt:	$2H_2O + 2NaCl$	$\rightarrow$	$H_2 + 2NaOH + Cl_2$

Die nicht entladenen Na^+- und OH^--Ionen verbleiben als NaOH in der Lösung.

Amalgamverfahren:
Kathoden- und Anodenraum sind hier durch eine feste Wand voneinander getrennt. Die einzige Verbindung stellt eine gemeinsame Bodenschicht von flüssigem Quecksilber her. Der Anodenraum ist mit Kochsalzlösung gefüllt, der Kathodenraum enthält reines Wasser. Im Anodenraum wirkt das Quecksilber als Kathode und entlädt die Na^+-Ionen zu Natriummetall, das mit Quecksilber eine Legierung, das Amalgam, bildet. Diese Legierung reagiert mit dem Wasser des Kathodenraumes, wobei chloridfreie Natronlauge entsteht:

Kathodenraum:	$2NaHg + 2H_2O$	$\rightarrow$	$2NaOH + H_2 + 2Hg$
Anodenraum:	$Na^+ + e^-$	$\rightarrow$	Na
	$Na + Hg$	$\rightarrow$	NaHg (Amalgam)
	$2Cl^-$	$\rightarrow$	$Cl_2 + 2e^-$

Quecksilber wird dabei kontinuierlich zurückgewonnen.

Ein weniger gebräuchliches Verfahren neben der Elektrolyse ist das Carbonatverfahren:

$$Na_2CO_3 + Ca(OH)_2 \rightarrow 2NaOH + CaCO_3$$

Der schwer lösliche Kalk ($CaCO_3$) kann leicht abfiltriert werden.

Chemie

Natriumcarbonat (Soda) Na_2CO_3:

Soda kommt in einigen Salzseen auskristallisiert vor (Mexiko, Ostafrika und Ägypten).

Eigenschaften:
Soda bildet wasserhaltige farblose Kristalle, die an der Luft ihr Kristallwasser leicht abgeben (verwittern) und zu einem weißen Pulver zerfallen. Es ist in Wasser leicht löslich. Die wässrige Lösung reagiert alkalisch, weil das Salz einer schwachen Säure (H_2CO_3 = Kohlensäure) eine starke Base ist. Mit relativ starken Säuren (z. B. HCl) reagiert Soda zu Wasser und Kohlenstoffdioxid und dem Salz der stärkeren Säure.
Eine starke Säure verdrängt die schwächere aus ihren Salzen:

$$Na_2CO_3 + 2HCl \rightarrow 2NaCl + H_2O + CO_2$$
$$(H_2O + CO_2 \rightarrow H_2CO_3 \text{ Kohlensäure})$$

Herstellung:
Das Solvay-Verfahren:
Ammoniakgas und Kohlenstoffdioxid werden in eine gesättigte Kochsalzlösung eingeleitet. Dabei bildet sich schwer lösliches Natriumhydrogencarbonat ($NaHCO_3$), das anschließend in großen Drehöfen zu Soda gebrannt wird:

$$CaCO_3 \rightarrow CaO + CO_2$$
$$NH_3 + H_2O + CO_2 + NaCl \rightarrow NaHCO_3 + NH_4Cl$$
$$2NaHCO_3 \rightarrow Na_2CO_3 + H_2O + CO_2$$

Das Solvay-Verfahren hat sich als sehr wirtschaftlich erwiesen, da freigesetztes CO_2 wieder eingesetzt wird und zudem teures Ammoniakgas wiedergewonnen wird:

$$2NH_4Cl + CaO \rightarrow 2NH_3 + H_2O + CaCl_2$$

Chemie

Verwendung:
Zur Herstellung von synthetischen Tensiden (siehe organische Chemie);
zur Glasherstellung; in Ionenaustauschern zur Wasserenthärtung;
zur Herstellung von Ultramarin.

Natriumhydrogencarbonat (Natriumbicarbonat, Natron) $NaHCO_3$:

Natriumhydrogencarbonat wurde früher unter der Bezeichnung Natron gegen Sodbrennen eingenommen. Dabei reagiert die Magensäure mit dem Natriumhydrogencarbonat unter Bildung von Kochsalz und Kohlensäure. Letztere zerfällt in Wasser und Kohlenstoffdioxid.

Eigenschaften:
Weißes, in Wasser lösliches Pulver;
zerfällt bei 300 °C in Carbonat und CO_2 (siehe Solvay-Verfahren).

Verwendung:
Als Backpulver (Backtriebmittel, da CO_2-Bildung beim Erhitzen);
als Brausepulver in Limonaden;
Mittel gegen Sodbrennen, da es leicht alkalisch wirkt und somit die Magensäure neutralisiert;
als Feuerlöschpulver.

Natriumsulfat (Glaubersalz) Na_2SO_4:

Glaubersalz bildet einige Lagerstätten, beispielsweise in Asien und Kanada.

Eigenschaften:
Farbloses, leicht lösliches, kristallines Salz.

Herstellung:
Aus Schwefelsäure und Kochsalz, nach dem Prinzip:
Die schwerflüchtige Säure (H_2SO_4 = Schwefelsäure) vertreibt die leichtflüchtige Säure (HCl = Salzsäure) aus ihren Salzen:

$$H_2SO_4 + 2NaCl \rightarrow Na_2SO_4 + 2HCl$$

Gebräuchlichere Herstellung aus einer gesättigten Lösung bestehend aus Magnesiumsulfat ($MgSO_4$) und Kochsalz:

$$MgSO_4 + 2NaCl \rightarrow MgCl_2 + Na_2SO_4$$

Verwendung:
Bei der Glasherstellung;
zur Zellstoff- und Papierherstellung;
beim Färben;
zur Herstellung pharmazeutischer Präparate.

Natriumthiosulfat (Fixiernatron) $Na_2S_2O_3$:

Eigenschaften:
Farblose, in Wasser leicht lösliche Kristalle.

Herstellung:
Durch Kochen von Natriumsulfitlösungen (Na_2SO_3) mit Schwefel:

$$Na_2SO_3 + S \rightarrow Na_2S_2O_3$$

Verwendung:
Als Fixiersalz in der Fotographie dient es zum Herauslösen des unbelichteten Silberhalogenids (AgCl/AgBr).

In Bleichereien wird es als Antichlor zum Entfernen des Chlors aus chlorgebleichten Geweben eingesetzt, da es Chlor zu Chlorid reduziert und selbst zu Sulfat oxidiert wird:

$$S_2O_3^{2-} + 15H_2O \rightarrow 2SO_4^{2-} + 10H_3O^+ + 8e^-$$
$$4Cl_2 + 8e^- \rightarrow 8Cl^-$$
$$S_2O_3^{2-} + 4Cl_2 + 15H_2O \rightarrow 2SO_4^{2-} + 8Cl^- + 10H_3O^+$$

Natriumnitrat (Chilesalpeter) $NaNO_3$:

Große Lagerstätten sind in Chile und in der Atacamawüste, kleinere in Ägypten, Kleinasien und Kolumbien.

Eigenschaften:
Farblose, hygroskopische, in Wasser leicht lösliche Kristalle.
Natriumnitrat gibt beim Erhitzen leicht Sauerstoff ab, wobei Natriumnitrit entsteht:

$$2NaNO_3 \rightarrow 2NaNO_2 + O_2$$

Herstellung:
Durch Neutralisation von Salpetersäure (HNO_3) mit Natronlauge:

$$HNO_3 + NaOH \rightarrow NaNO_3 + H_2O$$

Verwendung:
Vorwiegend als Dünger.
Zur Schwarzpulverherstellung ist es ungeeignet, da es hygroskopisch ist.
Natriumnitrat kann zur Herstellung von Salpetersäure verwendet werden:

$$2NaNO_3 + H_2SO_4 \rightarrow 2HNO_3 + Na_2SO_4$$

In Glasschmelzen dient es als Oxidationsmittel für bestimmte Farbeffekte.

Kalium, Symbol K (arab. al kalja = Pflanzenasche) $_{19}K$:

Eigenschaften:
Relative Atommasse 39,10;
Dichte 0,86 g/cm³;
ähnlich wie bei Natrium: ein weiches, leicht schneidbares Metall mit silbriger Schnittfläche, die an der Luft sofort durch Oxidation verschwindet.

Es reagiert mit Wasser noch heftiger als Natrium, wobei sich der gebildete Wasserstoff entzündet:

$$2K + 2H_2O \rightarrow 2KOH + H_2$$

Zur Vernichtung von Kaliumresten (siehe Natrium) dient Alkohol, z. B. Pentanol:

$$2K + 2C_5H_{11}OH \rightarrow 2C_5H_{11}OK + H_2$$

Herstellung und Verwendung:
Siehe Natrium.

Wichtige Verbindungen

Kaliumchlorid KCl:

Kaliumchlorid kommt als Bestandteil der Abraumsalze in Steinsalzlagerstätten vor.

Eigenschaften:
Es bildet farblose Kristallwürfel, die sich in Wasser leicht lösen.

Herstellung:
Aus den Elementen, wie bei Natrium.

Verwendung:
Wichtiger Bestandteil von Pflanzendüngern; Ausgangsstoff für fast alle Kaliumverbindungen.

Kaliumjodid KI:

Eigenschaften:
Farblose, leicht wasserlösliche Kristallwürfel;
die wässrige Lösung kann Jod leicht lösen;
es entsteht die bräunliche Jod-Jodkali-Lösung ($KI \cdot I_2$), die zum Stärkenachweis verwendet wird.

Herstellung:
Durch Umsetzung von Jod mit Kalilauge (KOH):

$$3I_2 + 6KOH \rightarrow 5KI + KIO_3 + 3H_2O$$

Das entstandene Kaliumjodid/-jodat-Gemenge wird anschließend geglüht und mit Kohlenstoff reduziert:

$$2KIO_3 + 3C \rightarrow 2KI + 3CO_2$$

Verwendung:
Vorwiegend zum Jodieren von Speisesalz; da die Schilddrüse ein jodhaltiges Hormon (Thyroxin) herstellen muss, kann durch jodiertes Speisesalz der Kropfbildung vorgebeugt werden.

Rubidium, Symbol Rb (lat. rubidus = rot) $_{37}Rb$:

Eigenschaften:
Relative Atommasse 85,47;
Dichte 1,52 g/cm³;
sehr reaktionsfähiges Metall, oxidiert an der Luft unter Selbstentzündung;
reagiert mit Wasser unter Aufglühen.
Bei Bestrahlung mit Licht spaltet das Metall Elektronen ab (fotoelektrischer Effekt).

Herstellung:
Aus den Chloriden kann es durch Schmelzelektrolyse oder im Vakuum durch Erhitzen mit Calcium gewonnen werden:

$$2RbCl + Ca \rightarrow CaCl_2 + 2Rb$$

Cäsium, Symbol Cs (lat. caesius = himmelblau) $_{55}Cs$:

Eigenschaften:
Relative Atommasse 132,91;
Dichte 1,87 g/cm³;
noch reaktionsfähiger als Rubidium;
Selbstentzündung mit Luftsauerstoff;
Reaktion mit Wasser unter Aufglühen.
Bei Bestrahlung mit Licht spaltet das Metall Elektronen ab (fotoelektrischer Effekt).

Herstellung:
Durch Erhitzen des Dichromats mit Zirkonium (Zr) auf 500 °C im Hochvakuum:

$$Cs_2Cr_2O_7 + 2Zr \rightarrow 2Cs + 2ZrO_2 + Cr_2O_3$$

Francium, Symbol Fr (abgeleitet von Frankreich) $_{87}Fr$:

Radioaktives Element, chemisch unbedeutend.

16.3 Die II. Hauptgruppe – Erdalkalimetalle

Beryllium, Symbol Be (abgeleitet vom Beryll) $_4Be$:

Eigenschaften:
Relative Atommasse 9,01;
Dichte 1,85 g/cm³;
hartes, stahlgraues, sprödes Metall;
in verdünnten, nicht oxidierenden Säuren löslich;
auch in wässrigen Alkalilaugen löslich.

Herstellung:
Durch Schmelzelektrolyse der Chloride und Bromide.

Verwendung:
Als Legierungsbestandteil der Berylliumbronze bildet es zusammen mit Kupfer ein nichtmagnetisches Material, das keine Funken erzeugt und leitfähig ist.
In Kernreaktoren dient es als Neutronenbremse.

Wichtige Verbindungen

Beryll: $Be_3Al_2Si_6O_{18}$:

Grundlage einiger Halbedelsteine:
Aquamarin ist ein Beryll, der durch Eisenverbindungen eine grünlich hellblaue Farbe erhält.
Smaragd ist ein Beryll, der durch Cr_2O_3 grün gefärbt ist.

Berylliumoxid BeO:

Eigenschaften:
Berylliumoxid ist ein weißes Pulver mit einem hohen Schmelzpunkt (2530 °C). Es ist im geglühten Zustand in Säuren schwer löslich.

Herstellung:
Durch Glühen des Berylliumhydroxids:

$$Be(OH)_2 \rightarrow BeO + H_2O$$

Verwendung:
Durch den hohen Schmelzpunkt findet Berylliumoxid als feuerfester Werkstoff Anwendung, z. B. bei der Auskleidung von Raketenmotoren.

Magnesium, Symbol Mg (Magnesia in Kleinasien) $_{12}Mg$:

Eigenschaften:
Relative Atommasse 24,31;
Dichte 1,74 g/cm³;
silberweißes, glänzendes, weiches und dehnbares, sehr leichtes Metall;
überzieht sich an der Luft sofort mit einer Oxidschicht, die eine weitergehende Oxidation verhindert.

Magnesium brennt mit sehr heller Flamme ab:

$$2Mg + O_2 \rightarrow 2MgO$$

Brennendes Magnesium kann nicht mit Wasser gelöscht werden, weil dabei brennbares Wasserstoffgas entsteht:

$$Mg + H_2O \rightarrow MgO + H_2$$

Auch Sand (SiO_2) ist nicht geeignet:

$$2Mg + SiO_2 \rightarrow 2MgO + Si$$

Mit Säuren reagiert Magnesium leicht unter Bildung entsprechender Salze und Wasserstoffgas, z. B. Salzsäure (HCl):

$$Mg + 2HCl \rightarrow MgCl_2 + H_2$$

Keine Reaktion mit Alkalihydroxiden.

Herstellung:
Vorwiegend durch Schmelzelektrolyse aus $MgCl_2$;
die Schmelze muss eine Temperatur von 740 °C haben;
an der Stahlkathode bildet sich auf der Schmelze schwimmend Magnesium:

Schmelze:	$MgCl_2$	→	$Mg^{2+} + 2Cl^-$
Kathode:	$Mg^{2+} + 2e^-$	→	Mg
Anode:	$2Cl^-$	→	$Cl_2 + 2e^-$

Verwendung:
Häufiger Legierungsbestandteil von Leichtmetallwerkstoffen, z. B. zusammen mit Aluminium im Flugzeugbau.

Auch die Rahmen sehr hochwertiger Fahrräder bestehen aus Magnesiumlegierungen.

Das reine Metall wird für Blitzlichtpulver und Leuchtmunition sowie für Unterwasserfackeln verwendet.

Chemie

Wichtige Verbindungen

Magnesiumoxid (Magnesia) MgO:

Eigenschaften:
Weißes, feines Pulver oder gesinterter Festkörper (Magnesiastäbchen und Magnesiarinne);
Schmelzpunkt 2600 °C.

Herstellung:
Durch Verbrennen (Oxidation) von Magnesium:

$$2Mg + O_2 \rightarrow 2MgO$$

Verwendung:
Beim Sport als Magnesiapulver, um den Handschweiß aufzunehmen (Geräteturnen, Klettern);
gesintert als feuerfeste Magnesiarinne oder -stäbchen, um chemische Reaktionen bei sehr hohen Temperaturen durchführen zu können.

Calcium, Symbol Ca (lat. calx = Kalkstein) $_{20}Ca$:

In der Natur häufig in Verbindungen vorkommend, z. B. im Kalkstein ($CaCO_3$).
Calciumionen sind für die Wasserhärte verantwortlich.

Eigenschaften:
Relative Atommasse 40,08;
Dichte 1,54 g/cm³.
Calcium ist ein silberweißes, weiches, zähes Metall;
reagiert heftig mit Sauerstoff;
oxidiert an der Luft schnell;
Aufbewahrung unter Petroleum oder Paraffinöl.

Mit Wasser kommt es zu einer lebhaften Reaktion. Es reagiert mit Wasser heftiger als Magnesium. Dabei entsteht Wasserstoffgas:

$$Ca + 2H_2O \rightarrow Ca(OH)_2 + H_2$$

Verbrennt an der Luft ($N_2 + O_2$) mit hellroter Flamme:

$$8Ca + 2N_2 + O_2 \rightarrow 2CaO + 2Ca_3N_2$$

Herstellung:
Durch Schmelzelektrolyse von Calciumchlorid bei 780 °C.

Chemie

Wichtige Verbindungen

Calciumoxid (Branntkalk) CaO:

Eigenschaften:
Calciumoxid ist ein weißer, stickiger Stoff, der mit Wasser unter starker Wärmeentwicklung reagiert.

Herstellung:
Durch thermische Zersetzung von Calciumcarbonat ($CaCO_3$). Dabei zerfällt Calciumcarbonat beim Erhitzen ab 900 °C in Calciumoxid (CaO) und Kohlenstoffdioxid (CO_2):

$$CaCO_3 \rightarrow CaO + CO_2$$

Verwendung:
Calciumoxid dient zur Herstellung von Düngemittel und Calciumcarbid (CaC_2) und ist ein wichtiger Baustoff.
Des Weiteren wird es als Zuschlagstoff bei der Stahlerzeugung sowie als Hilfsstoff bei der Zuckergewinnung eingesetzt.

Calciumcarbonat (Kalkstein) $CaCO_3$:

Chemie

Calciumcarbonate kommen in der Natur als Kalkstein, Kreide und Marmor vor (siehe Carbonate).

Eigenschaften:
Schwer lösliche, farblose Kristalle (Kalkspat);
wird auch von verdünnten Säuren zersetzt:

$$CaCO_3 + 2HCl \rightarrow CaCl_2 + CO_2 + H_2O$$

Durch Einwirkung von Kohlensäure (H_2CO_3), die im Regenwasser enthalten ist, entsteht lösliches Hydrogencarbonat:

$$CaCO_3 + H_2CO_3 \rightarrow Ca(HCO_3)_2$$

Diese Lösung sickert in unterirdische Hohlräume und bildet dort nach Verdunstung des Wassers wieder Kalkstein als Tropfsteine. Kalkgebirge sind daher stark zerklüftet.

Verwendung:
Brennen des Kalkes führt zu Calciumoxid, dem gebrannten Kalk, der zur Mörtelherstellung benötigt wird:

$$CaCO_3 \rightarrow CaO + CO_2$$

Schmelzen mit Sand (SiO_2), Soda u. a. führt zu Glas.
Auskleidung in Hochöfen (Thomas-Verfahren);
reines Calciumcarbonat wird Zahnpasta in Form von Putzkörpern beigemengt;
als Füllstoff bei der Papierherstellung.

Calciumhydroxid (Ätzkalk, Löschkalk) $Ca(OH)_2$:

Eigenschaften:
Bildet als weißes Pulver mit Wasser eine Suspension, die alkalisch reagiert. Die klare Lösung wird Kalkwasser genannt. Kalkwasser dient dem Nachweis von Kohlenstoffdioxid, da sich die klare Lösung beim Einleiten von CO_2 trübt:

$$Ca(OH)_2 + CO_2 \rightarrow CaCO_3 + H_2O$$

Wird weiter CO_2 eingeleitet, so löst sich der Kalkniederschlag wieder auf:

$$CaCO_3 + CO_2 + H_2O \rightarrow Ca(HCO_3)_2$$

Herstellung:
Durch Reaktion von Branntkalk (CaO) mit Wasser (Löschen):

$$CaO + H_2O \rightarrow Ca(OH)_2$$

Verwendung:
Zum Nachweis von CO_2 (siehe oben);
zur Herstellung von Chlorkalk ($(CaOCl)_2$) u. a. Calciumverbindungen.

Die wässrige Lösung von Calciumhydroxid, sog. Kalkwasser, benötigt man hauptsächlich bei der Herstellung von Zucker aus Rüben.

Calciumsulfat (Gips) $CaSO_4$:

Eigenschaften:
Weißes Kristallpulver, das in Wasser schwer löslich ist.
Vorkommend auch als Alabaster (körnig, weiß) und als Marienglas (durchsichtig).
Als Naturgips enthält der Kristall sog. Kristallwasser, das in das Kristallgitter fest eingebaut ist ($CaSO_4 \cdot 2H_2O$). Durch Erhitzen auf ca. 130 °C erhält man gebrannten Gips oder Stuckgips. Gebrannter Gips ($CaSO_4 \cdot 1/2H_2O$) nimmt rasch Wasser auf (bindet ab):

$$CaSO_4 \cdot 1/2H_2O + 1\,1/2H_2O \rightarrow CaSO_4 \cdot 2H_2O$$

Das Volumen vergrößert sich dabei um 1 %. Abgebundener Gips beansprucht mehr Raum als gebrannter Gips, daher können sehr genaue Gipsabdrücke (Kriminalistik, Kunst) angefertigt werden.

Verwendung:
Gips verwendet man zur Herstellung von Innenputz, Gipsverbänden und Gipsabdrücken.

Chemie

Calciumchlorid $CaCl_2$:

Verwendung:
Als stark hygroskopisches Salz dient es als Trocknungsmittel in Exsikkatoren (Laborgerät).

Strontium, Symbol Sr (schott. Strontian) $_{38}Sr$:

Relative Atommasse 87,62;
Dichte 2,60 g/cm³.

Strontiumnitrat $Sr(NO_3)_2$:

Verwendung:
In Feuerwerkskörpern als Rotfeuer.

Barium, Symbol Ba (griech. barys = schwer) $_{56}Ba$:

Relative Atommasse 137,34;
Dichte 3,65 g/cm³;
silbrig glänzendes Metall.

Chemie

Bariumsulfat (Schwerspat) $BaSO_4$:

Der Name Schwerspat für das in der Natur vorkommende Mineral weist auf eine hohe Dichte hin (4,5 g/cm³). Wegen seiner äußerst geringen Löslichkeit ist es ungiftig.

Verwendung:
Dient als Röntgenkontrastmittel. Bestandteil des Permanentweiß für Malerfarbe. Wird bei der Papierherstellung zusammen mit $CaCO_3$ als Füllmaterial eingesetzt. In unreiner Form (Mineral Baryt) auch als Zusatz zu Schwerbeton.

Bariumnitrat $Ba(NO_3)_2$:

Wird bei Feuerwerkskörpern als Grünfeuer eingesetzt.

Radium, Symbol Ra (lat. radius = Strahl) $_{88}Ra$:

Relative Atommasse 226,03;
Dichte 5,50 g/cm³.
Stark radioaktives Metall, das im Dunkeln leuchtet.
Große chemische Ähnlichkeit mit Barium.

16.4 Die III. Hauptgruppe – Erdmetalle

Bor, Symbol B (pers. burah = Boron) $_5B$:

Eigenschaften:
Relative Atommasse 10,81;
Dichte 2,34 g/cm^3;
kristallines Bor bildet schwarzgraue, sehr harte und glänzende Kristalle;
die Hochtemperaturform, die bei 2050 °C schmilzt, hat neben dem Diamant die größte Härte.
Amorphes Bor ist ein braunes Pulver, das praktisch unlöslich ist.

Bor leitet den elektrischen Strom bei Zimmertemperatur sehr schlecht;
die Leitfähigkeit steigt aber mit der Temperatur (Halbleiter).

Amorphes Bor entzündet sich an der Luft bei 700 °C und verbrennt zu Bortrioxid (B_2O_3).

Mit Chlor, Brom und Schwefel reagiert es bei höheren Temperaturen zu den Chloriden, Bromiden und Sulfiden.

Mit konzentrierter Salpetersäure (HNO_3) wird Bor zu Borsäure oxidiert.
Konzentrierte Schwefelsäure (H_2SO_4) oxidiert Bor ab 250 °C.

Bei Rotglut reduziert Bor Wasserdampf, bei noch höheren Temperaturen sogar CO_2 und SiO_2.

Herstellung:
Kristallines Bor erhält man durch Reduktion der Halogenide mit Wasserstoffgas im Lichtbogen oder durch thermische Zersetzung von Borjodid (BI_3):

$$2BI_3 \rightarrow 2B + 3I_2.$$

Amorphes Bor erhält man durch Reduktion von Bortrioxid mit Magnesium:

$$B_2O_3 + 3Mg \rightarrow 2B + 3MgO$$

Verwendung:
Als sehr harte Eisenlegierung Ferrobor in der Stahlindustrie.

Wichtige Verbindungen

Borsäure H_3BO_3:

Sie kommt in einigen Wasserdampfquellen der Toskana vor.

Eigenschaften:
Sie bildet weiß glänzende, schuppige, durchscheinende, sich fettig anfühlende Blättchen bzw. Kristalle.

Die Säure ist in Wasser löslich, wirkt dann als sehr schwache Säure.
Sie hat antiseptische Wirkung (Borwasser).
Sie ist stark giftig, 5 g können bereits tödlich sein.

Herstellung:
Durch Umsetzung mit Schwefelsäure (starke Säure) kann aus dem Salz der schwächeren Borsäure, dem Borax ($Na_2B_4O_7 \cdot 10H_2O$) Borsäure gewonnen werden:

$$Na_2B_4O_7 \cdot 10H_2O + H_2SO_4 + 5H_2O \rightarrow 4H_3BO_3 + Na_2SO_4 + 10H_2O$$

Verwendung:
Als Borwasser wirkt die wässrige Lösung antiseptisch;
bei der Glasherstellung macht ein Zusatz an Borsäure die Gläser widerstandsfähig gegen Temperaturschwankungen;
dient der Herstellung von Glasuren.

Chemie

Borax $Na_2B_4O_7 \cdot 10H_2O$:

Eigenschaften:
Borax bildet große, farblose, durchsichtige Kristalle, die beim Erhitzen Kristallwasser abgeben und in wasserfreies Tetraborat ($Na_2B_4O_7$) übergehen.

Die glasartige Schmelze (Smp. 878 °C) löst viele Metalloxide unter charakteristischer Farbe (analytische Chemie: Boraxperle). Beim Löten kann dadurch die Oxidschicht des Werkstücks entfernt werden.

Herstellung:
Das Mineral Kernit ($Na_2B_4O_7 \cdot 4H_2O$) wird unter Druck in heißem Wasser gelöst:

$$Na_2B_4O_7 \cdot 4H_2O + 6H_2O \rightarrow Na_2B_4O_7 \cdot 10H_2O$$

Verwendung:
Als Boraxperle werden Metalloxide durch ihre charakteristische Farbe nachgewiesen.

Dient zur Herstellung von Perboraten (z. B. $NaBO_3 \cdot 4H_2O$), die als Bleichmittel in der Kosmetik und als Zusatz moderner Waschmittel Anwendung finden.

Borcarbid $B_{13}C_2$:

Eigenschaften:
Borcarbid bildet schwarze glänzende Kristalle, die so hart sind, dass sie sogar Diamanten ritzen können.
Die Kristalle entstehen durch Reduktion von Bortrioxid mit Kohle bei 2500 °C.
Sie sind gegenüber Salpetersäure unempfindlich.

Aluminium, Symbol Al (lat. alumen = Alaun) $_{13}$Al:

Es kommt in der Natur nur in Verbindungen vor, ist aber das häufigste Metall der Erdkruste.
Aluminiumverbindungen sind im Lehm und Ton enthalten.
Ein besonders geeigneter Rohstoff zur Aluminiumherstellung ist Bauxit, das aus 50–60% Aluminiumoxid besteht.

Eigenschaften:
Relative Atommasse 26,98;
Dichte 2,70 g/cm³;
silberweißes, sehr dehnbares Leichtmetall, lässt sich zu dünnen Folien und Drähten ausziehen und zu Blattaluminium mit einer Dicke von 0,004 mm aushämmern; die elektrische Leitfähigkeit beträgt 2/3 der des Kupfers, sodass Stromleitungen aus Aluminium einen anderthalbmal so großen Querschnitt haben müssen wie Kupferdrähte, was aber durch Gewichtsersparnis mehr als ausgeglichen wird.

Aluminium ist an der Luft beständig, obwohl es mit Sauerstoff leicht reagiert, da sich eine feste Oxidschicht bildet, die eine weitere Oxidation verhindert.
Durch anodische Oxidation kann diese Schicht noch verstärkt werden (Eloxieren); dadurch können elektrische Drähte isoliert und Werkstücke gegen Säuren, Laugen und Seewasser beständig gemacht werden.

Fein verteiltes Aluminium verbrennt wie Magnesium mit gleißend hellem Licht und wird daher auch in Blitzlichtbirnchen eingesetzt:

$$4Al + 3O_2 \rightarrow 2Al_2O_3$$

In nichtoxidierenden Säuren (z. B. HCl) löst sich Aluminium unter Wasserstoffentwicklung auf:

$$2Al + 6HCl \rightarrow 2AlCl_3 + 3H_2$$

In Wasser kommt es zu keiner Reaktion, da sich eine widerstandsfähige Hydroxidschutzschicht bildet.
In Laugen wird diese dagegen gelöst, sodass sich Aluminium unter Bildung des entsprechenden Aluminats $Na[Al(OH)_4]$ auflöst.

Mit Aluminium können viele schwer reduzierbare Metalloxide reduziert werden, z. B. Vanadiumoxid:

$$3V_2O_5 + 10Al \rightarrow 6V + 5Al_2O_3$$

Auf diese Weise erhält man reine und kohlenstofffreie Metalle, wobei das leichte Al_2O_3 als Schlacke auf der Metallschmelze schwimmt.

Herstellung:
Durch Schmelzelektrolyse nach dem Kryolith-Verfahren.
Dabei wird Al_2O_3 mit Kryolith (Na_3AlF_6) gemischt und bei 950 °C geschmolzen. Dies geschieht in Becken, die mit Grafit (C) ausgekleidet sind.

Der Grafit hat anschließend die Funktion einer Kathode. In die Schmelze ragen Kohleelektroden als Anode, an denen Sauerstoff entwickelt wird:

Schmelze:	$2Al_2O_3$	$\rightarrow$	$4Al^{3+} + 6O^{2-}$
Kathode:	$4Al^{3+} + 12e^-$	$\rightarrow$	$4Al$
Anode:	$6O^{2-}$	$\rightarrow$	$3O_2 + 12e^-$
	$4Al^{3+} + 6O^{2-}$	$\rightarrow$	$4Al + 3O_2$

Die Aluminiumherstellung ist mit einem hohen Stromverbrauch verbunden:
Die Stromstärke beträgt ca. 50.000–100.000 A bei einer Spannung von 5 Volt. Die Herstellung ist daher sehr teuer. Da an der Anode Sauerstoffgas mit Kohlenstoff bei hohen Temperaturen zusammentrifft, entsteht Kohlenstoffmonoxid und Kohlenstoffdioxid:

$$2C + O_2 \rightarrow 2CO$$
$$2CO + O_2 \rightarrow 2CO_2$$

D.h., die Anoden müssen regelmäßig ausgetauscht werden, da sie sich langsam auflösen. Das flüssige Aluminium wird von Zeit zu Zeit abgelassen und zu Barren gegossen, damit sich kein Kurzschluss zwischen Anode und flüssigem Aluminium (Kathode) bilden kann.

Verwendung:
Als leichtes leitendes Material in der Elektrotechnik;
im Thermit-Verfahren wird eine Mischung von Aluminiumgrieß mit Eisenoxid (Fe_3O_4) gezündet.
Mit dem verflüssigten Eisen werden Schienen geschweißt:

$$3Fe_3O_4 + 8Al \rightarrow 4Al_2O_3 + 9Fe$$

Dabei treten Temperaturen von ca. 2400 °C auf.

Aluminium ist ein wichtiger Legierungsbestandteil im Flugzeug- und Fahrzeugbau. Allerdings nimmt die Korrosionsbeständigkeit des Al in der Legierung ab;
Aluminiumbronze entsteht durch Beimengung von Kupfer (ca. 92 %) und wird als Münzmetall verwendet.

Wichtige Verbindungen

Aluminiumoxid (Tonerde, Korund) Al_2O_3:

Eigenschaften:
Weißes Pulver bzw. harte farblose Kristalle;
in Wasser unlöslich, in starken Säuren löslich;
bei starkem Glühen über 1100 °C entsteht das säureunlösliche Oxid, der Korund, der bei 2050 °C schmilzt.

Herstellung:
Je nach Zusammensetzung der Bauxitmineralien gibt es roten Bauxit (25 % Fe_2O_3 + 5 % SiO_2) oder weißen Bauxit (5 % Fe_2O_3 + 25 % SiO_2). Diese Verunreinigungen müssen vom Al_2O_3 in unterschiedlichen Aufschlussverfahren abgetrennt werden (siehe Lehrbücher der Chemie).

Verwendung:
Vorwiegend zur Aluminiumgewinnung;
als Korund zum Schleifen und Polieren;
zur Herstellung künstlicher Edelsteine, wie Rubine (0,2–0,3 % Chromoxid), Saphire (0,1–0,2 % Titanoxid + wenig Eisenoxid) wird das Gemisch im elektrischen Flammenbogen geschmolzen;
Rubine dienen als Lager in Uhrwerken und zur Herstellung von Lasern.

Aluminiumacetat (essigsaure Tonerde) $Al(CH_3CO_2)_3$:

Essigsaure Tonerde findet Anwendung in entzündungshemmenden Umschlägen und beim Imprägnieren von Geweben.

Aluminiumhydroxid $Al(OH)_3$:

Kann aus Lösungen als voluminöser, gallertartiger Niederschlag ausgefällt werden; reagiert mit starken Säuren und mit starken Basen unter Bildung löslicher Salze. Es ist in Wasser schwer löslich.

Gallium, Symbol Ga (von Gallien abgeleitet) $_{31}Ga$:

Relative Atommasse 69,72;
Dichte 5,91 g/cm³;
silber glänzendes Metall mit niedrigem Schmelzpunkt (30 °C) und relativ hoher Siedetemperatur;
als Thermometerfüllung geeignet;
Halbleitermetall in der Elektronik.

Chemie

Indium, Symbol In (von Indigo abgeleitet) $_{49}In$:

Relative Atommasse 114,82;
Dichte 7,31 g/cm³;
silberweißes, sehr weiches Metall, stark glänzend, mit niedriger Schmelztemperatur (156,17 °C), gute Gleit- und Schmierfähigkeit;
wird in der Halbleitertechnik verwendet.

Thallium, Symbol Tl (griech. thallos = grüner Zweig) $_{81}Tl$:

Relative Atommasse 204,37;
Dichte 11,83 g/cm³;
bläulich-weißes, weiches und zähes Metall, Schmelzpunkt 302,5 °C;
oxidiert an feuchter Luft; unlöslich in Alkalilaugen;
hat viel Ähnlichkeit mit Blei.

16.5 Die IV. Hauptgruppe – Kohlenstoffgruppe

Kohlenstoff, Symbol C (lat. carbo = Kohle) $_{6}C$:

Kohlenstoff ist Bestandteil vieler in der Natur vorkommender Stoffe wie Kohle, Erdöl, Erdgas und Kalkstein. In reiner Form kommt er als Diamant und Grafit vor. Er ist wesentlicher Bestandteil lebender Organismen.

Eigenschaften:
Relative Atommasse 12,01;
häufigstes Isotop $_{6}C$, daneben existiert in geringen Mengen das $_{6}C$-Isotop, das radioaktiv ist und zur Altersbestimmung von Fossilien herangezogen wird.

Reiner Kohlenstoff tritt in drei Modifikationen (Erscheinungsformen) auf: Diamant, Grafit und Fullerene.

Chemie

Diamant:

Eigenschaften:
Vom Griechischen adames (unbezwingbar) ist Diamant der härteste aller Stoffe.
Diamant ist ein Nichtleiter.
In reinem Sauerstoff verbrennt er bei Temperaturen über 800 °C, an der Luft erst bei etwa 3000 °C.

Verwendung:
Geschliffene Naturdiamanten nennt man Brillanten.
Diamanten werden auch für technische Zwecke verwendet, z. B. Besatz von Bohr-, Schneid- und Schleifwerkzeugen. Diese Diamanten werden meistens künstlich hergestellt (Industriediamanten).

Aufbau:
Im Diamant ist jedes Kohlenstoffatom von vier anderen Kohlenstoffatomen im gleichen Abstand tetraedrisch umgeben. Die Atome sind untereinander durch Atombindungen verbunden. Dadurch ergibt sich eine sehr regelmäßige, stabile Anordnung, worauf die große Härte des Diamanten beruht.

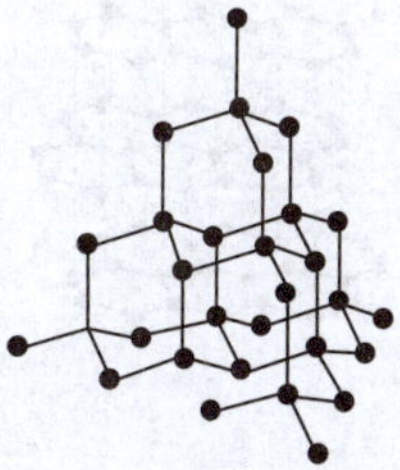

Grafit (griech.: graphein = schreiben):

Eigenschaften:
Im Gegensatz zum Diamant ist Grafit ein sehr weicher Stoff, der sich fettig anfühlt, blättrig-schuppig und leicht spaltbar ist.
Grafit leitet den elektrischen Strom.
Er schmilzt bei ca. 3700 °C.

Verwendung:
Grafit wird als Schmiermittel für Maschinenteile verwendet, die hohen Temperaturen ausgesetzt sind.
Die elektrische Leitfähigkeit wird bei der Herstellung von Elektroden ausgenutzt; in Elektromotoren als Kollektorbürsten.

Im Ruß liegt Grafit in feinsten Kriställchen vor, es handelt sich um fein verteilten Kohlenstoff, der zusätzlich noch H, O, N und S gebunden enthält. Es gibt verschiedene Arten von Ruß, die sich hinsichtlich von Primärteilchengröße, Struktur, Oberfläche und Adsorptionsvermögen unterscheiden und dementsprechend verschiedene Anwendungsgebiete finden (Gasruß, Flammruß, Thermalruß, Furnaceruß, Channelruß, Acetylruß, Lichtbogenruß).
Zu den größten Rußverbrauchern zählen die Gummi- und Kautschukindustrie sowie die Farben- und Lackindustrie.
Ruß dient als Füllstoff in Gummireifen; als Farbstoff in Tusche, Druckerschwärze, Schuhcreme usw.

Aufbau:
Im Grafit liegen die Kohlenstoffatome, zu regelmäßigen Sechsecken geordnet, schichtweise übereinander. Zwischen den Schichten wirken nur schwache Anziehungskräfte. Die Schichten sind so gegeneinander leicht verschiebbar. Von

jedem Kohlenstoffatom im Grafit bilden drei von vier Valenzelektronen mit anderen Kohlenstoffatomen gemeinsame Elektronenpaare. So bleibt jeweils ein Valenzelektron beweglich. Dadurch ist die gute elektrische Leitfähigkeit des Grafits bedingt.

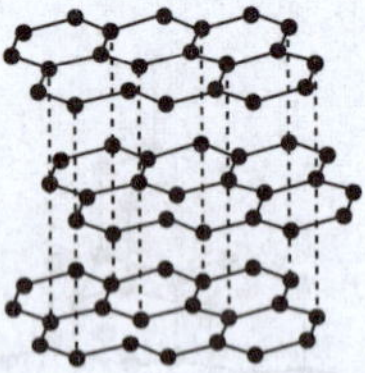

Fullerene:

Reiner Kohlenstoff, der unter dem Einfluss von Laserstrahlen oder im elektrischen Lichtbogen verdampft, kann sich an kalten Flächen als gelber Film abscheiden. Er enthält käfigartig gebaute Moleküle aus Kohlenstoffatomen. Sie werden Fullerene genannt. Das bekannteste unter ihnen ist ein aus 60 C-Atomen (C_{60}) aufgebautes kugelförmiges Molekül mit einer hohen Symmetrie, das einem Fußball gleicht. Jedes Atom ist mit drei Nachbaratomen verbunden.

Ruß:

Ruß ist Kohlenstoff in Form feinkristallinen Grafits. Er ist locker und porös. Industrieruß wird zum größten Teil durch den Furnace-Prozess hergestellt.

Verwendung:
Man benötigt ihn als schwarzen Farbstoff, zur Farbgebung für Lackleder, Druckerschwärze, Tusche; als Farb- und Füllstoff für Fahrzeugreifen; als verstärkender Füllstoff für Gummi.

Wichtige anorganische Verbindungen

Kohlenstoffdioxid CO_2:

Eigenschaften:
Farbloses, geruchloses Gas, schwerer als Luft (lässt sich daher umgießen; sammelt sich am Boden, z. B. von Gärkellern);
löst sich leicht in Wasser, wobei Kohlensäure (H_2CO_3) entsteht;
lässt sich leicht bei Zimmertemperatur verflüssigen (5000 kPa) und in Stahlflaschen transportieren.

Durch rasches Ausfließen erstarrt die Flüssigkeit zu festem Trockeneis, das bei −78 °C wieder gasförmig wird (sublimiert).
Es ist nicht brennbar, wirkt erstickend, reagiert mit Basen zu Carbonaten und Hydrogencarbonaten:

$$2NaOH + CO_2 \rightarrow Na_2CO_3 + H_2O$$

Herstellung:
Bei jeder Verbrennung organischen Materials und fossiler Brennstoffe (Kohle, Erdöl, Erdgas, Holz); allgemein:

$$C + O_2 \rightarrow CO_2$$

z. B. Methangas:

$$CH_4 + 2O_2 \rightarrow CO_2 + 2H_2O$$

durch thermische Zersetzung von Carbonaten:

$$MgCO_3 \rightarrow MgO + CO_2$$

oder siehe Kalkbrennen; durch Reaktion von Säuren mit Carbonaten:

$$CaCO_3 + H_2SO_4 \rightarrow CaSO_4 + H_2O + CO_2$$

Verwendung:
In Feuerlöschern;
zum Haltbarmachen von Getränken;
zur Herstellung von Kohlensäure (nur in wässriger Lösung beständig);
als Trockeneis zum Kühlen von Lebensmitteln oder durch Überleiten von heißem Wasser zur Dampferzeugung für Showeffekte; in der Hitze als Oxidationsmittel:

$$Mg + CO_2 \rightarrow MgO + CO$$

Kohlenstoffmonoxid CO:

Eigenschaften:
Farb- und geruchloses Gas, das die Verbrennung nicht unterhält, aber selbst brennbar und giftig ist;
kann bei Zimmertemperatur nicht verflüssigt werden;
in Wasser kaum löslich.
Die Giftigkeit beruht auf der Blockierung des roten Blutfarbstoffes (Hämoglobin), sodass Sauerstoff nicht an Hämoglobin binden und nicht transportiert werden kann. Das Blut nimmt in diesem Falle eine kirschrote Farbe an. 0,3 % CO in der Atemluft sind bereits tödlich.
Verbrennung an der Luft mit bläulicher Flamme:

$$2CO + O_2 \rightarrow 2CO_2$$

Es dient in der Technik als Reduktionsmittel für viele Metalloxide: z. B.:

$$Fe_2O_3 + 3CO \rightarrow 3CO_2 + 2Fe$$

Große Bedeutung hat die Reaktion mit Wasserstoff in der Organischen Chemie; es lassen sich Alkohole und Kunststoffe auf diesem Wege gewinnen.

Herstellung:
Bei nicht vollständiger Verbrennung (bei Sauerstoffmangel) kohlenstoffhaltiger Verbindungen entsteht bei Temperaturen über 1000 °C stets CO anstelle von CO_2, z. B. in Auspuffgasen, im Tabakrauch, bei schlecht ziehenden Öfen usw. Dabei stellt sich ein Gleichgewicht ein, das sog. Boudouard-Gleichgewicht:

$$CO_2 + C \rightleftharpoons 2CO$$

Bei 400 °C liegt das Gleichgewicht voll auf der Seite des Kohlenstoffdioxids, bei 1000 °C voll auf der Seite des Kohlenstoffmonoxids.

Durch Reaktion der Ameisensäure mit konz. Schwefelsäure:

$$HCOOH + H_2SO_4 \rightarrow CO + H_2SO_4 \cdot H_2O$$

Wasser wird von der Schwefelsäure gebunden.

Bei der Herstellung von Wassergas ($CO + H_2$) wird Wasserdampf über glühenden Koks geleitet (Kaltblasen):

$$H_2O + C \rightarrow CO + H_2$$

Bei der Herstellung von Generatorgas ($N_2 + CO$) wird Luft ($4N_2 + O_2$) über glühenden Koks geleitet (Heißblasen):

$$4N_2 + O_2 + 2C \rightarrow 2CO + 4N_2$$

Die Mischung aus Wassergas und Generatorgas wird Synthesegas genannt (siehe Ammoniaksynthese).

Chemie

Verwendung:
Im Synthesegas wird Kohlenstoffmonoxid zu unterschiedlichsten Synthesen der Organischen Chemie genutzt: z. B. Menthol, Methan, Kohlenwasserstoffe u. a. Reduktionsmittel für z. B. Eisenerz.

Kohlensäure H_2CO_3:

Öffnet man eine Flasche Sprudel, so entweicht ein Gas, Kohlenstoffdioxid. Es wird in der Umgangssprache oft als Kohlensäure bezeichnet. Kohlenstoffdioxid ist nach Brönsted (siehe Seite 451) keine Säure, denn die Moleküle enthalten keine Wasserstoffatome und können daher keine H_3O^+-Ionen bilden.

Kohlenstoffdioxid reagiert mit Wasser zu Kohlensäure. Dieser Prozess ist von der Temperatur und vom Druck abhängig:

$$CO_2 + H_2O \rightleftharpoons H_2CO_3$$

Bei Druckminderung oder Erwärmung zerfällt die Kohlensäure in Wasser und Kohlenstoffdioxid.

Kohlensäure ist nur in wässriger Lösung beständig;
sie ist eine schwache Säure;
sie ist in Wasser, Limonaden, Bier und Sekt enthalten und für den frischen, sprudeligen Geschmack verantwortlich.

Carbonate (Sammelbegriff für Salze der Kohlensäure) CO_3^{2-}:

Die meisten kohlenstoffhaltigen Minerale gehören zu den Carbonaten: Na_2CO_3 Soda, $CaCO_3$ Kalk, K_2CO_3 Pottasche, $MgCO_3$ Magnesit, $ZnCO_3$ Zinkspat usw.

Eigenschaften:
Beim Erhitzen zerfallen die Carbonate in Metalloxide und CO_2; z. B.:

$$MgCO_3 \rightarrow MgO + CO_2$$

Ist das zugrundeliegende Metalloxid eine starke Base, so ist die Zersetzungstemperatur sehr hoch.

Mit fast allen Säuren reagieren die Carbonate unter CO_2-Bildung:

$$CaCO_3 + 2HCl \rightarrow CO_2 + CaCl_2 + H_2O$$

Daher dürfen polierte Steinplatten (Marmor) nicht mit Salzsäure behandelt werden.

Von den Carbonaten ist in der Natur das Calciumcarbonat ($CaCO_3$) am weitesten verbreitet. Es kommt als Kalkstein, Kreide oder Marmor vor.

Kalkstein: ist reines oder mit Ton verunreinigtes Calciumcarbonat. Viele Gebirgszüge wie die Kalkalpen bestehen aus Kalkstein. Kalkstein findet Verwendung als Baustein und zur Herstellung von Zement.

Kreide: ist Calciumcarbonat, das sich aus den Gehäusen von Schnecken und Muscheln gebildet hat, die in der Kreidezeit, vor etwa 100 Millionen Jahren, gelebt haben.

Marmor: ist Calciumcarbonat, das durch hohen Druck und hohe Temperatur infolge geologischer Veränderungen in tieferen Schichten der Erde entstanden ist. Bei Einlagerungen von Magnesiumcarbonat spricht man vom Dolomit. In großen Steinbrüchen baut man Marmor in Italien ab.

Schwefelkohlenstoff CS_2:

Farbloses, giftiges, unangenehm riechendes, stark feuergefährliches Lösungsmittel, in dem Schwefel, Fette, Harze, Phosphor, Jod und Kautschuk gelöst werden können.
Weitere Anwendungen in der Organischen Chemie, z. B. in der Papierherstellung. Es hat den gleichen Brechungsindex wie Glas.

Cyanwasserstoff (Blausäure) HCN:

Farblose, äußerst giftige, nach Bittermandeln riechende, niedrig siedende (26 °C) Flüssigkeit.
Geringste Mengen in der Atemluft (50 mg) wirken tödlich durch Atemlähmung, da ein Enzym (Cytochromoxidase) der Zellatmung blockiert wird.

Cyanide (Sammelbegriff für Salze der Blausäure) CN^-:

Die bekanntesten Salze sind Kaliumcyanid (Cyankali = KCN) und Natriumcyanid (NaCN). Es sind leicht lösliche giftige Salze (150 mg tödliche Dosis); riechen nach bitteren Mandeln, da sie an der Luft Blausäure entwickeln:

$$H_2O + CO_2 + 2KCN \rightarrow K_2CO_3 + 2HCN$$

Cyanide werden bei der Silber- und Goldgewinnung (Cyanidlaugerei) eingesetzt.

Carbide (Sammelbegriff für Metall-Kohlenstoffverbindungen):

Aus Calciumcarbid und Wasser wird Acetylen (Ethin) hergestellt, das in Grubenlampen mit sehr heller Flamme verbrennt:

$$CaC_2 + 2H_2O \rightarrow C_2H_2 + Ca(OH)_2$$
$$2C_2H_2 + 5O_2 \rightarrow 4CO_2 + 2H_2O$$

Herstellung von Calciumcarbid:
Dazu gewinnt man zunächst aus Kalkstein Calciumoxid (Branntkalk) und aus Kohle Koks. Aus diesen beiden Produkten wird mithilfe von elektrischem Strom im Lichtbogen Calciumcarbid hergestellt:

$$CaO + 3C \rightarrow CaC_2 + CO$$

Carbide werden auch Acetylide genannt (Organische Chemie), Kupfer- und Silberacetylide sind durch Schlag zur Explosion zu bringen.
Borcarbid ($B_{13}C_2$), Wolframcarbid (WC_2) und Siliciumcarbid (SiC) sind besonders hart; sie werden daher zur Beschichtung von Schleifscheiben verwendet.

Chemie

Silicium, Symbol Si (lat. silex = Kieselstein) $_{14}Si$:

Zweithäufigstes Element der Erdkruste; Bestandteil der meisten Gesteinsarten (Oxide, Silicate).
Der Fortschritt der heutigen Computertechnik ist mit der Herstellung immer leistungsstärkerer Mikrochips verbunden. Der Grundstoff zur Herstellung dieser Chips ist Silicium. Silicium ist ein Halbleiter.

Eigenschaften:
Relative Atommasse 28,09;
Dichte 2,33 g/cm^3.
Es bildet als Reinstoff dunkelgraue, undurchsichtige, stark glänzende, harte und spröde Kristalle, die den elektrischen Strom mit steigender Temperatur zunehmend besser leiten (Halbleiter).
Es reagiert mit Sauerstoff bei höherer Temperatur zu Siliciumdioxid (SiO_2):

$$Si + O_2 \rightarrow SiO_2$$

mit Fluor bei Zimmertemperatur unter Feuerschein:

$$Si + 2F_2 \rightarrow SiF_4$$

mit den übrigen Halogenen beim Erhitzen.

In Säuren ist Silicium unlöslich, mit Alkaliaugen reagiert es dagegen stürmisch zu Silicaten:

$$Si + 2NaOH + H_2O \rightarrow Na_2SiO_3 + 2H_2$$

Ausgangsstoff für die Herstellung von Silicium ist Quarzsand. Dieser besteht überwiegend aus Siliciumdioxid (SiO_2). Vermischt mit Koks und Holzkohle wird Quarzsand im elektrischen Brennofen auf 1800 °C erhitzt:

$$SiO_2 + 2C \rightarrow Si + 2CO$$

Es kann auch durch Reduktion mit Calciumcarbid hergestellt werden:

$$SiO_2 + CaC_2 \rightarrow Si + 2CO + Ca$$

Das hierbei entstandene Rohsilicium besteht zu 98 % aus Siliciumatomen. Für die Verwendung in der Mikroelektronik ist es noch nicht rein genug.

Herstellung von Reinstsilicium:
Für die Chipherstellung wird Silicium mit einem Reinheitsgrad von 99,9999999 % benötigt. Dies bedeutet, dass auf 1 Milliarde Siliciumatome gerade noch ein Fremdatom kommen darf.
Um diesen Reinheitsgrad zu erreichen, wird Silicium mithilfe von Chlorwasserstoff in Trichlorsilan überführt. Trichlorsilan ist ein flüssiger Stoff, der in großen Destillationsanlagen von allen Verunreinigungen befreit wird. Aus dem gereinigten Trichlorsilan erhält man durch Reduktion mit Wasserstoff Stäbe aus reinstem Silicium:

$$HSiCl_3 + H_2 \rightarrow Si + 3HCl$$

Verwendung:
Als Halbleitermaterial in der Elektroindustrie; zur Herstellung von Kunststoffen (Silicone) in der Medizintechnik.
Vom Reinsilicium zum Computerchip:
Zur Herstellung von Computerchips werden aus den Siliciumstäben dünne Scheiben von etwa 0,7 Millimeter Dicke geschnitten. Solche Scheiben werden als Wafer bezeichnet. In weiteren Arbeitsschritten entstehen aus einem Wafer etwa 100 Chips, die aus dem Wafer herausgeschnitten und mit Anschlüssen und einer Kunststoffummantelung versehen werden.

Wichtige Verbindungen SiO_2

Siliciumdioxid:

Hauptvorkommen als Quarz und Quarzsand in Gesteinen bzw. ihrem Verwitterungsprodukt.
Quarzkristalle sind als Halbedelsteine bekannt: Bergkristall (farblos); Amethyst (violett); Rauchtopas (braun); Citrin (gelb); Morion (schwarz). Opale (Achat, Onyx, Feuerstein) sind amorphes SiO_2.
Siliciumdioxid ist diamantartig aufgebaut. Es besteht aus Riesenmolekülen und ist somit ein polymerer Stoff.

Eigenschaften:
Siliciumdioxid bildet mehrere Modifikationen mit unterschiedlichen Schmelzpunkten aus.
Quarzglas ist amorphes (nichtkristallines) SiO_2, das durch vorsichtiges Abkühlen aus SiO_2-Schmelzen gewonnen wird. Es ist schwer schmelzbar, hat einen sehr geringen Ausdehnungskoeffizienten (1/18 des Glases) und kann daher sogar aus Rotglut in kaltes Wasser getaucht werden, ohne dabei zu platzen.
Quarz ist im Gegensatz zu Glas UV-Licht durchlässig (elektrische Höhensonnen).
Quarz kann zu extrem dünnen und elastischen Fäden ausgezogen werden (mit 4/1000 mm Durchmesser) und wird daher in physikalischen Messgeräten eingesetzt.
Siliciumdioxid ist gegenüber Säuren unempfindlich, mit Ausnahme der Flusssäure (HF); von Alkalihydroxiden und Alkalicarbonaten wird es angegriffen, in deren Schmelzen löst es sich sogar auf:

$$SiO_2 + 2NaOH \rightarrow Na_2SiO_3 + H_2O$$

Bei 1200 °C zeigt SiO_2 ein dem Boudouard-Gleichgewicht ähnliches Verhalten:

$$SiO_2 + Si \rightleftharpoons 2SiO \text{ (gasförmig)}$$

Verwendung:
Als Quarzglas in chemischen Apparaturen, z. B. in Großapparaturen zur Schwefelsäureherstellung, Salzsäureherstellung usw.

Quarz wird hauptsächlich als Ausgangsstoff zur Glasherstellung verwendet.
Gläser sind unterkühlte Schmelzen aus Quarzsand und Zusätzen wechselnder Zusammensetzung:

Natron-Kalk-Glas (Fensterglas)	$Na_2O \cdot CaO \cdot 6SiO_2$
Kali-Kalk-Glas (schwer schmelzbar)	$K_2O \cdot CaO \cdot 8SiO_2$
Kali-Blei-Glas (Bleikristall-Glas)	$K_2O \cdot PbO \cdot 8SiO_2$

Bor-Tonerde-Glas (Jenaer Glas) enthält Al_2O_3- und B_2O_3-Zusätze.
Die Herstellung läuft nach folgendem Schema:

$$Na_2CO_3 + SiO_2 \rightarrow Na_2SiO_3 + CO_2$$

Durch entsprechende Zusätze lassen sich die Eigenschaften der Gläser variieren.

Kieselsäure H_4SiO_4:

Die sog. Orthokieselsäure ($H_4SiO_4 = Si(OH)_4$) ist nur bei einem pH-Wert von 3,2 beständig.

Oberhalb und unterhalb dieses Wertes spaltet sie intermolekular Wasser ab:

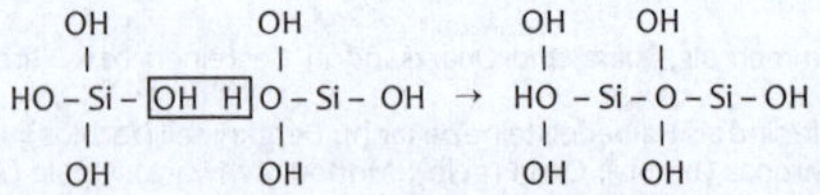

Es entsteht die Orthodikieselsäure;
weitere Wasserabspaltung führt zu Metallkieselsäuren:

$(H_2SiO_3)_n$:

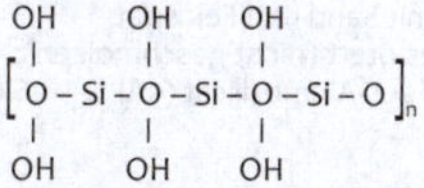

Das Siliciumatom ist hier von vier Sauerstoffatomen umgeben, die in die Ecken eines Tetraeders weisen, wobei das Silicium in der Mitte des Tetraeders liegt. Diese Tetraeder sind jeweils mit einem weiteren Tetraeder über ein Sauerstoffatom verbunden, sodass eine Kette entsteht.

An den Seiten der Kette liegen die OH-Gruppen; durch Wasserabspaltungen zwischen zwei Ketten entstehen Bänder, die durch weitere seitliche Wasserabspaltungen Blätter bilden können.

Alkalisilicate:

Sie entstehen als Salze der Kieselsäure durch Schmelze aus SiO_2 und Alkalicarbonaten, z. B.:

$$2SiO_2 + 4Na_2CO_3 \rightarrow 2Na_4SiO_4 + 4CO_2$$

Ihre wässrigen Lösungen kommen als Wasserglas in den Handel.
Sie dienen als mineralische Leime zum Kleben von Glas und Porzellan, zum Imprägnieren von Papier und Stoffen und als Flammschutzmittel für Holz und Gewebe. Lässt man sie mit Salzsäure reagieren und längere Zeit stehen, bildet sich farbloses Kieselgel, schließlich Silicagel, das als Absorptionsmittel dient (Feuchtigkeitsschutz für empfindliche Geräte).

Natürliche Silicate:

Natürliche Silicate sind gesteinsbildende Minerale unterschiedlichster Zusammensetzung: Gneis, Granit, Basalt und Porphyr.

Silicatmineralien: Feldspat ($K_2O \cdot Al_2O_3 \cdot 6SiO_2$);

Tone: entstehen bei der Verwitterung des Feldspates, wobei lösliche Kaliverbindungen ausgewaschen wurden;

Glimmer: sind Alumosilicate, wobei einzelne Si-Atome durch Aluminium ersetzt sind;

Asbest: ($3MgO \cdot 2SiO_2 \cdot 2H_2O$) hat nadelförmige Kristalle, die cancerogen wirken.

Künstliche Silicate:

Keramik:
Feuchter Ton, gemischt mit Sand und Feldspat;
wird gebrannt, besser gesintert (nicht geschmolzen);
besteht im Wesentlichen aus Alumosilicat ($3Al_2O_3 \cdot 2SiO_2$).

Tongut:
Durch niedrige Brenntemperatur entsteht ein poröses Material, wasserdurchlässig, nicht sehr hart, z. B. Ziegel (rote Farbe durch Fe_2O_3), Schamotte (feuerfeste Platten), doppelt gebranntes Steingut (Sanitärkeramik).

Tonzeug:
Durch hohe Brenntemperatur entsteht ein wasser durchlässiges, ziemlich hartes dichtes Produkt, z. B. Porzellan (durchscheinende Scherben).
Steinzeug (Fliesen, Kanalrohre) hat die gleiche Zusammensetzung wie Porzellan, bildet aber nicht durchscheinende Scherben.

Zement:
Ausgangsstoffe für die Zementherstellung sind Kalkstein und Ton. Zement ist ein graues Pulver, bestehend aus einem Calcium-Aluminium-Silicat. Zur Zementherstellung wird ein Gemisch aus 25 % Ton und 75 % Kalk zunächst fein gemahlen und dann in feuerfesten Drehrohröfen von 50 m bis 100 m Länge und 2 m bis 6 m Durchmesser erhitzt.
Die Öfen sind leicht geneigt und drehen sich in der Minute ein- bis zweimal. Dadurch wandert der Inhalt langsam nach unten, wobei zunächst Wasser und Kohlenstoffdioxid entweichen. Dann wird das Gemisch bei ca. 1450 °C zum Zementklinker gebrannt. Der Zementklinker wird fein gemahlen und als Zement verkauft.

Wird Zement mit Wasser angerührt, so erstarrt er zu einer festen Masse, er bindet ab. Die beim Brennen entstandenen Silicate reagieren mit Wasser und bilden kleine, faserartige Kristalle, die ineinander verfilzen und so einen festen Verband bilden. Da dieser Vorgang sehr schnell abläuft, gibt man zum Zement etwa 5 % Gips, der das Abbinden verzögert.

Germanium, Symbol Ge (abgeleitet von Germanien) $_{32}Ge$:

Eigenschaften:
Relative Atommasse 72,59;
Dichte 5,35 g/cm³;
grauweißes, sehr sprödes Metall; leitet den elektrischen Strom bei erhöhter Temperatur besser, sog. Halbleiter (wie Silicium).
Die Leitfähigkeit kann durch Phosphor und Arsen (je 5 Elektronen) bzw. durch Aluminium und Gallium (je 3 Elektronen) erhöht werden, da sie im Metallgitter des Germaniums Störstellen bilden, die entweder einen Elektronenüberschuss oder Elektronenlücken erzeugen. Dadurch können die Germaniumelektronen leichter wandern, was schließlich zum Stromfluss führt.

Verwendung:
Als Halbleiter in der Elektronikindustrie; als optisches Glas mit Infrarotdurchlässigkeit (sog. Chalkogenidglas) für Nachtsichtgeräte.

Zinn, Symbol Sn (lat. stannum) $_{50}$Sn:

Eigenschaften:
Relative Atommasse 118,69;
Dichte 7,28 g/cm^3;
silberweißes stark glänzendes Metall mit geringer Härte, sehr dehnbar, lässt sich zu hauchdünner Folie (Stanniol) auswalzen.

Beim Biegen ist ein leises Knirschen zu hören, das sog. Zinngeschrei, wobei die Einzelkristalle aneinanderreiben.
Unterhalb von 13,2 °C wandelt sich Zinnmetall in ein graues Pulver um (Gefahr für Orgelpfeifen in nicht beheizten Kirchen!). Für die Umwandlung genügt ein einmaliges Unterschreiten der kritischen Temperatur. Es entstehen dabei Kristallisationskeime, die nach und nach das gesamte Werkstück zerstören (Zinnpest).
Oberhalb von 161 °C wird Zinn so spröde, dass es leicht zu Zinngrieß zerstoßen werden kann.

An der Luft ist Zinn ebenso beständig wie im Wasser; es wird nur von starken Säuren und Laugen angegriffen:

$$Sn + 2HCl \rightarrow SnCl_2 + H_2$$

bzw.

$$Sn + 2NaOH + 4H_2O \rightarrow Na_2[Sn(OH)_6] + 2H_2$$

Herstellung:
Aus Zinnerz (SnO_2) durch Reduktion mit Koks (1000 °C):

$$SnO_2 + 2C \rightarrow 2CO + Sn$$

Verwendung:
Hauptsächlich für verzinntes Eisenblech (Weißblech), das dadurch vor Korrosion geschützt zur längeren Aufbewahrung von Lebensmitteln (Konservendosen) geeignet ist.
Es wird auch zur Herstellung von Zinntellern, Zinnbechern und Folie (Stanniolpapier) verwendet.

In Form einer transparenten Zinnoxid-Indiumoxid-Verbindung ist es elektrischer Leiter in Anzeigengeräten wie LCD Displays.
Weichlot, eine Legierung mit Blei (3–90 % Sn und 10–97 % Pb), für die Elektronikindustrie;
Zinnbronzen werden bei Kanonenrohren, Kirchenglocken, Oberleitungsdrähten und Schleifkontakten von Straßenbahnen und als Achsenlager für Eisenbahnen verwendet.

Blei, Symbol Pb (lat. plumbum = Blei) $_{82}$Pb:

Eigenschaften:
Relative Atommasse 207,19;
Dichte 11,34 g/cm^3;
bläulich glänzend an den Schnittflächen, schweres und weiches Metall, oxidiert an der Luft zu einer PbO-Schutzschicht;

wird von sauerstoffhaltigem Wasser in Bleihydroxid (giftig) umgewandelt (Problem bei Wasserleitungen!):

$$2Pb + O_2 + 2H_2O \rightarrow 2Pb(OH)_2$$

Hartes Wasser enthält $Ca(HCO_3)_2$ und $CaSO_4$, die eine Schutzschicht von schwer löslichem Bleicarbonat bzw. Bleisulfat bilden; kohlensäurehaltiges Wasser löst dagegen Blei auf:

$$2Pb + O_2 + 2H_2O + 4CO_2 \rightarrow 2Pb(HCO_3)_2$$

In Säuren, wie Schwefelsäure und Salzsäure, ist Blei unlöslich, weil schwer lösliche Schutzschichten entstehen ($PbSO_4$, $PbCl_2$); Salpetersäure löst dagegen Blei auf:

$$Pb + 4HNO_3 \rightarrow Pb(NO_3)_2 + 2NO_2 + 2H_2O$$

Mit Essigsäure entsteht giftiges Bleiacetat ($Pb(O_2CCH_3)_2$).

Herstellung:
Aus Bleiglanz (PbS) durch Röstreduktion:

$$2PbS + 3O_2 \rightarrow 2PbO + 2SO_2 \quad \text{(Rösten)}$$
$$PbO + CO \rightarrow Pb + CO_2 \quad \text{(Reduktion)}$$

So erhaltenes Blei enthält viele andere Metalle als Verunreinigungen, z. B. Silber (Ag), Kupfer (Cu), Zinn (Sn), Antimon (Sb) und Arsen (As);
durch Elektrolyse wird reines Blei erhalten.

Chemie

Verwendung:
Wegen der leichten Bearbeitung findet Blei vielfache Anwendung: für Wasserleitungen (besonders in der Antike), Bedachungsmaterial, Geschosskerne und Schrotkugeln, Platten für den Bleiakku usw.
Wichtige Legierungen sind Letternmetall (85 % Pb + 10 % Sb + 5 % Sn) für Druckplatten, sowie Lagermetalle (mit Antimon) für schwere Achslager.

Wichtige Verbindungen

Mennige Pb_3O_4:

Mennige ist ein hochrotes Pulver, das in Rostschutzfarben enthalten ist.

Blei(IV)-oxid PbO_2:

Ein schwarzbraunes Pulver, das im Bleiakku als Elektrode verwendet wird.

Bleitetraethyl $Pb(C_2H_5)_4$:

Es war als Antiklopfmittel und Gleitmittel für Motorventile im Superbenzin enthalten; sehr giftig!

16.6 Die V. Hauptgruppe – Stickstoffgruppe

Stickstoff, Symbol N $_{7}N$ (lat. Nitrogenium = Salpeterbildner):

Eigenschaften:
Relative Atommasse 14,01;
Dichte 0,00125 g/cm³;
farb- und geruchloses Gas, mit 78,1 % Hauptbestandteil der Luft;
nicht brennbar, erstickt die Flamme;
sehr reaktionsträge, bildet mit Lithium bei Zimmertemperatur und mit Magnesium und Calcium bei höherer Temperatur Nitride:

$$3Ca + N_2 \rightarrow Ca_3N_2$$

In Wasser ist Stickstoff nur halb so löslich wie Sauerstoff (wichtig für das Leben der Fische).

Reagiert mit dem Luftsauerstoff (hohe Temperatur bzw. elektrische Entladung):

$$N_2 + O_2 \rightarrow 2NO$$

Herstellung:
Vorzugsweise durch Fraktionierte Destillation, wobei aus verflüssigter Luft (–196,5 °C) durch langsame Erwärmung, bei –195,8 °C Stickstoff gasförmig wird (Linde-Verfahren); der so erhaltene Stickstoff enthält noch Edelgase.

Chemisch reiner Stickstoff wird aus Verbindungen wie Ammoniumnitrit (NH_4NO_2) oder Ammoniak (NH_3) gewonnen:

$$NH_4NO_2 \rightarrow N_2 + 2H_2O$$

bzw.

$$NH_3 + HNO_2 \rightarrow N_2 + 2H_2O$$

Salpetrige Säure (HNO_2) wirkt als Oxidationsmittel.

Verwendung:
In nahtlosen Stahlflaschen unter $150 \cdot 10^2$ kPa Druck;
als Schutzgas für feuergefährliche oder sauerstoffempflindliche Stoffe;
als Lampenfüllung;
als Düngemittel;
Ausgangsstoff vieler Synthesen.

Flüssiger Stickstoff ist heute ein unentbehrlicher Stoff in der Kältetechnik. Lebensmittel werden damit in kürzester Zeit tiefgefroren und haltbar gemacht.

In der Medizin werden sogar Organe darin aufbewahrt.

Im Tiefbau wird er zur Bodenvereisung eingesetzt.

Chemie

Wichtige Verbindungen

Ammoniak NH_3:

Eigenschaften:
Farbloses, charakteristisch riechendes, zu Tränen reizendes Gas; leicht wasserlöslich (1 l Wasser löst bei 20 °C 750 l Ammoniak); lässt sich leicht verdichten (Einsatz in Kältemaschinen); mit Wasser entsteht Ammoniakwasser (NH_4OH), eine alkalische Lösung:

$$H_2O + NH_3 \rightarrow NH_4OH$$

In Verbindung mit Säuren lässt Ammoniak Ammoniumsalze entstehen:

$$HCl + NH_3 \rightarrow NH_4Cl$$
$$H_2SO_4 + 2NH_3 \rightarrow (NH_4)_2SO_4$$

Ammoniak verbrennt mit reinem Sauerstoff zu Stickstoffgas:

$$4NH_3 + 3O_2 \rightarrow 2N_2 + 6H_2O,$$

Ammoniak verbrennt mit einem Katalysator bei ca. 400 °C zu Stickstoffmonoxid:

$$4NH_3 + 5O_2 \rightarrow 4NO + 6H_2O$$

Ammoniak dient zur Herstellung der Salpetersäure.

Herstellung:
Nach dem Haber-Bosch-Verfahren:

$$N_2 + 3H_2 \rightleftharpoons 2NH_3 + E$$

Diese Gleichgewichtsreaktion weist einige Probleme auf:
Stickstoff ist reaktionsträge, daher ist ein Katalysator nötig (Fe-Al_2O_3-K_2O), der erst ab 400°C arbeitet; die notwendige Temperaturerhöhung fördert aber den Zerfall des Ammoniaks; die Reaktion verläuft unter Volumenverringerung (4 Raumteile werden zu 2 Raumteilen), daher begünstigt hoher Druck die Ausbeute.
Als technisch günstigster Kompromiss haben sich 500 °C und $200 \cdot 10^2$ kPa mit einer Ausbeute von 17,6 % erwiesen. Das benötigte Synthesegas wird aus Generatorgas und Wassergas im Verhältnis 1 : 3 gebildet (siehe Kohlenstoffmonoxid):

$$4N_2 + O_2 + 2C \rightarrow 4N_2 + 2CO + E \text{ (Generatorgas)}$$
$$H_2O + C \rightarrow H_2 + CO - E \text{ (Wassergas)}$$

Kohlenmonoxid wird katalytisch zu CO_2 oxidiert und mit NaOH ausgewaschen:

$$7CO + 7H_2O \rightarrow 7CO_2 + 7H_2 + E \text{ (zusätzliche } H_2\text{-Bildung)}$$

Gesamtreaktion:

$$5(H_2 + CO) + 2(2N_2 + CO) + 7H_2O \rightarrow 7CO_2 + 12H_2 + 4N_2$$

Verwendung:
Als Kühlmittel in Kältemaschinen;
als Edukt vieler Synthesen, wie Salpetersäure, Stickstoffdünger usw.

Ammoniakwasser (Salmiakgeist) NH_4OH:

Ammoniakwasser ist eine alkalische, wässrige Lösung von Ammoniak und dient als Reinigungsmittel und zur Herstellung anderer Ammoniumverbindungen.

Ammoniumchlorid (Salmiak) NH_4Cl:

Aus Ammoniak und Chlorwasserstoff gebildet:

$$NH_3 + HCl \rightarrow NH_4Cl$$

Weißes Salz;
dient als Lötstein, da es thermisch dissoziiert:

$$NH_4Cl \rightarrow NH_3 + HCl$$

Der entstehende Chlorwasserstoff entfernt Metalloxide, die den Lötvorgang behindern:

$$CuO + 2NH_4Cl \rightarrow CuCl_2 + 2NH_3 + H_2O$$

Das entstandene Kupferchlorid ist leichtflüchtig.

Einsatz in Taschenlampenbatterien als Elektrolytflüssigkeit.

Ammoniumsulfat $(NH_4)_2SO_4$:

Wichtiges Düngersalz; aus ammoniakalischem Gipswasser durch Einleitung von CO_2:

$$2NH_3 + H_2O + CO_2 \rightarrow (NH_4)_2CO_3$$
$$(NH_4)_2CO_3 + CaSO_4 \rightarrow CaCO_3 + (NH_4)_2SO_4$$

Dient auch zur Herstellung von Flammenschutzmitteln und Kältemischungen.

Ammoniumnitrat NH_4NO_3:

Bestandteil von Explosivstoffen;
dient der Herstellung von Lachgas (N_2O):

$$NH_4NO_3 \rightarrow 2H_2O + N_2O$$

Außerdem dient es als Stickstoffdüngemittel und zur Herstellung von Kältemischungen.

Ammoniumcarbonat $(NH_4)_2CO_3$:

Dient als Hilfsmittel in der Wollwäscherei;
als Beize beim Textilfärben und ist Bestandteil in Feuerlöschern.
Zudem wird es als Riechsalz verwendet.

Ammoniumhydrogencarbonat (Hirschhornsalz) NH_4HCO_3:

Farbloses Kristallpulver;
zerfällt beim Erhitzen in Gase, daher wird es im Gemisch mit anderen Stoffen als Hirschhornsalz (Backtriebmittel) verwendet:

$$NH_4HCO_3 \rightarrow NH_3 + CO_2 + H_2O$$

Stickstoffdioxid NO_2:

Rotbraunes, stechend riechendes Gas, sehr giftig;
erstarrt beim Abkühlen auf –10,2 °C zu farblosen Kristallen (N_2O_4);
entsteht als Bestandteil der nitrosen Gase bei Reaktionen der Salpetersäure, z. B. mit Metallen;
zerfällt ab 200 °C:

$$2NO_2 \rightarrow 2NO + O_2$$

Stickstoffdioxid ist leicht in Wasser löslich;
entsteht durch Oxidation von Stickstoffmonoxid:

$$2NO + O_2 \rightarrow 2NO_2$$

Stickstoffmonoxid NO:

Farb- und geruchloses Gas;
in Wasser kaum löslich;
verbindet sich an der Luft sofort zu NO_2:

$$2NO + O_2 \rightarrow 2NO_2$$

Es entsteht bei Verbrennungsvorgängen bei hohen Temperaturen (Verbrennungsmotor bzw. Blitze bei Gewitter);
dient wie NO_2 der Salpetersäureherstellung.

Distickstoffmonoxid (Lachgas) N_2O:

Nicht brennbar, aber brandfördernd;
recht gut in Wasser löslich;
Herstellung aus Ammoniumnitrat;
erzeugt Rauschzustände beim Einatmen, wird mit Sauerstoff als Narkosemittel und als Treibgas in Sahnepatronen verwendet.

Salpetersäure HNO_3:

Eigenschaften:
Reine Salpetersäure ist farblos, stechend süßlich riechend, an der Luft nebelnd, mit Wasser sehr gut mischbar;
färbt sich beim Stehen am Licht gelb;

konzentrierte Salpetersäure wirkt stark oxidierend auf Nichtmetalle und viele Metalle unter Bildung von NO_2, außer auf Chrom (Cr), Gold (Au) und Platin (Pt); auch Aluminium (Al) und Eisen (Fe) werden nicht angegriffen.
Salpetersäure zerstört Eiweiß: Gelbfärbung (dient als Nachweis für die Eiweiß-Xanthoproteinreaktion).

Verdünnte Salpetersäure ist farblos, ätzend, bewirkt Farbänderungen bei Indikatoren, leitet den elektrischen Strom;
reagiert mit unedlen Metallen, mit Metalloxiden und mit Metallhydroxidlösungen. Verdünnte Salpetersäure reagiert nur noch mit unedlen Metallen, z. B. Zink unter Wasserstoffbildung.

Beispiel für eine Reaktion der konzentrierten Salpetersäure:

$$Pb + 4HNO_3 \rightarrow Pb(NO_3)_2 + 2H_2O + 2NO_2$$

Beispiel für eine Reaktion der verdünnten Salpetersäure:

$$Zn + 2HNO_3 \rightarrow Zn(NO_3)_2 + H_2$$

Herstellung:
Aus Luftverbrennung im elektrischen Flammenbogen:

$$\begin{aligned} N_2 + O_2 &\rightarrow 2NO \\ 2NO + O_2 &\rightarrow 2NO_2 \\ 2NO_2 + H_2O &\rightarrow HNO_2 + HNO_3 \\ 2HNO_2 + O_2 &\rightarrow 2HNO_3 \end{aligned}$$

Umsetzung von Chilesalpeter ($NaNO_3$) mit konzentrierter Schwefelsäure:

$$NaNO_3 + H_2SO_4 \rightarrow HNO_3 + NaHSO_4$$

Die Ammoniakverbrennung (Ostwald-Verfahren) zu Salpetersäure wird mit einem Katalysator (Platin) bei 600 °C durchgeführt:

$$\begin{aligned} 4NH_3 + 5O_2 &\rightarrow 4NO + 6H_2O \\ 4NO + 2H_2O + 3O_2 &\rightarrow 4HNO_3 \end{aligned}$$

Verwendung:
Herstellung von Düngemitteln, Produktion von Sprengmitteln (Dynamit);
Herstellung von Arzneimitteln und Farbstoffen;
zum Beizen und Ätzen von Metallen;
Herstellung von Lösungsmitteln;
Kunststoffherstellung.

Königswasser $HNO_3 + 3HCl$:

Dieses Gemisch löst sogar Gold und Platin:

$$HNO_3 + 3HCl \rightarrow NOCl + 2H_2O + 2 <Cl> \quad \text{(atomares Chlor)}$$

$$Au + 3<Cl> \rightarrow AuCl_3 \quad \text{(Goldchlorid)}$$

Phosphor, Symbol P $_{15}P$ (griech. phosphoros = Lichtträger):

Eigenschaften:
Relative Atommasse 30,97;
Dichte 1,82 g/cm³.

Weißer Phosphor:
durchscheinend und wachsartig;
sehr flüchtig, sehr reaktionsfähig, im Dunkeln leuchtend, selbstentzündlich, sehr giftig;
verbrennt an der Luft unter weißer Rauchbildung (P_4O_{10}):

$$P_4 + 5O_2 \rightarrow P_4O_{10}$$

Brennender Phosphor kann nicht mit Wasser, nur mit Sand gelöscht werden.

Roter Phosphor:
reaktionsträger als weißer Phosphor; ungiftig;
Verwendung in Reibflächen für Zündhölzer, zusammen mit Glaspulver und stärkeähnlichem Bindemittel.

Schwarzer Phosphor:
metallähnliche Modifikation, leitet den elektrischen Strom, unlöslich, fast unbrennbar, sehr reaktionsträge;
chemisch unbedeutend.

Chemie

Herstellung:
Weißer Phosphor wird aus hellgrauem Phosphorit ($Ca_3(PO_4)_2$) gewonnen, unter Zusatz von Koks und Sand (SiO_2):

$$Ca_3(PO_4)_2 + 3SiO_2 + 5C \rightarrow 3CaSiO_3 + 5CO + 2P$$

Roter Phosphor kann aus weißem Phosphor mit einem Quecksilberkatalysator hergestellt werden, wenn er 5 Tage auf 380 °C (unter Luftabschluss) erhitzt wird.

Verwendung:
Zur Herstellung von Phosphorsäure.

Wichtige Verbindungen

Phosphorsäure H_3PO_4:

Eigenschaften:
Farblose, wasserklare, harte und geruchlose Kristalle, die an feuchter Luft zerfließen und in jedem Verhältnis in Wasser löslich sind;
es entsteht eine sirupartige, saure Lösung;
ihre Salze heißen Phosphate, z. B. Na_3PO_4.

Herstellung:
Durch Oxidation des Phosphors entsteht formal Phosphorpentoxid (P_2O_5), das mit Wasser zu Phosphorsäure reagiert:

$$P_4 + 5O_2 \rightarrow P_4O_{10}$$
$$P_4O_{10} + 6H_2O \rightarrow 4H_3PO_4$$

Verwendung:
Als Säuerungsmittel (ungiftig) in Limonaden, sauren Bonbons;
als Rostschutzmittel für Eisen;
zur Herstellung von Arzneimitteln, Insektiziden, Porzellankitt, Emaillen, als Färbereihilfsstoff, als Rostumwandler sowie als Zusatz im Backpulver;
Phosphate sind wichtige Dünger.

Arsen, Symbol As (griech. arsenicon) $_{33}$As:

Gelbes Arsen ist phosphorähnlich, unbeständig und eine nichtmetallische Modifikation;
Dichte 1,97 g/cm³.

Graues Arsen ist eine metallische Modifikation, die stahlgraue, spröde, glänzende Kristalle bildet.
Relative Atommasse 74,92;
Dichte 5,72 g/cm³.

Beim Erhitzen verbrennt Arsen unter Knoblauchgeruch zu Arsen(III)-oxid:

$$4As + 3O_2 \rightarrow 2As_2O_3$$

Arsen(III)-oxid (Arsenik) As_2O_3:

Weißes Pulver bzw. porzellanartige, undurchsichtige, weiße Masse aus Kristallen; äußerst giftig; daher zur Schädlingsbekämpfung eingesetzt.

Antimon, Symbol Sb (lat. stibium = schwarze Schminke) $_{51}$Sb:

Eigenschaften:
Relative Atommasse 121,75;
Dichte 6,69 g/cm³;
silberweiße, spröde, glänzende Kristalle, mit blättrig-grobkristalliner Struktur;
diese metallische Modifikation leitet den elektrischen Strom.

Es verbrennt an der Luft zu Antimon(III)-oxid:

$$4Sb + 3O_2 \rightarrow 2Sb_2O_3$$

Antimon reagiert unter Feuerschein mit Chlorgas:

$$2Sb + 3Cl_2 \rightarrow 2SbCl_3$$

Bismut, Symbol Bi (lat. bismutum) $_{83}$Bi:

Relative Atommasse 208,98;
Dichte 9,80 g/cm³;
rotstichige silberweiß glänzende, spröde Kristalle;
sehr seltenes Metall, das vorwiegend als Legierungsbestandteil verwendet wird. Bismut-Elektroden dienen der pH-Messung.

16.7 Die VI. Hauptgruppe – Chalkogene

Sauerstoff, Symbol O (griech. oxygenium = Säurebildner) $_{8}$O:

Eigenschaften:
Relative Atommasse 16,00;
Dichte 0,0014 g/cm³;
häufigstes Element der Erdkruste, der meiste Sauerstoff ist in Form von Oxiden, wie Silicaten und Wasser, gebunden;
etwa 20 % der Luft besteht aus Sauerstoff;
es ist ein farb-, geruch- und geschmackloses Gas, das sich in Wasser besser löst als Stickstoff (36 % Sauerstoff in der im Wasser gelösten Luft);
es lässt sich bei –183 °C verflüssigen (hellblaue Farbe) und bildet zweiatomige Moleküle (O_2).

Sehr reaktionsfähiges Element, besonders in einatomiger Form, wie sie bei manchen chemischen Reaktionen auftritt;
chemische Reaktionen mit Sauerstoff nennt man Oxidationen, deren Produkte Oxide;
man unterscheidet langsame Oxidationen, z. B. Rosten, von sehr raschen, z. B. Verbrennungen.

In reinem Sauerstoff kommt es zu denselben chemischen Reaktionen wie an der Luft, nur verlaufen erstere rascher.
Sauerstoff ist nicht brennbar, fördert aber die Verbrennung.

Herstellung:
Vorwiegend aus der Luft durch fraktionierte Destillation nach Linde (siehe Stickstoff); durch Zersetzung sauerstoffreicher Oxide, z. B. Chlorate:

$$2KClO_3 \rightarrow 2KCl + 3O_2$$

oder durch Elektrolyse von Wasser:

$$2H_2O \rightarrow 2H_2 + O_2$$

Dabei wird Sauerstoff an der Anode entwickelt:

	$2H_2O$	$\rightleftharpoons$	$H_3O^+ + OH^-$	(Autoprotolyse)
Kathode:	$2H_3O^+ + 2e^-$	$\rightarrow$	$H_2 + 2H_2O$	(Wasserstoffentwicklung)
Anode:	$4OH^-$	$\rightarrow$	$O_2 + 2H_2O + 4e^-$	

Chemie

In Atemgeräten wird aus Alkaliperoxiden durch Einwirkung von CO_2 Sauerstoff entwickelt:

$$2K_2O_2 + 2CO_2 \rightarrow 2K_2CO_3 + O_2$$

Verwendung:
Sauerstoff wird in nahtlosen Stahlflaschen bei $150 \cdot 10^2$ kPa aufbewahrt;
dient zum Schweißen und Schneiden (Sauerstofflanze);
als Tauchergas;
in Sauerstoffzelten in der Medizin;
für den Antrieb von Raketen;
in der Metallurgie wird Sauerstoff zur Oxidation der Begleitelemente verwendet.

Wichtige Verbindungen

Ozon O_3:

Dreiatomiges Sauerstoff-Molekül mit charakteristischem Geruch, sehr giftig; entsteht bei elektrischen Entladungen, z. B. Gewitterblitze, bzw. durch Einwirkung von UV-Strahlen auf Sauerstoff.

Verwendung zur Desinfektion von Trinkwasser und Schwimmbädern.
Entsteht durch fotochemische Reaktion aus Stickoxiden (NO_2 und NO) mit Sauerstoff.
Die Ozonschicht in der Stratosphäre filtert gefährliche UV-Strahlen der Sonne.

Bildung von Ozon am Boden:
Ozon entsteht in den Dunstglocken der Städte und Industriegebiete, wenn die Luft eine große Anzahl von Schadstoffen enthält. Besonders Stickstoffoxide und Kohlenwasserstoffe aus den Auspuffgasen der Autos tragen bei intensivem Sonnenlicht zur Ozonbelastung bei.

Auswirkungen von bodennahem Ozon:
Die erhöhte Ozonbelastung an heißen Sommertagen kann die Gesundheit des Menschen beeinträchtigen. Von anstrengender körperlicher Tätigkeit im Freien wird abgeraten.

Schon ein geringer Ozonanteil in der Luft kann auch Bäume und Pflanzen schädigen. Ozon gilt neben dem sauren Regen auch als Ursache für das Waldsterben.

Ozonloch:
Schon Mitte der 1970er-Jahre ließen Messungen in der Antarktis vermuten, dass sich der Ozongehalt in der Stratosphäre verringert. Das über dem Südpol beobachtete Ozonloch hatte 1987 bereits eine Fläche von der Größe der Vereinigten Staaten.

Durch die auffällig verminderte Ozonkonzentration über der Antarktis kann nur ein Teil des ultravioletten Sonnenlichtes, welches krebserregend wirken kann, absorbiert werden.

Ursache für den Ozonabbau:
Wegen ihrer chemischen Beständigkeit reichern sich Fluorkohlenwasserstoffe (FCKW) über Jahrzehnte in der Atmosphäre an und können bis in die Ozonschicht aufsteigen.

Dort werden Sie durch die energiereiche UV-Strahlung gespalten. Dabei werden Chloratome frei, die in einer Art Kettenreaktion Tausende von Ozonmolekülen zerstören.

Oxide O^{2-}:

Alle Verbindungen von Elementen mit Sauerstoff sind Oxide;
viele Nichtmetalloxide sind Säureanhydride, d. h., durch Reaktion mit Wasser entstehen die entsprechenden Säuren:

$SO_2 + H_2O \rightarrow H_2SO_3$ (schweflige Säure)
$SO_3 + H_2O \rightarrow H_2SO_4$ (Schwefelsäure)
usw.

Metalloxide reagieren mit Wasser zu Basen:

$Na_2O + H_2O \rightarrow 2NaOH$
$CaO + H_2O \rightarrow Ca(OH)_2$
usw.

Hydroxide OH^-:

Sie enthalten das Hydroxidion (OH^-) und reagieren in wässriger Lösung alkalisch, soweit sie nicht schwer löslich sind.

Sie entstehen durch die Reaktionen der Metalloxide mit Wasser (siehe Oxide).

Die Hydroxide der Alkali-, Erdalkali- und Erdmetalle sind (mit wenigen Ausnahmen) in Wasser löslich und bilden Laugen.

Schwermetallhydroxide ($Cu(OH)_2$, $Fe(OH)_3$, $Sn(OH)_2$, $Bi(OH)_3$ usw.) sind schwer löslich; sie werden aus den entsprechenden Salzlösungen durch Alkalilaugen ausgefällt:

$FeCl_3 + 3NaOH \rightarrow Fe(OH)_3 + 3NaCl$
$CuSO_4 + 2KOH \rightarrow Cu(OH)_2 + K_2SO_4$
usw.

Schwer lösliche Hydroxide haben oft charakteristische Farben,
z. B. $Cu(OH)_2$ blau;
$Fe(OH)_2$ grün;
$Fe(OH)_3$ rotbraun;
$Pb(OH)_2$ weiß.

Schwefel, Symbol S (lat. Sulfur = Schwefel) $_{16}S$:

Große Lagerstätten für freien Schwefel gibt es in Sizilien, Japan und Texas.

Eigenschaften:
Relative Atommasse 32,06;
Dichte 2,06 g/cm³;
Schwefel bildet drei Modifikationen: Rhombischer Schwefel (α-Schwefel), monokliner Schwefel (β-Schwefel) und elastischer Schwefel (λ-Schwefel).

Bei Zimmertemperatur ist rhombischer Schwefel die beständigste Modifikation; sie bildet gelbe, spröde, geruch- und geschmacklose Kristalle, die in Wasser unlöslich, in Alkohol und Ether schwer löslich und in Schwefelkohlenstoff (CS_2) leicht löslich sind.

Oberhalb von 96 °C ist der monokline Schwefel beständig; er bildet nadelförmige Kristalle, mit hellgelber Farbe. Der elastische Schwefel entsteht aus Schwefelschmelzen, die plötzlich abgeschreckt werden (in kaltem Wasser).

Schwefel verbrennt an der Luft mit blauer Flamme zu Schwefeldioxidgas (SO_2), das sich mit der Luftfeuchtigkeit zu Schwefliger Säure verbindet.
Bei höherer Temperatur verbindet sich Schwefel direkt mit Metallen zu Sulfiden:

$$2Na + S \rightarrow Na_2S$$

Mit Wasserstoffgas reagiert Schwefel zu Schwefelwasserstoffgas (H_2S, äußerst giftig!).

Herstellung:
Aus unterirdischen Lagerstätten wird Schwefel mit überhitztem Wasserdampf verflüssigt und hochgetrieben. Schwefelhaltiges Gestein wird erhitzt und die Schwefeldämpfe kondensiert.

Verwendung:
Zur Herstellung von Schwefelsäure und Insektiziden; zur Vulkanisation von Kautschuk zu Gummi; Farben (Ultramarin); zur Schwarzpulverherstellung u. a. Ein kleiner Teil Schwefel wird zu pharmazeutischen Präparaten und zu kosmetischen Erzeugnissen verarbeitet.

Wichtige Verbindungen

Schwefeldioxid SO_2:

Eigenschaften:
Es ist ein farbloses, stechend riechendes, nicht brennbares Gas, das auch die Verbrennung nicht unterhält;
in Wasser leicht löslich: bei 20 °C lösen sich 40 l SO_2-Gas in 1 l Wasser;
SO_2 wirkt reduzierend und daher bleichend auf Farbstoffe von Seide und Wolle.

Herstellung:
Verbrennung von Schwefel oder schwefelhaltigen Stoffen:

$$S + O_2 \rightarrow SO_2$$

bzw.

$$4FeS_2 + 11O_2 \rightarrow 2Fe_2O_3 + 8SO_2$$

Verwendung:
Zum Ausschwefeln von Weinfässern;
zur Herstellung der Schwefelsäure (Zwischenprodukt).

Schweflige Säure H_2SO_3:

Sie entsteht bei der Reaktion von SO_2 mit Wasser;
ist nur in wässriger Lösung beständig;
Reduktionsmittel, geht leicht in Schwefelsäure (H_2SO_4) über.
Ihre Salze heißen Sulfite, z. B. ist Calciumhydrogensulfit ($Ca(HSO_3)_2$) in der Sulfitlauge der Papierherstellung enthalten.

Schwefelsäure H_2SO_4:

Eigenschaften:
Konzentrierte Schwefelsäure ist eine sirupartige, farb- und geruchlose Flüssigkeit; stark hygroskopisch, sogar aus Verbindungen wird Wasser abgespalten (Verkohlen von Holz und Geweben);
bei dieser Reaktion mit Wasser wird viel Energie freigesetzt, sodass durch lokale Erhitzung beim Eingießen von Wasser auf Schwefelsäure ein Siedevorgang heiße Säure herausspritzen lässt.

„Gieße niemals Wasser auf Säure,
sonst geschieht das Ungeheure."

In dieser exothermen Reaktion entstehen Schwefelsäurehydrate ($H_2SO_4 \cdot H_2O$; $H_2SO_4 \cdot 2H_2O$; $H_2SO_4 \cdot 4H_2O$).

Schwefelsäure ist eine starke Säure, d. h., in wässriger Lösung zerfällt sie vollständig in Ionen;
sie reagiert daher mit allen Metallen, die in der Spannungsreihe oberhalb des Wasserstoffs stehen (unedle Metalle) unter Wasserstoffgasbildung, z. B.:

$$Zn + H_2SO_4 \rightarrow ZnSO_4 + H_2$$

Dabei sollte die Säure etwas verdünnt sein, da die konzentrierte Säure von dem entwickelten Wasserstoff bis zum Schwefelwasserstoff reduziert wird.
Eisen hat eine Sonderstellung: Von konzentrierter Schwefelsäure wird es nicht angegriffen, dagegen von verdünnter.

Metalle, die in der Spannungsreihe unterhalb des Wasserstoffs stehen (edlere Metalle wie Cu, Hg, Ag) reduzieren die Schwefelsäure zu Schwefliger Säure (bzw. zu SO_2):

Chemie

$$Cu + 2H_2SO_4 \rightarrow CuSO_4 + 2H_2O + SO_2$$

Als schwer flüchtige Säure verdrängt sie die leichter flüchtigen Säuren aus ihren Salzen:

$$H_2SO_4 + CaCl_2 \rightarrow CaSO_4 + 2HCl$$

bzw.

$$H_2SO_4 + CaF_2 \rightarrow CaSO_4 + 2HF$$
$$H_2SO_4 + Na_2SO_3 \rightarrow Na_2SO_4 + H_2SO_3$$

Salze der Schwefelsäure sind die Sulfate, die als Minerale häufig vorkommen, z. B. Gips $CaSO_4$, Glaubersalz Na_2SO_4, Alaun $K_2SO_4 \cdot Al_2(SO_4)_3 \cdot 24H_2O$.

Herstellung:
Aus Schwefeldioxid wird katalytisch Schwefeltrioxid (fest) gewonnen, das in Wasser eingeleitet wird:

$$S + O_2 \rightarrow SO_2$$
$$2SO_2 + O_2 \rightarrow 2SO_3$$
$$SO_3 + H_2O \rightarrow H_2SO_4$$

Als Katalysator dient Vanadiumpentoxid (V_2O_5).

Verwendung:
Durch die hygroskopische Wirkung kann Schwefelsäure zum Trocknen von Gasen (außer Ammoniak) verwendet werden;
in der Organischen Chemie als Wasser entziehender Hilfsstoff z. B. bei der Veresterung.
Einsatz bei vielen Synthesen wie Düngerherstellung, Zellwolle-, Explosivstoff-Herstellung, als Elektrolyt, z. B. im Bleiakku usw.

Selen, Symbol Se (griech. selene = der Mond) $_{34}$Se:

Relative Atommasse 78,96;
Dichte 4,82 g/cm³;
seltene graue metallische Modifikation;
die rote Modifikation ist nichtmetallisch und unbeständig;
wird in Belichtungsmessern eingesetzt, da das Metall bei Belichtung einen zunehmend schwächeren Widerstand hat.

Tellur, Symbol Te (lat. tellus = Erde) $_{52}$Te:

Relative Atommasse 127,60;
Dichte 6,25 g/cm³;
sehr seltenes Metall; Anwendung in der Halbleitertechnik.

Polonium, Symbol Po $_{84}$Po:

Radioaktives Element, chemisch bedeutungslos.

16.8 Die VII. Hauptgruppe – Halogene

Sämtliche Halogene sind zweiatomig, sie erreichen dadurch die Edelgaskonfiguration. Der Name Halogene stammt aus dem Griechischen (halo = Salz, gennan = erzeugen) und deutet auf den Salzcharakter ihrer Metallverbindungen hin.

Fluor, Symbol F (lat. fluere = fließen) $_9F$:

Relative Atommasse 19,00;
Dichte 1,11 g/cm³;
reaktionsfähigstes Element;
farbloses, in hohen Konzentrationen auch gelbgrünes Gas (F_2);
reagiert mit Wasserstoff sogar im Dunkeln explosionsartig:

$$F_2 + H_2 \rightarrow 2HF$$

Es besitzt einen durchdringenden, chlorähnlichen Geruch. Beim Einatmen ruft es schwere Entzündungen der Atemwege hervor und verursacht bei der Berührung mit der Haut starke Verätzungen.

Fluor kann aus Verbindungen nur durch Elektrolyse hergestellt werden.

Wichtigste Verbindung ist die Flusssäure (HF), die zum Glasätzen verwendet wird; sie kann nur in Polyethylenflaschen aufbewahrt werden.

Natriumfluorid (NaF) wird in kleinen Mengen dem Trinkwasser zur Kariesvorsorge beigemengt.

Kyrolith (Natriumhexafluoroaluminat = $Na_3(AlF_6)$) setzt den Schmelzpunkt bei der Aluminiumgewinnung herab.

Chlor, Symbol Cl (griech. chloros = grün) $_{17}Cl$:

Eigenschaften:
Relative Atommasse 35,45;
Dichte 1,56 g/cm_3;
gelbgrünes, erstickend riechendes, nicht brennbares Gas (Cl_2), das zweieinhalbmal so schwer wie Luft ist;
sehr reaktionsfähiges Gas, das mit fast allen Elementen reagiert, außer den Edelgasen;
mit Sauerstoff, Stickstoff und Kohlenstoff reagiert es nur zögernd;
in Wasser löst es sich zu Chlorwasser (Gemisch aus hypochloriger Säure (HClO) und Salzsäure):

$$H_2O + Cl_2 \rightarrow HClO + HCl$$

Die hypochlorige Säure zerfällt unter Lichteinwirkung in Salzsäure und atomaren Sauerstoff, der keimtötende und bleichende Wirkung hat:

$$HClO \rightarrow HCl + O$$

Chemie

Reaktion mit Metallen:

$$Zn + Cl_2 \rightarrow ZnCl_2$$
$$Cu + Cl_2 \rightarrow CuCl_2$$
usw.

Reaktion mit Wasserstoff (Chlorknallgas):

$$H_2 + Cl_2 \rightarrow 2HCl$$

Die Reaktion wird durch Licht ausgelöst.

Beim Umgang mit Chlor sind wegen seiner Giftigkeit besondere Schutz- und Vorsichtsmaßnahmen erforderlich. Schon weniger als 1 % Chlor in der Luft können beim Menschen rasch zum Tode führen, da es Luftwege und Lungenbläschen verätzt.

Herstellung:
Durch Chloralkalielektrolyse aus Kochsalzlösung (siehe Natrium); durch Reaktion von Kaliumpermanganat ($KMnO_4$) oder Braunstein (MnO_2) mit Salzsäure:

$$2KMnO_4 + 16HCl \rightarrow 2KCl + 2MnCl_2 + 8H_2O + 5Cl_2$$

bzw.

$$MnO_2 + 4HCl \rightarrow MnCl_2 + 2H_2O + Cl_2$$

Verwendung:
Für unzählige Chlorverbindungen, wie Salzsäure (HCl), Chlorkalk ($Ca(ClO)_2$) sowie für Metallchloride und Chlorverbindungen in der Organischen Chemie; zum Entzinnen von Weißblech; als Desinfektionsmittel für Trinkwasser; als Bleichmittel in der Papierindustrie usw.

Chemie

Chlorwasser und Salzsäure HCl:

Chlorwasserstoffgas entsteht durch Verbrennung von Wasserstoff in Chlorgas:

$$H_2 + Cl_2 \rightarrow 2HCl$$

oder aus Chloriden durch konzentriertes H_2SO_4:

$$2NaCl + H_2SO_4 \rightarrow Na_2SO_4 + 2HCl$$

Das Gas ist farblos, stechend riechend, nebelt an der Luft;
in Wasser sehr gut löslich (1 l Wasser löst 450 l Chlorwasserstoff);
dabei entsteht Salzsäure (HCl), die nur in wässriger Lösung existiert (max. 42,7 % bei 15 °C).
Salzsäure ist eine starke Säure, sie ist in verdünnter Lösung zu 100 % dissoziiert (in Ionen zerfallen).
Sie reagiert mit unedlen Metallen (Zn, Mg, Fe usw.) unter Wasserstoffgasentwicklung, wobei ihre Salze, die Chloride entstehen, z. B.:

$$Mg + 2HCl \rightarrow MgCl_2 + H_2$$

Edle Metalle, die in der Spannungsreihe unter Wasserstoff stehen, werden von Salzsäure nicht angegriffen, aber deren Oxide; daher wird Salzsäure zur Reinigung dieser Metalle eingesetzt:

$$CuO + 2HCl \rightarrow CuCl_2 + H_2O$$

Brom, Symbol Br (griech. bromos = der Gestank) $_{35}$Br:

Relative Atommasse 79,91;
Dichte 3,14 g/cm³;
übelriechende, rotbraune, giftige Flüssigkeit, die leicht Dämpfe entwickelt (Br_2);
wirkt ätzend auf die Atemorgane;
reagiert mit vielen unedlen Metallen zu Bromiden:

$$Zn + Br_2 \rightarrow ZnBr_2$$

Bromwasserstoff (HBr) ähnelt wie die Bromwasserstoffsäure der entsprechenden Chlorverbindung.
Bestimmte Bromverbindungen sind Bestandteile in Beruhigungsmitteln.

Jod, Symbol I (griech. iodeides = violett) $_{53}$I:

Relative Atommasse 126,90;
Dichte 4,94 g/cm³;
grau metallisch glänzende Kristallplättchen, die bei Zimmertemperatur in violettes Gas (I_2) übergehen (Sublimieren, d. h., der flüssige Zustand wird ausgelassen);
löst sich nur schwer in Wasser (Jodwasser), gut in Alkohol (Jodtinktur), sehr gut in Kaliumjodidlösung (Jod-Jodkali);
reagiert wie die übrigen Halogene, nur weniger intensiv;
wird zum Nachweis von Stärke verwendet.
Jodwasserstoffsäure ist eine sehr starke Säure.

Astat, Symbol At (griech. astaton = das Unbeständige) $_{85}$At:

Radioaktives Element, chemisch unbedeutend.

16.9 Die VIII. Hauptgruppe – Edelgase

Helium, Symbol He (griech. helios = Sonne) $_2$He:

Relative Atommasse 4,00;
Dichte 0,18 g/l.
Helium wird wegen seiner geringen Dichte als Füllgas für Luftschiffe und Ballons verwendet.

Neon, Symbol Ne (griech. neos = neu) $_{10}$Ne:

Relative Atommasse 20,18;
Dichte 0,84 g/l.
Neon dient als Kältemittel in Kühlanlagen und zum Füllen von Leuchtstoffröhren und Glühlampen.

Argon, Symbol Ar (griech. argos = träge) $_{18}Ar$:

Relative Atommasse 39,95;
Dichte 1,66 g/l.
Argon dient als Schutzgas beim Schweißen; es hält den Sauerstoff von der Schweißstelle ab und schützt das Metall vor der Verbrennung.
Es ist als Argonlaser in der Augenheilkunde im Einsatz.

Krypton, Symbol Kr (griech. kryptos = verborgen) $_{36}Kr$:

Relative Atommasse 83,80;
Dichte 3,48 g/l.
Krypton dient als Füllgas in Glühlampen.
Viele Glühlampen werden mit Krypton und Xenon gefüllt, um ein Durchbrennen der Glühwendel zu verhindern. Dadurch kann die Glühtemperatur auf ca. 2500 °C gesteigert werden.

Xenon, Symbol Xe (griech. senos = fremd) $_{54}Xe$:

Relative Atommasse 131,29;
Dichte 5,49g/l.
Xenon wird in Elektronenblitzgeräten verwendet.

Radon, Symbol Rn (lat. radius = Strahl) $_{86}Rn$:

Radon ist ein unbeständiges, radioaktives Element;
unter Normalbedingungen farblos, geruchlos und geschmacklos.

Die Edelgase sind chemisch unbedeutend; zwar gibt es Verbindungen, vor allem von Xenon (Fluoride und Oxide), sie sind aber nur von theoretischem Interesse. In Entladungsröhren (Neonröhren) leuchten sie mit charakteristischen Farben. Da sie äußerst reaktionsträge sind (Edelgaskonfiguration), bilden sie auch nur einatomige Gase.

17. Die Nebengruppenelemente

Bei Nebengruppenelementen handelt es sich um Metalle, die sich durch die Elektronenzahl der vorletzten Schale unterscheiden. Da diese Elektronen relativ leicht in die äußerste Schale angehoben werden können, haben diese Elemente mehrere Wertigkeiten, je nach Zahl der beanspruchten Elektronen. Dabei gilt die Halbbelegung und die Vollbelegung der vorletzten Schale als energetisch stabil, sodass Valenzelektronen zur Auffüllung heruntergeholt oder sechste und siebte Elektronen zu Valenzelektronen angehoben werden.
Lanthanide und Actinide sind alle zweiwertig, da von ihnen die drittletzte Schale mit Elektronen aufgefüllt wird.

Die einzelnen Nebengruppen sind:
- Kupfergruppe (Ia),
- Zinkgruppe (IIa),
- Scandiumgruppe (IIIa),
- Titangruppe (IVa),
- Vanadiumgruppe (Va),
- Chromgruppe (VIa),
- Mangangruppe (VIIa),
- Eisen-Kobalt-Nickel-Gruppe (VIIIa).

Tabellenausschnitt aus dem PSE (Nebenguppen):

IIIa	IVa	Va	VIa	VIIa	VIIIa			Ia	IIa
$_{21}$Sc	$_{22}$Ti	$_{23}$V	$_{24}$Cr	$_{25}$Mn	$_{26}$Fe	$_{27}$Co	$_{28}$Ni	$_{29}$Cu	$_{30}$Zn
$_{39}$Y	$_{40}$Zr	$_{41}$Nb	$_{42}$Mo	$_{43}$Tc	$_{44}$Ru	$_{45}$Rh	$_{46}$Pd	$_{47}$Ag	$_{48}$Cd
$_{57}$La	$_{72}$Hf	$_{73}$Ta	$_{74}$W	$_{75}$Re	$_{76}$Os	$_{77}$Ir	$_{78}$Pt	$_{79}$Au	$_{80}$Hg
$_{89}$Ac	$_{104}$Db	$_{105}$Jl							

Lanthaniden (sie folgen auf $_{57}$La):

$_{58}$Ce $_{59}$Pr $_{60}$Nd $_{61}$Pm $_{62}$Sm $_{63}$Eu $_{64}$Gd $_{65}$Tb $_{66}$Dy $_{67}$Ho $_{68}$Er $_{69}$Tm $_{70}$Yb $_{71}$Lu

Actiniden (sie folgen auf $_{89}$Ac):

$_{90}$Th $_{91}$Pa $_{92}$U $_{93}$Np $_{94}$Pu $_{95}$Am $_{96}$Cm $_{97}$Bk $_{98}$Cf $_{99}$Es $_{100}$Fm $_{101}$Md $_{102}$Na $_{103}$Lr

17.1 Die Ia – Kupfergruppe

Kupfer, Symbol Cu (lat. cuprum nach Cypern) $_{29}$Cu:

Relative Atommasse 107,87;
Dichte 8,96 g/cm³;
hellrotes Metall, weich und zäh;
hat nach Silber die beste Leitfähigkeit aller Metalle;
oxidiert an der Luft zu grüner Patina ($CuCO_3$, $CuSO_4$, $CuCl_2$, $Cu(OH)_2$). Grünspan ist giftiges Kupferacetat ($CuAc_2$, organische Verbindung).

Als edles Metall entwickelt es mit Säuren keinen Wasserstoff, es reagiert nur mit oxidierenden Säuren.

Herstellung:
Aus Kupfererzen wird es durch Reduktion mit Koks gewonnen:

$$2Cu_2O + C \rightarrow CO_2 + 4Cu$$

Anschließend erfolgt elektrolytische Reinigung.

Verwendung:
Als Legierungsbestandteil (Messing 70 % Cu + 30 % Zn);
als Stromleiter (Drähte, Kabel).

Wichtige Kupferverbindungen sind Kupfer(I)-oxid (Cu_2O) und Kupfersulfat ($CuSO_4$), das als Schädlingsgift, z. B. gegen Rebläuse an Weinpflanzen, Verwendung findet.

Chemie

Silber, Symbol Ag (lat. argentum) $_{47}$Ag:

Relative Atommasse 107,87;
Dichte 10,49 g/cm³;
silberweißes, weiches, sehr dehnbares Metall;
lässt sich zu feinsten Fäden (Filigrandraht) ausziehen;
es ist ein edles Metall, das an der Luft nicht oxidiert (kommt daher auch gediegen, also in elementarer Form vor);
Schwärzungen entstehen durch Reaktion von Silber mit Schwefelwasserstoff, wobei Silbersulfid (schwarz) entsteht:

$$4Ag + 2H_2S + O_2 \rightarrow 2Ag_2S + 2H_2O$$

Silber wird nur von heißer Salpetersäure (Scheidewasser) gelöst, es entsteht Silbernitrat:

$$3Ag + 4HNO_3 \rightarrow 3AgNO_3 + NO + 2H_2O$$

Herstellung:
Aus den Erzen durch Cyanidlaugerei mit Natriumcyanid:

$$Ag_2S + 4NaCN \rightarrow 2Na[Ag(CN)_2] + Na_2S$$

Anschließend erfolgt die Reinigung durch Elektrolyse (Möbiusverfahren).

Verwendung:
Als Schmuck, zum Versilbern und Verspiegeln; als Legierungsbestandteil, z. B. Silberamalgam als Plombenmaterial für Zahnfüllungen.
Wichtige Verbindungen sind Silbernitrat ($AgNO_3$ = Höllenstein), das in der Medizin als Ätzmittel verwendet wird, und Silberhalogenide (werden in der Fotografie als lichtempfindliche Emulsionen eingesetzt), aus denen das Licht schwarze Silberatome entstehen lässt:

$$2AgCl \rightarrow 2Ag + Cl_2$$

Gold, Symbol Au (lat. aurum) $_{79}Au$:

Relative Atommasse 197,97;
Dichte 19,32 g/cm³;
gelbes, glänzendes und weiches Edelmetall, das sich extrem dünn auswalzen und dehnen lässt;
an der Luft und auch in Säuren wird es nicht oxidiert (Ausnahme Königswasser); von Chlorwasser und Kaliumcyanid (KCN) wird Gold angegriffen.

Herstellung:
Gold kommt gediegen vor, wird daher wegen seines hohen spezifischen Gewichtes aus dem Gestein ausgewaschen (Schlämmen) oder mit Quecksilber amalgamiert (durch Erhitzen verdampft das Quecksilber) oder durch Cyanidlaugerei gebunden und schließlich elektrolytisch rein gewonnen:

$$4Au + 8NaCN + 2H_2O + O_2 \rightarrow 4Na[Au(CN)_2] + 4NaOH$$

Verwendung:
Als Währungsdeckung;
als Schutzschicht beim Vergolden unedlerer Metalle;
zu Schmuckzwecken wird Gold mit Silber und Kupfer legiert, da die Legierung härter ist.
Der Reinheitsgehalt wird in Karat angegeben (wie bei Silber): 24 Karat ist reines Gold (100 %); 18 Karat 75 % Gold; 8 Karat 33,3 % Gold.

17.2 Die IIa – Zinkgruppe

Zink, Symbol Zn (lat. zincum = zackig) $_{30}Zn$:

Relative Atommasse 65,37;
Dichte 7,14 g/cm³;
bläulich weißes Metall, bei Zimmertemperatur spröde, bei 100–150 °C weich und dehnbar;
überzieht sich an der Luft mit einer fest haftenden Schutzschicht aus basischem Zinkcarbonat ($ZnCO_3 \cdot Zn(OH)_2$) und wird daher von Wasser nicht angegriffen: Rostschutz für Eisen;

mit Säuren entwickelt Zink als unedles Metall Wasserstoff:

$$Zn + 2HCl \rightarrow ZnCl_2 + H_2$$

Herstellung:
Aus Zinkerzen mit Schwefelsäure, anschließende Elektrolyse:

$$ZnCO_3 + H_2SO_4 \rightarrow ZnSO_4 + H_2O + CO_2$$

Verwendung:
Als Rostschutz für Eisenbleche, z. B. im Fahrzeugbau;
als Legierungsbestandteil, z. B. in Messing (ca. 30 % Zink).

Als Zinkverbindungen haben Bedeutung:
Zinkoxid (ZnO) als weißes Pigment in Malerfarben;
in Zinksalbe gegen Brandwunden
und als Zusatz bei der Vulkanisation von Kautschuk zu Gummi.

Zinkchlorid ($ZnCl_2$), ein Bestandteil des Lötwassers, wird als Flussmittel verwendet.

Zinksulfid (ZnS) leuchtet beim Auftreffen radioaktiver Strahlung und von Röntgenstrahlung auf.

Cadmium, Symbol Cd (griech. cadmia, ein Zinkerz) $_{48}Cd$:

Relative Atommasse 112,41;
Dichte 8,65 g/cm³;
Verwendung für Ni/Cd-Akkus.

Quecksilber, Symbol Hg (griech. Hydrargyrum = Wassersilber) $_{80}Hg$:

Relative Atommasse 200,59;
Dichte 13,53 g/cm³;
einziges bei Zimmertemperatur flüssiges Metall;
sehr giftig, verdampft leicht;
Quecksilberreste müssen daher vollständig entfernt werden (Amalgambildung mit Zinkpulver);
Verwendung als Thermometerfüllung;
als Silberamalgam in Zahnfüllungen.

Quecksilber(I)-chlorid (Kalomel, HgCl) wird als Elektrodenmaterial verwendet;
Quecksilber(II)-oxid (HgO) spaltet beim Erhitzen Sauerstoff ab;
Quecksilber(II)-sulfid (HgS) löst sich auch in Säuren nicht, ist daher ungiftig;
bekannt als Zinnober, orangerotes Farbpigment.

Chemie

17.3 Die IIIa – Scandiumgruppe

Scandium, Symbol Sc (abgeleitet von Scandinavien) $_{21}Sc$:

Relative Atommasse 44,96;
Dichte 2,99 g/cm³.

Yttrium, Symbol Y (von Ytterby, schwed. Ort) $_{39}Y$:

Relative Atommasse 88,91;
Dichte 4,47 g/cm³.

Lanthan, Symbol La (griech. lanthanein = verborgen) $_{57}La$:

Relative Atommasse 138,91;
Dichte 6,17 g/cm³.
Die Lanthaniden (mit der Ordnungszahl 58–71) sind chemisch unbedeutend.

Actinium, Symbol Ac (griech. aktionoeis = strahlend) $_{89}Ac$:

Unbedeutend.
Actiniden: radioaktive Elemente mit der Ordnungszahl 90–103;
Uran ($_{92}U$) dient als Ausgangselement für Kernbrennstoffe.

Chemie

17.4 Die IVa – Titangruppe

Titan, Symbol Ti (nach Titan, griech. Sagengestalt) $_{22}Ti$:

Relative Atommasse 47,88;
Dichte 4,51 g/cm³;
relativ häufiges Metall, stahlglänzend, nur bei höherer Temperatur Reaktionen mit Sauerstoff.
Wichtiger Legierungsbestandteil für Stahl, geeignet für Flugzeugbau und Raketentechnik.
Titan(IV)-oxid (TiO_2) ist ein weißes Farbpigment, für gut deckende Anstriche.

Zirkonium, Symbol Zr (nach dem Halbedelstein Zirkon) $_{40}Zr$:

Relative Atommasse 91,22;
Dichte 6,49 g/cm³.

Hafnium, Symbol Hf (nach Hafnia = Kopenhagen) $_{72}$Hf:

Relative Atommasse 178,49;
Dichte 13,31 g/cm³.

17.5 Die Va – Vanadiumgruppe

Vanadium, Symbol V (Vanadis, german. Göttin) $_{23}$V:

Relative Atommasse 50,94;
Dichte 6,09 g/cm³.

Niob, Symbol Nb (nach Niobe, griech. Sagengestalt) $_{41}$Nb:

Relative Atommasse 92,91;
Dichte 8,58 g/cm³.

Tantal, Symbol Ta (nach Tantalus, griech. Sagengestalt) $_{73}$Ta:

Relative Atommasse 180,95;
Dichte 16,68 g/cm³.

Chemie

17.6 Die VIa – Chromgruppe

Chrom, Symbol Cr (griech. chromos = Farbe) $_{7}$Cr:

Relative Atommasse 52,00;
Dichte 7,19 g/cm³;
glänzendes Metall, als Korrosionsschutz für Eisen;
Kaliumdichromat ($K_2Cr_2O_7$), ein Oxidationsmittel, wird zum Alkoholnachweis in der Atemluft verwendet – es färbt sich dabei von gelb nach grün;
Cr(VI) (gelb) wird zu Cr(III) (grün) reduziert und der Alkohol wird oxidiert.

Molybdän, Symbol Mo (griech. molybdos = Blei) $_{42}$Mo:

Relative Atommasse 95,94;
Dichte 10,28 g/cm³;
wichtiger Legierungsbestandteil im Stahl.

Wolfram, Symbol W (nach dem Mineral Wolframit) $_{74}W$:

Relative Atommasse 183,85;
Dichte 19,26 g/cm³;
Legierungsbestandteil im Stahl.

17.7 Die VIIa – Mangangruppe

Mangan, Symbol Mn (griech. manganizein = reinigen) $_{25}Mn$:

Relative Atommasse 54,94;
Dichte 7,43 g/cm³;
in Stahllegierungen.

Wichtige Verbindungen:

Kaliumpermanganat ($KMnO_4$), wichtiges Oxidationsmittel, z. B. zur Chlorherstellung:

$$2KMnO_4 + 16HCl \rightarrow 2MnCl_2 + 5Cl_2 + 8H_2O + 2KCl$$

Braunstein (MnO_2), Oxidationsmittel, als Katalysator für den Wasserstoffperoxidzerfall:

$$2H_2O_2 \rightarrow 2H_2O + O_2$$

Technetium, Symbol Tc $_{43}Tc$:

Technetium kommt in der Natur nicht vor und kann nur künstlich hergestellt werden;
Dichte 11,49 g/cm³.

Rhenium, Symbol Re $_{75}Re$:

Relative Atommasse 186,21;
Dichte 21,03 g/cm³;
silberweiß glänzendes, seltenes, schweres, mehrwertiges Übergangsmetall;
sehr hoher Schmelzpunkt, sehr hohe Dichte.

17.8 Die VIIIa – Eisen-Kobalt-Nickel-Gruppe

Eisen, Symbol Fe (lat. ferrum = Eisen) $_{26}$Fe:

Relative Atommasse 55,85;
Dichte 7,86 g/cm³;
häufiges, zähes, silberweißes Metall, magnetisierbar;
oxidiert an feuchter Luft (Rosten);
muss daher als wichtigstes Metall (Karosseriebau) vor Korrosion geschützt werden;
reagiert mit verdünnten Säuren (HCl):

$$2Fe + 6HCl \rightarrow 2FeCl_3 + 3H_2$$

Vielfache Verwendung im Fahrzeugbau;
für Eisenkerne in Transformatoren;
Werkzeuge; f
ür Stahllegierungen.

Wichtige Verbindungen:

Eisen(II)-sulfat ($FeSO_4 \cdot 7H_2O$), grüne Kristalle, für Eisentinten;

Eisen(III)-chlorid ($FeCl_3 \cdot 6H_2O$), gelbe Masse, hygroskopisch;
dient zum Ätzen von Kupferbeschichtungen in der Elektronik (Platinen):

$$Cu + 2FeCl_3 \rightarrow CuCl_2 + 2FeCl_2$$

Cobalt, Symbol Co (von Kobold, ein Berggeist) $_{27}$Co:

Relative Atommasse 58,93;
Dichte 8,90 g/cm³;
Bestandteil harter Stahllegierungen.

Nickel, Symbol Ni (von Nickel, ein Berggeist) $_{28}$Ni:

Relative Atommasse 58,71;
Dichte 8,90 g/cm³;
Bestandteil von Werkzeugstahl und anderen Sonderlegierungen mit guter Korrosionsbeständigkeit.

Die Platinmetalle Ruthenium (Ru), Rhodium (Rh), Palladium (Pd), Osmium (Os), Iridium (Ir) und Platin (Pt):

Sie gehören zu den edelsten Metallen und werden häufig als Katalysatoren in der Technik eingesetzt.

18. Schadstoffe und Umwelt

18.1 Schadstoffe

Chemische Elemente oder chemische Verbindungen, die entweder selbst oder durch ihre Abbauprodukte Schäden beim Menschen und in der Umwelt hervorrufen, werden als Schadstoffe bezeichnet. Dabei genügt bereits eine wesentliche Beeinträchtigung des Wohlbefindens, z. B. die Belästigung durch einen unangenehm riechenden Stoff.

Wirkung von Schadstoffen:

Schäden entwickeln sich manchmal erst dann intensiv, wenn mehrere Schadstoffe und bestimmte Bedingungen zusammentreffen, z. B. intensive Sonneneinstrahlung bei Anwesenheit von Stickstoffoxiden und Kohlenwasserstoff-Bildung von Sommersmog (Ozon).

Ob ein Stoff als Schadstoff bezeichnet werden kann, hängt auch entscheidend von seiner Konzentration ab.

Vermeidung von Schadstoffen:

Die Schadwirkung eines Stoffes wird oft erst viele Jahre nach seiner Ingebrauchnahme erkannt (z. B. FCKW). Viele Schadstoffe werden heute nicht mehr verwendet oder in ihrem Einsatz eingeschränkt.

Beispiele:

Quecksilber
DDT (Dichlordiphenyltrichlorethan)
PCB (polychlorierte Biphenyle)
PCP (Pentachlorphenol)
FCKW

Entsorgung von Schadstoffen:

Um die Lebensqualität zu erhalten, ist eine möglichst vollständige Entsorgung von Schadstoffen nötig.
Aufarbeitung durch:
- Recycling (sortenreine Schadstoffe)
- Sammlungen (Schadstoffmobil)
- fachgerechte Entsorgung

18.2 Luftverunreinigung und Luftreinhaltung

Luftschadstoffe:

Die Luft wird durch Abgase im Rauch und in Stäuben bedrohlich verunreinigt und belastet.

Schwefeldioxid und Stickstoffoxide verursachen sauren Regen;
FCKW zerstören die Ozonhülle der Erde;
Kohlenstoffdioxid führt zu Klimaveränderungen (Treibhauseffekt);
beim Verbrennen von PVC entstehen chlorhaltige Dioxine.

Smog:

Wintersmog (saurer Smog) entsteht durch Rauchgase aus der Ofenheizung und durch Industrieabgase. Er enthält eine hohe Konzentration an Schwefeldioxid, Kohlenstoffmonoxid und auch Ruß.

Sommersmog (Fotosmog) bildet sich bei hoher Konzentration an Autoabgasen und bei intensiver Sonneneinstrahlung. Dieser Smog enthält giftiges Ozon.

Saurer Regen:

Gelangen Schwefeldioxid und Stickstoffoxide in die Atmosphäre, reagieren sie mit der Luftfeuchtigkeit zu Säuren, die zusammen mit den Niederschlägen sauren Regen bilden. Der saure Regen gilt als Hauptverursacher des Waldsterbens.

Die Entstehung von saurem Regen kann eingeschränkt werden, wenn die Emissionen von Schwefeldioxid und Stickstoffoxiden vermindert werden.

Treibhauseffekt:

Die Vorgänge in der Atmosphäre sind mit den Verhältnissen in einem Gewächshaus vergleichbar. Hauptverursacher des Treibhauseffektes sind Wasserdampf, Kohlenstoffdioxid, Methan und FCKW. Kohlenstoffdioxid wirkt wie eine Glasscheibe als Wärmefilter, es hält die Wärmestrahlung zurück.
Man befürchtet, dass die Jahrestemperaturen durch den Treibhauseffekt weiter ansteigen werden.

Stäube:

Stäube sind fein verteilte feste Stoffe in der Luft. Bleihaltige Stäube aus der Verbrennung verbleiten Benzins waren viele Jahre ein Umweltproblem. Auch sehr giftige Dioxine sind staubförmige Luftverunreinigungen. Asbestfasern können nach dem Einatmen Asbestose und Krebs hervorrufen.

Feinstäube mit einem Teilchendurchmesser unter 0,005 mm können durch die Lungenbläschen ins Blut gelangen. Besonders gefährlich sind Stäube der giftigen Schwermetalle Blei, Zink und Cadmium.

18.3 Wasserverunreinigung und Wasserschutz

Bedeutung des Wassers:

Sauberes Wasser braucht der Mensch zum Leben und zur Erholung in einer gesunden Umwelt, aber auch zur Herstellung vieler lebensnotwendiger Produkte.

Ohne Wasser ist kein Leben möglich. Der Pro-Kopf-Verbrauch an Trinkwasser hat sich in den letzten Jahrzehnten so gut wie verdoppelt.

Die Wasservorkommen werden durch Abwässer und Abfälle, durch Havarien von Öltankern, Pipelines und Tankfahrzeugen gefährlich verunreinigt. In Flüssen, Seen und im Grundwasser reichern sich vielerorts Schadstoffe so stark an, dass die Trink- und Brauchwasserversorgung gefährdet ist.

Gewässerschutz:

Der Schutz der Gewässer ist für das weitere Leben auf der Erde unabdingbar geworden. Jeder kann durch sorgsamen Umgang mit Trink- und Brauchwasser zur

Reinhaltung der Gewässer beitragen. Eine regelmäßige und sorgfältige Untersuchung der Gewässer und die Einhaltung der Schadstoff-Grenzwerte sichert die Qualität des Trinkwassers.

Abwasseraufbereitung:

Nach jeder Nutzung ist das Wasser durch Schadstoffe belastet. Kommunale Abwässer und Industrieabwässer müssen in Kläranlagen gereinigt werden, bevor man sie in die Oberflächengewässer einleitet. Über 90 % der anfallenden Abwässer werden heute in Kläranlagen gereinigt.

ZEICHEN UND SYMBOLE

1. Mathematik

Das griechische Alphabet

Großbuchstabe	Kleinbuchstabe	Benennung
Α	α	Alpha
Β	β	Beta
Γ	γ	Gamma
Δ	δ	Delta
Ε	ε	Epsilon
Ζ	ζ	Zeta
Η	η	Eta
Θ	θ, ϑ	Theta
Ι	ι	Iota
Κ	κ	Kappa
Λ	λ	Lambda
Μ	μ	My
Ν	ν	Ny
Ξ	ξ	Xi
Ο	ο	Omikron
Π	π	Pi
Ρ	ρ	Rho
Σ	σ	Sigma
Τ	τ	Tau
Υ	υ	Ypsilon
Φ	φ	Phi
Χ	χ	Chi
Ψ	ψ	Psi
Ω	ω	Omega

In der Mathematik am häufigsten verwendet:

Σ ≙ Großbuchstabe Sigma als Summenzeichen
Π ≙ Großbuchstabe Pi als Produktzeichen
Δ ≙ Großbuchstabe Delta als Differenzzeichen
π ≙ Kleinbuchstabe Pi als Kreiszahl (= 3,14...)

Die römischen Zahlen

1 – I	200 – CC
2 – II	300 – CCC
3 – III	400 – CD
4 – IV	500 – D
5 – V	600 – DC
6 – VI	700 – DCC
7 – VII	800 – DCCC
8 – VIII	900 – CM
9 – IX	1000 – M
10 – X	(990 – XM)
20 – XX	1500 – MD
30 – XXX	1900 – MCM
40 – XL	1940 – MCMXL
50 – L	1949 – MCMIL
60 – LX	1990 – MXM
70 – LXX	1999 – MIM
80 – LXXX	2000 – MM
90 – XC	2050 – MML
100 – C	2060 – MMLX
(99 – IC)	2200 – MMCC

Das Dualsystem

Das Dualsystem oder Zweiersystem wird auch dyadisches System oder Binärsystem genannt. Stellenwerte sind in ihm die Potenzen der Basis 2, also $2^0 = 1$, $2^1 = 2$, $2^2 = 4$, $2^3 = 8$, $2^4 = 16$, $2^5 = 32$, $2^6 = 64$, … Für die Dualziffern wird die Schreibweise 0 und 1 verwendet.

Dekadische Zahl	Darstellung $2^0 + 2^1 + \dots 2^n$	Dualzahl
0	$0 \cdot 2^0$	0
1	$1 \cdot 2^0$	1
2	$1 \cdot 2^1 + 0 \cdot 2^0$	10
3	$1 \cdot 2^1 + 1 \cdot 2^0$	11
4	$1 \cdot 2^2 + 0 \cdot 2^1 + 0 \cdot 2^0$	100
5	$1 \cdot 2^2 + 0 \cdot 2^1 + 1 \cdot 2^0$	101
6	$1 \cdot 2^2 + 1 \cdot 2^1 + 0 \cdot 2^0$	110
7	$1 \cdot 2^2 + 1 \cdot 2^1 + 1 \cdot 2^0$	111
8	$1 \cdot 2^3 + 0 \cdot 2^2 + 0 \cdot 2^1 + 0 \cdot 2^0$	1000
9	$1 \cdot 2^3 + 0 \cdot 2^2 + 0 \cdot 2^1 + 1 \cdot 2^0$	1001
•	•	•
•	•	•
•	•	•
•	•	•
30	$1 \cdot 2^4 + 1 \cdot 2^3 + 1 \cdot 2^2 + 1 \cdot 2^1 + 0 \cdot 2^0$	11110

Die wichtigsten Formeln im Überblick

Algebra

Rechengesetze und Umformungen

Kommutativgesetze der Addition und Multiplikation	$a + b = b + a$ $a \cdot b = b \cdot a$
Assoziativgesetze der Addition und Multiplikation	$a + (b + c) = (a + b) + c$ $a \cdot (b \cdot c) = (a \cdot b) \cdot c$
Distributivgesetz	$(a + b) \cdot c = a \cdot c + b \cdot c$
Produkt von Summen	$(a + b) \cdot (c + d) = a \cdot c + a \cdot d + b \cdot c + b \cdot d$
Binomische Formeln	$(a + b)^2 = a^2 + 2ab + b^2$ $(a - b)^2 = a^2 - 2ab + b^2$ $(a \pm b)^3 = a^3 \pm 3a^2b + 3ab^2 \pm b^3$ $(a + b) \cdot (a - b) = a^2 - b^2$
Binomischer Lehrsatz	$(a + b)^n = \binom{n}{0}a^n + \binom{n}{1}a^{n-1}b^1 + \binom{n}{n-1}a^1b^{n-1} + \binom{n}{n}b^n =$ $= \sum_{i=0}^{n} \binom{n}{i} a^{n-i}b^i$
Zerlegungen	$a^2 - b^2 = (a + b) \cdot (a - b)$ $a^3 + b^3 = (a + b) \cdot (a^2 - ab + b^2)$ $a^3 - b^3 = (a - b) \cdot (a^2 + ab + b^2)$ $a^n - b^n = (a - b) \cdot (a^{n-1} + a^{n-2} \cdot b + \ldots + a \cdot b^{n-2} + b^{n-1})$

Prozent- und Zinsrechnung

Grundwert G, Prozentsatz *p* (in %), Prozentwert *PW*	$PW = \frac{p}{100} \cdot G$
Kapital K(t), t Anzahl Verzinsungen, p Zinssatz, Z Zinswert am Jahresende	$Z = \frac{p}{100} \cdot K$ $K(t) = K_0 \cdot \left(1 + \frac{p}{100}\right)^t$

Rechnen mit Brüchen

Addition und Subtraktion	$\frac{a}{c} \pm \frac{b}{c} = \frac{a \pm b}{c}$
Multiplikation und Division	$\frac{a}{b} \cdot \frac{c}{d} = \frac{a \cdot c}{b \cdot d}$ $\quad \frac{x}{y} : \frac{r}{s} = \frac{x \cdot s}{y \cdot r}$

Mittelwerte

Betrachtet werden die Werte $w_1, w_2, \ldots w_n$:

Arithmetisches Mittel	$\overline{x} = \frac{w_1 + w_2 + \ldots + w_3}{n}$
Geometrisches Mittel	$\overline{x_g} = \sqrt[n]{w_1 \cdot w_2 \cdot \ldots \cdot w_n}$
Harmonisches Mittel	$\overline{x_h} = \frac{n}{\frac{1}{w_1} + \frac{1}{w_2} + \ldots + \frac{1}{w_n}}$

Rechnen mit Wurzeln, Logarithmen, Potenzen

Potenz	$x^n = x \cdot x \cdot x \cdot \ldots \cdot x$ (n – Faktoren)
Wurzel	$\sqrt[n]{x}, x \in R_0^+, n \in N$ ist die nicht negative Zahl, für die gilt: $(\sqrt[n]{x})^n = x$
Logarithmus	$\log_b a$, $a, b \in R^+, b \neq 1$ ist diejenige Zahl, mit der die Basis b potenziert werden muss, damit man den Potenzwert a erhält – also $x = \log_b a \Rightarrow b^x = a$

Potenzgesetze

Für $a, b \in R_0^+, n, m \in N$ gilt:

Besondere Potenzen ($a \neq 0$)	$a^0 = 1$ $a^{-n} = \frac{1}{a^n}$
Bei gleicher Basis ($a \neq 0$)	$a^n \cdot a^m = a^{n+m}$ $a^n : a^m = a^{n-m}$
Bei gleichem Exponent ($b \neq 0$)	$a^n \cdot b^n = (a \cdot b)^n$ $a^n : b^n = \frac{a^n}{b^n} = \left(\frac{a}{b}\right)^n$
Potenz einer Potenz	$(a^n)^m = a^{n \cdot m}$

Rechnen mit Wurzeln

Für $a, b \in \mathbb{R}_0^+$, $n, m \in \mathbb{N}$ gilt:

Wurzeln und Potenzen	$a^{\frac{1}{n}} = \sqrt[n]{a}$ $a^{\frac{m}{n}} = \sqrt[n]{a^m} = \left(\sqrt[n]{a}\right)^m$
Zusammenfassen von Wurzeln	$\sqrt[n]{a} \cdot \sqrt[n]{b} = \sqrt[n]{a \cdot b}$

Logarithmen

Für $a, b, c \in \mathbb{R}^+$, $a \neq 1$, $n \in \mathbb{N}$ gilt:

Besondere Logarithmen	$\log_a 1 = 0$ $\log_a a^n = n$
Zusammenfassen	$\log_a b + \log_a c = \log_a (b \cdot c)$ $\log_a b - \log_a c = \log_a \left(\frac{b}{c}\right)$ $r \cdot \log_a b = \log_a b^r$
Basiswechsel ($c \neq 1$)	$\log_a b = \frac{\log_c b}{\log_c a}$

Gleichungen höheren Grades

Lösungen der allgemeinen quadratischen Gleichung $ax^2 + bx + c = 0$

$x_{1/2} = \frac{-b \pm \sqrt{b^2 - 4ac}}{2a}$, falls $D = b^2 - 4ac \geq 0$, sonst keine reelle Lösung.

Lösung der quadratischen Gleichung in Normalform $x^2 + px + q = 0$

$x_{1/2} = -\frac{-p}{2}\sqrt{\frac{p^2}{4} - q}$, falls $D = p^2 - 4q \geq 0$, sonst keine reelle Lösung.

Satz von Vieta:
Sind x_1 und x_2 Lösungen der quadratischen Gleichung in Normalform, so gilt:
$x_1 + x_2 = -p$ und $x_1 \cdot x_2 = q$

Newton-Verfahren als Näherungsverfahren für Gleichungen höheren Grades:
Sei $f(x)$ rationales Polynom höheren Grades, mit bekannter Ableitung $f'(x)$, sowie x_1 eine Näherung für eine Nullstelle. Dann erhält man im Allgemeinen einen besseren Wert x_2 für die Nullstelle wie folgt:

$x_2 = x_1 - \frac{f(x_1)}{f'(x_1)}$

Proportionalitäten

Direkt proportionale Größen x (mit Werten $x_1, x_2, \ldots$) und y (mit Werten $y_1, y_2, \ldots$)	$\frac{x_1}{y_1} = \frac{x_2}{y_2} = \ldots$	„quotientengleich“
Indirekt proportionale Größen x (mit Werten $x_1, x_2, \ldots$) und y (mit Werten $y_1, y_2, \ldots$)	$x_1 \cdot y_1 = x_2 \cdot y_2 = \ldots$	„produktgleich“

Goldener Schnitt

Eine Strecke s wird durch T im goldenen Schnitt geteilt, falls

$$\frac{s}{x} = \frac{x}{s-x}$$

$$x = \frac{\sqrt{5}-1}{s-x} \cdot s$$

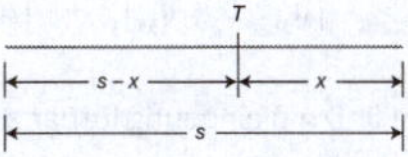

Determinanten und lineare Gleichungssysteme

2 × 2 Determinante:	$\begin{vmatrix} a & c \\ b & d \end{vmatrix} = ad - bcx$
3 × 3 Determinante bei Entwicklung nach der ersten Spalte:	$\begin{vmatrix} a & d & g \\ b & e & h \\ c & f & i \end{vmatrix} = a \cdot \begin{vmatrix} e & h \\ f & i \end{vmatrix} - b \cdot \begin{vmatrix} d & g \\ f & i \end{vmatrix} + c \cdot \begin{vmatrix} d & g \\ e & h \end{vmatrix}$
Regel von Sarrus:	$\det\left(\begin{pmatrix} a \\ b \\ c \end{pmatrix} \cdot \begin{pmatrix} d \\ e \\ f \end{pmatrix} \cdot \begin{pmatrix} g \\ h \\ i \end{pmatrix}\right) = \begin{vmatrix} a & d & g \\ b & e & h \\ c & f & i \end{vmatrix} =$ $= aei + dhc + gbf - (gec + ahf + dbi)$

Gleichungssystem mit zwei Gleichungen und zwei Unbekannten mit:

$a_{11} \cdot x + a_{12} \cdot y = b_1$

$a_{21} \cdot x + a_{22} \cdot y = b_2$

Lösung mit dem Determinantenverfahren:

$$D := \begin{vmatrix} a_{11} & a_{12} \\ a_{21} & a_{22} \end{vmatrix}; D_x := \begin{vmatrix} b_1 & a_{12} \\ b_2 & a_{22} \end{vmatrix}; D_y := \begin{vmatrix} a_{11} & b_1 \\ a_{21} & b_2 \end{vmatrix}$$

Für $D \neq 0$ eindeutig lösbar $x = \frac{D_x}{D}; y = \frac{D_y}{D}$

Für $D = 0$: keine Lösung, falls $D_x \neq 0$ oder $D_y \neq 0$
unendlich viele Lösungen, falls $D_x = D_y = 0$ und mindestens ein $a_{ij} \neq 0$

Gleichungssystem mit drei Gleichungen und drei Unbekannten mit:

$a_{11} \cdot x + a_{12} \cdot y + a_{13} \cdot z = b_1$
$a_{21} \cdot x + a_{22} \cdot y + a_{23} \cdot z = b_2$
$a_{31} \cdot x + a_{32} \cdot y + a_{33} \cdot z = b_3$

Lösung mit dem Determinantenverfahren:

$$D := \begin{vmatrix} a_{11} & a_{12} & a_{13} \\ a_{21} & a_{22} & a_{23} \\ a_{31} & a_{32} & a_{33} \end{vmatrix}; D_x := \begin{vmatrix} b_1 & a_{12} & a_{13} \\ b_2 & a_{22} & a_{23} \\ b_3 & a_{32} & a_{33} \end{vmatrix};$$

$$D_y := \begin{vmatrix} a_{11} & b_1 & a_{13} \\ a_{21} & b_2 & a_{23} \\ a_{31} & b_3 & a_{33} \end{vmatrix}; D_z := \begin{vmatrix} a_{11} & a_{12} & b_1 \\ a_{21} & a_{22} & b_2 \\ a_{31} & a_{32} & b_3 \end{vmatrix}$$

Für $D \neq 0$ eindeutig lösbar $x = \frac{D_x}{D}$; $y = \frac{D_y}{D}$; $z = \frac{D_z}{D}$

Für $D = 0$: keine Lösung, falls $D_x \neq 0$ oder $D_y \neq 0$ oder $D_z \neq 0$
unendlich viele Lösungen, falls $D_x = D_y = D_z = 0$ und mindestens ein $a_{ij} \neq 0$

Geometrie

Trigonometrie

Winkelfunktionen im rechtwinkligen Dreieck

$$\sin(\alpha) = \frac{\text{Gegenkathete}}{\text{Hypotenuse}}$$

$$\cos(\alpha) = \frac{\text{Ankathete}}{\text{Hypotenuse}}$$

$$\tan(\alpha) = \frac{\text{Gegenkathete}}{\text{Ankathete}}$$

$$\cot(\alpha) = \frac{\text{Ankathete}}{\text{Gegenkathete}}$$

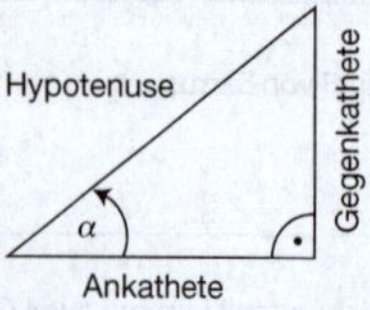

Bogenmaß-Gradmaß

Umrechnung $1° \triangleq \frac{1}{180°} \cdot \pi\,(rad)$

$1(rad) \triangleq \frac{180°}{\pi}$

Periodizität und Zusammenhänge im Bogenmaß
Sämtliche Beziehungen im Gradmaß gelten auch im Bogenmaß. Zu ersetzen sind $90°$ durch $\frac{\pi}{2}$, $180°$ durch π und $360°$ durch 2π.

Winkelfunktionen allgemein

Definitionsmengen

$f_1(\alpha) = \sin\alpha$	$D_{\sin\alpha} = \mathbb{R}$
$f_2(\alpha) = \cos\alpha$	$D_{\cos\alpha} = \mathbb{R}$
$f_3(\alpha) = \tan\alpha$	$D_{\tan\alpha} = \mathbb{R}\setminus\{\pm(2n+1)\cdot 90°, n \in \mathbb{N}_0\}$
$f_4(\alpha) = \cot\alpha$	$D_{\cot\alpha} = \mathbb{R}\setminus\{\pm n \cdot 180°, n \in \mathbb{N}_0\}$

Periodizität

Für $n \in \mathbb{N}_0$ gilt:

$$\cos(\alpha \pm n \cdot 360°) = \cos\alpha$$
$$\sin(\alpha \pm n \cdot 360°) = \sin\alpha$$
$$\tan(\alpha \pm n \cdot 180°) = \tan\alpha$$
$$\cot(\alpha \pm n \cdot 180°) = \cot\alpha$$

Zusammenhänge

$\sin(180° - \alpha) = \sin\alpha$	$\cos(180° - \alpha) = -\cos\alpha$
$\sin(\alpha - 180°) = -\sin\alpha$	$\cos(\alpha - 180°) = -\cos\alpha$
$\tan(180° - \alpha) = -\tan\alpha$	$\cot(180° - \alpha) = -\cot\alpha$
$\tan(\alpha - 180°) = \tan\alpha$	$\cot(\alpha - 180°) = \cot\alpha$
$\sin(360° - \alpha) = -\sin\alpha$	$\cos(360° - \alpha) = \cos\alpha$
$\tan(360° - \alpha) = -\tan\alpha$	$\cot(360° - \alpha) = -\cot\alpha$
$\sin(-\alpha) = -\sin\alpha$	$\cos(-\alpha) = \cos\alpha$
$\tan(-\alpha) = -\tan\alpha$	$\cot(-\alpha) = -\cot\alpha$

Zusammenhänge zwischen verschiedenen Winkelfunktionen

$\sin(90° - \alpha) = \cos\alpha$	$\cos(90° - \alpha) = \sin\alpha$
$\tan(90° - \alpha) = \cot\alpha$	$\cot(90° - \alpha) = \tan\alpha$

$$\tan\alpha = \frac{1}{\cot\alpha}$$

$$(\sin\alpha)^2 + (\cos\alpha)^2 = 1 \qquad 1 + (\tan\alpha)^2 = \frac{1}{(\cos\alpha)^2} \text{ falls } \alpha \neq \pm(2n+1)\cdot 90°$$

Additionstheoreme

$$\sin(\alpha + \beta) = \sin(\alpha)\cdot\cos(\beta) + \cos(\alpha)\cdot\sin(\beta)$$
$$\cos(\alpha + \beta) = \cos(\alpha)\cdot\cos(\beta) - \sin(\alpha)\cdot\sin(\beta)$$
$$\sin(\alpha - \beta) = \sin(\alpha)\cdot\cos(\beta) - \cos(\alpha)\cdot\sin(\beta)$$
$$\cos(\alpha - \beta) = \cos(\alpha)\cdot\cos(\beta) + \sin(\alpha)\cdot\sin(\beta)$$

Kosinussatz $c^2 = a^2 + b^2 - 2 \cdot a \cdot b \cdot \cos\gamma$

Sinussatz $\frac{\sin\alpha}{a} = \frac{\sin\beta}{b} = \frac{\sin\gamma}{c}$

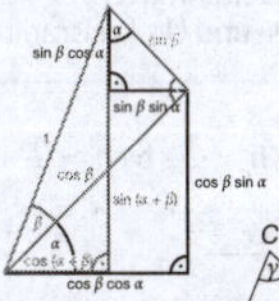

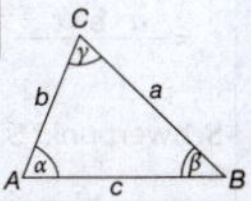

Winkelbetrachtungen

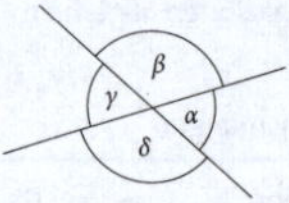

Winkel an sich schneidenden Geraden

Scheitelwinkel $\alpha = \gamma$ und $\beta = \delta$

Nebenwinkel $\alpha + \beta = 180°$

Winkel an parallelen Geraden

Stufenwinkel (F-Winkel) $\alpha = \alpha'$

Wechselwinkel (Z-Winkel) $\beta = \alpha'$

Nachbarwinkel $\beta + \gamma = 180°$

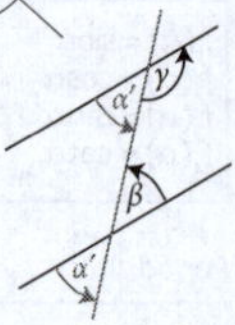

Längenverhältnisse

An parallelen Geraden

Falls g||h, so gilt:

$$\frac{\overline{ZA}}{\overline{ZA'}} = \frac{\overline{ZB}}{\overline{ZB'}} \qquad \frac{\overline{ZB}}{\overline{ZA}} = \frac{\overline{ZB'}}{\overline{ZA'}} = \frac{\overline{BB'}}{\overline{AA'}} \qquad \frac{\overline{BA}}{\overline{ZA}} = \frac{\overline{B'A'}}{\overline{ZA'}}$$

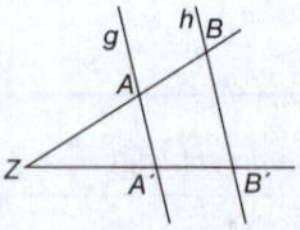

Am Kreis

Sehnensatz $\overline{S_iA} \cdot \overline{S_iC} = \overline{S_iB} \cdot \overline{S_iD}$

Tangentensatz $\overline{S_aT}^2 = \overline{S_aV} \cdot \overline{S_aU}$

Sekantensatz $\overline{S_aA} \cdot \overline{S_aB} = \overline{S_aC} \cdot \overline{S_aD}$

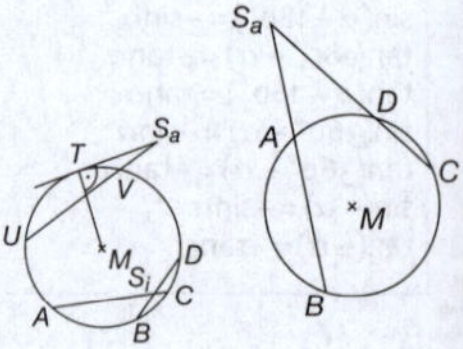

Dreiecke

Allgemein

A Flächeninhalt; a, b, c Längen der Seiten;
α, β, γ Innenwinkel; h_a, h_b, h_c Höhen;
M_a, M_b, M_c Seitenmitten;
r_i, r_u Inkreis- und Umkreisradius

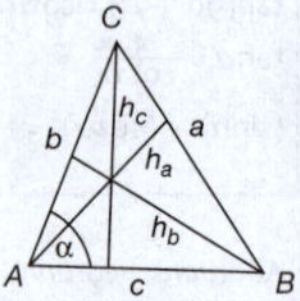

$$A = \frac{1}{2} \cdot a \cdot h_a = \frac{1}{2} \cdot b \cdot h_b = \frac{1}{2} \cdot c \cdot h_c = \frac{1}{2} \cdot b \cdot c \cdot \sin(\alpha)$$

$$r_u = \frac{a \cdot b \cdot c}{4 \cdot A} \qquad r_i = \frac{2 \cdot A}{a + b + c}$$

Schwerpunkt S: $\frac{\overline{CS}}{\overline{SM_c}} = \frac{\overline{BS}}{\overline{SM_b}} = \frac{\overline{AS}}{\overline{SM_a}} = 2$

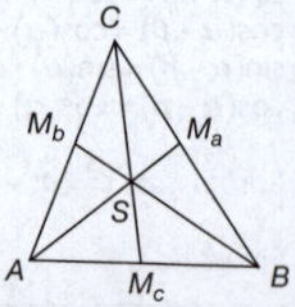

Gleichseitiges Dreieck

$h = \frac{a}{2} \cdot \sqrt{3} \quad A = \frac{a^2}{4} \cdot \sqrt{3}$

$r_u = \frac{a}{3} \cdot \sqrt{3} \quad r_i = \frac{a}{6} \cdot \sqrt{3}$

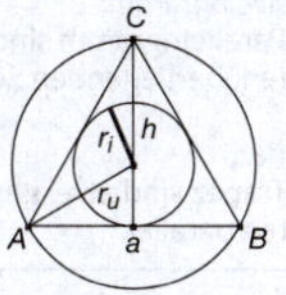

Gleichschenkliges Dreieck

$h = \frac{1}{2} \cdot \sqrt{4b^2 - a^2} \qquad A = \frac{1}{4} \cdot a \cdot \sqrt{4b^2 - a^2}$

$r_u = \frac{b^2}{\sqrt{4b^2 - a^2}} \qquad r_i = \frac{A}{b + \frac{1}{2}a}$

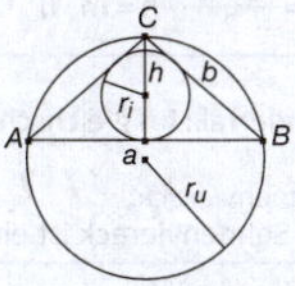

Rechtwinkliges Dreieck
a, *b* Katheten; *c* Hypotenuse

Satzgruppe des Pythagoras

Kathetensatz $a^2 = c \cdot p$ und $b^2 = c \cdot q$
Höhensatz $h^2 = p \cdot q$
Satz des Pythagoras $a^2 + b^2 = c^2$

$A = \frac{1}{2} \cdot c \cdot h = \frac{1}{2} a \cdot b \qquad r_u = \frac{c}{2} \qquad r_i = \frac{a + b + c}{2}$

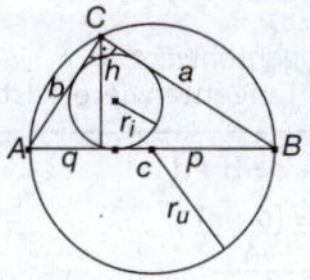

Vierecke und Vielecke

Besondere Vierecke

Raute:
In einer Raute sind alle Seiten gleich lang.

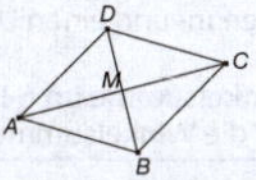

Quadrat:
Im Quadrat sind alle Seiten gleich lang und alle Winkel gleich groß.

$U = 4 \cdot a$
$A = a^2$
$d = a \cdot \sqrt{2}$

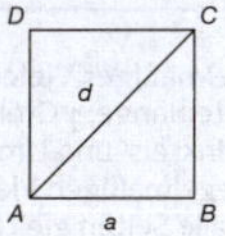

Rechteck:
Im Rechteck sind alle Winkel gleich groß.

$U = 2 \cdot a + 2 \cdot b$
$A = a \cdot b$
$d = \sqrt{a^2 + b^2}$

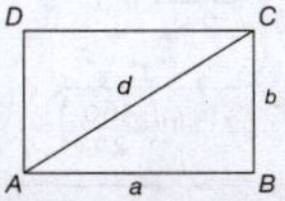

Parallelogramm:
Im Parallelogramm sind alle gegenüberliegenden Seiten parallel.

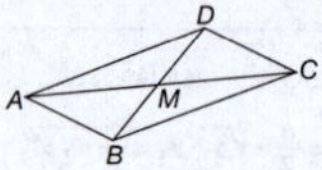

Trapez:
Im Trapez sind zwei gegenüberliegende Seiten parallel.

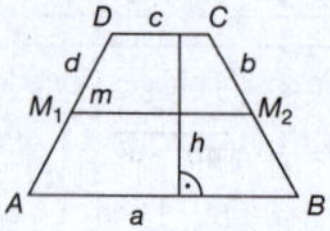

$$U = a + b + c + d$$

$$A = \frac{a + c}{2} \cdot h = m \cdot h$$

Sonderfall: Im gleichschenkligen Trapez gilt: $b = d$

Sehnenviereck:
Ein Sehnenviereck ist ein Viereck mit Umkreis.

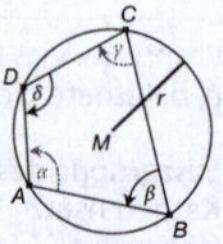

$$\alpha + \gamma = \beta + \delta = 180°$$

Tangentenviereck:
Ein Tangentenviereck ist ein Viereck mit Inkreis.

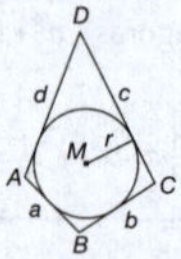

$$a + c = b + d$$

$$A = (a + c) \cdot r$$

$$r = \frac{A}{a + c}$$

Sehnentangentenviereck:
Im Sehnentangentenviereck gibt es einen In- und einen Umkreis.

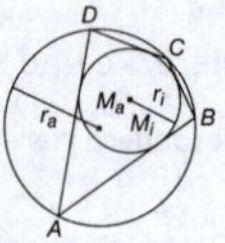

Winkelsumme im n-Eck
Für die Winkelsumme $W(n)$ im n-Eck gilt

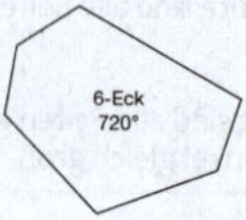

$$W(n) = (n - 2) \cdot 180°$$

Regelmäßiges Vieleck
a Seitenlänge; γ Größe des Innenwinkels;
r_i, r_u Inkreis- und Umkreisradius;
Im regelmäßigen Vieleck sind alle Winkel γ gleich groß und alle Seiten gleich lang.

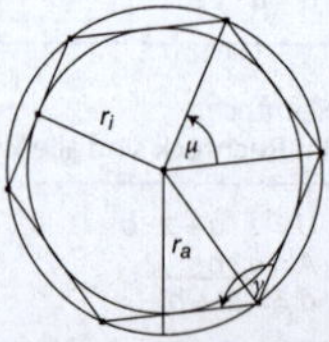

$$\gamma = \frac{n - 2}{n} \cdot 180° \qquad \mu = \frac{360°}{n}$$

$$r_u = \frac{a}{2 \cdot \sin\left(\frac{360}{2n}\right)} \qquad r_i = \frac{1}{2} \cdot \sqrt{4 \cdot r_a^2 - a^2}$$

Kreis und Kreisteile

Kreis

Mittelpunkt M; Radius r; μ Mittelpunktswinkel; γ Umfangswinkel; τ Tangentenwinkel

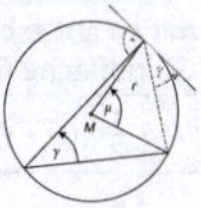

$u = 2 \cdot \pi \cdot r$	$A = \pi \cdot r^2$	$\mu = 2 \cdot \gamma = 2 \cdot \tau$

Kreissektor

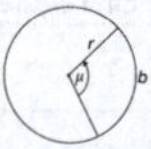

$A = \frac{\mu}{360°} \cdot \pi \cdot r^2$	$b = \frac{\mu}{180°} \cdot \pi \cdot r$	$u = b + 2 \cdot r$

Kreissegment

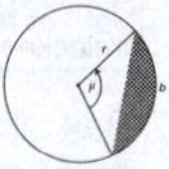

$A = \frac{1}{2} \cdot (b \cdot r - r^2 \cdot \sin(\mu))$	$b = \frac{\mu}{360°} \cdot \pi \cdot r$

Ellipse

Eine Ellipse ist bestimmt durch zwei Brennpunkte F_1 und F_2, die beiden Halbachsen *a* und *b* sowie die Exzentrizität *e*.

$l_1 + l_2 = 2a$	$e = \sqrt{a^2 - b^2}$
$\overline{F_1F_1} = 2e$	$A = \pi \cdot a \cdot b$

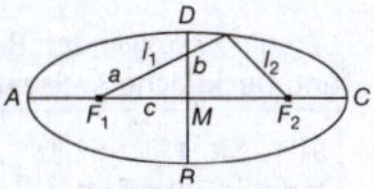

Körper

Geradlinig begrenzte Körper

Würfel: Bei einem Würfel sind alle Kanten gleich lang und stehen paarweise senkrecht aufeinander.

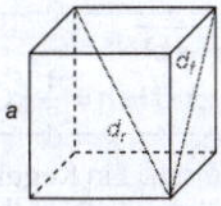

$O = 6 \cdot a^2$	$V = a^3$
$d_f = a \cdot \sqrt{2}$	$d_r = a \cdot \sqrt{3}$

Quader: Bei einem Quader stehen alle Kanten paarweise senkrecht aufeinander.

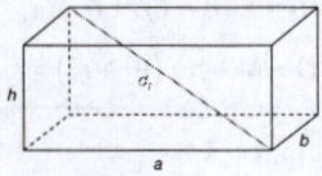

$O = 2(a \cdot b + a \cdot h + b \cdot h)$	$V = a \cdot b \cdot h = G \cdot h$
$d_r = \sqrt{a^2 + b^2 + h^2}$	

Prisma: Bei einem Prisma sind Grund- und Deckfläche G kongruent und alle Seitenflächen sind Rechtecke.

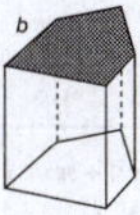

$V = G \cdot h$

Pyramide: Bei einer Pyramide laufen alle Kanten, die nicht die Grundfläche G begrenzen, von dieser aus der Grundfläche G auf eine Spitze zu.

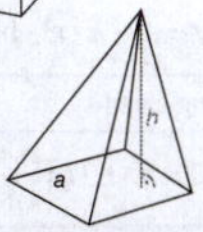

$V = \frac{1}{3} \cdot G \cdot h$

Pyramidenstumpf: Ein Pyramidenstumpf ist eine Pyramide mit so abgeschnittener Spitze, dass die Deckfläche *D* und die Grundfläche G parallel sind.

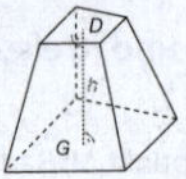

$V = \frac{1}{3} \cdot (G + \sqrt{GD} + D) \cdot h$

Tetraeder: Ein Tetraeder wird von 4 Dreiecken begrenzt. Sonderfall: Ein reguläres Tetraeder hat lauter gleich lange Kanten.

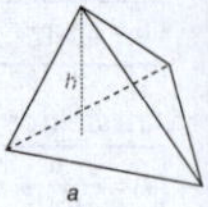

$O = a^2 \cdot \sqrt{3}$ $\qquad V = \frac{a^3 \cdot \sqrt{2}}{12}$ $\qquad h = \frac{a \cdot \sqrt{6}}{3}$

Reguläres Oktaeder: Körper, der von acht gleichseitigen Dreiecken begrenzt wird.

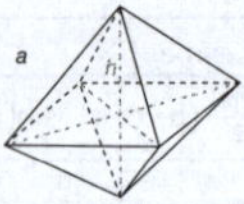

$O = 2 \cdot a^2 \cdot \sqrt{3}$ $\qquad V = \frac{a^3 \cdot \sqrt{2}}{3}$ $\qquad h = a \cdot \sqrt{2}$

Körper mit kreisförmigen Begrenzungen

Gerader Kreiszylinder: Beim geraden Kreiszylinder sind Grund- und Deckfläche Kreise und alle Kanten stehen senkrecht auf diesen.

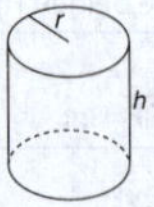

$M = 2 \cdot \pi \cdot r$ $\qquad O = M + 2 \cdot \pi \cdot r^2 = M + 2 \cdot G$
$V = \pi \cdot r^2 \cdot h = G \cdot h$

Gerader Kreiskegel: Beim geraden Kreiskegel laufen von der kreisrunden Grundfläche alle Kanten auf eine Spitze zu, die über dem Mittelpunkt des Grundkreises liegt.

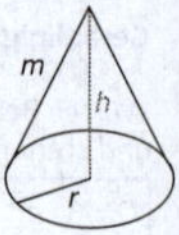

$m = \sqrt{r^2 + h^2}$ $\qquad O = \pi \cdot m \cdot r + \pi \cdot r^2$
$V = \frac{1}{3} \cdot \pi \cdot r^2 \cdot h = \frac{1}{3} \cdot G \cdot h$

Kegelstumpf: Ein Kegelstumpf ist ein Kegel mit so abgeschnittener Spitze, dass die Deckfläche und die Grundfläche parallel sind.

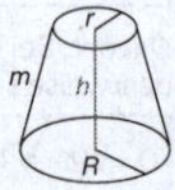

$m = \sqrt{(R - r)^2 + h^2}$ $\qquad M = (R + r) \cdot \pi \cdot s$
$O = M + \pi \cdot (R^2 + r^2)$ $\qquad V = \frac{\pi \cdot h}{3} \cdot (R^2 + r^2 + Rr)$

Kugel

$O = 4 \cdot \pi \cdot r^2$ $\qquad V = \frac{4}{3} \cdot \pi \cdot r^3$

Kugelsektor

$O = 2 \cdot \pi \cdot r \cdot h + \pi \cdot r \cdot \sqrt{(2r - h) \cdot h}$
$V = \frac{2}{3} \cdot \pi \cdot r^2 \cdot h$

Kugelsegment

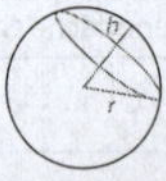

$O = \pi \cdot h \cdot (4 \cdot r - h)$ $\qquad V = \frac{1}{3} \cdot \pi \cdot h^2 \cdot (3r - h)$

Wahrscheinlichkeitsrechnung

Wahrscheinlichkeit

Häufigkeit

Tritt ein Ereignis E bei n Versuchen k-mal auf, so bezeichnet man mit k die absolute Häufigkeit von E und mit $\frac{k}{n}$ die relative Häufigkeit des Ereignisses.

Wahrscheinlichkeit und Gesetz der großen Zahlen

Ist p die Wahrscheinlichkeit eines Ereignisses E, so gilt: $\lim_{n \to \infty} \left| p - \frac{k}{n} \right| = 0$, falls das Ereignis E bei n Versuchen k-mal auftritt.

Laplace-Experiment

Sei Ω die Menge mit allen möglichen Ausgängen eines Experimentes. Bei einem Laplace-Experiment sind alle möglichen Ausgänge in Ω gleichwahrscheinlich.

Laplace-Wahrscheinlichkeit

Gibt es bei einem Laplace-Experiment für das Ereignis A $|A|$-verschiedene Ergebnisse, die zu A gehören, so gilt: $P(A) = \frac{|A|}{|\Omega|}$

Kombinatorik

Fakultät einer Zahl $n \in \mathbb{N}$:	$n! = n \cdot (n-1) \cdot (n-2) \cdot \ldots \cdot 2 \cdot 1$
Binomialkoeffizient:	$\binom{n}{k} = \frac{n!}{k! \cdot (n-k)!}$
Permutation von n verschiedenen Elementen:	$N = n!$
Permutationen mit Mengen gleicher Elemente: $n_1, n_2, \ldots, n_m$ seien die Mächtigkeit der Gruppen jeweils gleicher Elemente:	$N = \frac{(n_1 + n_2 + \ldots + n_m)!}{n_1! \cdot n_2! \cdot \ldots \cdot n_m!}$
Anzahl der k-elementigen Teilmengen einer Menge mit n verschiedenen Elementen:	$N = \binom{n}{k}$
Anzahl der k-elementigen Teilmengen einer Menge mit n verschiedenen Elementen mit Wiederholung:	$N = \binom{n+k-1}{k}$
Kombinationen aus einer n-elementigen Menge der Länge k:	$N = n^k$
Kombinationen aus einer n-elementigen Menge der Länge k ohne Wiederholung:	$N = \binom{n}{k} \cdot k! = \frac{n!}{(n-k)!}$

Axiome von Kolmogorov und Mengenalgebra

Axiome von Kolmogorov

Sei Ω der Ergebnisraum eines Zufallsexperimentes. Jedem Ereignis E wird eine Wahrscheinlichkeit P zugeordnet, für welche die Axiome von Kolmogorov gelten:

1. Nichtnegativität: $P(E) \geq 0$
2. Normierung: $P(\Omega) = 1$
3. Additionssatz: $E_1 \in E_2 = \{\} \Rightarrow P(E_1 \cup E_2) = P(E_1) + P(E_2)$

Gesetze der Mengenalgebra

A, B und C seien Teilmengen einer Grundmenge Ω.

Kommutativgesetze	$A \cup B = B \cup A$	und $A \cap B = B \cap A$
Assoziativgesetze	$(A \cup B) \cup C = A \cup (B \cup C)$	und $(A \cap B) \cap C = A \cap (B \cap C)$
Distributivgesetze	$A \cup (B \cap C) = (A \cup B) \cap (A \cup C)$ und $A \cap (B \cup C) = (A \cap B) \cup (A \cap C)$	
Absorptionsgesetz	$A \cup (A \cap B) = A$	und $A \cap (A \cup B) = A$
Idempotenzgesetz	$A \cup A = A$	und $A \cap A = A$
Komplementgesetz	$A \cup \overline{A} = \Omega$	und $A \cap \overline{A} = \varnothing$
Neutrales Element	$A \cup \varnothing = A$	und $A \cap \Omega = A$
Dominantes Element	$A \cup \Omega = \Omega$	und $A \cap \varnothing = \varnothing$
De-Morgan-Gesetz	$\overline{A \cup B} = \overline{A} \cap \overline{B}$	und $\overline{A \cap B} = \overline{A} \cup \overline{B}$
Doppeltes Komplement	$\overline{\overline{A}} = A$	

Venn-Diagramme

Venn-Diagramme stellen Relationen zwischen Mengen bzw. Aussagen dar.

Darstellung grundlegender Relationen:

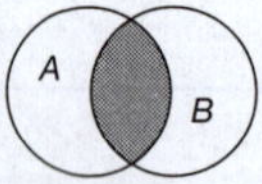

$A \cap B$

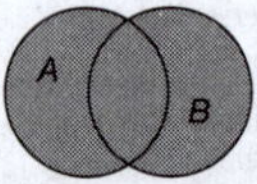

$A \cup B$

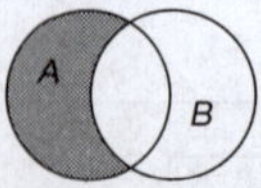

$A \setminus B = A \cap \overline{B}$

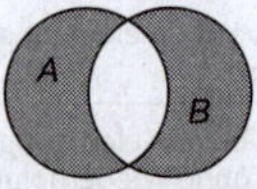

$(A \cup B) \setminus (A \cap B)$

Pfadregel

Bei einem Baumdiagramm stehen an den Zweigen die Wahrscheinlichkeiten.

Pfadregel 1 Die Wahrscheinlichkeit eines Ergebnisses ergibt sich aus der Multiplikation der Wahrscheinlichkeiten entlang des Pfades.
Pfadregel 2 Die Wahrscheinlichkeit eines Ereignisses ergibt sich als Summe der Wahrscheinlichkeiten der einzelnen Pfade.

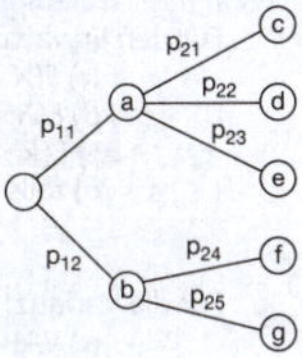

Zufallsgrößen

Zufallsgröße
Eine Zufallsgröße Z ordnet jedem Ergebnis einer Ergebnismenge eine Zahl zu.

Wahrscheinlichkeitsfunktion P
Die Wahrscheinlichkeitsfunktion ordnet jedem Wert x, den eine Zufallsgröße annehmen kann, eine Wahrscheinlichkeit $P(X = x)$ zu.

Für zwei Zufallsgrößen X und Y gibt es eine gemeinsame Wahrscheinlichkeitsverteilung P_{XY}, die angibt, mit welcher Wahrscheinlichkeit X den Wert x und gleichzeitig Y den Wert y annimmt.

Verteilungsfunktion
Sei P Wahrscheinlichkeitsfunktion einer Zufallsgröße X. Dann ist F die Verteilungsfunktion, falls gilt: $F(X = x_0) = \sum\limits_{x_i \leq x_0} P(X = x_i)$

Unabhängige Zufallsgrößen
Zwei Zufallsgrößen heißen unabhängig, falls
$P_X(X = x_i) \cdot P_Y(Y = y_j) = P_{XY}(X = x_i \wedge Y = y_j)$

Erwartungswert E(X)

$$E(X) = x_1 \cdot P(X = x_1) + x_2 \cdot P(X = x_2) + \ldots + x_n \cdot P(X = x_n) = \sum_{i=1}^{n} x_i \cdot P(X = x_i)$$

Varianz VAR(X)

$$VAR(X) = (x_1 - \mu)^2 \cdot P(X = x_1) + (x_2 - \mu)^2 \cdot P(X = x_2) + \ldots + (x_n - \mu)^2 \cdot P(X = x_n) = \sum_{i=1}^{n} (x_i - \mu)^2 \cdot P(X = x_i)$$

Es gilt: $VAR(X) = E(X^2) - [E(X)]^2$

Streuung ρ(X)

$\rho(X) = \sqrt{VAR(X)}$

Regeln für Erwartungswert und Varianz

Für den Erwartungswert:

$\alpha)\ E(X + Y) = E(X) + E(Y)$

$\beta)\ E(X + t) = E(X) + t$

$\gamma)\ E(k \cdot X) = k \cdot E(X)$

$\delta)$ falls X und Y unabhängig: $E(X \cdot Y) = E(X) \cdot E(Y)$

Für die Varianz:

$\alpha)\ VAR(X + t) = VAR(X)$

$\beta)\ VAR(k \cdot X) = k^2 \cdot VAR(X)$

$\gamma)$ falls $X_1, X_2, \ldots, X_n$ unabhängig:

$VAR(X_1 + X_2 + \ldots + X_n) = VAR(X_1) + VAR(X_2) + \ldots + VAR(X_n)$

Bernoulliexperimente und spezielle Verteilungen

Bernoulliexperiment

Ein Zufallsexperiment heißt Bernoulliexperiment, falls der Ergebnisraum nur zwei unterschiedliche Ergebnisse hat.

Bernoullikette

n-malige Hintereinanderausführung eines Bernoulliexperimentes

Binomialverteilung

Eine Zufallsgröße X heißt B(n; p)-binomialverteilt, wenn gilt:

$$P(X = k) = \binom{n}{k} \cdot p^k \cdot q^{n-k} =: B(n / p / k)$$

mit $q = 1 - p$ und $0 \le k \le n$

Hypergeometrische Verteilung

Eine Zufallsgröße X heißt hypergeometrisch verteilt mit N, K und n, wenn gilt: .

$$P(X = k) = \frac{\binom{K}{k} \cdot \binom{N-K}{n-k}}{\binom{N}{n}}$$

mit $0 \le k \le n$

Normalverteilung

Eine Zufallsgröße X heißt normalverteilt mit den Parameter $\mu = E(X)$ und $\sigma = \sqrt{VAR(X)}$, falls für die Dichtefunktion gilt:

$$f(x) = \frac{1}{\sqrt{2\pi}} \cdot \frac{1}{\sigma} \cdot e^{-\frac{1}{2} \cdot \left(\frac{x-\mu}{\sigma}\right)^2}$$

Glockenkurve

$$\varphi(x) = \frac{1}{\sqrt{2\pi}} \cdot e^{-\frac{1}{2} \cdot (x)^2}$$

Verteilungsfunktion der standardisierten Normalverteilung

$$\Phi(x) = \frac{1}{\sqrt{2\pi}} \cdot \int_{-\infty}^{x} e^{-\frac{1}{2} \cdot t^2}$$

mit $\Phi(-x) = 1 - \Phi(x)$

Approximation der Binomialverteilung

Lokal: $B(n, p, k) \approx \frac{1}{\sigma} \cdot \varphi\left(\frac{k-\mu}{\sigma}\right)$

mit $\mu = n \cdot p$ und $\sigma = \sqrt{n \cdot p \cdot (1-p)}$

Global: $\sum_{i \leq k} B(n, p, i) \approx \Phi\left(\frac{k - \mu + \frac{1}{2}}{\sigma}\right)$

mit $\mu = n \cdot p$ und $\sigma = \sqrt{n \cdot p \cdot (1-p)}$

Unabhängigkeit und bedingte Wahrscheinlichkeit

Unabhängige Ereignisse

Zwei Ereignisse A und B heißen (stochastisch) unabhängig, falls gilt:
$P(A) \cdot P(B) = P(A \cap B)$
Sonst nennt man diese abhängig.

Bedingte Wahrscheinlichkeit

Die Wahrscheinlichkeit, dass B unter der Bedingung A eintritt, ist:

$$P_A(B) = \frac{P(A \cap B)}{P(A)}$$

Formel von Bayes

Sei $A_1 \cup A_2 \cup \ldots \cup A_n = \Omega$ mit $A_i \cap A_j = \varnothing \ \forall i, j \in \{1, \ldots, n\}$ eine Zerlegung von Ω, so gilt:

$$P_B(A_i) = \frac{P_{A_i}(B) \cdot P(A_i)}{\sum_{j=0}^{n} P_{A_j}(B) \cdot P(A_j)}$$

Anhang

2. Physik

Eigenschaften der vektoriellen Größe $\vec{r}$

r	Betrag des Vektors $\vec{r}$
$\vec{e}_r$	Richtungsvektor zum Vektor $\vec{r}$

Physikalische Größen

$\vec{a}$	(aktuelle) Beschleunigung
A, $\vec{A}$	Fläche, Flächenvektor
$\vec{B}$	magnetische Flussdichte
c	Schall- bzw. Lichtgeschwindigkeit
C	beliebige Konstante
C	Wärmekapazität
C	Kapazität (eines Kondensators)
$\vec{D}$	Drehmoment
$\vec{E}$	elektrisches Feld
E	Elastizitätsmodul
E	Energie
E_{el}	elektrische (Feld-)Energie
E_{kin}	kinetische Energie
E_{mag}	magnetische (Feld-)Energie
E_{pot}	potentielle Energie
E_{rot}	Rotationsenergie
f	Frequenz

Anhang

f	Anzahl an Freiheitsgraden
f	Brennweite
$\vec{F}$	Kraft
$\vec{F}_{Cor}$	Coriolis-Kraft
$\vec{F}_{Coul}$	Coulomb-Kraft
$\vec{F}_g$	Gewichtskraft
$\vec{F}_{Grav}$	Newton'sche Gravitationskraft
$\vec{F}_{i,ext}$	Äußere Kraft
$\vec{F}_{Lor}$	Lorentz-Kraft
$\vec{F}_Z$	Zentrifugalkraft
$\vec{F}_{ZP}$	Zentripetalkraft
g	Schwerebeschleunigung
G	Schermodul
I	Trägheitsmoment
I	Stromstärke
I	Intensität einer Welle
$\vec{j}$	Stromdichte
k	Federkonstante
k	Wellenvektor
K	Kompressionsmodul
$\vec{l}$	Teil eines Weges oder einer Strecke
L	Länge eines Körpers
L	Induktivität
$\vec{L}$	Drehimpuls
m	Masse
M	Magnetisierung

n	Brechungsindex
n	Teilchendichte
N	Teilchenanzahl
p	Normalspannung bzw. Druck
$\vec{p}$	Impuls
$\vec{p}_{el}$	elektrisches Dipolmoment
$\vec{p}_{mag}$	magnetisches Dipolmoment
P	Punkt im Raum
P	Leistung
q	Querschnittsfläche
Q	Wärme
Q	Ladung
r	Amplituden-Reflexionskoeffizient
$\vec{r}(t)$	Bahnkurve
R	Kreisradius
R	Ohm'scher Widerstand
R	Intensitäts-Reflexionskoeffizient
s	Weg im Raum
S	Entropie
t	Zeit
T	Periodendauer
T	Temperatur
U	innere Energie
U	(elektrische) Spannung
U_{ind}	Induktionsspannung
U_M	magnetische Spannung

$\vec{v}$	(aktuelle) Geschwindigkeit
V	elektrisches Potential
V	Volumen
W	Wahrscheinlichkeit
W	Arbeit
W_S	entlang des Weges S verrichtete Arbeit
α	Winkelbeschleunigung
α_{th}	thermischer Längenausdehnungskoeffizient
η	dynamische Viskosität
ε	Dielektrizitätskonstante
Φ	Potential
γ_{th}	thermischer Volumenausdehnungskoeffizient
κ	Kompressibilität
κ	Adiabatenkoeffizient
λ	Wellenlänge
λ	Wärmeleitfähigkeit
μ	Poisson-Zahl
μ	relative magnetische Permeabilität
μ_{reib}	Reibungskoeffizient
ν	kinematische Viskosität
Ψ_{el}	elektrischer (Kraft-)Fluss
Ψ_{mag}	magnetischer (Kraft-)Fluss
ρ	Dichte
ρ_{el}	spezifischer Widerstand
σ	Oberflächenspannung
σ_{el}	elektrische Leitfähigkeit

σ_F	Zugspannung
σ_{RMS}	Rauheit
τ	Scherspannung
χ	magnetische Suszeptibilität
ω	Winkelgeschwindigkeit
$\vec{\omega}$	Vektor der Rotation um eine raumfeste Achse

Physikalische Konstanten

$a_o = 0{,}529 \cdot 10^{-10}$ m	Bohr'scher Atomradius
$c_{EM,o} = 299'792'458$ m · s^{-1}	Vakuum-Lichtgeschwindigkeit
$e = 1{,}602 \cdot 10^{-19}$ C	Elementarladung
$G = 6{,}674 \cdot 10^{-11}$ m^3 · kg^{-1} · s^{-2}	Newton'sche Gravitationskonstante
$h = 6{,}626 \cdot 10^{-34}$ J · s	Planck'sches Wirkungsquantum
$k_B = 1{,}3807 \cdot 10^{-23}$ J · K^{-1}	Boltzmann-Konstante
$L = 2{,}44 \cdot 10 - 8$ W · Ω · K^{-2}	Lorenz-Zahl
$m_e = 9{,}1094\ 10^{-31}$ kg	Ruhemasse des Elektrons
$m_n = 1{,}6749\ 10^{-27}$ kg	Ruhemasse des Neutrons
$m_p = 1{,}6726\ 10^{-27}$ kg	Ruhemasse des Protons
$N_A = 6{,}022 \cdot 10^{23}$ mol^{-1}	Avogadro-Konstante
$R = N_A \cdot k_B = 8{,}31$ J · mol^{-1} · K^{-1}	universelle Gaskonstante
$Ry_\infty = 2{,}177 \cdot 10^{-18}$ J = 13,605 eV	Rydberg-Energie
$T_o = 0$ K = −273,15 °C	absoluter (Temperatur-)Nullpunkt
$\varepsilon_o = 8{,}85\ 10^{-12}$ C · V^{-1} · m^{-1}	Vakuum-Dielektrizitätskonstante
$\mu_o = 4\,\pi\ 10^{-7}$ VsA^{-1}m^{-1}	magnetische Permeabilitätskonstante

3. Chemie

Periodensystem der Elemente

Hauptgruppen: I., II. — Nebengruppen: III., IV., V., VI., VII., VIII.

Perioden	I.	II.	III.	IV.	V.	VI.	VII.	VIII.	VIII.
1.	1 H Wasserstoff 1,0079								
2.	3 Li Lithium 6,941	4 Be Byrlium 9,01218							
3.	11 Na Natrium 22,98977	12 Mg Magnesium 24,305							
4.	19 K Kalium 39,089	20 Ca Calcium 40,08	21 Sc Scandium 44,9559	22 Ti Titan 47,90	23 V Vanadium 50,9414	24 Cr Chrom 51,996	25 Mn Mangan 54,9380	26 Fe Eisen 55,847	26 Co Cobalt 58,9332
5.	37 Rb Rubidium 85,4678	38 Sr Strontium 87,62	39 Y Yttrium 88,9059	40 Zr Zirconium 91,22	41 Nb Niob 92,9064	42 Mo Molybdaen 95,94	43 Tc Technetium *	44 Ru Ruthenium 101,07	45 Rh Rhodium 102,9055
6.	55 Cs Caesium 132,9054	56 Ba Barium 137,34	57-71 * Lanthanoide	72 Hf Hafnium 178,49	73 Ta Tantal 180,9479	74 W Wolfram 183,85	75 Re Rhenium 186,207	76 Os Osmium 190,2	77 Ir Iridium 192,22
7.	87 Fr Francium *	88 Ra Radium *	89-103 • Actinoide	104 Eka-Hf •	105 Eka-Ta •	106 Eka-W •	107 Eka-Re •		

* Lanthanoide	57 La Lanthan 138,9055	58 Ce Cer 140,12	59 Pr Praseodym 140,9077	60 Nd Neodym 144,24	61 Pm Promethium *	62 Sm Samarium 150,4	63 Eu Europium 151,96
• Actinoide	89 Ac Actinium *	90 Th Thorium 232,0381	91 Pa Protactinium 231,0381	92 U Uran 238,029	93 Np Neptunium *	94 Pu Plutonium *	95 Am Americium *

Transurane (93 Np, 94 Pu, 95 Am)

Legende:

Protonenzahl (Ordnungszahl)	24
Elementsymbol	Cr
Elementname	Chrom
relative Atommasse (* = instabil)	51,996

Anhang

Hauptgruppen

VIII.	I.	II.	III.	IV.	V.	VI.	VII.	VIII.	Perioden
								2 He Helium 4,00260	1.
			5 B Bor 10,81	6 C Kohlenstoff 12,011	7 N Stickstoff 14,0067	8 O Sauerstoff 15,9994	9 F Fluor 18,99840	10 Ne Neon 20,179	2.
			13 Al Aluminium 26,98154	14 Si Silicium 28,086	15 P Phosphor 30,97376	16 S Schwefel 32,06	17 Cl Chlor 35,453	18 Ar Argon 39,948	3.
28 Ni Nickel 58,70	29 Cu Kupfer 63,546	30 Zn Zink 65,38	31 Ga Gallium 69,72	32 Ge Germanium 72,59	33 As Arsen 74,9216	34 Se Selen 78,96	35 Br Brom 79,904	36 Kr Krypton 83,80	4.
46 Pd Palladium 106,4	47 Ag Silber 107,868	48 Cd Cadmium 112,40	49 In Indium 114,82	50 Sn Zinn 118,69	51 Sb Antimon 121,75	52 Te Tellur 127,60	53 I Iod 126,9045	54 Xe Xenon 131,30	5.
78 Pt Platin 195,09	79 Au Gold 196,9665	80 Hg Quecksilber 200,59	81 Tl Thalium 204,37	82 Pb Blei 207,2	83 Bi Bismut 208,9804	84 Po Polonium *	85 At Astat *	86 Rn Radon *	6.

64 Gd Gadolinium 157,25	65 Tb Terbium 158 9254	66 Dy Dysprosium 162,50	67 Ho Holmium 164,9304	68 Er Erbium 167,26	69 Tm Thulium 168,9342	70 Yb Ytterbium 173,04	71 Lu Lutetium 174,97

96 Cm Curium *	97 Bk Berkelium *	98 Cf Californium *	99 Es Einsteinium *	100 Fm Fermium *	101 Md Mendelevium *	102 No Nobelium *	103 Lr Lawrencium *

Transurane

REGISTER

A

B

L

X

Y

Z